高等院校“十一五”规划教材

理 论 力 学

穆建春　龙志勤　主编

中国石化出版社

内 容 提 要

本书参照教育部高等学校工科理论力学课程教学基本要求(中学时)和全国高校中学时实际执行教学大纲情况编写，注重物理概念的阐述和解决实际力学问题能力的培养，突出针对性、适用性，努力做到理论与应用并重。全书概念严密、内容简明扼要、通俗易懂、图文配合紧密，例题和习题丰富，可满足熟练掌握基本理论、基本方法和计算技能的教学要求。

全书分为三篇，即静力学、运动学、动力学，共计十六章，每章后有小结、习题，并附有习题答案。

本书可作为高等院校土建、机械、材料、化工、水利、交通、冶金、采矿等专业本科教材，也可作为土建、机械、材料等专业高职高专教材，还可供函授、电大等相应专业人员以及工程技术人员学习和参考。

图书在版编目（CIP）数据

理论力学／穆建春，龙志勤主编. —北京：中国石化出版社，2010.5（2017.8 重印）
高等院校“十一五”规划教材
ISBN 978-7-5114-0418-3

Ⅰ.①理… Ⅱ.①穆… ②龙… Ⅲ.①理论力学-高等学校-教材 Ⅳ.①031

中国版本图书馆 CIP 数据核字（2010）第 086139 号

中国石化出版社出版发行

地址:北京市朝阳区吉市口路 9 号
邮编:100020 电话:(010)59964500
发行部电话:(010)59964526
http://www.sinopec-press.com
E-mail:press@sinopec.com.cn
北京科信印刷有限公司印刷
全国各地新华书店经销

*

787×1092 毫米 16 开本 16.75 印张 410 千字
2017 年 8 月第 1 版第 4 次印刷
定价:30.00 元

前 言

本书参照教育部高等学校工科理论力学课程教学基本要求(中学时)和全国各高校中短学时实际执行教学大纲情况编写。可作为高等院校土建、机械、材料、化工、水利、交通、冶金、采矿等专业的本科教材，也可作为土建、机械、材料等专业高职高专教材，还可供函授、电大等相应专业人员以及工程技术人员学习和参考。

考虑到理论力学课程的特点：内容抽象、理论性强，以及学生学习理论力学课程时的被动性，本书总体上比较注重提高学生的学习兴趣，具有以下特点：

1. 理论力学是一门重要的专业技术基础课，其内容不但理论性强，而且又紧密结合工程实际。本书的理论分析严密、逻辑性强，推导方法新颖，有利于培养学生的逻辑思维能力。本书在概念的引出、理论的叙述及结论的应用中特别注重与工程实际的结合与联系，重视力学问题的数学描述，有利于培养学生的抽象思维能力。

2. 加强了基本概念、基本理论和基本方法的讲述，在基本概念的引入中注重结合工程实际，引导学生理论联系实际。

3. 本书不但吸取了现有教材的优点，为了增加学生对学习本课程的兴趣，本书还特意增加了两部分的内容：(1)每一篇开始都增加了历史渊源、科学家的小故事。历史渊源中主要表现了所在篇中基本概念、基本原理的历史背景，并强调了我国古代科学家在理论力学中的贡献，使学生对理论力学的起源和发展有一初步了解；科学家的小故事中，注重介绍了那些对理论力学有特殊贡献的历史人物以及他们对科学严谨的态度和孜孜不倦的学习精神。(2)每一篇都以一个身边的力学小问题开始，增加学生好奇心，使学生主动通过学习寻找答案，从而达到提高学生学习主动性的目的。最后利用本篇学习内容对此小问题作出详细的解答，由此学生可以充分体会用理论力学所学知识是能够解决实际问题的。

4. 本书在编写过程中，吸收、引用了部分国内外优秀理论力学教材的观点、例题和习题，在此谨向这些文献的作者们致以衷心的感谢。

本书由茂名学院穆建春、龙志勤主编，刁会峰、王志刚、黄芹参编，在编写过程中尽心尽力，但限于编者的水平和经验，加之时间仓促，书中难免存在缺点和错误，恳请读者提出批评和指正。

编者

目　录

第二篇 运 动 学

第三篇　动　力　学

绪　论

1. 理论力学的研究对象和内容

理论力学是研究物体机械运动一般规律的一门学科。

所谓物体的机械运动是指物体在空间的位置随时间的变化。例如，河水的流动，车船的行驶，机器的运转，建筑物的振动，日、月、星辰的运行，等等，都是机械运动。

运动是物质存在的形式，是物质的固有属性，物质的运动包括宇宙中发生的一切变化和过程。因此物质的运动形式是多种多样的。除机械运动之外，物质的声、光、热、磁等物理现象，化学变化，生命过程，以及人类的思维活动等都是物质的运动形式。在多种多样的运动形式中，机械运动是物质运动中最简单的一种形式，也是日常生活和工程实际中最常见的一种运动，因而力学是发展最早的自然科学之一。可见，力学的研究具有很现实的指导意义。

理论力学所研究的内容是以伽利略和牛顿所建立的基本定律为基础的，属于古典力学的范畴。古典力学研究的是速度远小于光速的宏观物体的运动规律。而相对论力学研究的是速度接近于光速的物体的运动规律，量子力学研究的是微观粒子的运动规律。因此，古典力学的应用范围是有局限性的，但是，古典力学仍然具有很强的生命力。工程技术问题中所研究的对象一般都是宏观物体，而且其运动的速度也远低于光速，有关它们的力学问题，仍然可以用古典力学来解决。应用古典力学解决力学问题，不仅方便，而且能够保证足够的精确性，所以古典力学至今仍有很大的实用意义，并且还在不断发展。

根据循序渐进的认识规律及科学体系，理论力学的内容通常分为静力学、运动学、动力学三部分。

静力学——研究物体受力平衡时，作用在物体上的力系所应满足的条件；同时也研究物体的受力分析方法，以及力系的简化方法等。

运动学——研究物体运动的几何性质（如轨迹、速度和加速度等），而不研究引起物体运动的物理原因。

动力学——研究物体运动的变化与作用在物体上的力之间的关系。

2. 学习理论力学的目的

理论力学是一门理论性较强的专业技术基础课。

理论力学是现代工程技术的重要基础理论之一。无论是工程结构、机械与电气设备、控制与自动化、航空与航天技术等技术科学都需要理论力学的知识。因此，工程技术人员必须掌握一定的理论力学知识，才能为解决有关的工程技术问题打下基础，才能掌握当今不断出现的新理论、新技术，从而解决现代工程技术提出的新问题。

理论力学是研究力学中最普遍、最基本规律的一门学科。很多工程专业的课程，例如材料力学、机械原理、机械设计、结构力学、弹塑性力学、流体力学、振动理论以及许多专业课程等，都要以理论力学为基础，因此，理论力学是学习一系列后续课程的重要基础。另外，随着现代科学技术的发展，力学的研究内容已渗入到其他学科领域，形成了许多边缘学科，例如生物力学、电磁流体力学、爆炸力学、物理力学等。这些新兴学科的建立都必须以坚实的理论力学知识为基础。

学习理论力学也有助于树立辩证唯物主义的世界观，培养正确的分析问题和解决问题的能力，为今后解决生产实际问题，从事科学研究工作打下基础。

3. 理论力学的研究方法

任何一门学科，由于研究对象的不同而有不同的研究方法，但是通过实践而发现真理，又通过实践而证实真理和发展真理，这是任何科学技术发展的正确途径。理论力学也必须遵循这个正确的认识规律进行研究和发展。概括地说，理论力学的研究方法是从观察、实践出发，经过抽象化、综合和归纳，建立概念和公理或定律，再应用数学演绎和逻辑推理而得到定理和结论，形成理论体系，然后再回到实践中去解决实际问题并验证理论的正确性。从实践得到理论，再由理论回到实践。只有当理论很好地符合客观实践时，这样的理论才是正确可靠的；也只有这样的理论，才有实际指导意义。

阅读材料：力学发展的回顾与前瞻

力学原本是物理学的一个分支，物理科学的建立则是从力学开始的。历史上，人们曾用纯粹力学理论解释机械运动以外的各种形式的运动，如热、光、分子和原子内的运动等。当物理学摆脱了这种机械(力学)的自然观而获得健康发展时，力学则在工程技术的推动下按自身逻辑进一步演化，逐渐从物理学中独立出来。从古希腊的阿基米德(约公元前287～公元前212年)初步建立静力学的基础开始，力学经历了漫长的发展过程。力学的产生和发展与人们认识世界及改造世界的过程紧密联系，认识世界是力学产生的源泉，改造世界的客观需要是力学发展的动力，生产发展又为力学的发展提供了研究的工具和对象。下面阐述力学发展的基本历史与现状并展望其未来，以揭示力学发展和社会发展的辩证关系。

一、力学发展的历史回顾

1. 学科基本分类体系

力学被定义为研究物质机械运动规律的科学。通常理解力学以研究宏观的对象为主，但由于科学的相互渗透，有时也涉及宏观和细观甚至微观各层次中的对象以及有关的规律。机械运动亦即力学运动，是物质在时间、空间中的位置变化，包括移动、转动、流动、变形、振动、波动、扩散等，而静止或平衡则是其中的一种特殊情况。机械运动是物质运动的最基本形式。物质运动还有其他形式，如热运动、电磁运动、原子及其内部的运动和化学运动等等。机械运动并不能脱离其他运动独立存在，只是在研究力学问题时，突出地考虑机械运动；如果其他运动对机械运动有较大影响，或者需要考虑它们之间的相互作用，便会在力学同其他学科之间形成交叉学科或边缘学科。力是物质之间的一种相互作用，机械运动状态的变化是由这种相互作用引起的。静止和运动状态不变，都意味着各作用力在某种意义上的平衡。

现代力学内容非常丰富，分支众多，按研究对象的运动状态和受力状态可粗分为静力学、运动学和动力学三大部分，按研究对象的性质又可粗分为固体力学、流体力学和一般力学三个分支。这三个主要分支在发展过程中因对象或模型的不同又出现一些分支学科和研究领域。属于一般力学的有理论力学、分析力学、外弹道学、振动理论、刚体力学等。属于固体力学的有材料力学、结构力学、弹性力学、塑性力学、散体力学、断裂力学等。属于流体力学的有水力学、水动力学、空气动力学、气体动力学、多相流体力学、渗流力学等。各分支间的交叉又产生了黏弹性理论、流变学等。力学在工程技术方面的应用又形成了工程力学或应用力学的各种分支，如土力学、岩石力学、爆炸力学、复合材料力学等。力学和其他基础科学的结合也产生了一些交叉性的分支，如天体力学、物理力学、生物力学、生物流变学、地质力学、地球流体力学等。

2. 社会发展与力学的沿革

(1)经典力学的起源与建立

在阿基米德生活的年代之前几千年，人们就开始用杠杆、斜面、滑轮、重心等为生产实践服务。如在埃及第十九王朝底比斯伊普伊墓中的壁画中就有桔槔汲水图，这种中国称之为桔槔的灌溉器械，整体应用了杠杆知识，尖底水桶应用了重心变化的知识，入水时自动倾斜，水满时自动垂直。我国西安半坡遗址(公元前3000多年)出土的汲水壶也是尖底的形式。在埃及的胡夫金字塔的建造过程中已使用了滑轮组、斜面。和其他科学学科一样，力学中最简单、最基础的知识，最早起源于对自然现象的观察和在生产劳动中的经验。在长期观察和经验积累的基础上，逐渐形成一些概念，然后对一些现象的规律进行描述。我国的《墨经》(公元前4～公元前3世纪)中涉及外力的概念、杠杆平衡、浮力、强度和刚度的叙述。在亚里士多德(公元前384～公元前322年)的著作中有关于杠杆平衡的见解。阿基米德对杠杆平衡、物体重心位置、物体在水中受到的浮力等作了系统的研究，确定了它们的基本规律。他在研究杠杆平衡、平面图形重心位置时，先建立一些公式，而后用数学论证的方法导出一些定理。成果之一是用类似求和再取极限的方法，求出一个抛物线和它们两平行弦(与抛物线斜交)所围成平面图形面积的重心位置。他关于杠杆的公式之一是：不等距的等重不能平衡，杠杆将向距离较大的一侧倾斜。得出杠杆平衡条件是两臂长度同其上的物体重量成反比。这就是静力平衡的几何学方法的开端，经一千年的发展后演化为力矩表达的平衡条件。

古代对机械运动的描述只限于匀速直线和匀速圆周运动，亚里士多德认为行星轨道应是圆，托勒密在《天文学大成》(公元140年左右)的地心说中，认为太阳绕地球作匀速圆周运动，行星又绕太阳作匀速圆周运动，亚里士多德在《论天》中认为，体积相同的两物体，重者下落比较快。

古希腊以后，欧洲和西亚、南亚地区由于农奴制或宗教的束缚，在近2000年中生产停滞不前，力学的发展几乎停顿。在欧洲中世纪一千多年里，宗教势力为了维护教会的统治地位，刻意选择古人学说中有利于巩固宗教统治的内容，把它们绝对化、神化，不容违反，用以愚弄人民。同时把提出不同观念的学者一律视为异教徒，横加迫害。托勒密的地心说，亚里士多德的两个相同体积的自由落体，重者下落比轻者快的观点一直被奉为信条。

随着生产的发展，资本主义生产关系在欧洲封建社会内部逐渐形成和发展起来。和资产阶级的经济、政治相适应，十四、十五世纪以来，欧洲文化上也出现了新的运动。它的主要内容就是人文主义思想：反对中世纪的神学世界观，摆脱教会对人们的思想束缚，冲破各种神学的或经院哲学的传统教条。这个以文艺复兴为名的运动给欧洲的科学技术发展带来了勃勃生机。F. 培根所倡导的实验科学开始兴起，技术上工匠传统和学者传统趋于结合。17世纪中叶，欧洲各国纷纷成立科学院。商业和航海迅速发展，航海需要天文观测，好几个国家悬赏征求解决经度的测定问题，天文观测和对天体运行规律的研究受到重视。哥白尼的《天体运行论》出版(1543年)后，日心说冲击着托勒密的地心说。从力学学科本身来说，由于天体运动比地上物体的受力和运动更单纯，天文观测比当时地面上实验更便于揭示力和运动之间的关系，因此，力学中的规律往往先在天体运行研究中被发现。

17 世纪和 18 世纪是经典力学创立和完善的时期。意大利天文学家、力学家、哲学家伽利略(1564 ~1642 年)研究了地面上自由落体、斜面运动、抛射体运动等，建立了加速度的概念并发现了匀加速运动的规律。他采用科学实验和理论分析相结合的方法，指出了亚里士多德关于运动观点的错误，并竭力宣扬日心说。他在 1638 年出版的《关于两门新科学的谈话和数学证明》是动力学的第一本著作。他曾非正式地提出过惯性定律和外力作用下物体的运动规律，为牛顿正式提出运动第一、第二定律奠定了基础。因此，在经典力学的创立上，伽利略是牛顿的先驱。惠更斯在动力学研究中提出向心力、离心力、转动惯量、单摆的摆动中心等重要概念。开普勒总结出行星运动的三定律，牛顿(1642 ~1727 年)继承和发扬了这些成果，提出了物体运动三定律和万有引力定律。牛顿运动定律是就单个自由质点而言的，达朗贝尔把它推广到受约束质点的运动。J. -L. 拉格朗日进一步研究受约束质点的运动，并把结果总结在他的著作《分析力学》(1788 年出版)中，分析力学从此创立。此前，L. 欧拉建立了刚体的动力学方程(1758 年)。至此，以质点系和刚体的运动规律为主要研究对象的经典力学臻于完善。

欧拉是继牛顿之后对力学贡献最多的学者。他列出了刚体运动的运动方程和动力学方程并求得一些解；同时，对弹性稳定性作了开创性研究，并开辟了流体力学的理论分析，奠定了理想流体力学的基础，在这一时期经典力学的创立和下一时期弹性力学、流体力学成长为独立分支之间，他起着承上启下的作用。

静力学和运动学可以看作动力学的组成部分，但又具有其独立特征。它们在动力学之前产生，又可看作是动力学产生的前提。直到 19 世纪，人们才把力学明确分为静力学、运动学和动力学三个部分。

R. 胡克 1660 年在实验室中发现弹性体的力和变形之间的关系，建立了弹性体胡克定律。B. 帕斯卡指出不可压缩静止流体各向压力(压强)相同。牛顿在《自然哲学的数学原理》(1687 年出版)中指出流体阻力与速度差成正比，这是黏性流体剪应力与剪应变之间成正比关系的最初形式。1636 年 M. 梅森测量了声音的速度。R. 波意耳于 1662 年和 E. 马略特于 1676 年各自独立地建立了气体压力和容积关系的定律。所有这些，为后来的弹性力学、黏性流体力学、气体力学等学科的出现作了准备。与此同时，有关材料力学、水力学的奠基工作亦已开始。马略特在 1680 年作了梁的弯曲试验，并发现变形与外力的正比关系。丹尼尔第一、伯努利和欧拉在弹性梁弯曲试验问题中假定弯矩和曲率成正比，丹尼尔第一、伯努利还在流体力学中导出能量关系式，第一次采用水动力学一词。

(2) 19 世纪新兴的主要力学分支

19 世纪，欧洲主要国家相继完成了产业革命。以机器为主体的工厂代替手工业。大机器生产对力学提出了更高的要求。各国加强了科学研究机构。在建立了经典力学之后，物理学的前缘逐渐移向热力学和电磁学。能量守恒和转换定律的确立开始冲击机械的(即力学的)自然观。客观现实社会环境促进了力学在工程技术和应用方面的发展。同时，一些学者又竭力实现力学体系的完善化，把力学和当时蓬勃发展的数学理论广泛地结合起来，促使力学原理的应用范围从质点系、刚体扩大到可变形的固体和流体，而前一历史时期取得的研究成果则为此准备了条件。弹性固体和黏性流体的基本方程的建立，标志着力学从物理学中走出来。19 世纪力学的主要分支都完成了建立过程。

19 世纪固体方面的力学发展，除了材料力学更趋完善，随着大型复杂工程结构的出现，逐渐发展出解决杆件系统问题的结构力学之外，主要是数学弹性力学的建立。材料力学、结构力学与当时的土木建筑、机械制造、交通运输等密切相关，而弹性力学在当时很少有直接的应用背景，主要是为探索自然规律而作基础研究。

这一时期内有关流体方面的力学发展情况类似于固体方面，在实践的推动下水力学发展出不少经验或半经验公式；另一方面在数学理论上，最主要的进展是黏性流体运动基本方程，即纳维－斯托克斯方程。纳维在1821年发表了不可压缩黏性流体运动方程。1831年泊松第一次完整地给出黏性流体的本构关系。G. G. 斯托克斯在1845年得到了黏性流体运动基本方程。但对非牛顿流体的研究，无论从理论上或实际上，只是到了20世纪40年代才有发展。

在可压缩流体或气体的力学方面，根据实验发现了不少基本规律。圣维南在1839年给出气体通过小孔的计算公式。在声学理论方面，除了瑞利的弹性振动理论外，气体的波动理论也有很大的发展。对于超音速流动，E. 马赫在1887年开始发表关于弹丸在空气中飞行实验的结果，提出流速与声速之比这个无量纲数，后来这个参数被称为马赫数(1929年)，兰金和P. H. 许贡纽分别在1870年和1887年考虑了一维冲击波(激波)前后压力和密度的不连续变化规律。

O. 雷诺在1883年用管道实验研究了流体从层流到湍流的过渡，以及流动失稳问题。他在实验中指出了流动的动力相似定律，以及在其中起关键作用的一个无量纲数，即雷诺数。此外雷诺还开始了湍流理论的艰难研究。

兰姆在其《流体运动数学理论》(1878年)中总结了19世纪流体动力学的理论成就。但是，实用中出现的许多流体力学问题还得依靠水力学中经验或半经验公式。

分析力学方面的主要成就是由拉格朗日力学发展为以积分形式变分原理为基础的哈密顿力学。积分形式变分原理的建立对力学发展，无论在近代或现代，无论在理论和应用上，都具有重要的意义。哈密顿的另一贡献是正则方程和正则变换，它们为力学运动方程的求解提供了途径。牛顿、拉格朗日和哈密顿的力学理论构成物理学中的经典力学部分。

1864年，海王星的发现先经计算做出预言，而后用观察证实，推动了天体力学的研究。H. 庞加莱对三体问题研究的成果不仅推动了力学稳定性理论、摄动理论的发展，也促进了数学拓扑学、微分方程定性理论两个分支的发展。E. J. 劳思，H. E. 儒科夫斯基等人解决了不少工程技术和天体力学中的其他运动稳定性问题，A. M. 里雅普诺夫的著作《运动稳定性的一般问题》(1892年)直到20世纪中叶仍有意义。

在应用方面，大机器的发展提出大量与机器传动有关的运动学、动力学问题，并得到了解决，逐步形成现在的机械原理等学科。

(3) 近代力学的发展

从1900年到1960年被称之为近代力学时期。20世纪上半叶，物理学发生巨大的变化。狭义相对论、广义相对论以及量子力学的相继建立，冲击了经典物理学。前两个世纪以力学模型来解释一切物理现象的观点(即唯力学论)退出了历史舞台。经典力学的适用范围被明确为宏观物体的远低于光速的机械运动，力学进一步从物理学中分离出来成为独立的学科。

这半个多世纪中力学发展的主要动力来自工程技术的发展。1903年莱特兄弟飞行成功，飞机很快成为交通工具；1957年人造卫星发射成功，标志着航天事业的开端。力学解决了飞机、航天器等各种飞行器的空气动力学性能问题、推进器的叶栅动力学问题、飞行稳定性和操纵性问题以及结构和材料强度等问题。在航空和航天事业的发展过程中，人们清楚地看到力学研究对于工业的先导作用。1945年第一次核爆炸成功，标志着核技术时代的开始。

力学解决了猛烈炸药爆轰的精密控制、材料在高压下的冲击绝热性能，强爆炸波的传播、反应堆的热应力等问题。此外，新型材料的出现，如混凝土、合成橡胶和塑料的制成，都向力学提供了新的课题。

这一时期力学发展有两大特点：一是力学实验规模日益扩大，需要复杂的机器设备、精密的控制测量仪表、巨大的能量和各种技术人员协同工作，例如做流体力学实验用的风洞、激波管、水洞、水池，做动态强度用的振动台离心机等。二是应用力学的影响遍及全世界，注重力学理论、力学实验和工程技术实践相结合。

这个时期固体力学的发展主要表现在材料力学、弹性力学和结构力学的理论和实际应用方面，进一步通过解决大量的工程技术问题，创立了塑性力学和黏弹性力学。弹性力学解决了弹性波传播问题，孔附近的应力集中问题，并据此发展出复变函数处理弹性力学的一般方法，板壳理论空前发展，解决了飞机轻质蒙皮的强度、颤振、疲劳和稳定性问题，解决了薄板大挠度问题，开创了非线性曲屈理论，用张量分析建立了极为普遍的板壳理论，发展出瑞利－里兹和伽辽金法，发展了各种变分原理，建立了有限元法等等，从而使弹性力学的求解方法出现了重大突破。

塑性力学的建立是力学在20世纪发展中的大事。增量塑性本构关系、全量塑性本构关系的建立，R. 希尔对塑性理论的总结(50年代)，德鲁克公设(1952年)和以后的伊柳辛公设(1961年)为塑性理论的建立奠定了理论基础。60年代塑性力学解决了金属压延和结构强度等大量问题。极限设计理论的提出，显示出塑性力学在节约材料中的重大作用。在二战期间建立了塑性波理论，开辟了塑性动力学的新领域。

流体力学在20世纪上半叶的发展主要在空气动力学方面。空气动力学最早是由解释和计算机翼举力开始的。F. W. 兰彻斯特的《空气动力学》(1907年)和《空气翱翔学》(1908年)两书中，包含了举力环流理论。儒科夫斯基解决了关于二元机翼即无限翼展机翼问题。普朗特提出有限翼展的举力线理论(1918年)，这一理论成为一切中等速度飞机的设计基础。阿克莱特(1946年)、H. W. 李普曼(1946年)、钱学森和郭永怀(1946年)成功地解决了跨声速飞行中的空气动力学理论问题。力学上有关理论的建立和工程上后掠机翼的采用，使跨声速飞行成为现实，力学对突破航空中的声障起了关键作用。50年代又解决了洲际导弹、航天飞行中的飞行器在入大气层时的加热问题，产生了当前通用的烧蚀防热办法。用力学中量纲分析的方法提出的自模拟理论，以及该理论以后的发展是核爆炸技术中计算冲击波强度的主要理论根据。流体力学的其他方面，如边界层理论(在高速边界层、层流边界层和湍流边界层中)也有了重要进展。

一般力学在20世纪上半叶最重要的发展是非线性振动理论。另外，航空、航天事业对导航控制装置及其他机械装置的需要促进了陀螺仪和复杂刚体系统力学的研究，使刚体动力学从19世纪出现的纯数学领域转向工程实用。在这些方面遇到的运行稳定性课题，也都得到了解决。

二、现代力学的发展

20世纪60年代以来，由于电子计算机的飞跃发展和广泛应用，由于基础科学和技术科学各学科间相互渗透和综合倾向的出现，以及宏观和微观相结合的研究途径的开拓，力学出现了崭新的发展。

计算机自1946年问世以来，计算速度、存储容量和运算能力飞速发展，同时计算机软件、计算方法的日新月异直接导致了计算力学的产生和发展。计算力学主要的数值方法有有限差分方法、有限元法、变分方法、直线法、特征线法和谱方法；计算力学既可在固体力学应用，也可在流体力学、生物力学中应用。计算机技术、计算力学的诞生和发展改变了力学的面貌，也改变了力学家的思想方法。过去力学中大量复杂、困难而无人敢问津的问题，因此有了解决的门路。

现代科学学科的渗透产生了新的力学交叉分支学科。航天工程开辟人们的视野，现代力学再度向天文学渗透。人们用磁流体力学研究太阳风在地球磁场中形成的冲击波，用流体力学结合恒星动力学研究密度波……力学向生物学渗透——根据已经确立的力学原理来研究生物中的力学问题，从而产生了生物力学这门崭新的学科。力学同时向地球、能源、环境、材料、海洋、安全等科学或工程渗透。

力学发展中的综合倾向主要表现在理性力学及其学派的产生上。理性力学学派试图用数学的基本概念和严格的逻辑推理研究力学中带共性的问题。

从构成物质的微观粒子（如分子、原子、电子）或者细观结构（如晶粒、分子链）的性质及其相互作用来确定材料的宏观性质（如弹性系数、热导率、比热容等），或者解释变形或破坏机制等是力学研究中采用宏观和微观结合的方法。例如金属中的位错假说在50年代被实验证实，60年代发展成位错力学，而用位错参数表达的奥罗万应变率公式已经通过“内变量”的桥梁进入宏观的本构关系，沟通了宏观和微观的联系。位错理论和断裂力学分别从微观和宏观的角度突出缺陷材料性能的重要性，两者之间有密切联系。断裂力学在60年代迅速发展，是现代力学最重要的发展之一。

下面对有限元法、生物力学、断裂力学的发展作一简单介绍。

有限元法是20世纪60年代逐渐发展起来的一种以连续体离散化，来求解力学和物理问题的数值方法。其做法是，对要求解的力学或物理问题，通过有限元素的划分将连续体的无限自由度离散为有限自由度，从而基于变分原理或用其他方法将其归结为代数方程求解。有限元法不仅具有理论完整可靠，形式单纯、规范，精度和收敛性得到保证等优点，而且可根据问题的性质构造适用的单元，从而具有比其他数值解法更广泛的适用范围。但是，为得到具体问题较为精确的计算结果，有限元法所涉及的计算量一般都比较巨大，一些复杂的计算需要借助于大型、甚至巨型计算机。随着计算机技术的迅猛发展，有限元法的应用越来越广泛，80年代末90年代初，需要借助大型计算机，耗费大额资金才能解决的问题，现在用个人电脑就能解决。有限元法已成为力学研究和工程技术所不可或缺的工具。

断裂力学是20世纪固体力学重大成就之一。1921年Griffith提出了能量释放理论，认为玻璃等一类脆性材料含有微小缺陷或裂纹，这一类脆性材料低应力脆断是由于微小裂纹失稳扩展造成的。他指出，一旦含裂纹物体能量释放率等于表面能，裂纹就会失稳扩展，导致低应力脆断。

1948年Irwin、Orowan、Mott都提出了修正的Griffith理论，提出将裂纹尖端塑区塑性功计入耗散能，就能将Griffith理论用到金属材料。1956年Irwin提出了应力强度因子理论和断裂韧性新观念，建立了临界应力强度因子准则，认为裂纹尖端应力强度因子达到临界值时，裂纹就会失稳扩展，奠定了线弹性断裂力学理论基础。1962年，Paris提出了疲劳裂纹扩展公式，开辟了疲劳寿命预测的新领域。1962年，Dugdale提出了窄带屈服区模型，1968年，Rice建立了J积分原理，提出了积分的守恒性，Hutchinson，Rice和Rosengren提出了弹塑性材料裂纹尖端HRR奇异场，为弹塑性断裂力学奠定了理论基础。

断裂力学已成为工程材料与构件强度估算和寿命预测的重要理论基础。在断裂力学原理指导下建立起来的平面应变断裂韧性K_{Ic}和J_{Ic}以及裂纹尖张口位移临界值δ_{Ic}的测定规范及相应的断裂准则，已经成为工程材料与结构设计规范的重要组成部分。“损伤容限设计”已成为航空航天结构设计的重要原理。“缺陷评定规范”和“先泄漏原理”已经用于压力容器和管道的结构设计。断裂力学的发展还激发了细观和微观断裂原理理论研究的蓬勃发展。

生物力学创立于20世纪60年代后期，其内涵是力学方法和生物学方法相结合，研究不同层次生命体(从个体到生物大分子)结构-功能的定量关系。冯元桢(Y. C. Fung)关于肺微循环的研究(1969年)提出了生物力学的独特方法学原则，这是生物力学作为一门独立的分支学科产生的标志。而应力生长关系(冯元桢假说，1983年)则是生物力学的灵魂。以细胞层面为焦点，上及组织器官，下至生物大分子的生物力学的研究是当前生物医学工程十分活跃的一个领域。

30多年来生物力学的研究对相关领域的发展起了重大的推动作用。定量解剖学、定量形态学、系统(定量)生理学、血管生物学(Vassel Biology)的形成即为其例。而正在崛起的Mechano-cytobiology(细胞生物力学)、分子生物力学和Mechano-chemicaleffect(力学化学耦合效应)等的研究，正在大力推动21世纪生命科学的进步。同时，对力学本身提出了重大挑战，并赋予古老的力学以新的生命。

另一方面，生物力学是生物工程(含生物医学工程、生物化学工程、生物技术等)的基础之一。它对21世纪生物工程的前沿，如器官-组织工程、功能生物材料、生物微系统的发展具有重要意义。正如冯元桢在论及人工器官时所说：“莱特兄弟的飞机飞上天时，并不懂得空气动力学，但如果没有空气动力学就没有‘协和’飞机，生物力学和生物工程的关系，与此仿佛。”

生物力学有许多分支，目前研究和应用较广泛的有以研究生物材料的力学性能为主要内容的生物流变学，以研究血液在心脏、动脉、微血管床、静脉中流动以及心脏心瓣的力学问题为主要内容的循环系统动力学，以研究在呼吸过程中气道内气体的流动和肺循环中血液的流动以及气血间气体的交换为主要内容的呼吸系统动力学，以及冲击损伤生物力学等等。

三、21世纪力学发展的动向

力学的发展，以往、当今、今后都一直和社会的发展、其他自然科学和技术的发展紧密联系。人们预计生命科学、材料科学和外太空技术将会在21世纪得到蓬勃发展。

随着纳米材料的产生和迅速的开发应用，纳米力学也应运而生。纳米力学主要研究100nm以下尺度上物质的行为和变化规律。物质在纳米尺度上所具有的特殊效应、微尺度效应等导致了其特异的性能和行为。人们对纳米力学行为的认识，目前主要通过试验观测和数值模拟等方法。现行主要的模拟方法有分子动力学模拟、蒙特卡罗模拟等纳米力学计算方法。一些学者提出了以量子力学为基础、多学科交叉、多层次融合发展纳米力学研究的设想。目前纳米力学主要的分支有纳米晶体力学、纳米管力学和纳米压痕力学等。纳米材料刚刚兴起，人们已在众多行业发现其广泛的用途和无可比拟的优越性。专家预计在21世纪，纳米材料将会带动材料科学蓬勃发展，使材料科学成为最有发展前景的学科之一。随着纳米材料科学的发展，纳米力学也会不断发展。同时，纳米力学的发展反过来也会促进和指导纳米材料的发展。有专家预言，21世纪是生命科学和生物工程的世纪。21世纪生物力学的发展正在经历深刻的变化。由宏观向微(细)观深入，宏观和微(细)观相结合，工程科学与生命科学相融合，已成为当今生物力学发展的主要特色。生物力学将以解决生物学与医学的基础科学问题和工程应用问题为目标，在传统力学方法难以胜任的领域(如纳米生物学)建立新的方法，体现力学、生命科学和工程科学的交叉与融合。主要在细胞与分子生物力学、组织力学与组织工程、生物微系统和空间生命技术等方面将会有长足的发展。

随着航空和航天技术与工程的进一步发展，高温气体动力学及高超声速飞行技术的研究，微重力科学的研究将会逐渐向纵深发展。

在不少力学的分支中，到目前为止还有许多问题没有研究彻底，尚需进一步探索。如流体力学中的复杂流动过程及其规律，理性力学、塑性力学、断裂力学、损伤力学的一些问题还有待力学工作者在21世纪中继续研究和探索。

第一篇　静　力　学

1. 静力学历史渊源

静力学从公元前三世纪开始发展，到公元 16 世纪伽利略奠定动力学基础为止。这期间经历了西欧奴隶社会后期、封建时期和文艺复兴初期。力学是在为适应农业、建筑业发展及同贸易发展有关的精密衡量的需要中逐渐发展起来的。人们在使用简单的工具和机械的基础上，逐渐总结出力学的概念和公理。例如，从滑轮和杠杆得出力矩的概念；从斜面得出力的平行四边形法则等。

静力学一词首先由法国力学家、数学家 P. 伐里农提出。

P. 伐里农，1654 年生于卡昂，1722 年 12 月 22 日卒于巴黎。1688 年起任马扎兰学院教授、法兰西学院教授，1688 年当选为法国科学院院士。伐里农在他 1687 年出版的著作《新力学大纲》中，第一个对力矩的概念和运算规则做出科学的说明。该书最后版本《新力学，即静力学》(两卷，1725 年出版)提出静力学一词，并分析了绳索的平衡，这种分析方法是后来图解静力学中力多边形法的基础。

阿基米德是使静力学成为一门真正科学的奠基者。在他的关于平面图形的平衡和重心的著作中，创立了杠杆理论，并且奠定了静力学的主要原理。阿基米德得出的杠杆平衡条件是：若杠杆两臂的长度同其上物体的重量成反比，则此二物体必处于平衡状态。阿基米德是第一个使用严密推理求出平行四边形、三角形和梯形物体的重心位置的人，他还应用近似法，求出了抛物线段的重心。

对物体在斜面上的力学问题的研究，最有功绩的是斯蒂文，他得出并论证了力的平行四边形法则。

我国古代科学家对静力学有着重大的贡献。春秋战国时期伟大的哲学家墨翟在他的代表作《墨经》中，对杠杆、轮轴和斜面作了分析。在《墨经》中他明确指出“长重者下，短轻者上”，不仅考虑了力的因素，而且考虑了距离的因素；还提出“衡木：加重于一旁，必捶，权重相若也”，意思是指天平横梁的一端加重物，另一端必加等量的砝码才能平衡，提出了杠杆的平衡原理。

法国力学家、数学家潘索充分发展了几何静力学，于 1803 年完成的《静力学原理》首次提出力偶的概念，提出了任意力系的简化和平衡理论、约束的定义以及解除约束原理。

2. 科学家简述

墨翟(公元前 468 ~ 公元前 376)，尊称墨子，战国初年的鲁国人。墨子出生于下层，少年时代曾经“学儒者之业，受孔子之术”。后来觉得儒家的礼过于烦扰，厚葬浪费财物，使百姓贫困，而长时间的服丧也有伤身体，妨碍生计。所以撇弃儒学，并创立了墨家学说，成了儒家的反对派。他有弟子三百人，结成有组织、有纪律的墨家学派团体。在力学方面，墨家给“力”下了科学定义，对杠杆平衡的条件不仅考虑到力的大小，而且要考虑到力臂的长短，实际上是提出了力矩的概念，可以说，墨家已发现了杠杆的平衡条件。此外，墨家对运动和时间、轮轴、斜面、圆球运动以及浮力等问题，都有深刻的论述。

阿基米德是古希腊的数学家、物理学家。公元前 287 年，他出生在古希腊的西西里岛的城邦叙拉古，他的父亲是位天文学家。阿基米德自幼受到良好的教育，11岁时就到埃及的文化中心亚历山大城去学习。这所学校是欧几里德创办的学校，欧几里德的学生卡农是阿基米德的老师，在那里他学习数学、天文学、物理学。阿基米德学习刻苦，常常一连几天钻进图书馆的各类书室里，如饥似渴地学习。在这期间，他发明了提水的螺杆，他用一根很长的螺杆装在一个圆筒里，把木螺杆底部放在水里，上部装在岸上，用手摇动木螺杆上的手柄，水就被抽上来了。这种汲水工具被称为阿基米德螺杆，至今埃及和荷兰的一些地方还在用它汲水。阿基米德在亚历山大学习结束后又回到叙拉古，致力于科学研究工作。他不愿意做一个惟利是图的商人和战争机器的制造者。但是为了抵御罗马人的进攻，他发明的石炮和带着鸟嘴的巨大铁钳的木杆等，都有力地打击了敌军的进攻。据说古希腊国王得到了一个十分精巧的金王冠，国王怀疑金匠掺了假，但无法判定，就把这个难题交给年轻的学者阿基米德。阿基米德日夜思考这个问题，有一天他去洗澡，浴盆里装满了水，当他跨进浴盆时，水就溢出来了。他兴奋得忘记了穿衣服，跑到街上欢呼："发现了！发现了！"原来就在他跨进浴盆的一刹那，突然发现，不管一个物体的结构多么复杂，当它完全浸没在水中的时候，它所排出的水，恰好等于它本身的体积。根据这个道理，他进行了实验，证明王冠掺了假，力学中重要的"浮力原理"就这样被阿基米德发现了。为了赞扬他对科学的贡献，人们把这一定律命名为"阿基米德定律"。阿基米德把一生献给了科学，公元前212年，罗马军队偷袭叙拉古，一队士兵闯进阿基米德的家，他正在后院忙着画几何图形，阿基米德斥责敌人："别踩了我的图画！"罗马士兵却用长矛刺穿了这位年逾古稀的科学家的胸膛，他躺在血泊里，最后用微弱的声音说："好吧，你们夺去了我的身体，可是我将带走我的心。"阿基米德的主要著作有《关于球体和圆柱体》、《圆周的测量》、《关于圆锥体的球体》、《关于螺旋形》、《重心》、《论抛物线问题》等。

3. 身边的力学小问题

常骑自行车的人都会有这样的体会，在自行车快速行驶时，急刹车只能刹自行车后闸，不能刹自行车前闸，否则很容易前翻。这是为什么呢？通过这一篇的内容，我们就可从理论上作出解释。

4. 静力学引言

静力学是研究物体在力系作用下的平衡规律的科学。

所谓平衡，是指物体相对于惯性参考系保持静止或作匀速直线运动的状态，它是物体机械运动的一种特殊状态。在一般工程问题中，通常把与地球相固结的参考系作为惯性参考系。若物体相对于地球保持静止或作匀速直线运动，就称此物体处于平衡状态，如在地面上静止的厂房、高压输电铁塔、采矿的井架，在直线轨道上匀速行驶的火车等。但是，在宇宙中没有绝对的平衡，任何平衡都是相对的，所谓相对，就是暂时的，有条件的。例如，厂房固定在基础上，只是相对于地球处于静止状态。而实际上，厂房正随着地球自转，并同时随地球绕太阳公转。可见，以太阳为参考系时，厂房就不再是静止的了。

静力学主要研究以下两个问题：

（1）力系的简化

通常一个物体总是受到许多力的作用，我们把作用在物体上的一群力称为力系。在计算工程实际问题时，须将一些比较复杂的力系进行简化，将一组复杂力系简化成一组简单的力系，使其作用效应相同，这种简化力系的方法称为力系的简化。另一方面，力系简化的结果也是建立力系平衡条件的依据。

（2）力系的平衡条件

物体处于平衡状态时，作用于物体上的力系必须满足一定的条件，我们将这些条件称为力系的平衡条件，平衡时的力系称为平衡力系。研究物体的平衡问题，实际上就是研究作用于物体上的力系的平衡条件，并应用这些条件解决工程实际问题。

静力学广泛应用于工程技术中。例如，桥式吊车由桥架、吊钩和钢丝绳等构件组成，为了保证吊车能正常地工作，设计时首先须分析各构件所受的力，并根据平衡条件算出这些力的大小，然后选择材料，设计构件尺寸。由此可见，各种工程结构和机器的设计，都要应用静力学分析其构件或零部件的受力情况，求出其中的未知力，作为选取材料和截面尺寸的重要依据。此外，力系的简化理论和物体受力分析的方法也是研究动力学的基础。

第一章　静力学基本概念和物体的受力分析

第一节　静力学基本概念

1. 刚体的概念

任何物体在力的作用下，或多或少总要产生变形，而工程实际中构件的变形，通常都非常微小，可以忽略不计。例如桥式起重机，工作时由于起重物体与它自身的重量，使桥架产生微小的变形，这个微小的变形对于应用平衡条件求支座反力时可以不考虑(略去不计)，因此，就可把起重机桥架看成是不变形的刚体。

所谓刚体，就是指在力的作用下，体内任意两点间的距离都保持不变的物体，也就是在力的作用下不发生变形的物体。刚体是实际物体抽象的一个力学模型。

但是将物体抽象为刚体也是有条件的，这与所研究的问题的性质有关，如果在所研究的问题中，物体的变形成为主要因素时，就不能再把物体看成是刚体，而要看成为变形体。例如，若齿轮轴变形过大，将造成齿轮和轴承的不均匀磨损，引起噪音；机床主轴变形过大，将影响加工精度。为保证齿轮轴、机床主轴的正常工作，就要求它们在工作时不能产生过大的变形，因此必须计算齿轮轴、机床主轴在受到力作用时的变形，此时应将齿轮轴、机床主轴看成为变形体。

静力学中采用的力学模型是刚体，所以静力学又称为刚体静力学。但是当研究变形体的平衡问题时，还是以刚体静力学的理论为基础的，不过需加上一些补充条件。

2. 力的概念

力的概念是人们在生活和生产实践中，通过长期的观察和分析逐渐形成的。例如，抬物体的时候，物体压在肩上，由于肌肉紧张而感受到力的作用；用手推小车，小车由静止开始运动；受地球引力作用自高空落下的物体，速度越来越大；挑担时扁担发生弯曲；落锤锻压工件时，工件产生变形，等等。从大量的实践中，从感性到理性，人们逐步认识到，无论在自然界或在工程实际中，物体机械运动状态的改变或变形，都是物体间相互机械作用的结果。这样，人们通过科学的抽象，得出了力的定义：力是物体相互间的机械作用，这种作用的结果是使物体的机械运动状态发生改变，或使物体发生变形。

力不能脱离物体而存在。力虽然看不见，但力的作用效应完全可以直接观察，或用仪器测量出来，人们也正是从力的作用效应来认识力本身的。一个力对物体的效应可以分为两个方面：力使物体的运动状态发生变化的效应，叫做力的运动效应或外效应；力使物体发生变形的效应，则叫做力的变形效应或内效应。在理论力学中只研究力的外效应，而力的内效应在材料力学、结构力学、弹性力学等课程中研究。

实践证明，力对物体的作用效应，取决于力的三要素：大小、方向和作用点，当这三个要素中任何一个改变时，力的作用效应也就发生变化。

力的大小表示物体间机械作用的强弱，在国际单位制中，力的单位为牛顿(N)或千牛顿(kN)。

力的方向表示物体间的机械作用具有方向性，它包含方位和指向两层涵义。如重力“铅直向下”，“铅直”是指力的作用线在空间的方位，“向下”是指力沿作用线的指向。

力的作用点是力的作用位置的抽象。实际上物体相互作用的位置并不是一个点而是物体的一部分面积或体积，当作用面积或体积相对于物体本身的尺寸来说很小时，则可简化为一点，称为力的作用点。作用于这个点上的力称为集中力，过力的作用点代表力的方位的直线称为力的作用线。如果力的作用范围不能简化为一个点时，则称为分布力。如：我们推车时，手作用于车把上的推力可近似地看成集中力；压力容器上受到的气体压力，则是分布力。

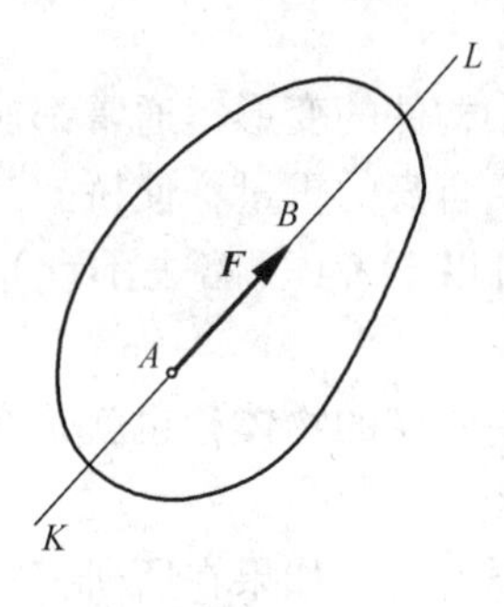

图 1－1

综上所述，一个力可用力的三个要素即大小、方向和作用点表示，力具有矢量所具备的条件，所以力是矢量，且为定位矢量，可用一带箭头的直线段表示，如图 1－1 所示。一定比例尺的线段的长度表示力的大小，线段的方位和箭头的指向表示力的方向，线段的起点或终点表示力的作用点，与线段重合的直线表示力的作用线。在本教材中，矢量用粗体字母表示，如用 $\boldsymbol{F}$ 表示力的矢量。

下面介绍力系的有关概念。我们把作用在物体上的一群力称为力系。如果物体在一力系的作用下保持平衡状态，则该力系称为平衡力系。如果作用于刚体上的一力系可用另一力系代替，而不改变刚体的运动状态，则此两力系称为等效力系。如一个力与一个力系等效，则这个力称为该力系的合力；原力系中的各个力称为其合力的各个分力。

第二节　静力学公理

静力学公理是人们在长期的生活和生产实践中总结概括出来的，这些公理简单、明显，无需证明而被大家所公认。这些公理是静力学的基础。

公理一(二力平衡公理)　作用在同一刚体上的二个力使刚体保持平衡的必要和充分条件是：这两个力大小相等、方向相反、作用在同一直线上。

这个公理揭示了作用于物体上最简单的力系平衡时所必须满足的条件。对刚体来说，这个条件是必要且充分的；但是，对于变形体而言，这个条件只是必要条件而非充分条件。例如，软绳在两个等值反向的拉力作用下是平衡的，在两个等值反向的压力作用下，就不能平衡了。

在两个力作用下处于平衡状态的物体，称为二力构件或二力杆。工程上有许多构件可以简化为二力构件，例如图 1－2，如果不计刚体 BC 的自重，刚体 BC 在 B、C 两点各受一力而平衡，由二力平衡公理可知，则此二个力的作用线必定沿 B、C 两作用点的连线。

公理二(加减平衡力系公理)　在作用于刚体上的任何一组力系中，加上或减去一组平衡力系，不改变原来力系对刚体的效应。

这个公理的正确性是显而易见的，因为平衡力系对于刚体的平衡或运动状态没有影响。这个公理是力系简化的理论依据。

推论 1(力的可传性原理)　作用于刚体上的力可沿其作用线移动到这刚体内的任意一点，而不改变该力对刚体的效应。

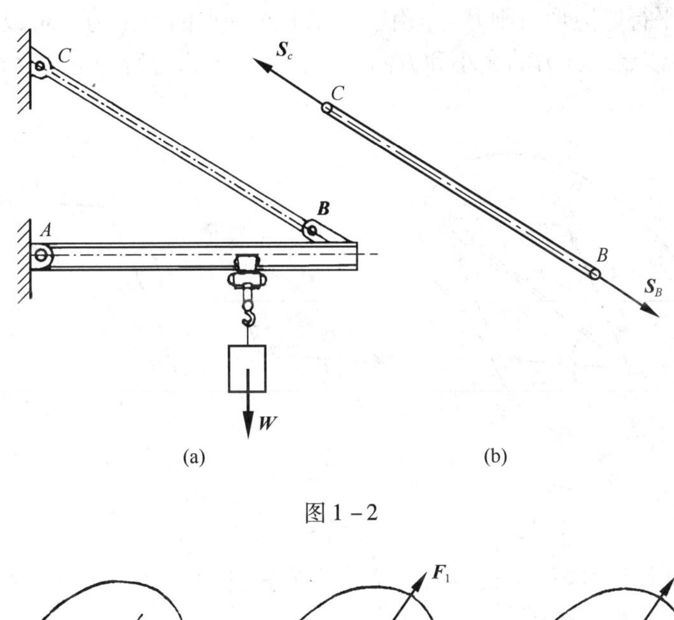

图 1-2

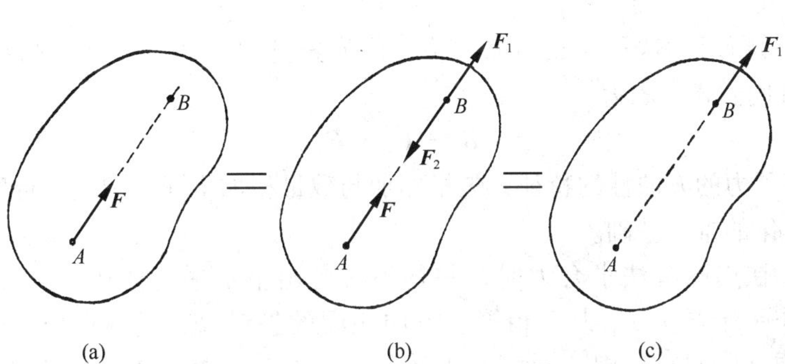

图 1-3

证明： 设力 $\boldsymbol{F}$ 作用于刚体上的 A 点，如图 1-3 所示，在其作用线上任取一点 B，并在 B 点添加一对相互平衡的力 $\boldsymbol{F}_1$ 和 $\boldsymbol{F}_2$，且令 $\boldsymbol{F}_1=-\boldsymbol{F}_2=\boldsymbol{F}$，由公理二得知，这不会影响力 $\boldsymbol{F}$ 对于刚体的效应。根据公理一得知力 $\boldsymbol{F}$ 与 $\boldsymbol{F}_2$ 相互平衡，再由公理二减去这两个力，于是仅余下作用于 B 点的力 $\boldsymbol{F}_1$，显然它与原来作用于 A 点的力 $\boldsymbol{F}$ 等效。可见，力对于刚体的效应与力的作用点在作用线上的位置无关，即力可以沿其作用线在刚体内任意移动而不改变它对刚体的效应。

例如，用力 $\boldsymbol{F}$ 推车或拉车，将得到同样的效果，就是这一推论的实践验证。

因此，对刚体来说，力的三要素又可以定义为力的大小、方向和作用线，力是滑动矢量。

应该注意，力的可传性原理只适用于刚体，而不适用于变形体。如图 1-4 所示，绳索受到等值、共线、反向的拉力作用，绳索被拉直。如果把这两个力沿作用线分别移到绳索的另一端，这时，这两个力对绳索的效应就完全不同了。

$\boldsymbol{F}_1=\boldsymbol{F}_2$

图 1-4

公理三(力的平行四边形法则)　作用于物体上同一点的两个力，可以合成为一个合力。合力的作用点仍在该点，合力的大小和方向由以这两个力为边所构成的平行四边形的对角线来表示。

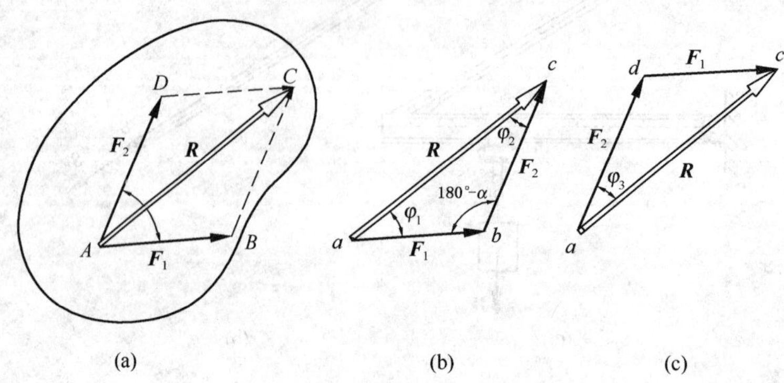

图 1－5

如图 1－5(a)所示，这种合成力的方法，称为矢量加法，合力称为这两个力的矢量和(或几何和)。可用公式表示为

$$\boldsymbol{R}=\boldsymbol{F}_1+\boldsymbol{F}_2$$

公理三反映了力的方向性的特征，矢量相加与数量相加不同，须用平行四边形的关系确定，它是力系简化的重要基础。

为了方便，在用图解法求合力时，往往不必画出整个平行四边形，如图 1－5(b)所示，可从 a 点作一个与力 $\boldsymbol{F}_1$ 大小相等、方向相同的矢量$\overline{ab}$，过 b 点作一个与力 $\boldsymbol{F}_2$ 大小相等、方向相同的矢量$\overline{bc}$。则$\overline{ac}$即表示力 $\boldsymbol{F}_1$、$\boldsymbol{F}_2$ 的合力 $\boldsymbol{R}$。这种求合力的方法，称为力三角形法则。应用力三角形法则求解力的大小和方向时，可应用数学中的三角公式或直接在图上量测。

平行四边形法则既是力的合成的法则，也是力的分解的法则。根据这个公理可将一力分解为作用于同一点的两个分力。在工程问题中，通常遇到的是将一力分解为方向已知的两个力，特别是分解为方向相互垂直的两个力，这种分解称为正交分解，所得的两个分力称为正交分力。

推论 2(三力平衡汇交定理)　当刚体受三个力作用而平衡时，若其中两个力的作用线相交于一点，则第三力的作用线必汇交于同一点，且此三个力的作用线在同一平面内。

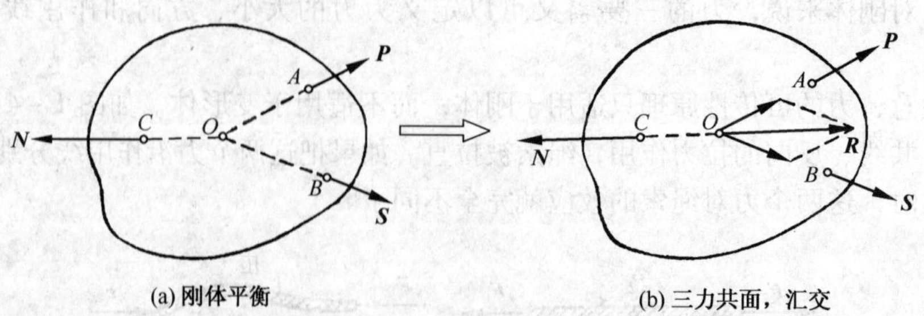

图 1－6

证明：设有不平行的三个力 $\boldsymbol{P}$、$\boldsymbol{S}$ 和 $\boldsymbol{N}$，分别作用于刚体上的 A、B、C 三点，使刚体处于平衡，如图 1－6 所示。根据力的可传性原理，将力 $\boldsymbol{P}$、$\boldsymbol{S}$ 沿其作用线移到 O 点，并按力

的平行四边形法则，合成一合力 $\boldsymbol{R}$，则力 $\boldsymbol{N}$ 与 $\boldsymbol{R}$ 平衡。根据二力平衡条件，力 $\boldsymbol{N}$ 与 $\boldsymbol{R}$ 共线，所以力 $\boldsymbol{N}$ 必通过力 $\boldsymbol{P}$ 与 $\boldsymbol{S}$ 的交点 O，且 $\boldsymbol{N}$ 与 $\boldsymbol{P}$ 和 $\boldsymbol{S}$ 在同一平面内。

三力平衡汇交定理说明了不平行的三个力平衡的必要条件，有时可用来确定第三个力的作用线的方位。

公理四（作用与反作用定律）　两个物体间相互作用的力，即作用力与反作用力，总是大小相等、方向相反，沿同一直线，分别作用在这两个物体上。

这个公理概括了自然界中物体间相互作用的力之间的关系，表明一切力总是成对地出现的。不论物体是处于静止状态还是运动状态，无论对刚体或变形体，作用与反作用定律都普遍适用。

必须强调指出，虽然作用力与反作用力大小相等、方向相反，但分别作用在两个不同的物体上。因此，决不可认为这两个力互成平衡。这与公理一有本质的区别，不能混同。

公理五（刚化原理）　变形体在某一力系作用下处于平衡，如将此变形体刚化为刚体，则平衡状态保持不变。

这个公理告诉我们，静力学所研究的关于刚体的平衡条件，对于变形体来说也是必要的。换言之，处于平衡状态的变形体，我们可以把它视为刚体来研究。必须指出，刚体的平衡条件对于变形体来说，只是必要的但非充分的。如图 1－7 所示，一段绳索在两个大小相等方向相反的拉力作用下处于平衡，如将该绳索视为刚性杆，则平衡状态不受影响；但是对于刚性杆受大小相等方向相反的两个压力而平衡时，如将该刚性杆变为绳索，则平衡状态不能保持。这说明对于变形体的平衡来说，除须满足刚体静力学的平衡条件外，还须满足与变形体的物理性质有关的一些附加条件。

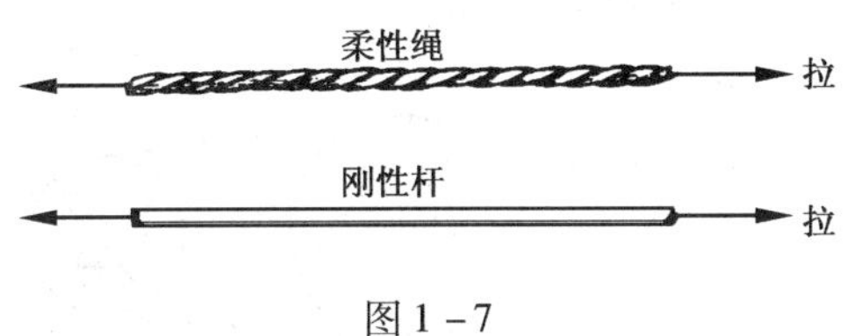

图 1－7

第三节　约束和约束反力

凡位移不受任何限制可以在空间作任意运动的物体称为自由体，如在空中飞行的飞机、火箭等。如果物体的位移受到了预先给定的条件的限制，使它沿某些方向的运动成为不可能，则此物体称为非自由体或称为被约束体。所谓约束，就是阻碍物体某些位移的限制条件，这种限制条件是由和被限制的物体相联的其他物体构成的。例如，书放在光滑的桌面上，桌面就是书的约束，它阻碍书沿铅直方向向下运动。悬挂着的灯受到绳索的约束，灯在重力的作用下，却不能离开绳索向下运动。

既然约束阻碍物体沿某些方向运动，那么，当物体沿着约束所能阻碍的方向有运动趋势时，约束就会对它作用一定的力以阻止这种运动。约束作用于被约束物体上的力，称为约束反力，简称反力。约束反力阻止物体运动的作用是通过约束体与物体间相互接触来实现的，因此约束反力的作用点应在相互接触处，约束反力的方向总是与约束体所能阻止的物体的运动方向相反，这是我们确定约束反力方向的准则。至于约束反力的大小，一般都是未知的，在静力学中可由力系的平衡条件求出。

能使物体运动或有运动趋势的力，称为主动力，如重力、风力、流体压力等。在一般情

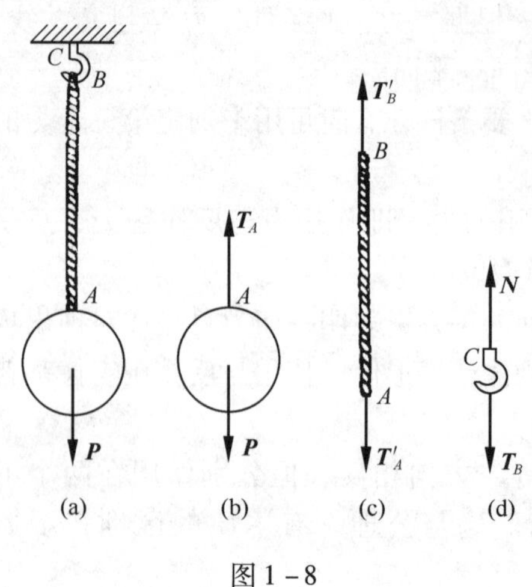

图 1－8

况下，约束反力是由主动力的作用所引起的，所以约束反力也称为“被动力”，它随主动力的改变而变化。物体所受的主动力，一般都是已知的，而约束反力是未知的。因此，对约束反力的分析，就成为受力分析的重点。

工程中约束的种类很多，对于一些常见的约束，按其所具有的特性，可以归纳成以下几种基本类型：

1. 柔性约束

属于这类约束的有绳索、链条和皮带等，这类约束体不计重量，视为绝对柔软。这类约束的特点是只能限制物体沿着柔性体伸长的方向运动，而不能限制其他方向的运动。因此，柔性体对物体的约束反力，通过柔性体与物体的连接点，方向沿着柔性体的中心线而背离物体，即柔性体的约束反力恒为拉力，如图 1－8、图 1－9 所示。

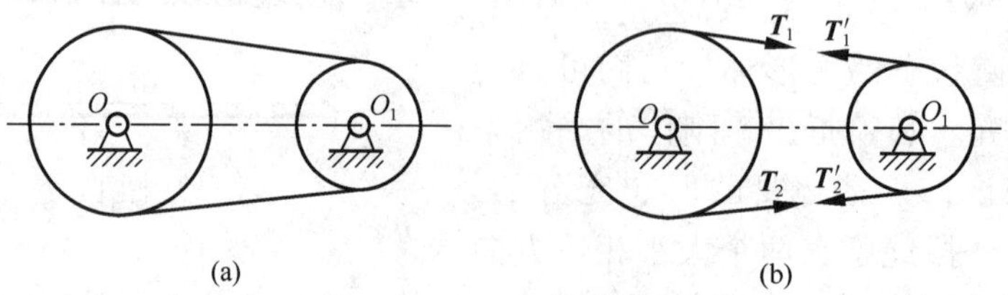

图 1－9

2. 光滑接触面约束

当两个物体间的接触面上的摩擦力比其他作用力小很多时，摩擦力就成了次要因素，可以忽略不计。忽略了摩擦力的接触面称为理想光滑面。这类约束的特点是不论接触表面的形状如何，只能限制物体沿两接触表面的公法线并趋向接触面的运动，而不能限制物体沿着接触面或离开接触面的运动。因此，光滑接触面约束的约束反力通过接触点，沿接触面在接触点处的公法线而指向物体，即约束反力为压力，如图 1－10 所示。这种约束反力也称为法向反力。

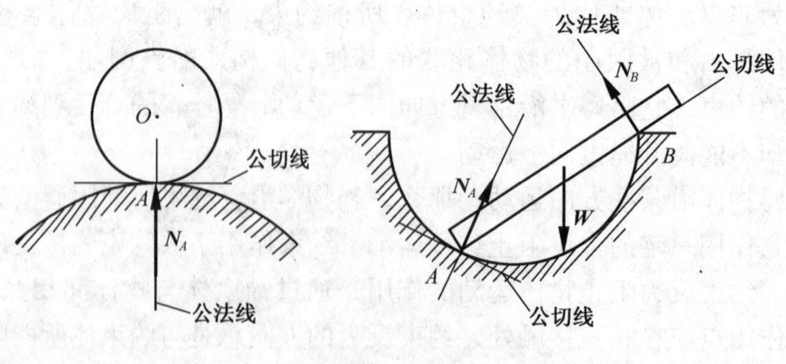

图 1－10

3. 光滑铰链约束

铰链是连接两个构件的圆柱形零件，通常称为销钉。光滑铰链约束可视为由销钉插入两构件的圆柱孔而构成，并忽略摩擦及销钉与构件上圆柱孔的余隙，如图 1 - 11 所示结构中的 C 处就是光滑铰链约束。这类约束的特点是只能限制物体的任意径向移动，而不能限制物体绕销钉轴线的转动和平行于销钉轴线的移动。因为销钉与圆柱孔是光滑曲面接触，按照光滑面约束反力的性质，销钉对构件的约束反力应沿圆柱面在接触点的公法线，并通过铰链中心。但因接触点的位置决定于构件上所受的其他力而一般不能预先确定，所以约束反力的方向也就不能预先确定，如图 1 - 12 所示。因此，光滑铰链的约束反力在垂直于销钉轴线的平面内，通过圆孔中心，方向待定。在受力分析中，铰链的约束反力通常用两个正交的垂直于销钉轴线且通过圆孔中心的两个分力来表示。两个分力的指向可任意假定，由计算结果来判定其方向假定的正确性。

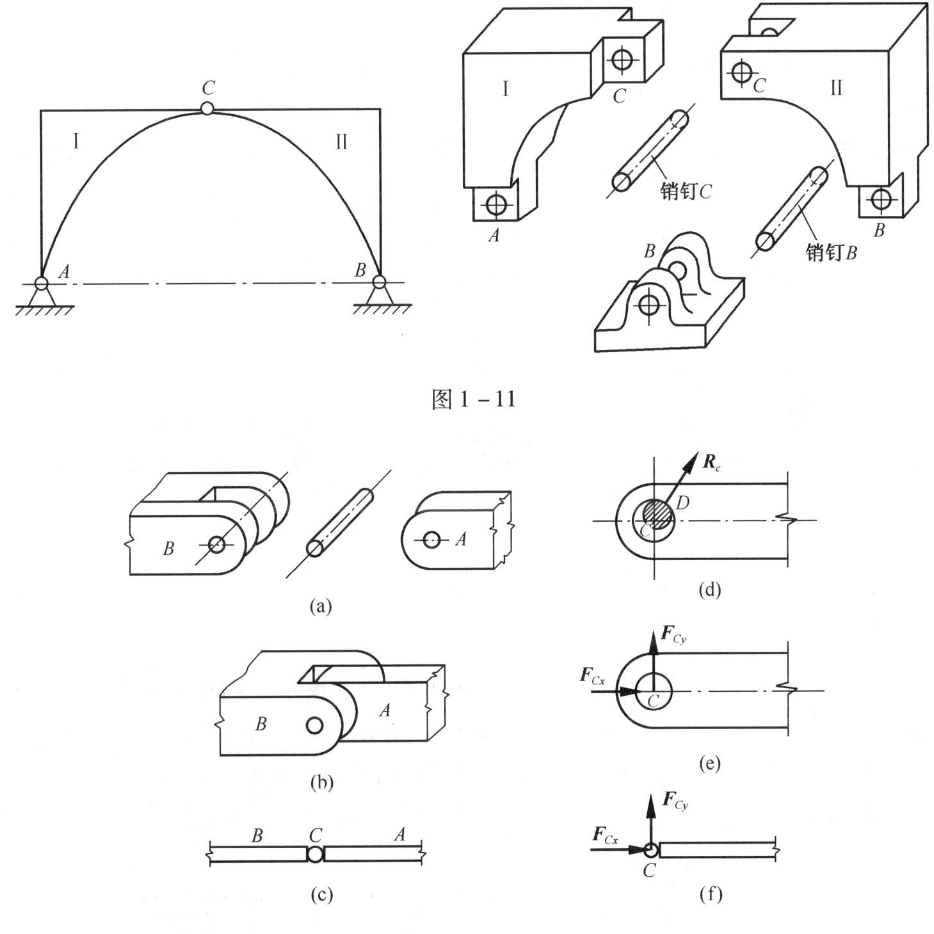

图 1 - 11

图 1 - 12

4. 固定铰链支座

用圆柱铰链连接的两个构件中，如果其中一个构件被固定在基础上或静止的机架上，则称为固定铰链支座，如图 1 - 11 所示结构中的 A、B 两处就是固定铰链支座。工程实际中固定铰链支座的应用较为广泛，如桥梁与桥墩的连接、起重机的起重臂与机架的连接等。固定铰支座的销钉对构件的约束与光滑铰链约束的销钉对构件的约束完全相同。所以，图 1 - 13 中固定铰支座的约束反力在垂直于圆柱销钉轴线的平面内，通过圆柱销钉中心，方向不定，通常表示为相互垂直的两个分力。

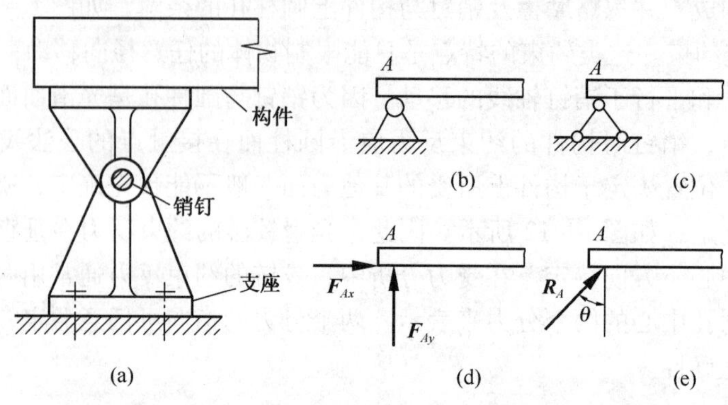

图 1－13

5. 向心轴承(径向轴承)

向心轴承是机器中常见的一种约束，如图 1－14 所示。它的性质与铰链约束的性质相同，不过在这里轴承是约束，而轴本身则是被约束物体。轴承对轴的约束反力与铰链的约束反力具有完全相同的特征，当主动力尚未确定时，约束反力的方向不能预先确定，但是，不论约束反力的方向如何，其作用线必垂直于轴线并通过轴心。通常，方向不能预先确定的约束反力，可用两个通过轴心的正交分力来表示。

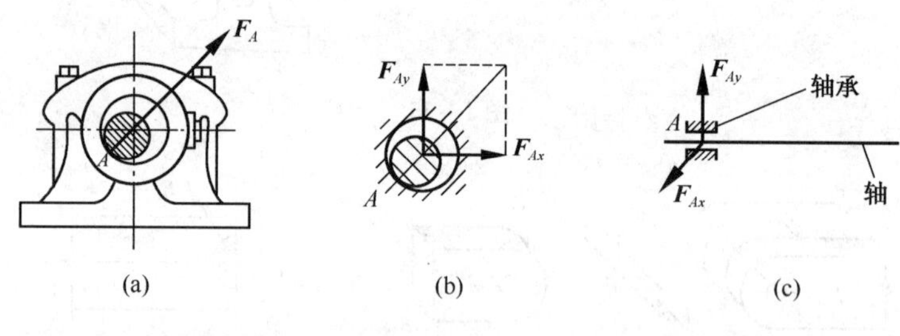

图 1－14

6. 活动铰支座

用圆柱铰链连接两个构件，其中一个与支座连接，支座下面安装一排滚子，这就构成了辊轴支座，也称活动铰支座或可动铰支座，如图 1－15 所示。这种支座不能阻止物体沿支承面移动和绕销钉的轴线转动，只能阻止物体沿支承面法线方向移动。所以，活动铰支座的约束反力垂直于支承面，通过圆孔中心，方向可能指向支承面，也可能

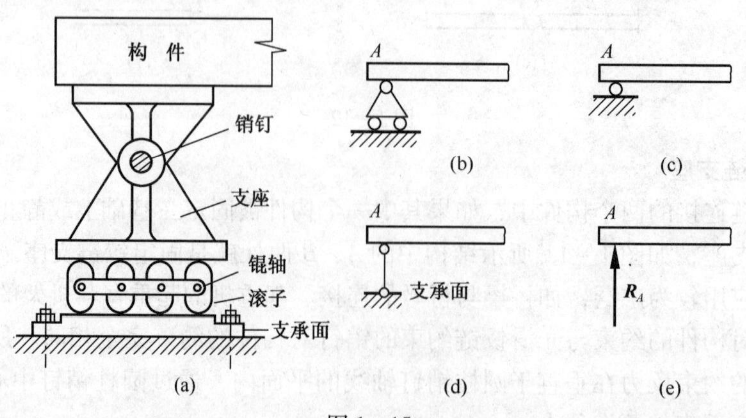

图 1－15

背离支承面。

7. 球铰链

通过圆球和球壳将两个构件连接在一起的约束称为球铰链，如图 1－16 所示，它使构件的球心不能有任何位移，但构件可绕球心任意转动。若忽略摩擦，其约束力应是通过接触点和球心、方向不能预先确定的一个空间法向约束力，可用三个正交分力来表示。

8. 止推轴承

止推轴承与径向轴承不同，它除了能限制轴的径向位移外，还能限制轴沿轴向的位移。因此，它比径向轴承多一个沿轴向的约束反力，止推轴承的简图及约束反力如图 1－17 所示。

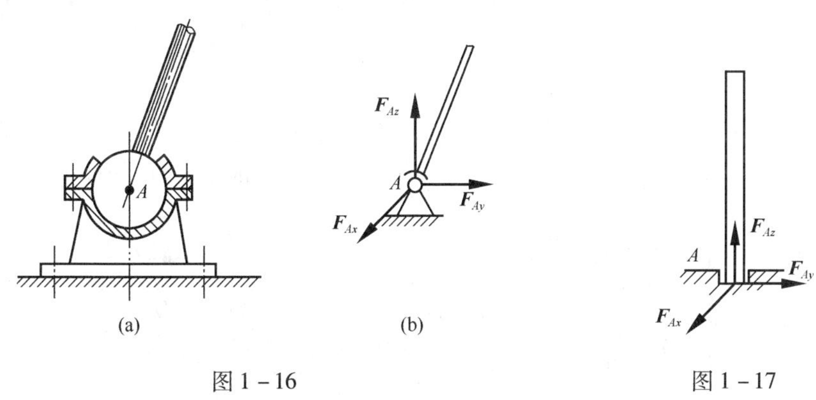

图 1－16　　图 1－17

以上只介绍了几种简单约束，在工程中约束的类型远不止这些，有的约束比较复杂，分析时需要加以简化。

第四节　物体的受力分析和受力图

作用在物体上的每一个力，都会对物体的运动（包括平衡）产生一定的影响。因此，在研究某一物体的运动时，必须考虑作用在该物体上的所有主动力和约束反力。为了便于分析，并能清晰地表示物体的受力情况，我们将所研究的物体（称为研究对象）从周围物体的约束中分离出来，单独画出这个物体的简图，并将作用在它上面的主动力和约束反力全部画在简图上，这样得到的图形称为受力图。受力图形象地表达了研究对象的受力情况。

恰当地选取分离体，正确地画出受力图，是解决力学问题的基础。取分离体和画受力图的方法如下：

（1）取分离体　根据已知条件和题意要求确定研究对象，解除研究对象上所有的约束，把研究对象从与它相联系的周围物体中分离出来，画出其简图，这就是取分离体。研究对象可以是一个物体、几个物体的组合或整个物体系统（简称物系）。

（2）画主动力　在分离体上画出研究对象所受的全部主动力，主动力的作用线方向不能随意改变。

（3）画约束反力　在解除约束的地方，必须严格地按照被去掉的约束的性质，画出它们作用在研究对象上的约束反力，切不可凭主观臆测，随便画出。

下面举例说明物体受力分析和画受力图的方法。

例1 画出图1－18所示重力为 $\boldsymbol{F}_P$ 的杆 AB 的受力图。所有接触处均为光滑接触。

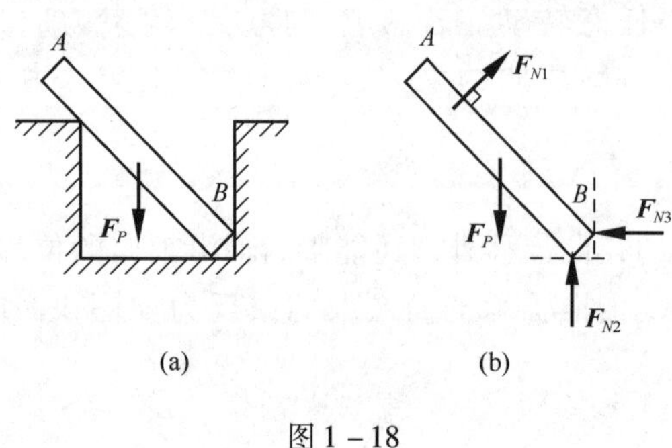

图1－18

解 (1)确定研究对象。本例只有一个刚体，所以杆 AB 是唯一的研究对象。将杆从约束中取出，得到分离体。

(2) 在分离体上画上主动力 $\boldsymbol{F}_P$。

(3) 根据约束性质确定约束力。

由于各光滑面接触处约束力沿其公法线方向，因此，在上部约束处，约束力垂直于杆的表面，在下部约束处，约束力垂直于与杆接触的约束表面。于是，杆的受力图如图1－18所示。

例2 匀质圆球 C 重 $\boldsymbol{G}$，由杆 AB，绳索 BF 和墙壁支持，A 处是固定铰链支座，如图1－19(a)所示。如果不计摩擦和其余构件的重量，试分别画出球 C 和杆 AB 的受力图。

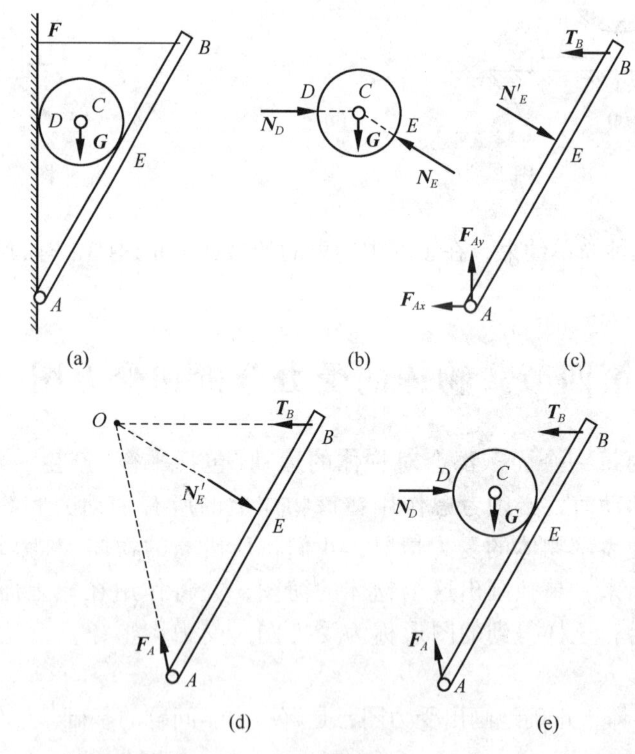

图1－19

解 球 C 除受主动力 $\boldsymbol{G}$ 作用外，在 D，E 两处还受光滑支承面对球的约束反力 $\boldsymbol{N}_D$，$\boldsymbol{N}_E$ 的作用，如图1－19(b)所示。这3个力的作用线显然应汇交于球心 C。

杆 AB 在 E、B、A 三处受力作用。杆在 E 处受球对它的作用力 $\boldsymbol{N}'_E$，显然 $\boldsymbol{N}'_E$ 与 $\boldsymbol{N}_E$ 是互为作用力与反作用力，故 $\boldsymbol{N}'_E=-\boldsymbol{N}_E$。杆在 B 处受绳索作用的拉力 $\boldsymbol{T}_B$。固定铰链支座 A 对杆的约束反力，一般可用两个正交分力 $\boldsymbol{F}_{Ax}$ 和 $\boldsymbol{F}_{Ay}$ 表示，如图1－19(c)所示。由于 $\boldsymbol{T}_B$ 和 $\boldsymbol{N}'_E$

的作用线交于点 O，如图 1-19(d)所示，根据三力平衡汇交定理，可以判断支座 A 对杆的约束反力必沿通过 A，O 两点的连线。

例 3　试对图 1-20 所示结构的主要构件进行受力分析，画受力图。

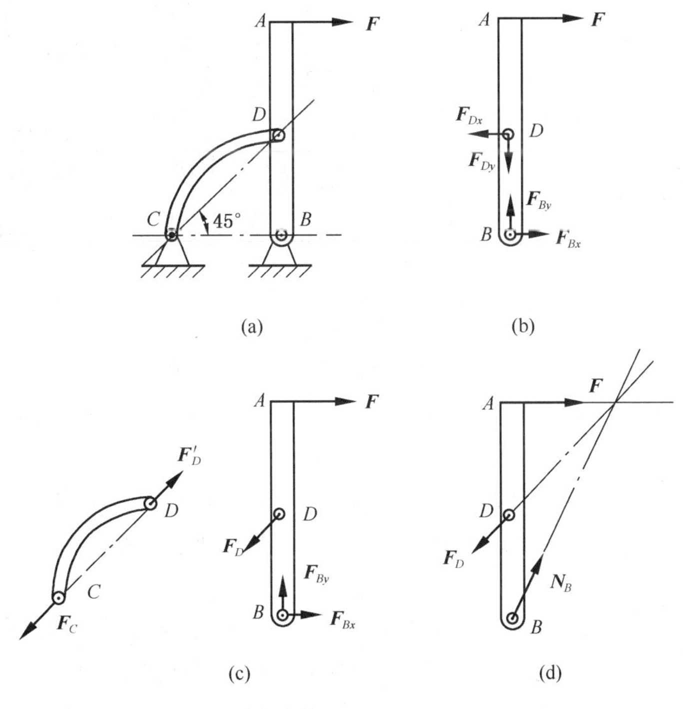

图 1-20

解　此处所谓结构中的主要构件，是指起主要承载作用的构件，或是作用有已知载荷的构件。本题的构架由 AB 和 CD 两构件用铰链和铰支座连接而成，从计算构件受力的角度看，应该先分析 AB 构件的受力。

(1) 对 AB 构件拆除 B 铰支座及 CD 构件，根据 B、D 处铰链的性质，可画出 AB 构件受力图，如图 1-20(b)所示。

(2)如果注意到 CD 构件受力的特点，可判断其为二力平衡构件，它所受的力 $\boldsymbol{F}_C$，$\boldsymbol{F}'_D$之作用线应沿 CD 连线。通过作用力与反作用力的关系，可知 AB 构件的受力 $\boldsymbol{F}_{Dx}$和 $\boldsymbol{F}_{Dy}$可合成为 $\boldsymbol{F}_D$(它是 $\boldsymbol{F}'_D$的反作用力)，于是可画出如图 1-20(c)所示的受力图。

(3) 再对 AB 构件受力作进一步分析思考，可知 B 铰的约束力 $\boldsymbol{F}_{Bx}$和 $\boldsymbol{F}_{By}$，可合成为一个力，因而 AB 是受三个不平行的力的作用而平衡，且三力作用线汇交点已由 $\boldsymbol{F}_D$ 与 F 之交点确定。最后，可画出 AB 构件的受力图，如图 1-20(d)所示。

要点及讨论：

(1) 对某个问题进行受力分析时，首先要选择好分析的重点对象，画出它或它们(复杂问题需顺次分析多个对象)的受力图。本题的重点对象当然是 AB 构件，因为其上作用有已知载荷 $\boldsymbol{F}$，其余未知约束力均与 $\boldsymbol{F}$ 有关。

(2) 进行受力分析，画分析对象受力图时，要按照前面所述的三个要点全面地思考、推敲，最后综合地画出图 1-20(d)所示之 AB 构件的受力图。也就是说，本题所画的图 1-20(b)和图 1-20(c)，只是为了将分析思考过程具体地展现于读者面前而画，并不要求大家按此顺序一一画出。

例4 杆 AC 和杆 BC 在 C 点用光滑铰链连接，DE 间系有绳索，A 处为固定铰链支座，B 端搁在光滑水平面上，在杆 AC 中点作用有集中力 $\boldsymbol{F}_H$［见图1－21(a)］。如不计杆重，试分别画出整体、杆 AC 以及杆 BC 的受力图。

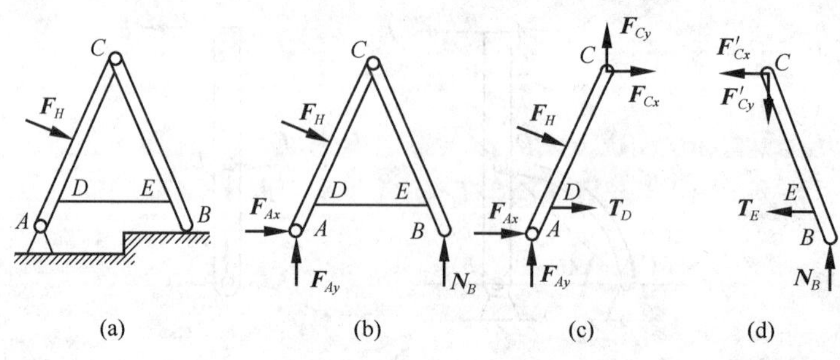

图1－21

解 (1)先画整体的受力图。整体是由杆 AC、杆 BC 和绳 DE 组成，取整体为研究对象，作用于整体上的外力有主动力 $\boldsymbol{F}_H$，固定铰链支座 A 处的约束力 $\boldsymbol{F}_{Ax}$ 和 $\boldsymbol{F}_{Ay}$，光滑接触面 B 处的约束力 $\boldsymbol{N}_B$。其受力图如图1－21(b)所示。

(2) 再画杆 AC 的受力图。取 AC 为研究对象，作用在 AC 上的主动力为 $\boldsymbol{F}_H$，约束力有：固定铰支 A 的 F_{Ax} 和 F_{Ay}；铰链 C 处的 $\boldsymbol{F}_{Cx}$ 和 $\boldsymbol{F}_{Cy}$；D 处绳的拉力 $\boldsymbol{T}_D$。其受力图如图1－21(c)所示。

(3) 最后画杆 BC 的受力图。取 BC 为研究对象，作用在 BC 上的力有：光滑支承面 B 处的约束力 $\boldsymbol{N}_B$；E 处绳的拉力 $\boldsymbol{T}_E$，它与 $\boldsymbol{T}_D$ 大小相等，方向相反；C 处的约束力 $\boldsymbol{F}'_{Cx}$ 和 $\boldsymbol{F}'_{Cy}$ 它们分别与 $\boldsymbol{F}_{Cx}$ 和 $\boldsymbol{F}_{Cy}$ 大小相等，方向相反，是作用力和反作用力。

注意在画整体受力图时，铰链 C 处、绳与杆连接的 D 和 E 处各部分互相作用的力都成对地作用在整个系统内，称为内力，内力对系统的作用效应相互抵消，故内力在受力图上不必画出。在受力图上只画出系统以外的物体给系统的作用力，称为外力。

例5 如图1－22所示，A 处是固定铰支座，B 处为活动铰支座，在圆盘 E 上绕上不计重量的绳索悬挂着重物 $\boldsymbol{P}$，所有杆、圆盘不计重量，并忽略各处摩擦。试分别画出各物体与整体的受力图。

解 (1)先从简单的 CB 杆分析，CB 杆为二力构件，可以假设为压杆，受力图如图1－22(b)所示。

(2) 取 AB 杆件分离体。对 B 点作受力分析，由于该点连接着 CB 杆、AB 杆与支座 B，受力较复杂，因此，考虑将连接点与支座 B 共同置放在 AB 杆，这样，仅画上支座力 $\boldsymbol{F}_B$ 与二力杆的反作用力 $\boldsymbol{F}'_{BC}$ 就可，对杆上 A、G 约束反力可按约束性质表示，如图1－22(c)所示。

(3) 然后取 CD 杆的分离体，C、G 点按原已表示的作用力来表示反作用力，而 D 点是通过销钉与圆盘连接，它的约束性质相同于铰链约束，因此，可按图1－22(d)画上 x，y 两个正交方向的约束力。

(4) 取圆盘分离体时，画上 D 点的约束反力，然后考虑绳索是柔软约束，故拉力沿绳的方向。因不考虑绳与盘之间的摩擦，绳的两端拉力相同，如图1－22(e)所示。

(5) 再取销钉 D 的分离体，很容易画上受力图，图1－22(g)所示。

(6) 最后，画整体受力图，如图1－22(h)所示，只要将外力约束反力画出就可，不用

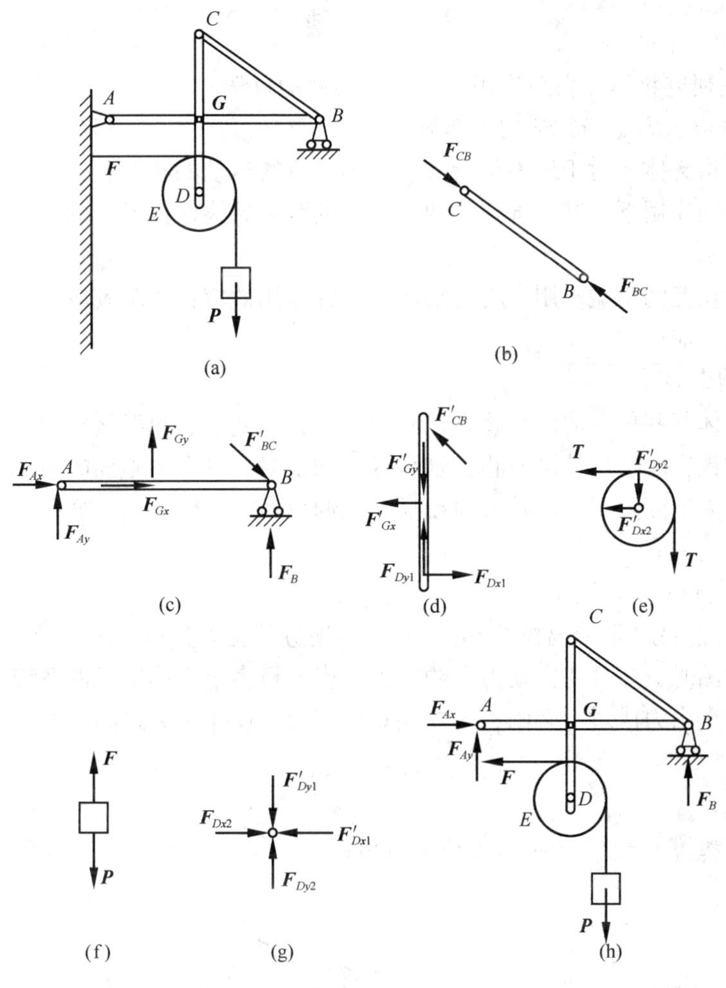

图 1－22

画出内力约束力。

综合以上几个例题可以看出，画受力图必须注意以下几点：

（1）只画研究对象所受的力，不画研究对象施加给其他物体的力。不同的研究对象的受力图是不同的。分清受力物体和施力物体，可以避免发生错误。

（2）只画外力不画内力。由于内力成对出现，组成平衡力系，因此不必画出。

（3）特别要注意铰链约束反力的画法。铰链反力就是销钉对构件的反作用力，根据铰链约束的构造，通常用两个正交分力表示。但是，有时按照构件的受力情况，可以根据二力平衡或三力平衡汇交等平衡条件进一步确定铰链反力的方位。

（4）在分析两物体之间的相互作用力时，要注意作用力与反作用力的关系。作用力的方向一经设定，反作用力的方向就应与之相反，而且两力的大小相等。

（5）画受力图时，通常应先找出二力构件，画出二力构件的受力图，然后再画出其他物体的受力图。

（6）同一个约束反力同时出现在物体系统的整体受力图中和拆分的部分物体受力图中时，其指向必须一致。

小　结

1. 静力学是研究物体在力系作用下的平衡条件的科学。

2. 平衡、刚体、力是静力学的基本概念。

平衡通常是指物体相对于地面保持静止或匀速直线运动的状态。

刚体是在力的作用下，其内部任意两点之间的距离始终保持不变的物体，它是一种理想化的力学模型。

力是物体间相互的机械作用。力对物体有两种作用效应：运动效应和变形效应。理论力学中只研究运动效应。

3. 约束和约束力

限制非自由体某些位移的周围物体，称为约束，如绳索、光滑接触面、光滑铰链、固定铰链支座、活动铰支座、球铰链及止推轴承等。约束对非自由体施加的力称为约束力。约束力的方向与该约束所能阻碍的位移方向相反。画约束力时，应分别根据每个约束本身的特性来确定其约束力的方向。

4. 物体受力分析和受力图

首先明确研究对象(取分离体)，并对其正确地进行受力分析，画出受力图。

画物体受力图时，要分清主动力和约束力。当分析多个物体组成的系统受力时，要注意分清内力与外力，内力成对不必画；还要注意作用力与反作用力之间的相互关系。

习　题

1－1　画出题图 1－1 中指定物体的受力图。

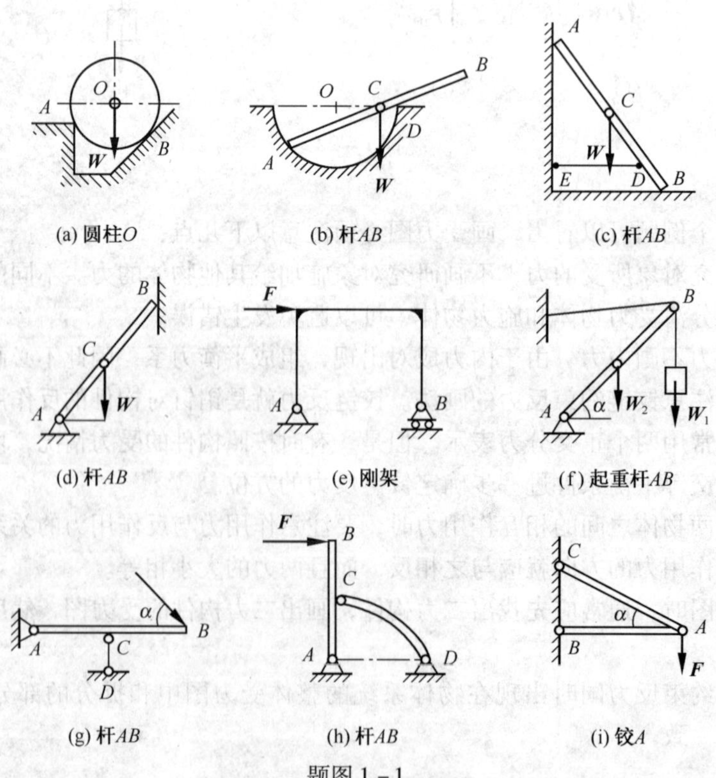

题图 1－1

1－2　试分别画出题图1－2所示物体的受力图。物体的重力除图上注明外，均略去不计，所有接触均为光滑的。

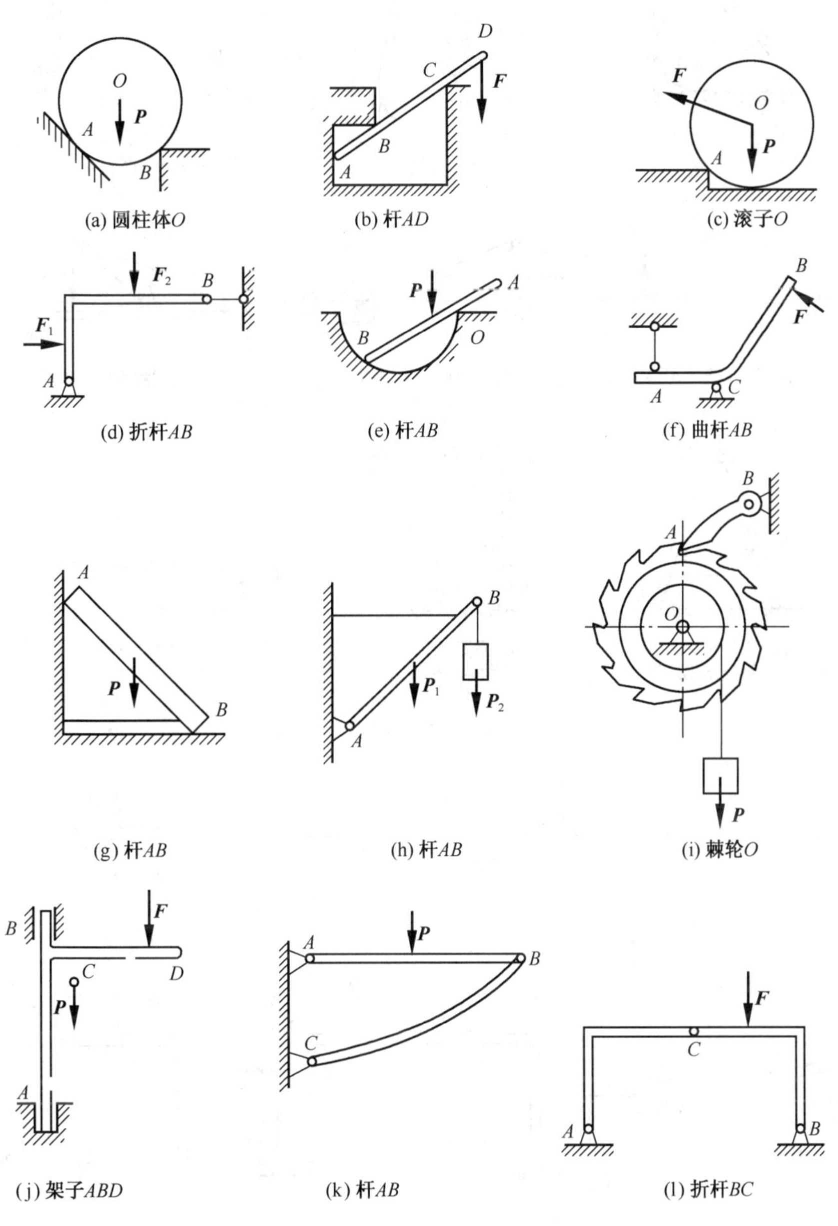

题图1－2

1－3　画出题图1－3所示的各物体系中指定物体的受力图。

1－4　试分别画出题图1－4所示各物体系统中每个物体以及物体系统的受力图。物体的重力除图上注明外，均略去不计，所有接触处均为光滑。

1－5　画出题图1－5系列各组合梁中AB、BC(或CD)梁的受力图。

1－6　试画出题图1－6中，下列机构中标注字符的物体的受力图。

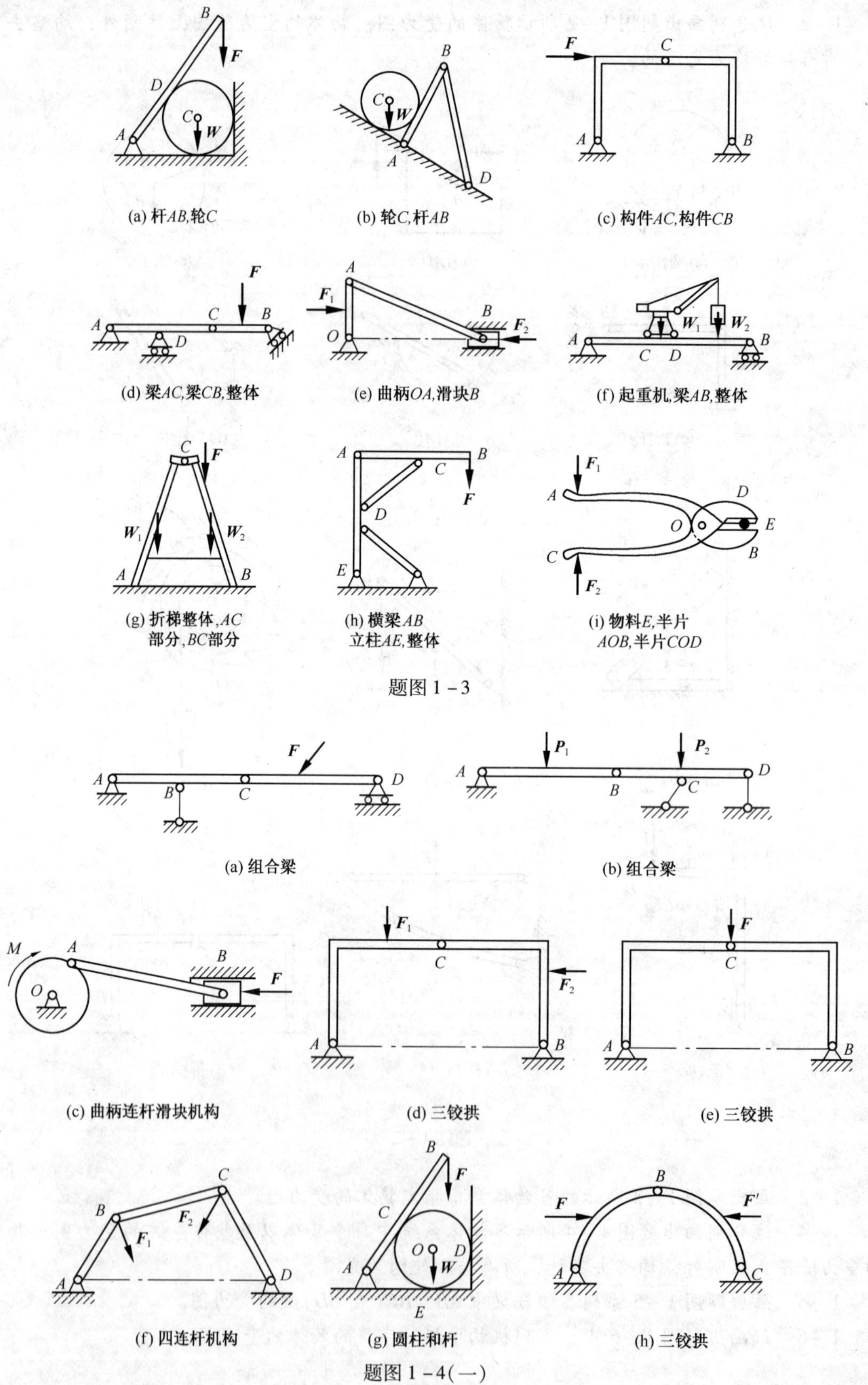

B
F
D
C
W
A
(a) 杆AB,轮C
B
C
W
A
D
(b) 轮C,杆AB
F
C
A
B
(c) 构件AC,构件CB
F
A
C
B
D
(d) 梁AC,梁CB,整体
A
F1
B
F2
O
(e) 曲柄OA,滑块B
W1
W2
A
B
C
D
(f) 起重机,梁AB,整体
C
F
W1
W2
A
B
(g) 折梯整体,AC部分,BC部分
A
B
C
F
D
E
(h) 横梁AB 立柱AE,整体
F1
A
D
O
E
C
B
F2
(i) 物料E,半片AOB,半片COD
题图 1-3
F
A
B
C
D
(a) 组合梁
P1
P2
A
B
C
D
(b) 组合梁
M
A
B
F
O
(c) 曲柄连杆滑块机构
F1
C
F2
A
B
(d) 三铰拱
F
C
A
B
(e) 三铰拱
C
B
F2
F1
A
D
(f) 四连杆机构
B
F
C
O
D
W
A
E
(g) 圆柱和杆
B
F
F'
A
C
(h) 三铰拱
题图 1-4(一)

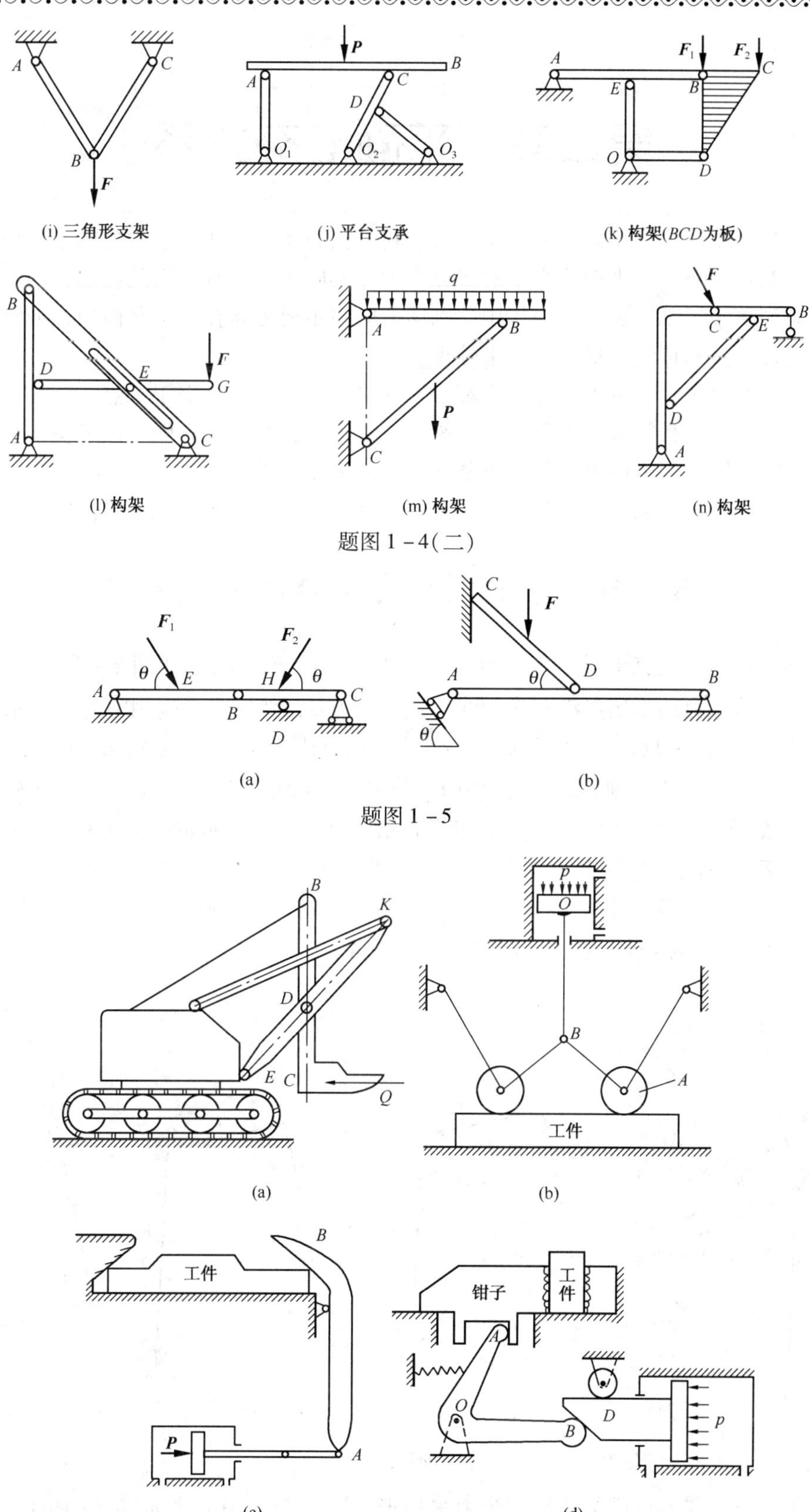

(i) 三角形支架　(j) 平台支承　(k) 构架(BCD为板)

(l) 构架　(m) 构架　(n) 构架

题图 1－4(二)

(a)　(b)

题图 1－5

(a)　(b)

(c)　(d)

题图 1－6

第二章　平面汇交力系

力系有各种不同的类型，在静力学里我们将根据力系作用线所在位置的不同分成平面问题和空间问题进行研究。平面静力学的研究不但在实际工程中有广泛的应用，而且也为空间静力学的研究奠定基础。通常，当作用于物体上的力主要分布在一个平面内，或物体的受力情形有一对称面，都可当作平面问题来处理。

如果作用在物体上的各力的作用线都在同一平面内，而且汇交于一点，这样的力系称为平面汇交力系。这是最简单的力系之一。研究平面汇交力系，一方面可以解决工程中关于这类静力学的问题，另一方向也为研究更复杂的平面力系打下基础。

下面分别用几何法和解析法两种方法来研究平面汇交力系的合成和平衡问题。

第一节　平面汇交力系合成的几何法

设刚体上作用有汇交于同一点 A 的四个力 $\boldsymbol{F}_1$、$\boldsymbol{F}_2$、$\boldsymbol{F}_3$、$\boldsymbol{F}_4$，如图 2－1(a)所示。按照力的可传性，将各力的作用点沿其作用线移至汇交点 A，然后连续应用力的三角形法则将各力依次合成，如图 2－1(b)，即任选一点 a，按一定的比例尺从 a 点作$\overline{ab}$表示力矢 $\boldsymbol{F}_1$，从其末端 b 作$\overline{bc}$表示力矢 $\boldsymbol{F}_2$，则虚线$\overline{ac}$表示力 $\boldsymbol{F}_1$ 与 $\boldsymbol{F}_2$ 的合力矢 $\boldsymbol{R}_{12}$，再作$\overline{cd}$表示力矢 $\boldsymbol{F}_3$，则虚线$\overline{ad}$表示力 $\boldsymbol{R}_{12}$ 与 $\boldsymbol{F}_3$ 的合力矢 $\boldsymbol{R}_{123}$，最后作$\overline{de}$表示力矢 $\boldsymbol{F}_4$，则$\overline{ae}$表示力 $\boldsymbol{R}_{123}$ 与 $\boldsymbol{F}_4$ 的合力，亦即力 $\boldsymbol{F}_1$、$\boldsymbol{F}_2$、$\boldsymbol{F}_3$ 和 $\boldsymbol{F}_4$ 的合力矢 $\boldsymbol{R}$，其作用线显然通过汇交点 A。实际上，作图时力矢 $\boldsymbol{R}_{12}$ 与 $\boldsymbol{R}_{123}$ 不必画出，如图 2－1(c)，只要把各力矢首尾相接，则由第一个力矢 $\boldsymbol{F}_1$ 的起点 a 向最末一个力矢 $\boldsymbol{F}_4$ 的终点 e 连线，$\overline{ae}$即是合力矢 $\boldsymbol{R}$。

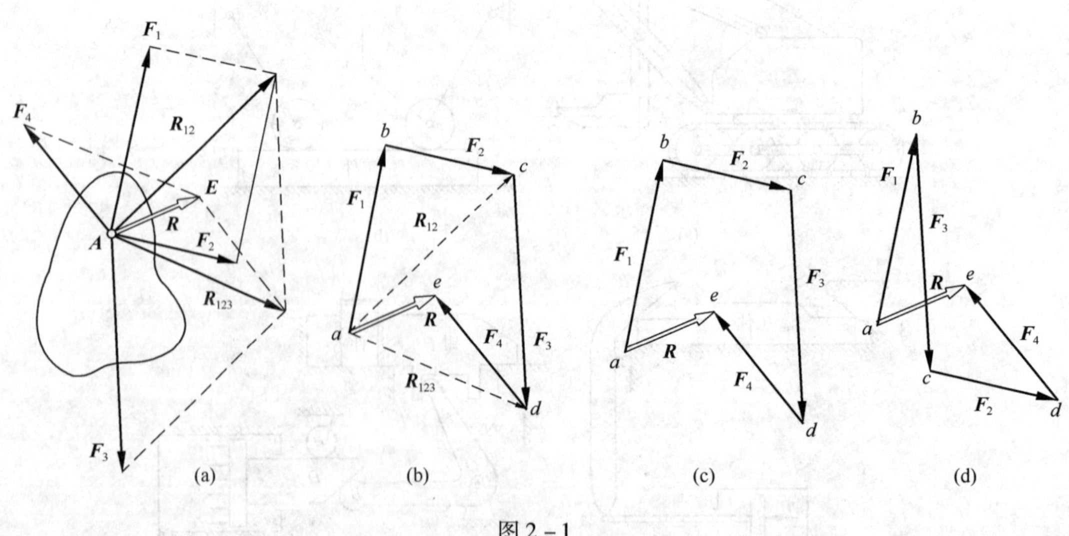

图 2－1

各力矢与合力矢构成的多边形称为力多边形。表示合力矢的边 ae 称为力多边形的封闭边，用力多边形求合力 $\boldsymbol{R}$ 的几何作图规则称为力的多边形法则，这种方法称为几何法。这

种方法推广到由 n 个力组成的平面汇交力系的情况中，可得结论如下：平面汇交力系合成的结果是一个合力，合力的作用线通过力系的汇交点，合力的大小及方向可由力多边形的封闭边来表示，即等于各力矢的矢量和。用矢量式表示为：

$$\boldsymbol{R} = \boldsymbol{F}_1 + \boldsymbol{F}_2 + \cdots + \boldsymbol{F}_n = \sum \boldsymbol{F} \tag{2-1}$$

若按力 $\boldsymbol{F}_1$、$\boldsymbol{F}_2$、$\boldsymbol{F}_3$、$\boldsymbol{F}_4$ 的顺序作力多边形，则得图 2－1(c)；若按力 $\boldsymbol{F}_1$、$\boldsymbol{F}_3$、$\boldsymbol{F}_2$、$\boldsymbol{F}_4$ 的顺序作力多边形，则得图 2－1(d)，两图中的力多边形形状虽不同，但所得的合力矢 $\boldsymbol{R}$ 却是一样的。这说明，矢量求和的结果与矢量排列的先后顺序无关。

还应注意，在力多边形中，各分力矢首尾相连，环绕同一方向，而合力矢则反向封闭力多边形。

例 1　在螺栓的环眼上套有三根软索，它们的位置和受力情况如图 2－2(a)所示，试用几何法求螺栓所受合力的大小和方向。

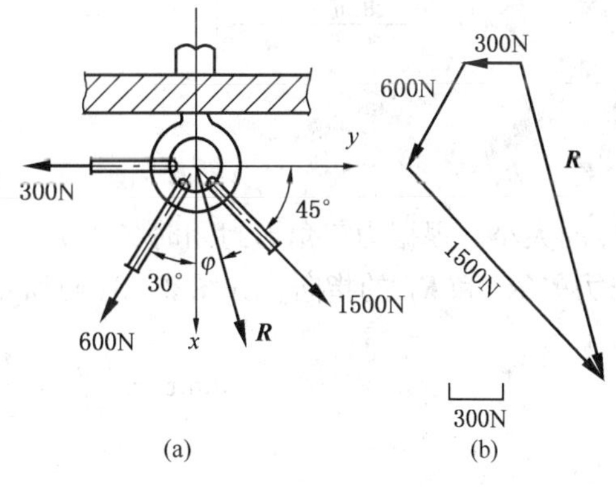

图 2－2

解　规定单位长度代表 300N，按比例尺绘出力多边形，如图 2－2(b)由图量得合力 R 的长度为 5.5 单位，即得

$$R = 5.5 \times 300 = 1650\text{N} = 1.65\text{kN}$$

设以合力作用线和 x 轴的夹角 φ 表示合力的方向，由图 2－2(a)量得

$$\varphi \approx 16^\circ 10'$$

第二节　平面汇交力系平衡的几何条件

由平面汇交力系合成的几何法可知，力系合成的结果只能是一个力，即力系的合力，它对刚体的作用与原力系等效。若合力为零，则表明刚体在力系作用下处于平衡状态，即力系是一平衡力系；反之，则刚体处于不平衡状态，即力系不是平衡力系。由此得出结论：平面汇交力系平衡的必要和充分条件是合力等于零。用矢量式表示为：

$$\boldsymbol{R} = \sum \boldsymbol{F} = 0 \tag{2-2}$$

对于力多边形来说，当合力等于零时，力多边形的封闭边成为一个点，即力多边形中第一个力的起点与最后一个力的终点重合，构成了一个自行封闭的力多边形。所以，平面汇交力系平衡的必要和充分的几何条件是：力多边形自行封闭。

例 2　平面刚架在点 B 受一水平力 $\boldsymbol{Q}$ 作用，如图 2－3(a)所示。设 $Q=40\text{kN}$，不计刚架本身的重量，求 A、D 处的约束反力。

解　取刚架为研究对象。它受三个力作用：B 处的水平力 $\boldsymbol{Q}$，D 处的滑动铰支座约束反力 $\boldsymbol{R}_D$ 和 A 处的固定铰支座约束反力 $\boldsymbol{R}_A$。由于 $\boldsymbol{Q}$ 和 $\boldsymbol{R}_D$ 相交于点 C，根据三力平衡汇交定理知，$\boldsymbol{R}_A$ 的作用线必通过点 C，故这三个力组成平面汇交力系，如图 2－3(b)所示。

根据平面汇交力系平衡的几何条件，这三个力 $\boldsymbol{Q}$、$\boldsymbol{R}_D$ 和 $\boldsymbol{R}_A$ 应组成封闭的力三角形。作图步骤如下：选取图示比例尺，先画水平的线段 ab 表示力矢 $\boldsymbol{Q}$；再从点 a 和点 b 分别作平行于力矢 $\boldsymbol{R}_A$ 和 $\boldsymbol{R}_D$ 的两条直线，它们相交于点 c。于是 ac 和 bc 两线段的长度表示力矢 $\boldsymbol{R}_A$ 和

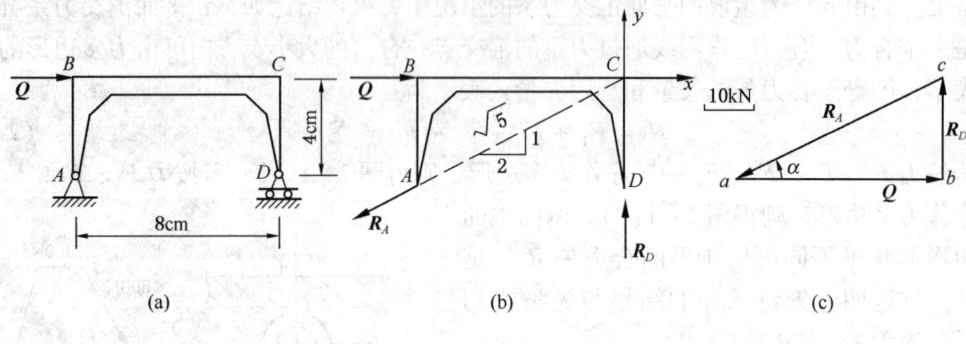

图 2－3

$\boldsymbol{R}_D$ 的大小。根据力三角形封闭时各力矢必须依次首尾相接的规则，可由已知力 $\boldsymbol{Q}$ 的方向定出力矢 $\boldsymbol{R}_A$ 和 $\boldsymbol{R}_D$ 的指向，如图 2－3(c)所示即为封闭的三角形。由图中几何关系可知：

$$\tan\alpha = \frac{R_D}{Q} = \frac{1}{2} \quad R_D = \frac{1}{2}Q = 20\text{kN}$$

$$\cos\alpha = \frac{Q}{R_A} = \frac{2}{\sqrt{5}} \quad R_A = \frac{\sqrt{5}}{2}Q = 44.72\text{kN}$$

用几何法求解平衡的平面汇交力系的步骤如下：

(1) 选取研究对象。根据题意选择某个刚体作为研究对象，并取其分离体。

(2) 画受力图。在研究对象上，画出它所受的全部已知力和未知力(包括约束反力)。

(3) 作封闭的力多边形。选择适当的力比例尺作力系的力多边形，先画已知力，然后应用力多边形封闭边的条件确定未知力的指向。

(4) 确定未知力的大小和方向。按比例尺量出力多边形中未知力的大小，用量角器量出其方向角，也可用三角公式计算未知力的大小和方向。

第三节　平面汇交力系合成的解析法

研究平面汇交力系问题，除了前面所述的几何法以外，还有解析法。解析法是以力在坐标轴上的投影为基础的。因此，先介绍力在坐标轴上的投影的概念。

1. 力在坐标轴上的投影

设力 $\boldsymbol{F}$ 在 Oxy 平面内，如图 2－4(a)所示。从力 $\boldsymbol{F}$ 的起点 A 和终点 B 分别作 Ox 轴的垂线 Aa 和 Bb，则线段 ab 加上适当的正负号就称为力 $\boldsymbol{F}$ 在 x 轴上的投影。通常用 F_x 表示力 $\boldsymbol{F}$ 在 x 轴上的投影。同理，从力 $\boldsymbol{F}$ 的起点 A 和终点 B 分别作 Oy 轴的垂线 Aa' 和 Bb'，则线段 $a'b'$ 加上适当的正负号就称为力 $\boldsymbol{F}$ 在 y 轴上的投影，通常用 F_y 表示。

投影的正负号规定为：若从投影 a(或 a')到投影 b(或 b')的方向与 x 轴(或 y 轴)的正向一致，则为正值；反之为负值。

通常以 α、β 分别表示力 $\boldsymbol{F}$ 与 x、y 轴的正向间的夹角。当已知力 $\boldsymbol{F}$ 及角 α、β 的大小时，根据投影的定义，则有：

$$\left.\begin{aligned} F_x &= F\cos\alpha \\ F_y &= F\cos\beta \end{aligned}\right\} \qquad (2-3)$$

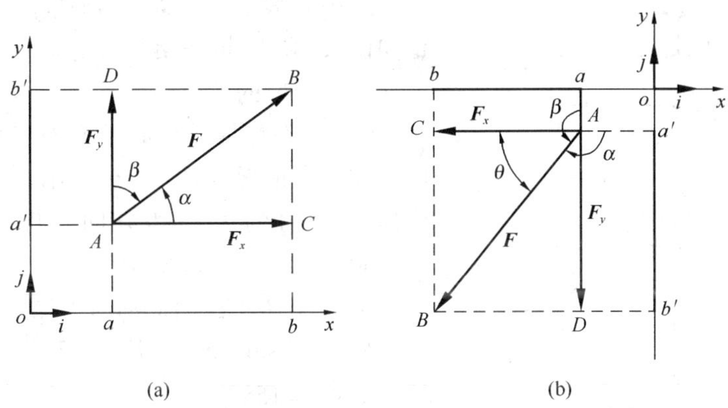

图 2－4

上式表明，当夹角 α、β 为锐角时，力的投影值为正；当夹角 α、β 为钝角时，力的投影值为负，如图 2－4(b)。

在实际计算中，往往采用力与某轴所夹的锐角来计算力在该轴上的投影的绝对值，投影的正负号则通过观察确定。

如已知力 $\boldsymbol{F}$ 在 x 轴和 y 轴上的投影为 F_x 和 F_y，由几何关系即可求出力 $\boldsymbol{F}$ 的大小和方向余弦分别为：

$$F = \sqrt{F_x^2 + F_y^2} \tag{2-4}$$

$$\cos\alpha = \frac{F_x}{F}, \cos\beta = \frac{F_y}{F} \tag{2-5}$$

2. 合力投影定理

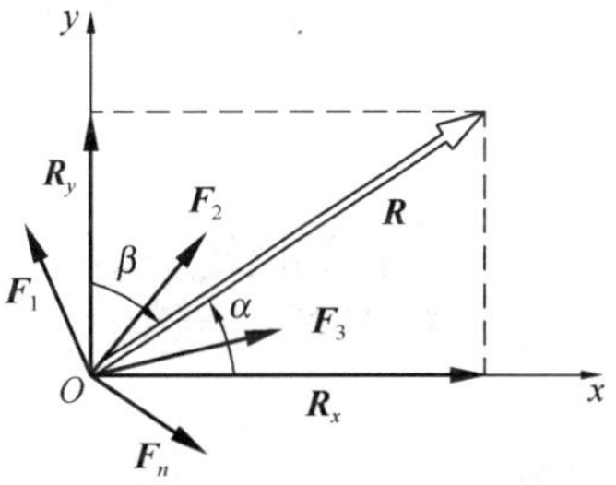

设由 n 个力组成的平面汇交力系作用于一个刚体上，如图 2－5 所示，则此汇交力系的合力 $\boldsymbol{R}$ 为

$$\boldsymbol{R} = \boldsymbol{F}_1 + \boldsymbol{F}_2 + \cdots + \boldsymbol{F}_n \tag{2-6}$$

根据合矢量投影定理：合矢量在某一轴上的投影等于各分矢量在同一轴上投影的代数和。式(2－6)的投影式分别为：

$$\left.\begin{aligned} R_x &= F_{1x} + F_{2x} + \cdots + F_{nx} = \sum F_{ix} \\ R_y &= F_{1y} + F_{2y} + \cdots + F_{ny} = \sum F_{iy} \end{aligned}\right\} \tag{2-7}$$

图 2－5

其中 F_{1x} 和 F_{1y}，F_{2x} 和 F_{2y}，…，F_{nx} 和 F_{ny} 分别表示各分力在 x 轴和 y 轴上的投影。

由此，可得合力投影定理：合力在任意轴上的投影，等于各分力在同一轴上投影的代数和。合力投影定理建立了合力的投影与各分力投影的关系。

3. 合成的解析法

计算出合力的投影 R_x 和 R_y 后，就可求出合力 $\boldsymbol{R}$ 的大小和方向：

合力的大小：$R = \sqrt{R_x^2 + R_y^2} = \sqrt{(\sum F_{ix})^2 + (\sum F_{iy})^2}$

合力的方向：$\tan\alpha = \left|\dfrac{R_y}{R_x}\right| = \left|\dfrac{\sum F_{iy}}{\sum F_{ix}}\right|$

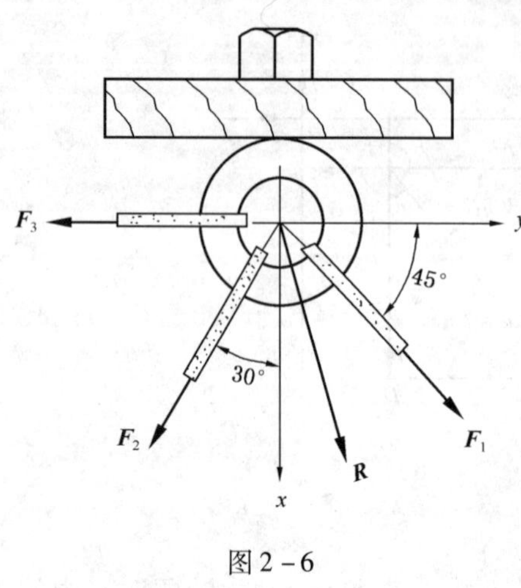

图 2 - 6

式中 α 表示合力 $\boldsymbol{R}$ 与 x 轴间所夹的锐角。合力指向由 R_x 和 R_y 的正负号判定。这种方法称为平面汇交力系合成的解析法。

例 3 在螺栓的环眼上套有三根软索，它们的位置和受力情况如图 2 - 6 所示。试用解析法求螺栓所受合力的大小和方向。其中 $F_1 = 1500\text{kN}$，$F_2 = 600\text{kN}$，$F_3 = 300\text{kN}$。

解 合力 $\boldsymbol{R}$ 在轴 x、y 上的投影分别为：

$R_x = F_1 \sin 45^\circ + F_2 \cos 30^\circ = 1500 \sin 45^\circ + 600 \cos 30^\circ = 1580\text{kN}$

$R_y = F_1 \cos 45^\circ - F_2 \sin 30^\circ - F_3 = 1500 \cos 45^\circ - 600 \sin 30^\circ - 300 = 460\text{kN}$

合力的大小为

$$R = \sqrt{1580^2 + 460^2} = 1646\text{kN}$$

合力的方向由下式确定

$$\tan(\boldsymbol{R},\boldsymbol{i}) = 0.2911 \text{ 或} (\boldsymbol{R},\boldsymbol{i}) = 16^\circ 14'$$

第四节 平面汇交力系平衡方程及其应用

平面汇交力系平衡的必要和充分条件是该力系的合力等于零。由式(2 - 7)得

$$R = \sqrt{R_x^2 + R_y^2} = \sqrt{(\sum F_{ix})^2 + (\sum F_{iy})^2} = 0 \tag{2-8}$$

欲使上式成立，必须同时满足

$$\begin{cases} \sum F_{ix} = 0 \\ \sum F_{iy} = 0 \end{cases} \tag{2-9}$$

于是，平面汇交力系平衡的必要与充分的解析条件是：各分力在两个坐标轴上投影的代数和分别等于零。上式称为平面汇交力系的平衡方程，这是两个独立的方程，可以求解两个未知量。

利用平衡方程求解平衡问题时，受力图中的未知力的指向可以任意假设。若计算结果为正值，表示假设的方向就是实际的方向；若计算结果为负值，表示假设的方向与实际方向相反。在实际运算中，两个投影轴并不一定要相互垂直，但通常采用直角坐标系建立平衡方程。

下面举例说明平面汇交力系平衡方程的实际应用。

例 4 一均质球重 $P = 200\text{kN}$，放在两个相交的光滑斜面之间，如图 2 - 7 所示。若斜面 AB 的倾角为 $\alpha = 45^\circ$，而斜面 BC 的倾角为 $\beta = 60^\circ$。求两斜面的约束反力 $\boldsymbol{N}_D$ 和 $\boldsymbol{N}_E$ 的大小。

解 取球为研究对象，画出受力图，并取水平

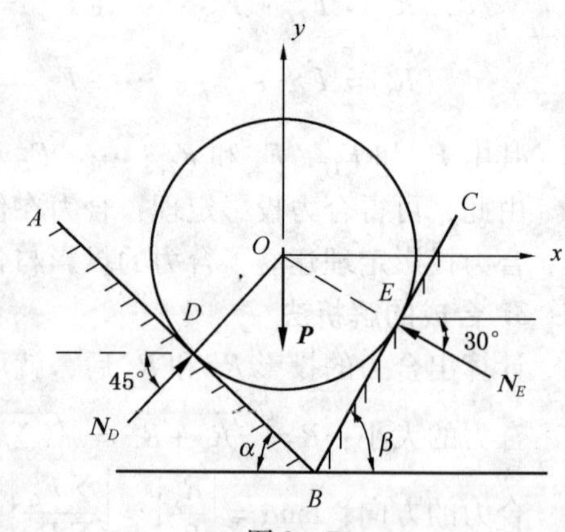

图 2 - 7

向右的轴 x 和竖直向上的轴 y，如图 2－7 所示。分别列出在轴 x 和轴 y 上的投影平衡方程如下：

$$\sum F_x = 0 \quad N_D \cos 45^\circ - N_E \cos 30^\circ = 0$$

$$\sum F_y = 0 \quad N_D \sin 45^\circ + N_E \sin 30^\circ - P = 0$$

由式解得：$N_E = 146.4\text{kN}$　$N_D = 179.2\text{kN}$

例 5　图 2－8(a)所示压榨机 ABC，在 A 铰处作用水平力 $\boldsymbol{F}$，B 为固定铰链，由于水平力 $\boldsymbol{F}$ 的作用，式 C 块压紧物体 D。如 C 块与墙壁光滑接触，压榨机的尺寸如图所示，求物体 D 所受的压力。

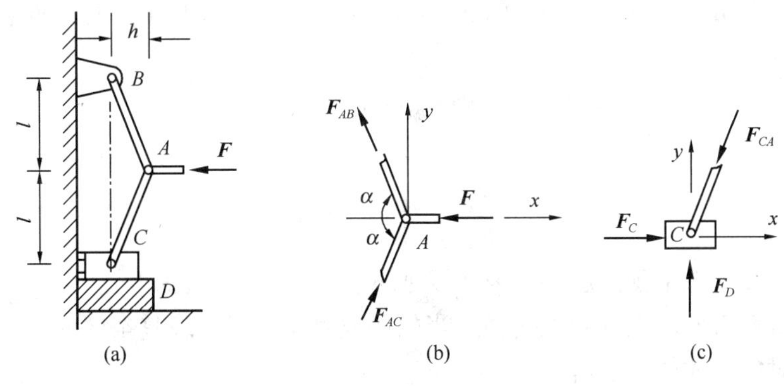

图 2－8

解　首先，取铰链 A 为研究对象，由于杆 AB 和杆 AC 是二力杆，可假设杆 AB 受拉力，杆 AC 受压力，如图 2－8(b)所示。取直角坐标系，列平衡方程：

$$\sum F_x = 0,\ -F_{AB}\cos\alpha + F_{AC}\cos\alpha - F = 0$$

$$\sum F_y = 0, F_{AB}\sin\alpha + F_{AC}\sin\alpha = 0$$

可得

$$F_{AC} = \frac{F}{2\cos\alpha}$$

再取 C 块为研究对象，两个接触面为光滑接触，所以，约束为正压力，受力图如图 2－8(c)表示，同样取直角坐标系，由于题意为仅求 D 处的约束压力，所以只要列 y 方向的平衡方程即可。

$$\sum F_y = 0,\ -F_{CA}\sin\alpha + F_D = 0$$

可求得

$$F_D = \frac{F}{2}\tan\alpha = \frac{Fl}{2h}$$

例 6　铰接四连杆机构 $CABD$ 的 CD 边固定，如图 2－9(a)所示，铰链 A 上作用一力 $\boldsymbol{F}_A$，在铰链 B 上作用一力 $\boldsymbol{F}_B$，杆重不计，机构在图示平衡位置时，求力 $\boldsymbol{F}_A$ 与 $\boldsymbol{F}_B$ 的关系。

解　先取 A 点为研究对象，画出受力图，如图 2－9(b)所示，根据题意要建立力 $\boldsymbol{F}_A$ 与 $\boldsymbol{F}_B$ 的平衡关系，由受力分析可知力 $\boldsymbol{F}_A$ 与 $\boldsymbol{F}_{AB}$ 有关，力 $\boldsymbol{F}_B$ 与 $\boldsymbol{F}_{BA}$ 有关，并且 $F_{AB} = F_{BA}$，因此，首先应建立力 $\boldsymbol{F}_A$ 与 $\boldsymbol{F}_{AB}$ 的关系，取与 $\boldsymbol{F}_{AC}$ 垂直的 x' 投影轴。

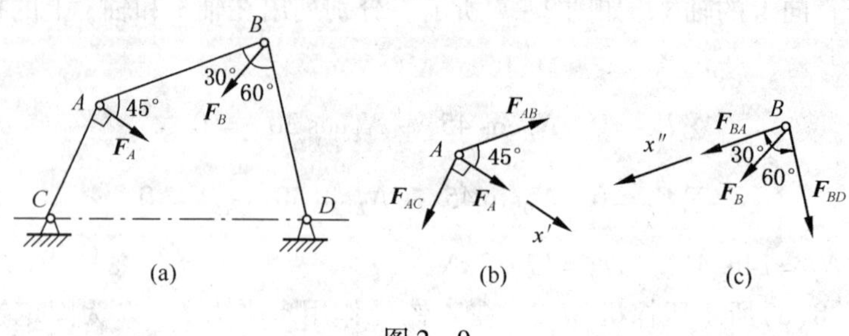

图 2－9

$$\sum F_x' = 0, F_A + F_{AB}\cos 45^{\circ} = 0$$

再取研究对象 B，画出受力图如图 2－9(c)所示，同样取与 $\boldsymbol{F}_{BD}$ 垂直的 x'' 投影轴，建立 x'' 方向的投影方程；

$$\sum F_x'' = 0, F_{BA} + F_B\cos 30^{\circ} = 0$$

得到

$$\frac{F_A}{F_B} = \frac{\sqrt{6}}{4} = 0.61$$

求解平面汇交力系平衡问题的主要步骤如下：

(1) 选取研究对象。根据题意选择适当的研究对象，对于较复杂的问题，要选取两个甚至更多的研究对象，才能逐步解决。

(2) 画受力图。画出作用于研究对象上的所有的力，应特别注意约束反力的画法。

(3) 选投影轴，列平衡方程。要根据实际情况选择合适的投影轴，尽量使一个平衡方程中只包含一个未知量，避免求解联立方程。列平衡方程时，要正确地确定力在轴上的投影的大小和正负号。

(4) 求解未知量。平面汇交力系只有两个平衡方程，故选一个研究对象只能求解两个未知量。

小　　结

1. 平面汇交力系的合成

平面汇交力系的合成结果只有两种：$\boldsymbol{F}_R \neq 0$，力系合成为一合力；$\boldsymbol{F}_R = 0$，力系平衡。

2. 平面汇交力系的合力

(1) 几何法(力多边形法)求合力：用有向线段表示力矢，直接作几何图形量取结果或用几何关系计算。

(2) 解析法(投影法)求合力：用投影式表示力矢进行计算。

3. 平面汇交力系的平衡条件

(1) 几何条件：力多边形自行封闭。

(2) 解析条件：各分力在两个坐标轴上投影的代数和分别等于零。在解析法中平衡方程

$$\sum F_x = 0, \sum F_y = 0$$

只能求解两个未知量。

4. 求解平衡问题的主要步骤：(1)选取研究对象；(2)进行受力分析，画出受力图；(3)应用平衡条件求解；(4)进行校核，必要时应分析和讨论计算结果。

习　题

2－1　如题图2－1所示，已知：$F_1=31\text{kN}$，$F_2=6\text{kN}$，$F_3=4\text{kN}$，$F_4=5\text{kN}$，试用解析法和几何法求此四个力的合力。

答案：$F=10.97\text{kN}$，$\alpha=31.74°$

2－2　工件放在V形槽内，如题图2－2所示。若已知压板夹紧力$Q=400\text{N}$，求工件对V形槽的压力。

答案：$N_A=346.4\text{N}$，$N_B=200\text{N}$

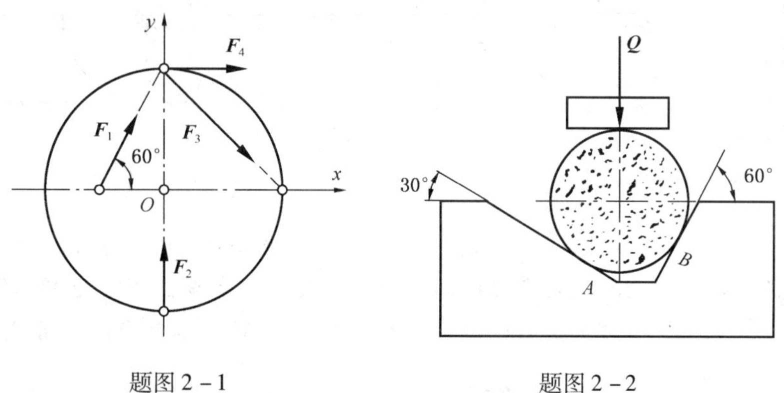

题图2－1　　题图2－2

2－3　如题图2－3所示，固定环受三条绳的作用，已知$F_1=1\text{kN}$，$F_2=2\text{kN}$，$F_3=1.5\text{kN}$。求该力系的合成结果。

答案：合力$F_R=2.77\text{kN}$，$\angle(F_R, F_2)=6°13'$（第四象限）

2－4　如题图2－4所示，铆接薄钢板在孔心A、B和C处受三力作用，已知$F_1=100\text{N}$，沿铅垂方向，$F_2=50\text{N}$，沿AB方向，$F_3=50\text{N}$，沿水平方向。求该力系的合成结果。

答案：合力$F_R=161\text{N}$，$\angle(F_R, F_1)=29°44'$

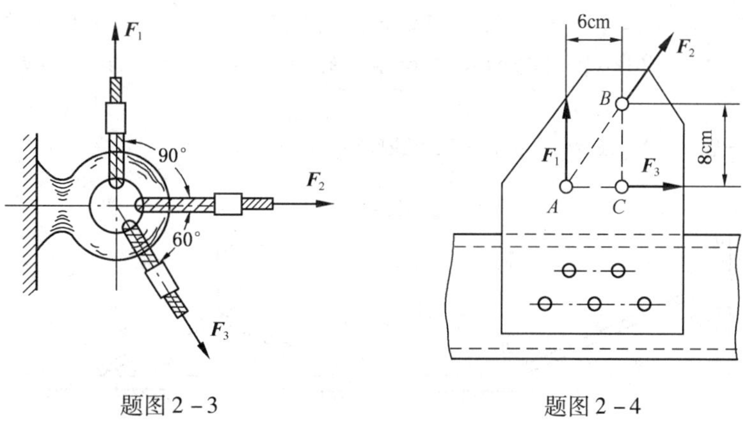

题图2－3　　题图2－4

2－5　如题图2－5所示，电动机重$W=5\text{kN}$放在水平梁AB的中央，梁的A端以铰链固定，B端以撑杆BC支持。求撑杆BC所受的力。

答案：$F_{BC}=5\text{kN}$

2－6　如题图2－6所示，压路机的碾子重 $W=20\text{kN}$，半径 $r=40\text{cm}$，若用一通过其中心的水平力 $\boldsymbol{F}$ 拉碾子越过高 $h=8\text{cm}$ 的石坎，问 $\boldsymbol{F}$ 应多大？若要使 $\boldsymbol{F}$ 值为最小，力 $\boldsymbol{F}$ 与水平线的夹角 α 应为多大，此时 $\boldsymbol{F}$ 值为多少？

答案：(1)15kN；(2)$36°52'$，12kN

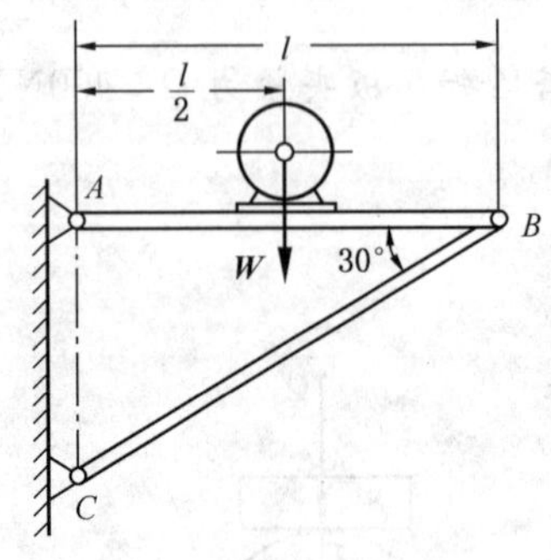

题图2－5

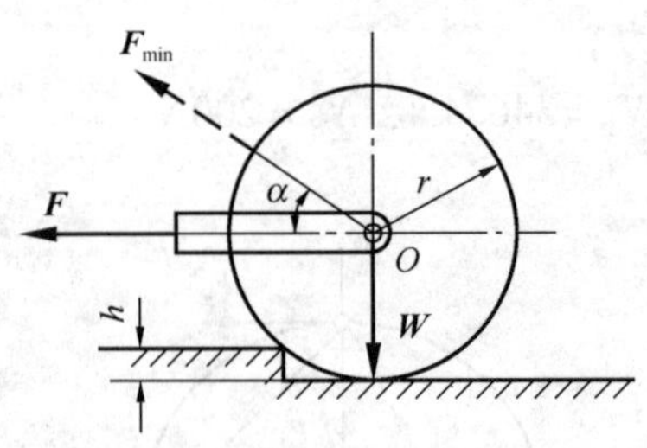

题图2－6

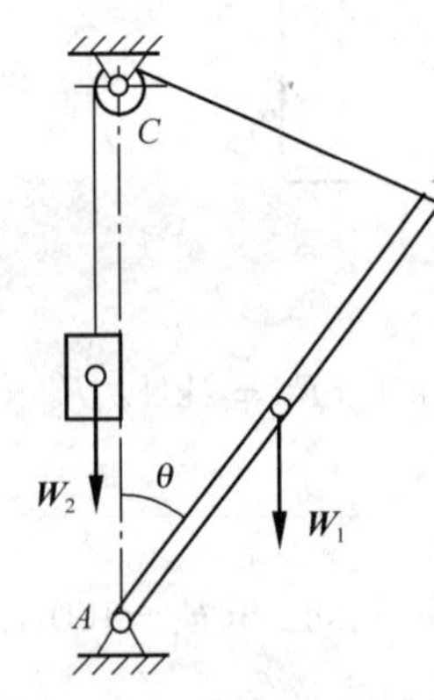

题图2－7

2－7　如题图2－7所示，均质杆 AB 重为 W_1、长为 l，在 B 端用跨过定滑轮的绳索吊起，绳索的末端挂有重为 W_2 的重物，设 A、C 两点在同一铅垂线上，且 $AC=AB$。求杆平衡时角 θ 的值。

答案：$\theta=2\arcsin\dfrac{W_2}{W_1}$

2－8　夹具中所用的两种连杆增力机构如题图2－8所示，已知推力 $\boldsymbol{F}_1$ 作用于 A 点，夹紧平衡时杆 AB 与水平线的夹角为 α。求对于工件的夹紧力 $\boldsymbol{F}_2$ 和当 $\alpha=10°$ 时的增力倍数 F_2/F_1。

答案：(a) $F_2=F_1\cot\alpha$，$F_2/F_1=5.67$；(b) $F_2=\dfrac{F_1}{2}\cot\alpha$，$F_2/F_1=2.84$

2－9　如题图2－9所示，起重机支架的 AB，AC 杆用铰链支承在可旋转的立柱上，并在 A 点用铰链互相连接。由绞车 D 水平引出钢丝绕过滑轮 A 起起吊重物。如重物重力 $P=20\text{kN}$，滑轮的尺寸和各杆的自重忽略不计。试求 AB 和 AC 两杆所受的力。

答案：$F_{AC}=27.3\text{kN}$(压力)，$F_{AB}=7.32\text{kN}$(压力)

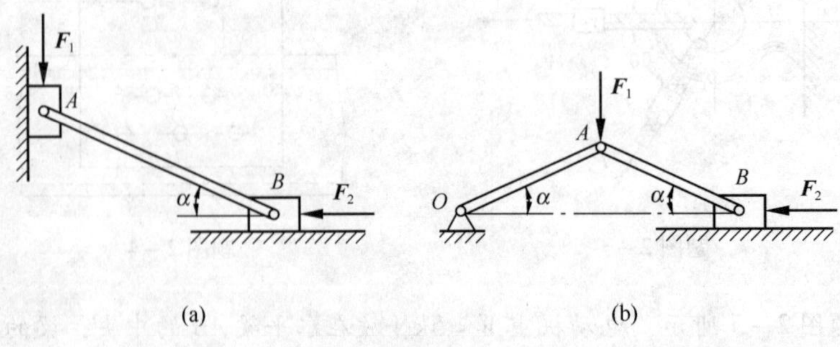

题图2－8

2－10　如题图 2－10 所示，一拔桩架，ACB 和 CDE 均为柔索，在 D 点作用力 $\boldsymbol{F}$ 向下拉，即可将桩向上拔。若 AC 和 CD 分别为铅垂和水平，$\varphi=4^{\circ}$，$F=400\mathrm{N}$，试求桩顶受到的力。

答案：$F_A=81.8\mathrm{kN}$

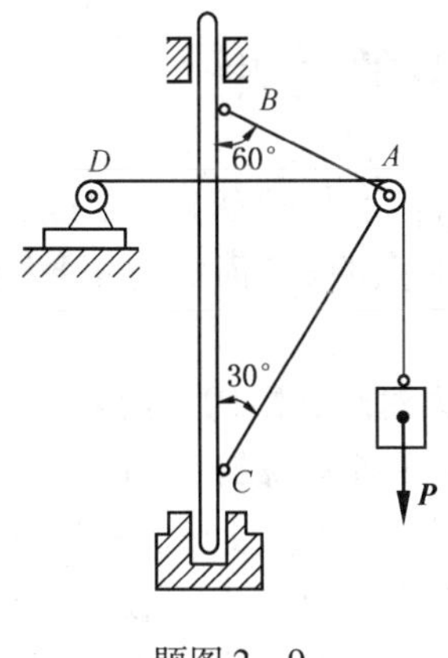

题图 2－9

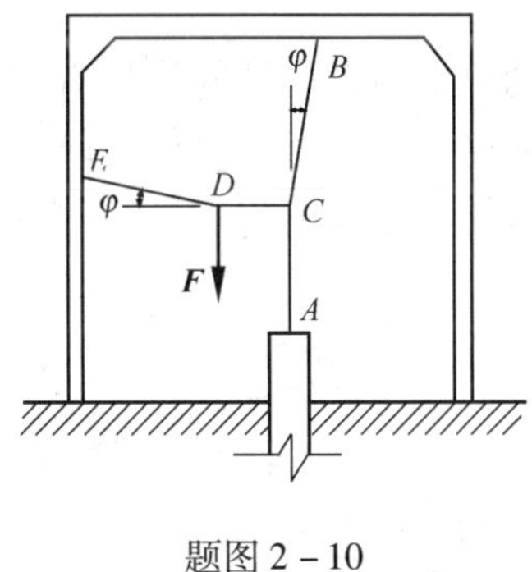

题图 2－10

第三章　力矩与平面力偶系

第一节　平面问题中的力矩

由力的概念可知力对物体的作用有运动效应(包括移动与转动)，其中力对物体的移动效应可用力矢来度量；而力对物体的转动效应可用力对点的矩(简称力矩)来度量，即力矩是度量力对物体转动效应的物理量。

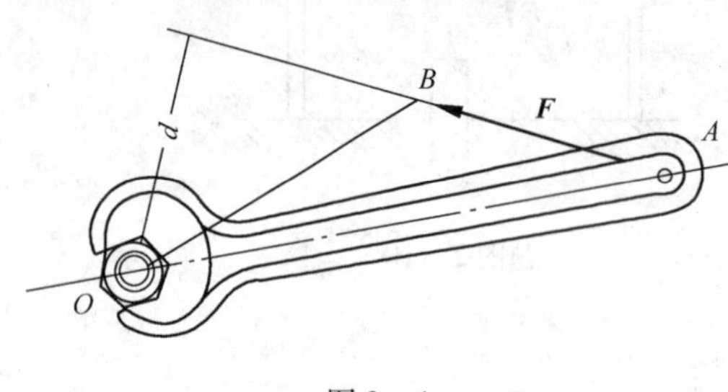

图 3－1

1. 力对点之矩(力矩)定义

用扳手拧紧螺钉，如图 3－1 所示，在扳手上作用一力 $\boldsymbol{F}$，使扳手和螺钉一起绕螺钉中心 O 点转动，就是力 $\boldsymbol{F}$ 使扳手产生转动效应。由经验知，加在扳手上的力 $\boldsymbol{F}$ 离螺钉中心越远，拧紧螺钉就越省力；力 $\boldsymbol{F}$ 离螺钉中心越近，就越费力。如果施力方向与图示力 $\boldsymbol{F}$ 的方向相反，扳手将按相反的方向转动，就会使螺钉松动。这个例子说明，力 $\boldsymbol{F}$ 使物体绕 O 点转动的效应，不仅与力 $\boldsymbol{F}$ 的大小和方向有关，而且与转动中心 O 点到力 $\boldsymbol{F}$ 的作用线的垂直距离 d 有关。

我们用乘积 Fd 来度量力 $\boldsymbol{F}$ 使物体绕 O 点转动的效应，称为力 $\boldsymbol{F}$ 对 O 点的矩，简称力矩，用 $M_O(\boldsymbol{F})$表示，即

$$M_O(\boldsymbol{F}) = \pm Fd \tag{3-1}$$

点 O 称为力矩中心，简称矩心；垂直距离 d 称为力臂；乘积 Fd 称为力矩的大小，而正负号表示在平面问题中力使物体绕矩心的转向，通常规定：力 $\boldsymbol{F}$ 使物体绕矩心逆时针转向时为正，如图 3－2(a)；反之为负，如图 3－2(b)。

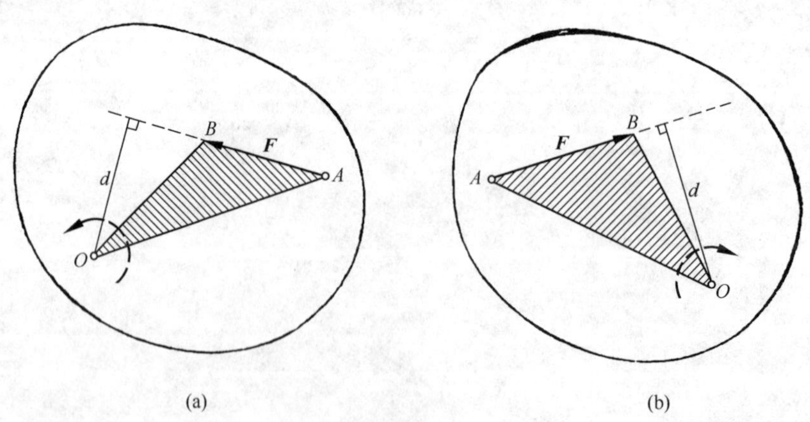

图 3－2

由图 3－2 可知，力矩大小亦可以用力 $\boldsymbol{F}$ 为底边、矩心为顶点所构成的三角形面积的两倍来表示，即可表示为

$$M_O(\boldsymbol{F}) = \pm 2\Delta OAB$$

在国际单位制中，力矩的单位是牛顿·米(N·m)或千牛顿·米(kN·m)。

综上所述，在平面问题中力矩有以下性质：

(1) 力矩是一个代数量；

(2) 力 $\boldsymbol{F}$ 对 O 点的矩，不仅决定于力的大小，同时与矩心的位置有关；

(3) 力 $\boldsymbol{F}$ 对任一点的矩，不会因该力沿其作用线的移动而改变；

(4) 力等于零，或力的作用线通过矩心，则力矩等于零。

2. 平面汇交力系的合力矩定理

合力矩定理：平面汇交力系的合力对平面内任意一点的矩等于所有分力对于同一点之矩的代数和。即

$$M_O(\boldsymbol{R}) = \sum_{i=1}^{n} M_O(\boldsymbol{F}_i) \qquad (3-2)$$

在计算力矩时，如果力臂不易求出，常将力分解为两个容易确定力臂的分力(通常是正交分解)，然后应用合力矩定理计算力矩。

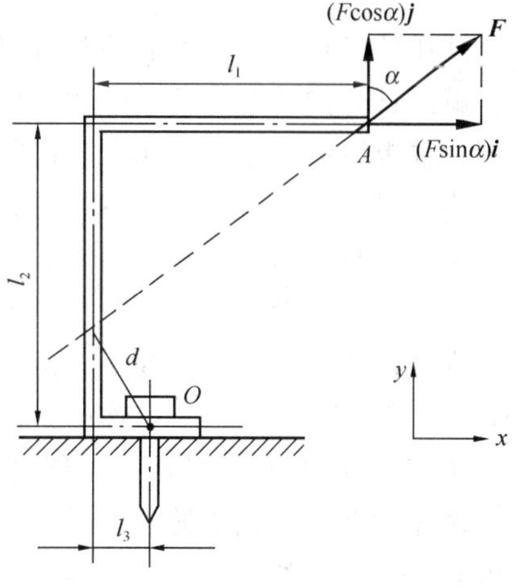

图 3-3

例 1　力 $\boldsymbol{F}$ 作用在支架上点 A，如图 3-3，图上尺寸 l_1、l_2、l_3 和角 α 均为已知。试求 $\boldsymbol{M}_O(\boldsymbol{F})$。

解　方法 1　按力矩定义，$M_O(\boldsymbol{F}) = Fd$，d 为力 $\boldsymbol{F}$ 对点 O 的力臂，从几何上寻求 d 之值比较麻烦，这是读者习惯使用的方法。

方法 2　根据合力矩定理，

$$\begin{aligned} M_O(\boldsymbol{F}) &= M_O\ (F\sin\alpha)\boldsymbol{i} + M_O\ (F\cos\alpha)\boldsymbol{j} \\ &= F(l_1 - l_3)\cos\alpha - Fl_2\sin\alpha = F[(l_1 - l_3)\cos\alpha - l_2\sin\alpha] \end{aligned}$$

显然，由此可得 $d = |(l_1 - l_3)\cos\alpha - l_2\sin\alpha|$

第二节　力偶和力偶矩

在生活和生产实践中，常见到物体同时受到大小相等、方向相反、作用线互相平行的两个力的作用。例如，用两个手指拧动水龙头，汽车司机转动方向盘，钳工用丝锥攻螺纹等(图 3-4)。等值反向且平行的一对力的矢量和显然等于零，但它们会使物体的转动状态发生改变。在力学上我们把作用于同一刚体上的大小相等、方向相反、作用线相互平行的两个力叫做力偶，如图 3-5 所示，记作($\boldsymbol{F}$, $\boldsymbol{F}'$)。力偶中两个力的作用线所确定的平面称为力

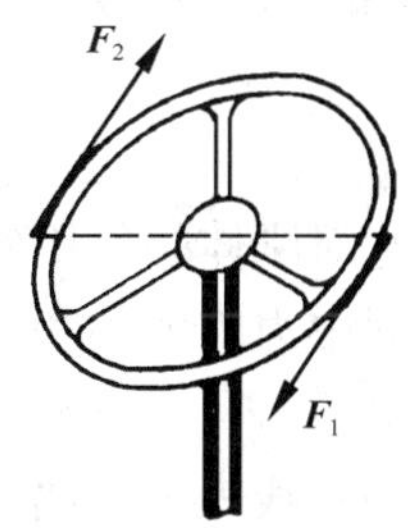

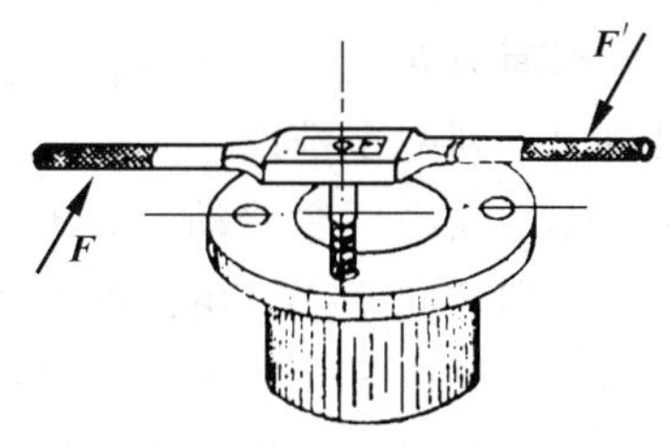

图 3-4

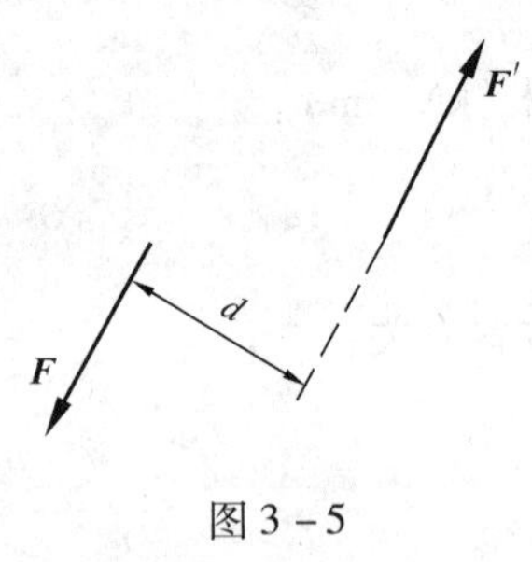

图 3－5

偶作用面。两力作用线之间的垂直距离 d 称为力偶臂。

怎样度量力偶对物体的转动效应呢？实践表明，力的数值愈大或者两力作用线间的垂直距离愈长，力偶使物体转动的效应就愈显著。力偶的转向不同，力偶对物体的转动效应也随之而异。因而，在平面问题中，我们将力偶中任一力的大小与力偶臂的乘积，作为力偶对物体转动效应的度量，称为力偶矩，用 M 表示，即

$$M = \pm Fd \tag{3-3}$$

式中的正负号表示力偶使物体转动的方向，通常规定：力偶使物体逆时针方向转动为正；顺时针方向转动为负。由此可见，在平面问题中，力偶矩也是一代数量。

力偶矩的单位与力矩相同，在国际单位制中是牛顿·米(N·m)或千牛顿·米(kN·m)。

力偶是两个具有特殊关系的力组成的力系，虽然力偶中每个力仍具有一般力的性质，但当作为一个整体考虑力偶对刚体的作用时，则表现出与单个力不同的性质。

性质一 力偶没有合力，本身也不能自行平衡，是一个基本的力学量。

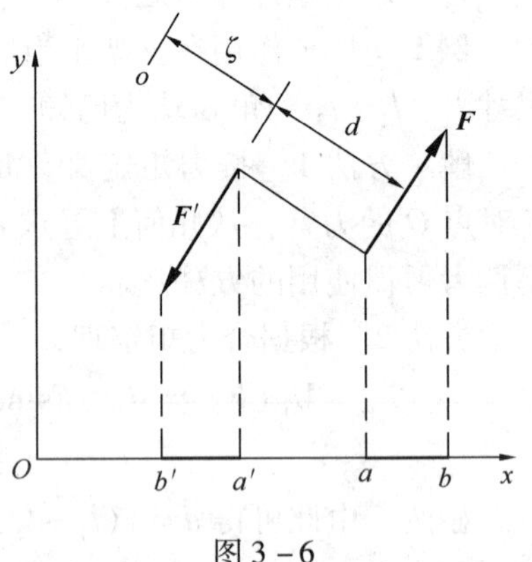

图 3－6

在力偶作用平面内任取一直角坐标系 Oxy，如图 3－6 所示，将力偶向某一坐标轴(如 x 轴)投影。由于力偶中的力 $\boldsymbol{F}$ 和 $\boldsymbol{F}'$ 的大小相等、方向相反、作用线平行，因而这两个力在同一轴上的投影的代数和为零。由此可知，力偶在任一轴上的投影恒等于零。

可见，力偶无合力，力偶对刚体只产生转动效应，没有移动效应。力偶不能用一个力来代替，也不能与一个力平衡，就是说力偶不能与一个力等效。力偶只能被另一力偶所平衡，只能与另一个力偶等效。因此，力和力偶是最基本的两个机械作用量。

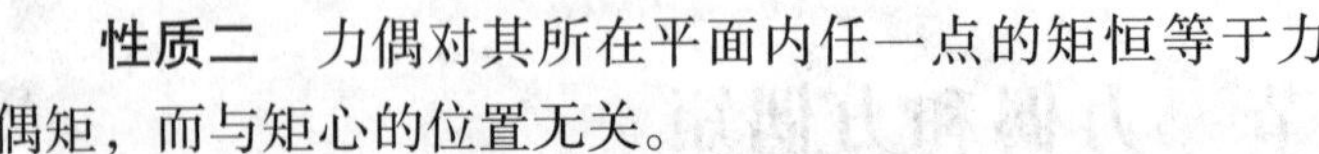

性质二 力偶对其所在平面内任一点的矩恒等于力偶矩，而与矩心的位置无关。

如图 3－6 所示，力偶$(\boldsymbol{F}, \boldsymbol{F}')$的力偶矩 $M = Fd$，在力偶的作用面内任取 O 点为矩心，设 O 点与力 $\boldsymbol{F}'$ 的距离为 ζ，则力偶$(\boldsymbol{F}, \boldsymbol{F}')$对于 O 点之矩为

$$M_O(\boldsymbol{F},\boldsymbol{F}') = M_O(\boldsymbol{F}) + M_O(\boldsymbol{F}') = F(\zeta + d) - F'\zeta = Fd = M$$

所得结果仍然是力偶矩 M。可见，不论矩心 O 点选在何处，所得结果都不会改变，即力偶对其作用面内任一点的矩总是等于力偶矩。这表明力偶对刚体的转动效应只取决于力偶矩(包括大小和转向)，而与矩心的位置无关。

性质三 作用在同一平面内的两个力偶，若其力偶矩的大小相等，转向相同，则该两个力偶彼此等效。这就是平面力偶的等效定理。

由上述定理可以得出下列两个推论：

(1) 力偶可以在其作用面内任意移动，而不会改变它对刚体的作用效应。

(2) 只要力偶矩大小和转向不变，可以同时改变力偶中力的大小和力偶臂的长度，而不会改变它对刚体的作用效应。

因此，力偶除用力和力偶臂表示外，也可用带箭头的弧线表示力偶，箭头方向表示力偶的转向，弧线旁的字母 M 或者数值表示力偶矩的大小，如图 3－7 所示。

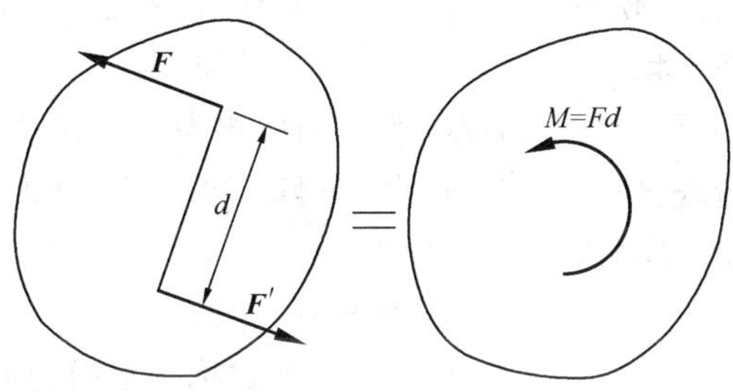

图 3－7

上述力偶等效变换的性质是力偶合成的理论基础，与力的可传性一样，它们只适用于刚体。

第三节　平面力偶系的合成与平衡

1. 平面力偶系的合成

作用面共面的力偶系称为平面力偶系。设在同一平面内作用有三个力偶($\boldsymbol{F}_1$，$\boldsymbol{F}'_1$)、($\boldsymbol{F}_2$，$\boldsymbol{F}'_2$)和($\boldsymbol{F}_3$，$\boldsymbol{F}'_3$)，力偶臂分别为 d_1、d_2 和 d_3，如图 3－8(a)所示，则各力偶矩分别为

$$M_1 = F_1 d_1 \quad M_2 = F_2 d_2 \quad M_3 = -F_3 d_3$$

在力偶作用面内取任意线段 $AB = d$，在保持力偶矩不变的情况下，用 d 来代替各力偶的臂，如图 3－8(b)所示。于是各力偶的力的大小相应变为

$$P_1 = \frac{F_1 d_1}{d}, \quad P_2 = \frac{F_2 d_2}{d}, \quad P_3 = \frac{F_3 d_3}{d}$$

移动各力偶，使它们的臂都与 AB 重合，则原平面力偶系变换为作用在点 A 及 B 的两个共线力系，如图 3－8(c)再将这两个共线力系分别合成，可得两个力 $\boldsymbol{R}$ 与 $\boldsymbol{R}'$，其大小为

$$R = P_1 + P_2 - P_3 \quad R' = P'_1 + P'_2 - P'_3$$

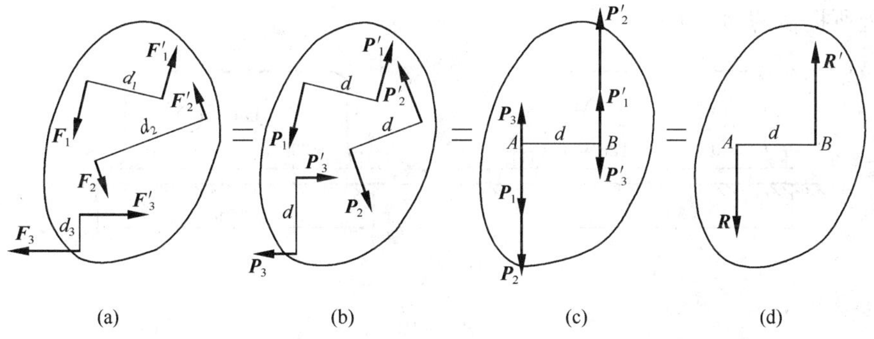

图 3－8

如图 3－8(d)所示，力 $\boldsymbol{R}$ 与 $\boldsymbol{R}'$大小相等、方向相反、作用线平行且不共线，它们构成一力偶($\boldsymbol{R}$，$\boldsymbol{R}'$)，称为原有三个力偶的合力偶。合力偶矩为

$$M = Rd = (P_1 + P_2 - P_3)d = F_1 d_1 + F_2 d_2 - F_3 d_3 = M_1 + M_2 + M_3$$

若有 n 个力偶，仍可用上述方法合成。于是得出结论，平面力偶系合成的结果是一个合力偶，合力偶矩等于各分力偶矩的代数和，即

$$M = M_1 + M_2 + \cdots + M_n = \sum M \tag{3-4}$$

2. 平面力偶系的平衡条件

平面力偶系的合成结果是一个合力偶，若合力偶矩为零，则平面力偶系平衡。反之，若平面力偶系平衡，则合力偶矩必等于零。因此可得结论，平面力偶系平衡的必要与充分条件是：力偶系中所有力偶矩的代数和等于零。即

$$\sum M = 0 \tag{3-5}$$

上式称为平面力偶系的平衡方程，应用平面力偶系的平衡方程可以求解一个未知量。

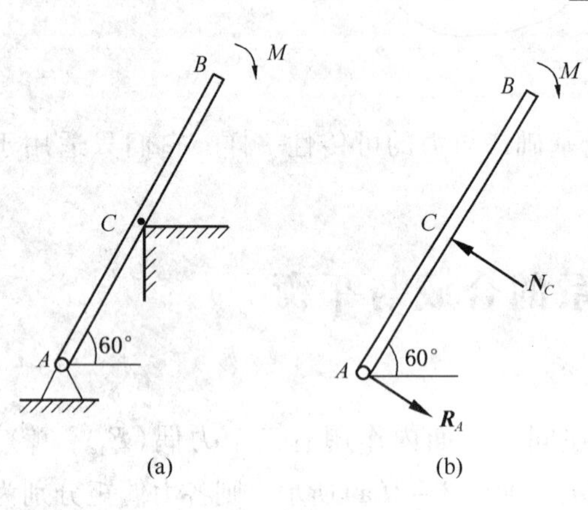

图 3－9

例 2 杆 AB 长 2m，B 端受一力偶作用，其力偶矩的大小 $M = 200\text{N}\cdot\text{m}$，杆的自重不计。$A$ 为固定铰支座，杆的中点 C 为光滑约束，如图 3－9(a) 所示，求 A、C 处的约束反力。

解 取杆 AB 为研究对象。杆受一个主动力偶和两个约束反力的作用。

因力偶不能与一个力相平衡，力偶只能与力偶相平衡，所以 A 和 C 处的约束反力必组成一力偶，即 $R_A = N_C$，且两力均垂直于杆件 AB，指向假设如图 3－9(b) 所示。由平面力偶系的平衡方程

$$\sum M_i = 0 \quad N_C \times AC - M = 0$$

得

$$N_C = \frac{M}{AC} = 200\text{N}$$

所以

$$R_A = N_C = 200\text{N}$$

结果为正值，说明实际方向与假设的方面相同。

例 3 齿轮箱两个外伸轴上作用的力偶如图 3－10(a) 所示。为保持齿轮箱平衡，试求螺栓 A、B 处所提供的约束力的铅垂分力。

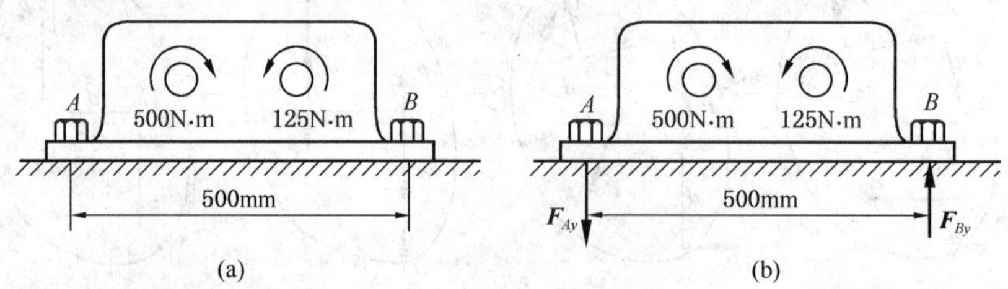

图 3－10

解 如图 3－10(b)，根据力偶只能与力偶平衡的性质，螺栓 A、B 处的铅垂约束反力必组成一力偶。由平面力偶系的平衡方程有

$$\sum M_i = 0 \quad -500 + 125 + F_{Ay} \times 0.5 = 0$$

$$F_{Ay} = 750\text{N}(\downarrow) \quad F_{By} = 750\text{N}(\uparrow)$$

例 4 已知平面机构如图 3－11(a) 所示，AC 杆上有一滑槽，该滑槽套在 BD 杆的销钉 E 上，在 AC 与 BD 上各有一力偶作用。主动力偶 M_1 为已知，不计杆重和摩擦，求支座 A、B 的约束力及主动力偶矩 M。

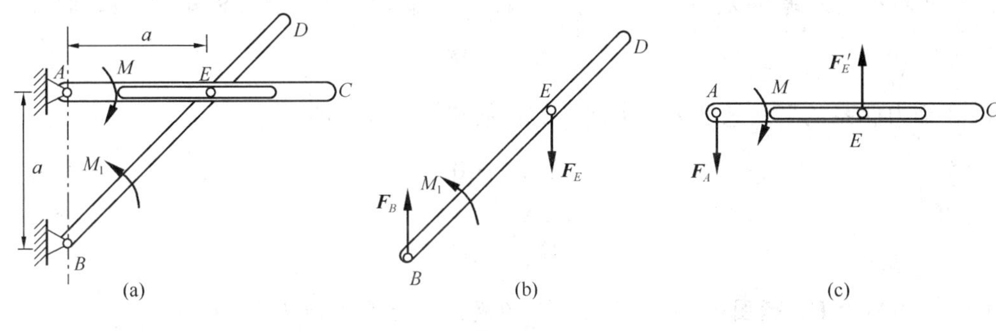

图 3-11

解　本题有两点要注意：①力偶要用力偶来平衡；②正确分析销钉与滑槽之间的约束反力。

取杆 *BD* 为研究对象，受力分析如图 3-11(b)所示。根据平面力偶系的平衡方程，有

$$\sum M = 0 \quad M_1 - F_E a = 0$$

即

$$F_B = F_E = \frac{M_1}{a} \tag{1}$$

取杆 *AC* 为研究对象，受力分析如图 3-11(c)所示。根据平面力偶系的平衡方程，有

$$\sum M = 0 \quad F_A a - M = 0$$

$$F_A = \frac{M}{a} \tag{2}$$

比较式(1)、式(2)可得

$$F_A = F_B = \frac{M_1}{a}$$

$$M = M_1$$

小　结

1. 力矩是力学中的一个基本概念，是力对于物体的转动效应的度量。

(1) 按定义计算力矩：平面内的力对点之矩等于该力的大小乘以力臂的大小，方向规定逆时针为正，反之为负。

(2) 按合力矩定理计算力矩：合力对某一点的矩等于力系中各分力对同一点的矩的代数和。

2. 力偶是力学中的一个基本力学量。

力偶是由等值、反向、不共线的两个平行力组成的特殊力系。力偶对物体的作用效应取决于力偶矩的大小和转向。

力偶没有合力，也不能用一个力来平衡，只能与另一力偶相平衡。

力偶在任一轴上的投影和等于零，它对平面内任一点的矩恒等于力偶矩，力偶矩与矩心的位置无关。

力偶的最主要的性质是等效性，在保持力偶矩不改变的条件下，力偶可在作用面内任意移转，并可同时变更力偶的力的大小与力臂的长短。

3. 平面力偶系合成

同平面内几个力偶可以合成为一个合力偶，合力偶矩等于各分力偶矩的代数和。即

$$M = \sum M$$

4. 平面力偶系的平衡条件为合力偶矩的代数和等于零。即

$$\sum M = 0$$

习　题

3－1　已知力 $\boldsymbol{F}$，题图 3－1 中各尺寸与角度，求力 $\boldsymbol{F}$ 对点 O 的矩。

答案：(a)$M_O(\boldsymbol{F})=0$，(b)$M_O(\boldsymbol{F})=Fl$；(c)$M_O(\boldsymbol{F})=-Fb$；

(d)$M_O(\boldsymbol{F})=Fl\sin\theta$；(e)$M_O(\boldsymbol{F})=F\sin\theta\sqrt{l^2+r^2}$；(f)$M_O(\boldsymbol{F})=F(l+r)$

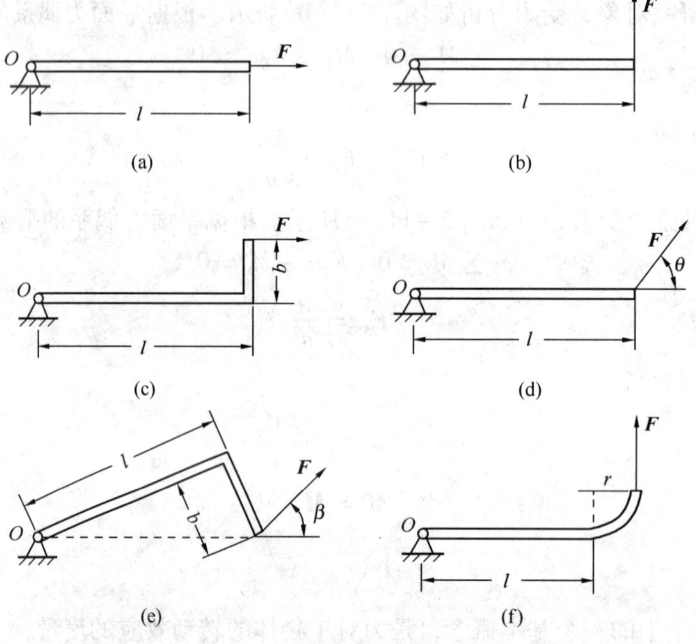

题图 3－1

3－2　根据题图 3－2 情况，设圆盘半径为 R，试分别计算力 $\boldsymbol{F}$ 对 O 点的矩。

答案：(a)$M_O(\boldsymbol{F})=FR$；(b)$M_O(\boldsymbol{F})=0$；(c)$M_O(\boldsymbol{F})=\dfrac{\sqrt{2}FR}{2}$；(d)$M_O(\boldsymbol{F})=\dfrac{\sqrt{2}FR}{2}$；(e)$M_O(\boldsymbol{F})=0.3827FR$；(f)$M_O(\boldsymbol{F})=0.5FR$

3－3　80N 的力作用于扳手柄端，如题图 3－3 所示。(1)当 $\alpha=75°$ 时，求此力对螺钉中心之矩；(2)当角 α 为何值时，该力矩为最小值；(3)当角 α 为何值时，该力矩为最大值。

答案：(1)20.18N·m；(2)$\alpha=5.12°$；(3)$\alpha=95.12°$

3－4　求题图 3－4 所示平面力偶系的合成结果，其中：$F_1=F_2=200\text{N}$，$F_3=480\text{N}$。图中长度单位为 m。

答案：合力偶，$M=115\text{N}\cdot\text{m}$

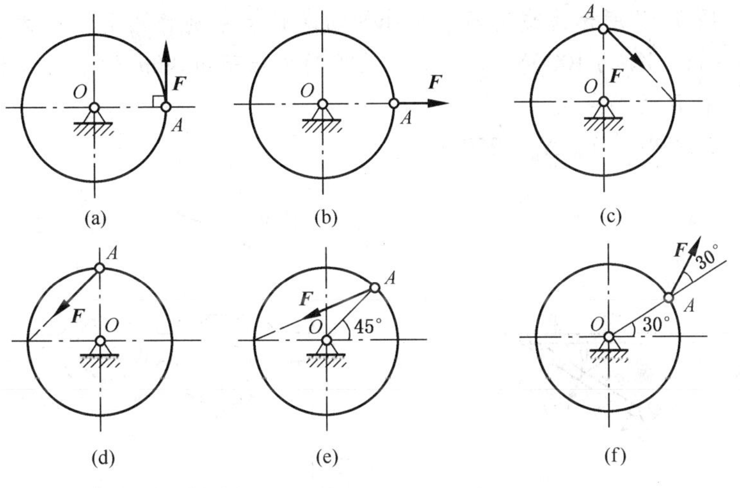

题图 3－2

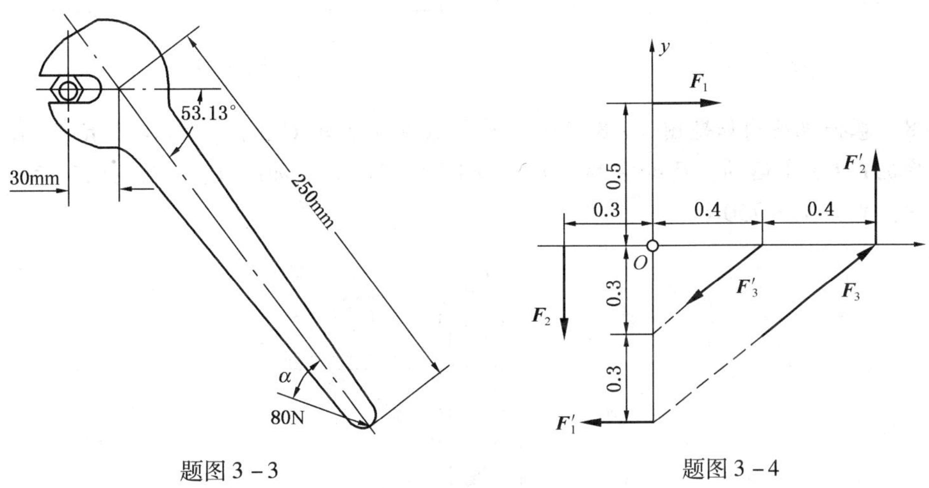

题图 3－3　　题图 3－4

3－5　构件的支承及荷载情况如题图 3－5 所示，试求支座 A、B 的约束力。

答案：(1)1.5kN，(2)$\sqrt{2}F\dfrac{a}{l}$

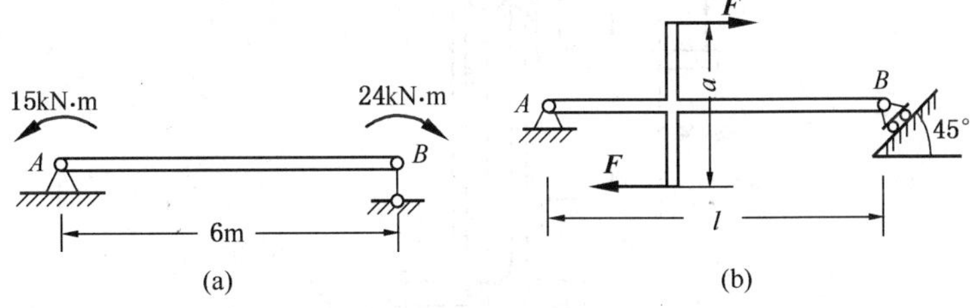

题图 3－5

3－6　四连杆机构 $OABO_1$ 在题图 3－6 所示位置平衡，已知 $OA=40\text{cm}$，$O_1B=60\text{cm}$，作用在曲柄 OA 上的力偶矩大小为 $M_1=1\text{N}\cdot\text{m}$，不计杆重。求力偶矩 M_2 的大小及连杆 AB 所受的力。

答案：$M_2=3\text{N}\cdot\text{m}$，$F_{AB}=5\text{N}$

3－7　如题图3－7所示为减速箱，在外伸的两轴上分别作用着一个力偶，它们的力偶矩M_1为2000N·m，M_2为1000N·m。减速箱用两个相距400mm的螺钉A和B固定在地面上。试求螺钉A和B的约束反力。

答案：$N_A=2500\text{N}(\uparrow)$；$N_B=2500\text{N}(\downarrow)$

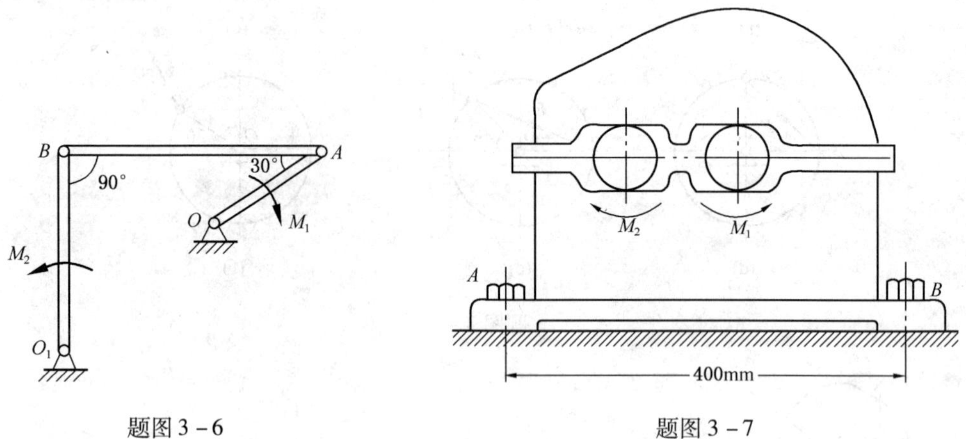

题图3－6　　题图3－7

3－8　卷扬机结构如题图3－8所示。重物放在小台车C上。小台车装有A、B轮，可沿垂直导轨ED上下运动。已知重物重$Q=2000\text{N}$。试求导轨加给A、B两轮的约束反力。

答案：$N_A=N_B=750\text{N}$

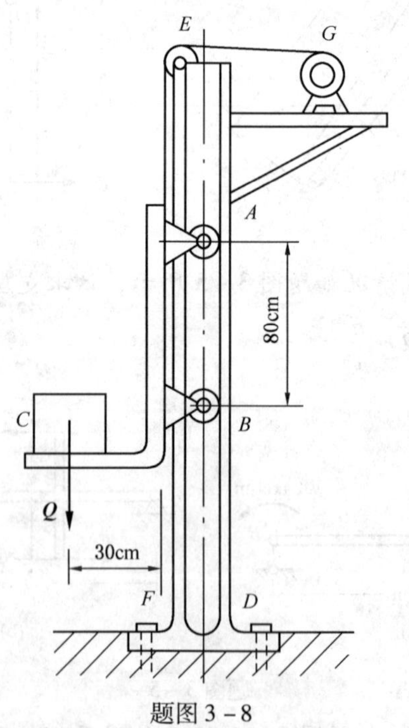

题图3－8

第四章　平面任意力系

在研究平面汇交力系及平面力偶系的合成与平衡问题的基础上，本章将研究平面任意力系的合成及其平衡问题。所谓平面任意力系，是指作用线位于同一平面内且任意分布的力系。

第一节　力的平移定理

平面任意力系向一点简化的方法是以力的平移定理为理论基础的。

设在刚体上 A 点作用一力 $\boldsymbol{F}$，如图 4－1(a)所示，现将它平行移动到刚体内任一点 O，为了不改变它移动后对该刚体的作用效应，根据公理二，可在 O 点加上一对平衡力 $\boldsymbol{F}'$和 $\boldsymbol{F}''$，并使它们的作用线与力 $\boldsymbol{F}$ 的作用线平行，且 $\boldsymbol{F}=\boldsymbol{F}'=-\boldsymbol{F}''$，如图 4－1(b)所示，显然，三个力 $\boldsymbol{F}$、$\boldsymbol{F}'$、$\boldsymbol{F}''$与原力 $\boldsymbol{F}$ 等效；这三个力又可以看成是作用在点 O 的一个力 $\boldsymbol{F}'$和一个力偶($\boldsymbol{F}$，$\boldsymbol{F}''$)。这样一来，作用在 A 点的力 $\boldsymbol{F}$ 就可由作用在 O 点的力 $\boldsymbol{F}'$和力偶 M($\boldsymbol{F}$，$\boldsymbol{F}''$)代替，如图 4－1(c)所示。换句话说，一个力可与另一个力和一个力偶等效。这就相当于把作用在 A 点的力 $\boldsymbol{F}$ 平行移动到了任一点 O，但同时加上了一个相应的力偶，这个力偶称为附加力偶，附加力偶的力偶矩 M 等于力 $\boldsymbol{F}$ 对点 O 的矩，即

$$M = Fd = M_O(\boldsymbol{F}) \tag{4-1}$$

其中 d 是附加力偶的力偶臂。

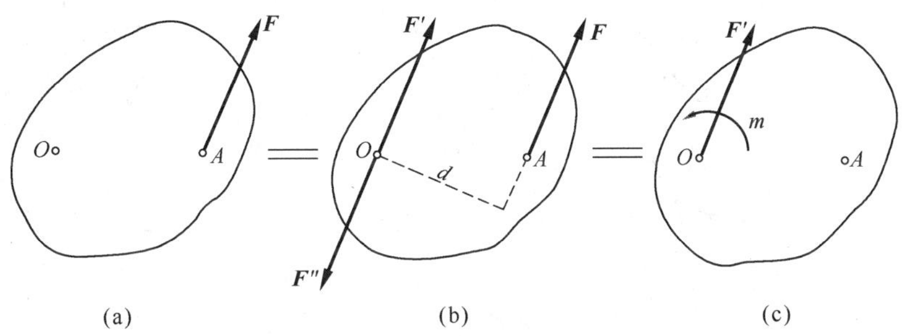

图 4－1

由此可见，作用于刚体上的力均可以从原来的作用位置平行移动到刚体内任一指定点，欲不改变该力对刚体的作用，则须在该力与指定点所在的平面内附加一个力偶，这个力偶的力偶矩等于原力对于指定点之矩。这就是力的平移定理。

当然，我们利用上述的逆步骤可以证明：力偶矩为 M 的力偶($\boldsymbol{F}$，$\boldsymbol{F}''$)与作用在同一平面内 O 点的力 $\boldsymbol{F}'$可以合成为一个作用在 A 点的力 $\boldsymbol{F}$。

力的平移定理不仅是力系向一点简化的理论依据，而且还可用来分析和解决工程实际中的力学问题。例如，用丝锥攻螺纹时，要求两手用力均匀，尽可能使扳手只受力偶作用。如仅用一只手加力，如图 4－2(a)所示，虽然扳手也能转动，但却容易使丝锥折断。这可由力的平移定理得到解释：将作用于扳手 B 端的力 $\boldsymbol{P}$ 平行移动到锥中心 O(这时 $\boldsymbol{P}'=\boldsymbol{P}$)时，需附加一个力偶矩为 $M=Pd$ 的力偶，如图 4－2(b)所示；就是说，在扳手 B 处作用的一个力 $\boldsymbol{P}$

的效应与在 O 处作用的一个力 $\boldsymbol{P}'$ 和一个力偶矩为 M 的力偶的效应是完全相等的。这个力偶使丝锥转动，而这个力 $\boldsymbol{P}'$ 却是使丝锥折断的主要原因。

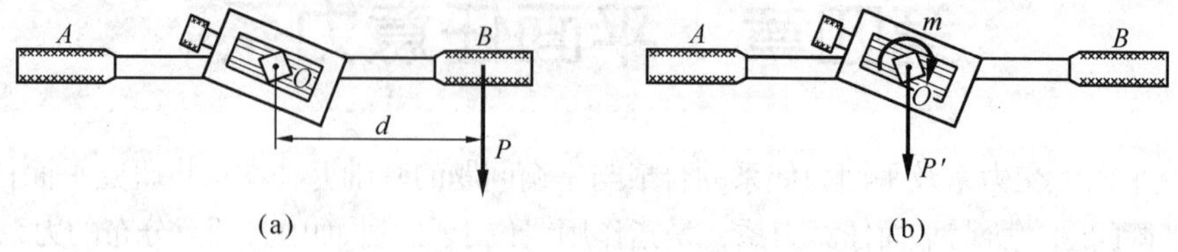

图 4 - 2

第二节　平面任意力系向一点的简化 · 主矢和主矩

设有一平面任意力系 $\boldsymbol{F}_1$、$\boldsymbol{F}_2$、…、$\boldsymbol{F}_n$，力系中各力分别作用在刚体上的点 A_1、A_2、…、A_n，如图 4 - 3(a)所示。在力系所在平面内任取一点 O，点 O 称为简化中心。应用力的平移定理，把各力平行移动到点 O 并加上相应的附加力偶。于是得到作用于点 O 的平面汇交力系 $\boldsymbol{F}'_1$、$\boldsymbol{F}'_2$、…、$\boldsymbol{F}'_n$ 和作用于力系所在平面内的力偶矩为 M_1、M_2、…、M_n 的附加力偶系，如图 4 - 3(b)所示，平面汇交力系中各力的大小和方向分别与原力系中对应的各力相同，即

$$\boldsymbol{F}'_1 = \boldsymbol{F}_1, \boldsymbol{F}'_2 = \boldsymbol{F}_2, \cdots, \boldsymbol{F}'_n = \boldsymbol{F}_n \tag{4-2}$$

而各附加力偶的力偶矩分别等于原力系中各力对简化中心 O 的力矩，即

$$M_1 = M_O(\boldsymbol{F}_1), M_2 = M_O(\boldsymbol{F}_2), \cdots, M_n = M_O(\boldsymbol{F}_n) \tag{4-3}$$

于是，平面任意力系的简化问题便成为平面汇交力系与平面力偶系的合成问题。

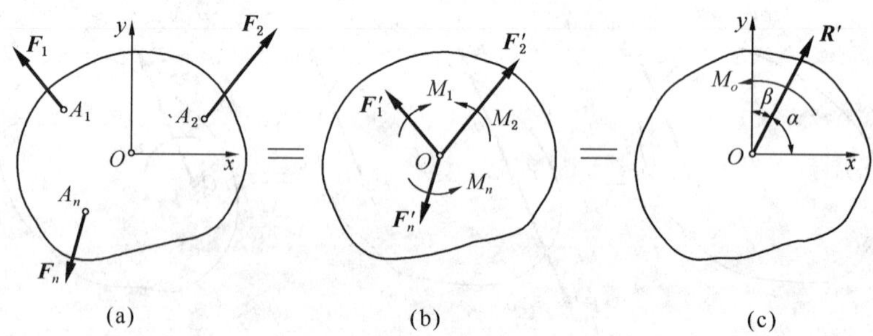

图 4 - 3

将平面汇交力系合成，得到作用在点 O 的一个力，这力的大小和方向等于作用在点 O 的各力的矢量和，也就是等于原力系中各力的矢量和，用 $\boldsymbol{R}'$ 表示，则有

$$\boldsymbol{R}' = \boldsymbol{F}'_1 + \boldsymbol{F}'_2 + \cdots + \boldsymbol{F}'_n = \boldsymbol{F}_1 + \boldsymbol{F}_2 + \cdots + \boldsymbol{F}_n = \sum_{i=1}^{n} \boldsymbol{F}_i \tag{4-4}$$

我们把原力系中各力的矢量和 $\boldsymbol{R}'$ 称为该力系的主矢，如图 4 - 3(c)所示。

主矢 $\boldsymbol{R}'$ 的大小和方向还可用解析法来确定。在力系所在平面内以简化中心 O 为原点取直角坐标系 Oxy，根据合矢量投影定理，有：

$$R'_x = F_{1x} + F_{2x} + \cdots + F_{nx} = \sum_{i=1}^{n} F_{ix} \tag{4-5}$$

$$R'_y = F_{1y} + F_{2y} + \cdots + F_{ny} = \sum_{i=1}^{n} F_{iy}$$

其中 R'_x、R'_y和 F_{ix}、F_{iy}分别表示主矢 $\boldsymbol{R}'$和力系中各力 $\boldsymbol{F}_i$ 在 x、y 轴上的投影。由上式可得主矢 $\boldsymbol{R}'$的大小和方向余弦分别为：

$$R' = \sqrt{R_x'^2 + R_y'^2} \tag{4-6}$$

$$\cos\alpha = \frac{R'_x}{R'} \quad \cos\beta = \frac{R'_y}{R'} \tag{4-7}$$

其中 α、β 分别表示力 $\boldsymbol{R}'$与 x、y 轴的正向间的夹角，如图 4-3(c)所示。

再将附加力偶系合成，可得到一个力偶，这力偶的力偶矩等于各附加力偶矩的代数和，也就是等于原力系中各力对简化中心 O 的矩的代数和，用 M_O 表示，则有

$$M_O = M_1 + M_2 + \cdots + M_n = M_O(\boldsymbol{F}_1) + M_O(\boldsymbol{F}_2) + \cdots + M_O(\boldsymbol{F}_n) = \sum_{i=1}^{n} M_O(\boldsymbol{F}_i) \tag{4-8}$$

我们把原力系中各力对简化中心 O 的矩的代数和 M_O 称为该力系对简化中心 O 的主矩。

由此可知，平面任意力系向作用面内任一点简化，一般可以得到一个力和一个力偶。这个力的作用线通过简化中心，其大小及方向等于原力系的主矢；这个力偶的矩等于原力系对简化中心的主矩。

值得注意的是，主矢 $\boldsymbol{R}'$是自由矢，它只代表力系中各力矢的矢量和，并不涉及作用点。由于原力系中各力的大小和方向是一定的，它们的矢量和也是一定的，对一个已知的力系来说，力系的主矢是一个不变的量。所以无论选择哪一点作为简化中心，主矢不会改变，就是说力系的主矢与简化中心的位置无关。但是，力系中各力对不同的简化中心的矩是不同的，对不同的简化中心的矩的代数和一般也不相等，所以力系的主矩一般与简化中心的位置有关。因而，说到主矩时，必须指明简化中心的位置，即指明对哪一点的主矩。符号 M_O 中的下标就表示简化中心为 O 点。

下面应用力系简化理论来分析平面固定端约束的约束反力。

梁的一端牢固地嵌入墙内而使梁固定，梁嵌入墙内的一端称为固定端，墙对梁的这种约束称为固定端约束。例如，一端深埋在地下的电线杆、牢固地浇筑在基础上的柱子、夹紧在刀架上的车刀等，都是受固定端约束。这种约束既能阻碍物体在平面内沿任何方向移动，又能阻碍物体在该平面内转动。固定端约束的简图如图 4-4(a)所示。现以梁的固定端为例，分析固定端约束的约束反力。当梁承受的荷载是平面力系时，墙作用在梁的固定端的约束反力是一平面任意力系，如图 4-4(b)所示，可将这个约束力系向点 A 简化为一个力 $\boldsymbol{F}_A$ 和一个力偶矩为 M_A 的力偶，若将力 $\boldsymbol{F}_A$ 沿直角坐标轴分解为两个分力 F_{Ax}和 F_{Ay}，那么墙对梁作用有 F_{Ax}、F_{Ay}两个约束反力和一个力偶矩为 M_A 的约束力偶，其中力的指向和力偶的转向均可任意假设，如图 4-4(c)所示。在一般情况下，平面固定端约束有三个未知量：水平反力、铅直反力和反力偶。

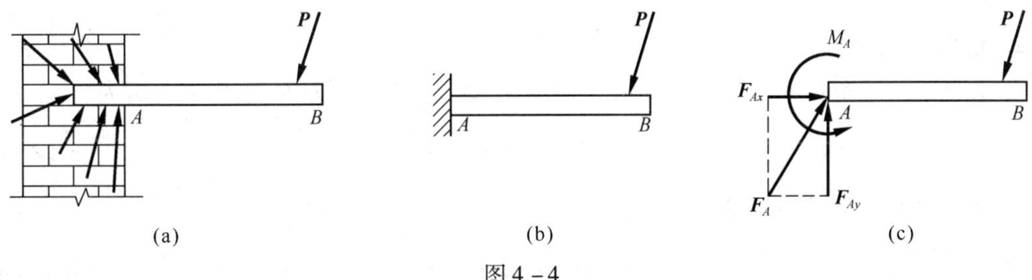

图 4-4

第三节　平面任意力系简化的最后结果·合力矩定理

1. 平面任意力系简化结果的分析

由上节可知，平面任意力系向一点简化后，一般来说可以得到一个力和一个力偶。这个力的矢量等于原力系的主矢，这个力偶的力偶矩等于原力系对简化中心的主矩，但这并不是平面任意力系简化的最后结果。因此有必要根据力系的主矢和主矩这两个量可能出现的几种情况作进一步讨论。

(1) 若 $\boldsymbol{R}'=0$，$M_O\neq0$，此时原力系只与一个力偶等效，这个力偶就是原力系的合力偶。所以原力系简化的最后结果是一个合力偶，合力偶矩等于原力系对简化中心的主矩，只有在这种情况下，主矩才与简化中心的位置无关，也就是说，原力系无论向哪一点简化都是一个力偶矩保持不变的力偶。

(2) 若 $\boldsymbol{R}'\neq0$，$M_O=0$，此时原力系只与一个力等效，这个力就是原力系的合力。所以原力系简化的最后结果是一个合力，它的矢量等于原力系的主矢，作用线通过简化中心 O。

(3) 若 $\boldsymbol{R}'\neq0$、$M_O\neq0$，这时原力系简化为作用线通过简化中心 O 的一个力和一个力偶，如图 4－5 所示，由力的平移定理的逆过程知，这个力和力偶可以合成为一个合力，因此原力系简化的最后结果也是一个合力。合力 $\boldsymbol{R}$ 的大小和方向与原力系的主矢 $\boldsymbol{R}'$ 相同，简化中心 O 到合力作用线的距离为

$$d=\frac{|M_O|}{R'}$$

至于合力 $\boldsymbol{R}$ 在主矢 $\boldsymbol{R}'$ 的右侧还是左侧，可根据力 $\boldsymbol{R}$ 对点 O 的矩的转向与 M_O 的转向是否一致的原则来判定。

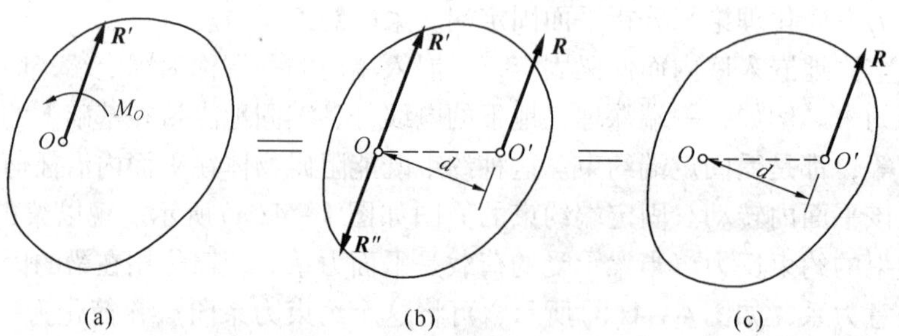

图 4－5

(4) 若 $\boldsymbol{R}'=0$，$M_O=0$，则原力系是平衡力系，这种情形将在下一节中讨论。

综上所述，平面任意力系简化的最后结果(即合成结果)可能是一个力偶，或者是一个合力，或者成平衡。

2. 合力矩定理

当平面任意力系合成为一个合力时，由图 4－5(c)知，合力 $\boldsymbol{R}$ 对点 O 的矩为

$$M_O(\boldsymbol{R})=Rd=M_O \tag{4-9}$$

但是，主矩 $M_O=\sum M_O(\boldsymbol{F})$

所以

$$M_O(\boldsymbol{R})=\sum M_O(\boldsymbol{F}) \tag{4-10}$$

这里点 O 是任意选择的。因此上式表明，若平面任意力系可合成为一个合力时，合力对其作用面内任一点的矩等于力系中各力对同一点的矩的代数和。这就是平面任意力系的合力矩定理。

3. 平面平行力系

各力作用线都在同一平面内且相互平行的力系称为平面平行力系，这种力系是平面任意力系的一种特殊情形，因而上面讨论的力系向一点简化的方法，对于平面平行力系也完全适用。就是说，平面平行力系向作用面内任一点简化的结果一般仍然是一个力和一个力偶；其最后结果也可能是一个力偶，或者是一个合力，或者成平衡；至于合力矩定理，对于平面任意力系的两种特殊情况——平面汇交力系和平面平行力系也是成立的。

沿着一条线连续分布且相互平行的力系，称为平行线分布力，简称线分布力或线荷载。这种荷载在工程实际中经常见到，如梁的自重，可简化为沿梁的轴线分布的线荷载。沿某一单位长度分布的线荷载则称为分布力在该处的线荷载集度，通常用 q 表示，其单位是 N/m 或 kN/m。表示荷载集度分布情况的图形称为荷载集度图，简称荷载图。若荷载集度 q 为一常量，这种荷载称为均布荷载，如图 4-6(a)所示；若荷载集度 q 不为常量，则称为非均布荷载，如图 4-6(b)所示。

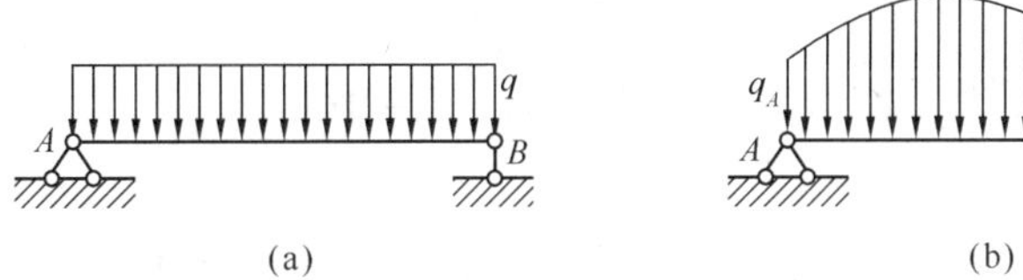

图 4-6

可以证明：按任一平面曲线分布的线荷载，其合力的大小等于荷载图的面积，作用线通过荷载图形的形心，合力的指向与分布力的指向相同。由此可知，线荷载可以用一集中力来替换，而不改变线荷载对刚体的效应。这种等效代换只适用于研究力对物体的运动效应(即外效应)。

例 1 长方形板 $OABC$ 的边长 $a=4\text{m}$，$b=3\text{m}$，今有 4 个力分别作用在板上的点 A、B、C、O 上，如图 4-7(a)所示，其中 $F_1=2\text{kN}$，$F_2=4\text{kN}$，$F_3=3\text{kN}$，$F_4=5\text{kN}$。试求以上 4 个力组成的力系对点 O 的简化结果，以及最后的合成结果。

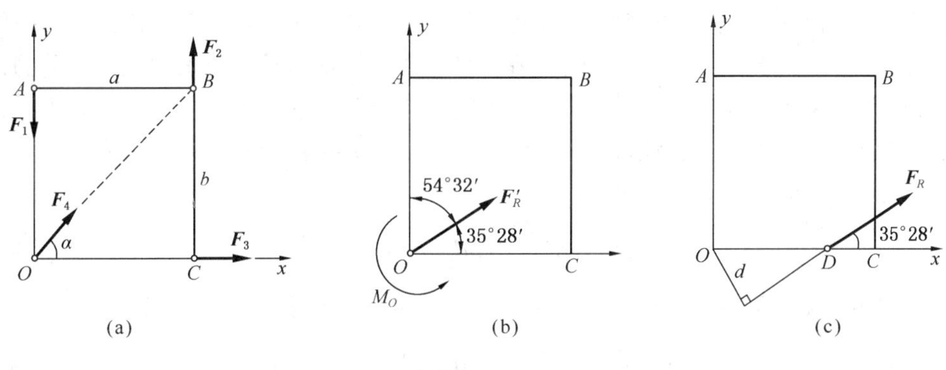

图 4-7

解 取坐标系 Oxy，如图 4-7(a)所示。平面任意力系向点 O 简化后，一般可求得其主矢和主矩。

主矢 $\boldsymbol{F}'_R$在轴 x 和 y 的投影分别为

$$F'_{Rx} = \sum F_x = F_3 + F_4\cos\alpha = 3 + 5 \times \frac{4}{5} = 7\text{kN}$$

$$F'_{Ry} = \sum F_y = -F_1 + F_2 + F_4\sin\alpha = -2 + 4 + 5 \times \frac{3}{5} = 5\text{kN}$$

主矢 $\boldsymbol{F}'_R$的大小为

$$F'_R = \sqrt{(F'_{Rx})^2 + (F'_{Ry})^2} = \sqrt{7^2 + 5^2} = 8.6\text{kN}$$

它的方向为

$$\cos(\boldsymbol{F}'_R,\boldsymbol{i}) = \frac{F'_{Rx}}{F'_R} = \frac{7}{8.6} = 0.8140$$

$$\cos(\boldsymbol{F}'_R,\boldsymbol{j}) = \frac{F'_{Ry}}{F'_R} = \frac{5}{8.6} = 0.5814$$

故得

$$\angle(\boldsymbol{F}'_R,\boldsymbol{i}) = 35^\circ 28', \angle(\boldsymbol{F}'_R,\boldsymbol{j}) = 54^\circ 32'$$

主矩

$$M_O = \sum M_O(\boldsymbol{F}) = aF_2 = 4 \times 4 = 16\text{kN} \cdot \text{m}$$

主矢 $\boldsymbol{F}'_R$和主矩 M_O 如图 4－7(b)所示。

由于主矢和主矩都不等于零，该力系的最后合成结果是一个合力 $\boldsymbol{F}_R$，合力 $\boldsymbol{F}_R$ 的大小和方向与主矢 $\boldsymbol{F}'_R$相同，合力 $\boldsymbol{F}_R$ 的作用线与点 O 之间的垂直距离

$$d = \frac{|M_O|}{F'_R} = \frac{16}{8.6} = 1.86\text{m}$$

如图 4－7(c)所示。

第四节　平面任意力系的平衡条件与平衡方程

现在研究平面任意力系的平衡条件。欲使刚体在已知平面任意力系的作用下保持平衡，则该力系的主矢和对于任意点的主矩必须都等于零，这是平面任意力系平衡的必要条件，否则该力系还可以进一步简化为一个力偶或者一个合力。不难理解这个条件也是充分的，因为当主矢等于零时保证了力系向任一点简化所得的汇交力系是平衡力系，主矩等于零时又保证了附加力偶系也是平衡力系。因此，平面任意力系平衡的必要和充分条件是力系的主矢和力系对于任意点的主矩都等于零，即：

$$\boldsymbol{R}' = 0, M_O = 0 \tag{4-11}$$

这个条件可以用解析式表示。由式(4－6)、式(4－8)被满足时，必有：

$$\sum F_x = 0, \sum F_y = 0, \sum M_O(\boldsymbol{F}) = 0 \tag{4-12}$$

即用解析形式表示的平面任意力系平衡的必要和充分条件是：力系中所有各力在其作用面内两个任选的坐标轴的每个轴上投影的代数和等于零，以及所有各力对平面内任意点之矩

的代数和等于零。

式(4－12)称为平面任意力系的平衡方程，其中前两式是投影方程，第三式是力矩方程，共有三个独立的方程，因此根据它们只能求出三个未知量。当物体在平面任意力系作用下处于平衡时，式(4－12)中的第一、二两个方程分别表明物体不会沿 x 轴、y 轴移动(即在力系作用面内，不沿任何方向移动)，第三个方程表明物体不会绕力系作用面内的任意点转动。这就是平衡方程的物理意义。

平面任意力系的平衡方程，除了式(4－12)这种基本形式以外，还有如下两种形式：

(1) 二矩式　这种形式的三个平衡方程中有一个投影方程和两个力矩方程，故简称“二矩式”，可写为：

$$\sum M_A(\boldsymbol{F})=0,\sum M_B(\boldsymbol{F})=0,\sum F_x=0 \tag{4-13}$$

其中矩心 A、B 是平面内任意两点，但连线 AB 不能与投影轴 x 垂直；否则，三个方程不是彼此独立的。

(2) 三矩式　这种形式的三个平衡方程都是力矩方程，可写为：

$$\sum M_A(\boldsymbol{F})=0,\sum M_B(\boldsymbol{F})=0,\sum M_C(\boldsymbol{F})=0 \tag{4-14}$$

其中矩心 A、B、C 是平面内不共线的任意三点，否则，三个方程不是彼此独立的。

必须指出：平面任意力系的平衡方程虽然有三种形式，但每种形式都只有三个独立的平衡方程，任何第四个平衡方程都不是新的独立方程，而是力系平衡的必然结果。因此，当研究物体在平面任意力系作用下的平衡问题时，不论采用哪一种形式的平衡方程，都只能求解三个未知量。究竟采用哪一种形式较为简便，要根据问题的具体条件来决定。

平面平行力系是平面任意力系的一种特殊情形，因此它的平衡方程可由平面任意力系的平衡方程导出。

在图4－8所示的平面平行力系的作用面内取直角坐标系 Oxy，令 y 轴与该力系中各力的作用线平行，则各力在 x 轴上的投影恒为零，因此，由式(4－12)得：

$$\sum F_y=0,\sum M_O(\boldsymbol{F})=0 \tag{4-15}$$

或由式(4－13)得：

$$\sum M_A(\boldsymbol{F})=0,\sum M_B(\boldsymbol{F})=0 \tag{4-16}$$

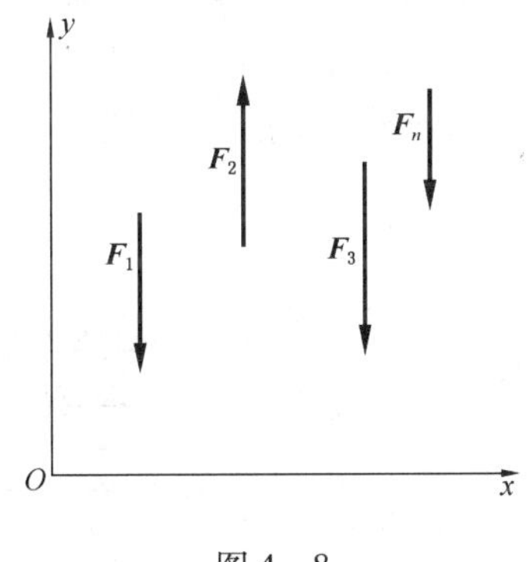

图4－8

其中两个矩心 A、B 的连线不能与各力的作用线平行；否则，两个方程不是彼此独立的。

可见，平面平行力系的平衡方程有两种形式，式(4－15)是基本形式，式(4－16)是二矩式，每种形式中独立的平衡方程都只有两个，只能求解两个未知量。

应该指出，投影轴和矩心是可以任意选择的，但是在实际求解平面任意力系的平衡问题时，适当选择投影轴和矩心，可以简化计算，一般情形下，投影轴应尽可能选取与力系中多数力的作用线平行或垂直，矩心应尽可能选在未知力的交点上；这样，使所列平衡方程中只包含一个未知量或尽可能减少未知量的数目。

例2　直角平面刚架结构的尺寸及荷载如图4－9(a)所示。若 l、q、M、$\boldsymbol{F}_P$ 等均为已知，试求 A 端的全部约束力。

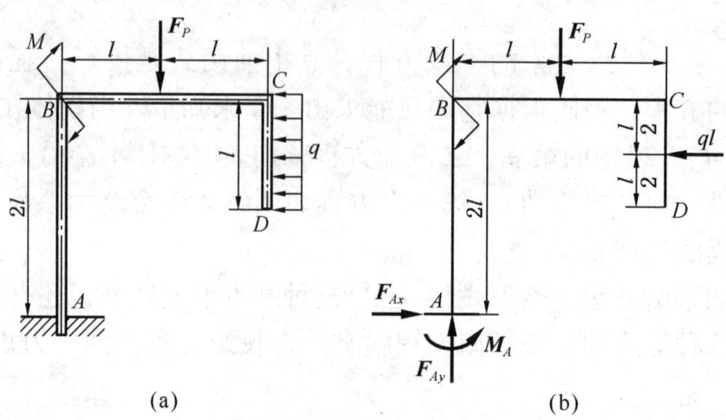

(a)　　　　(b)

图 4-9

解　A 为固定端约束，其约束力为两个正交力与一力偶，其方向已假设如图 4-9(b)所示。

$$\sum F_x = 0 \qquad F_{Ax} - ql = 0$$

得　$F_{Ax} = ql$

$$\sum F_y = 0 \qquad F_{Ay} - F_P = 0$$

得　$F_{Ay} = F_P$

$$\sum M_A(\boldsymbol{F}) = 0 \qquad M_A - M + ql \times \frac{3}{2}l - F_P l = 0$$

得

$$M_A = M - \frac{3}{2}ql^2 + F_P l$$

例 3　如图 4-10(a)所示的水平梁 AB，A 端为固定铰链支座，B 端为一辊轴支座。梁长 4a，重 $\boldsymbol{P}$，重心在梁中点 C。在梁的 AC 段上受均布荷载作用，荷载集度为 q，在梁的 BC 段上受力偶作用，力偶矩 $M = Pa$。试求 A 和 B 处的支座反力。

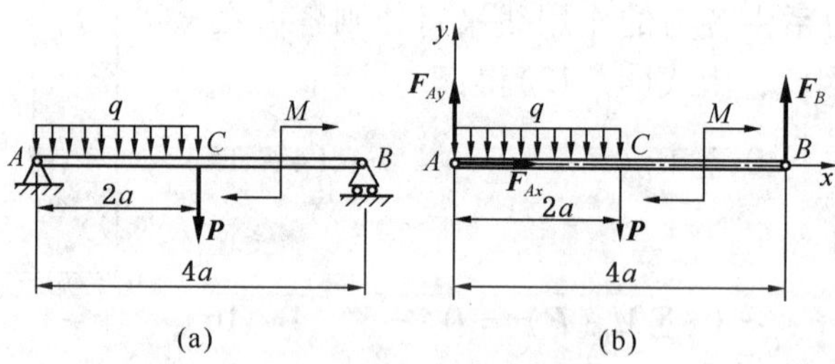

(a)　　　　(b)

图 4-10

解　选梁 AB 为研究对象。

受力分析：它所受的主动力有集度为 q 的均布荷载，重力 $\boldsymbol{P}$ 和力偶矩为 M 的力偶。受的约束力有铰链 A 的约束力 $\boldsymbol{F}_{Ax}$ 和 $\boldsymbol{F}_{Ay}$，辊轴支座约束力 F_B，其受力如图 4-10(b)所示。

取坐标系如图 4-10(b)所示，列出平衡方程

$$\sum F_x = 0 \qquad F_{Ax} = 0 \tag{a}$$

$$\sum F_y = 0, \qquad F_{Ay} - q \cdot 2a - P + F_B = 0 \tag{b}$$

$$\sum M_A(\boldsymbol{F}) = 0, \qquad F_B \cdot 4a - M - P \cdot 2a - q \cdot 2a \cdot a = 0 \tag{c}$$

由上三式可解得

$$F_{Ax}=0,\qquad F_{Ay}=\frac{P}{4}+\frac{3}{2}qa,\qquad F_B=\frac{3}{4}P+\frac{1}{2}qa$$

讨论　这里独立的平衡方程只有三个，下面增写的力矩方程虽然不是独立的，但可校核上面计算的结果。例如，以 B 点为矩心，有

$$\sum M_B(\boldsymbol{F})=0,\qquad -F_{Ay}\cdot 4a+q\cdot 2a\cdot 3a+P\cdot 2a-M=0$$

将解得的结果代入上式中

$$-\left(\frac{P}{4}+\frac{3}{2}qa\right)\cdot 4a+q\cdot 2a\cdot 3a+P\cdot 2a-M=0$$

如上式不满足，说明计算结果有误。

列平衡方程时，应注意力偶的两力在任一轴上的投影之和恒等于零，对任一点取矩之和恒等于力偶矩。

例 4　行走式起重机如图 4－11(a)所示。已知轨距 $b=3\text{m}$，起重机重 $P_1=500\text{kN}$，其作用线至右轨距离 $e=1.5\text{m}$，起吊最大载荷 $P_{max}=210\text{kN}$，其作用线至右轨距离 $l=10\text{m}$。按设计要求，每个轨道的反力不得小于 50kN。求使起重机正常工作的平衡重物 P_2 之值。设其作用线至左轨距离 $a=6\text{m}$。

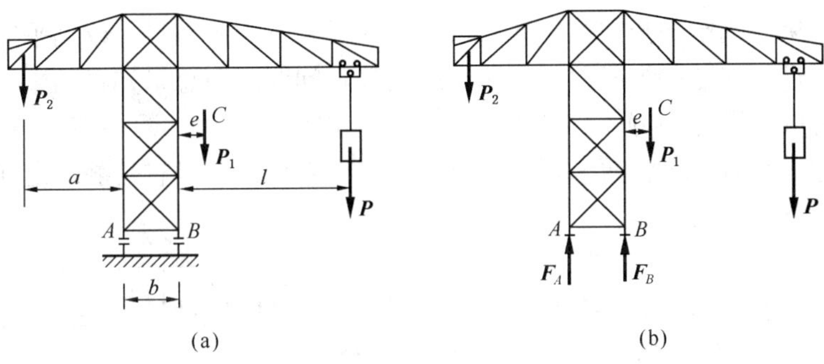

图 4－11

解　起重机的平衡问题是平行力系的典型题目。与一般的平衡问题不同，起重机有向左和向右倾倒的两种趋势。根据题意，在这两种趋势下，每个轨道的反力均不得小于 50kN。满载时，考虑 A 处反力 $F_A \geqslant 50\text{kN}$，可求出平衡重 P_2 的最小范围；当空载时，考虑 B 处反力 $F_B \geqslant 50\text{kN}$，可求出 P_2 的最大范围。于是保持起重机正常工作的 P_2 值应在上述两个范围之间。

选取起重机为研究对象，受力图如 4－11(b)所示，为一平行力系，分别考虑下面两种情形。

① 满载

$$\sum M_B(\boldsymbol{F})=0,\qquad P_2(a+b)-F_Ab-P_1e-Pl=0$$

又

$$F_A \geqslant 50$$

解得

$$P_2 \geqslant \frac{P_1e+Pl+50b}{a+b}=333.3\text{kN}$$

② 空载

保证起重机不会向左倾翻的条件为

$$\sum M_A(\boldsymbol{F})=0,\qquad P_2a+F_Bb-P_1(b+e)=0$$

又

$$F_B \geqslant 50$$

解得

$$P_2 \leqslant \frac{P_1(b+e)-50b}{a}=350.0\text{kN}$$

因此，使起重机正常工作的平衡重 P_2 之值为

$$333.3\text{kN} \leqslant P_2 \leqslant 350\text{kN}$$

第五节　静定和静不定问题·物体系统的平衡

1. 静定和静不定问题

从前面讨论的几种力系可以看出，每一种力系都有确定数目的独立平衡方程，例如平面任意力系有 3 个独立平衡方程，而平面汇交力系则只有 2 个。因此，当研究刚体在某种力系作用下的平衡问题时，如果问题中的未知量的数目小于或等于该力系独立平衡方程的数目，则全部未知量都可由平衡方程求得，这类问题称为静定问题。图 4－12(a) 表示的平衡问题是静定问题。如果问题中的未知量的数目大于独立平衡方程的数目，仅用平衡方程就不能求得全部未知量，这类问题称为静不定问题，或超静定问题。而总未知量的数目与总独立平衡方程的数目两者的差数称为静不定次数。如图 4－12(b) 所示，梁 ACB 受平面任意力系作用，独立平衡方程只有 3 个，而未知的支座反力却有 4 个，所以它是静不定问题。

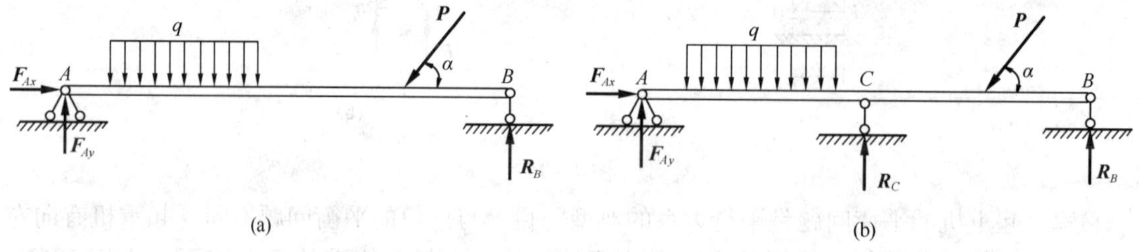

图 4－12

静不定问题是可以求解的，但必须考虑物体因受力作用而产生的变形，再列出某些补充方程，使全部方程的数目等于未知量的数目，这样静不定问题就可以求解了。因静不定问题已超出刚体静力学的范围，所以这里不予讨论，而在材料力学、结构力学等学科中进行研究。

2. 物体系统的平衡

上面研究的是一个物体(或称单个物体)的平衡问题。但在工程实际中经常遇到物体系统的平衡问题。所谓物体系统(简称物系)是指由若干个物体以适当的方式连接而成的系统。物体系统内部各物体之间的约束称为内约束，而物体系统以外的物体对该物体系统的约束称为外约束。当物体系统受到主动力作用时，无论是在内约束处还是在外约束处，一般都将产生约束反力。物体系统内各部分之间相互作用的力称为内力。显然，内约束反力也是内力。物体系统以外的物体作用于该物体系统的力称为外力。

为了求解物体系统的平衡问题，我们应了解这类问题的特点：

(1) 物体系统中一定有内约束存在，且内力总是成对出现的，它们符合作用与反作用定

律。在分析受力时，如果是以整个物体系统为研究对象，就不要画内约束反力，因为内力成对出现，对物体系统的平衡并无影响；如果是将物体系统"拆开"，取出某个物体(或某一部分物体)为研究对象，就必须在拆开处画出内约束反力，因为它已"转化"成外力了。因此，所谓内力和外力是相对的，它们将随着研究对象的不同而"转化"。

(2) 当物体系统处于平衡时，组成该物体系统的每个物体也必定处于平衡。因此，对于平面任意力系来说，每个物体一般可以写出 3 个独立平衡方程；如果物体系统是由 n 个物体组成的，则该物体系统共有 $3n$ 个独立平衡方程，可以求解 $3n$ 个未知量。如果物体系统中有的物体受平面力偶系或平面汇交力系或平面平行力系的作用，则独立平衡方程的数目以及能求解出的未知量的数日都会相应地减少。应当注意，在未知量中还应包含内约束反力。

(3) 研究物体系统平衡问题，要根据问题的具体情况，灵活选择研究对象。一般先以整个物体系统为研究对象，求解能求得的一部分未知量；然后再将物体系统"拆开"(就是去掉拆开处的内约束，使该处的内约束反力成为外力)，取物体系统中的某一部分物体或单个物体为研究对象，求解剩下的未知量，直至求出全部未知量为止。当然也可以一开始就将物体系统"拆开"，以其中的某一部分物体或单个物体为研究对象，逐个考察它们的平衡，求解所需的未知量；必要时也可以取整个物体系统为研究对象。总之，往往需要通过几次选择，考察几个研究对象，才能求解出全部未知量。

下面举例说明求解物体系统的平衡问题的方法。

例5　图示静定多跨梁由 AB 梁和 BC 梁用中间铰 B 连接而成，支承和荷载情况如图 4－13(a)所示。已知 $F=20\text{kN}$，$q=5\text{kN/m}$，$\alpha=45°$。求支座 A、C 的约束力和中间铰 B 处的压力。

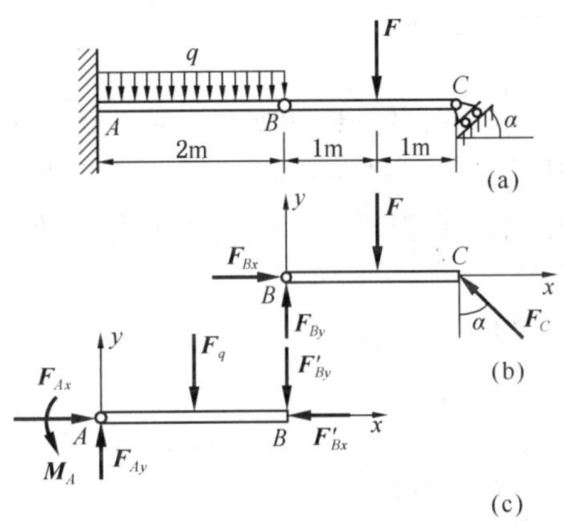

图 4－13

解　静定多跨梁是由几个部分梁组成的，组成的次序是先固定基本部分，后固定附属部分。单靠本身能承受荷载并保持平衡的部分梁称为基本部分，单靠本身不能承受荷载并保持平衡的部分梁称为附属部分。本题 AB 梁是基本部分，而 BC 梁是附属部分。这种问题通常是先研究附属部分，再计算基本部分，因此要会区分基本与附属部分。

先取 BC 梁为研究对象，受力图如图 4－13(b)所示，列平衡方程

$$\sum M_B = 0 \qquad -F \times 1 + F_C\cos\alpha \times 2 = 0$$

$$\sum F_x = 0 \qquad F_{Bx} - F_C\sin\alpha = 0$$

$$\sum F_y = 0 \qquad F_{By} - F + F_C\cos\alpha = 0$$

解得：$F_C=14.14\text{kN}$　　$F_{Bx}=10\text{kN}$　　$F_{By}=10\text{kN}$

再取 AB 梁为研究对象，受力图如图 4－13(c)所示，列平衡方程

$$\sum M_A = 0 \qquad M_A - \frac{1}{2}q \times 2^2 - F_{By} \times 2 = 0$$

$$\sum F_x = 0 \qquad F_{Ax} - F_{Bx} = 0$$

$$\sum F_y = 0 \qquad F_{Ay} - q \times 2 - F_{By} = 0$$

解得：$M_A=30\text{kN}\cdot\text{m}$　　$F_{Ax}=10\text{kN}$　　$F_{Ay}=20\text{kN}$

例6 如图4-14所示，位于水平梁上的起重机自重为$G=50\text{kN}$，重心位于铅直线DC上，载重为$P=10\text{kN}$。已知$AC=c=4\text{m}$，$CB=b=8\text{m}$，$KL=d=4\text{m}$，$JC=CQ=a=1\text{m}$，不计梁重。求A、B处的约束反力。

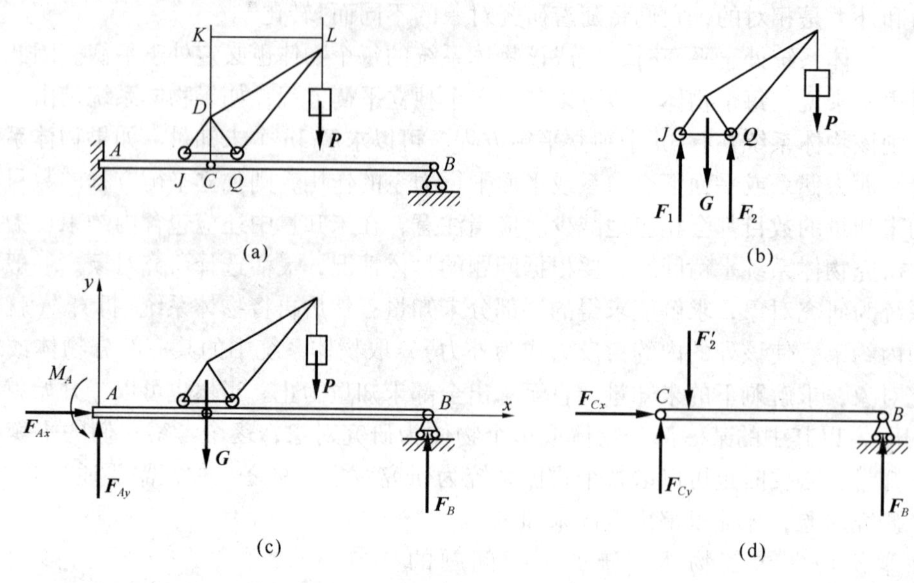

图4-14

解 思路：A、B处的约束反力为系统的外力，应该首先取整体为研究对象，受力分析结果如图4-14(c)所示，该力系为平面任意力系，平面任意力系仅提供了3个独立平衡方程，未知数为4个，应设法取部分为研究对象，求出其中某一个未知力，问题就会迎刃而解。

(1) 首先选取起重机为研究对象，受力分析如图4-14(b)所示，以J点为矩心，列平衡方程

$$\sum M_J(\boldsymbol{F})=0 \qquad F_2\cdot 2a-P(a+d)-Ga=0$$

解方程得

$$F_2=\frac{P(a+d)+Ga}{2a}$$

(2) 再选取CB段梁为研究对象，受力分析如图4-14(d)所示。以C点为矩心，列平衡方程

$$\sum M_C(\boldsymbol{F})=0 \qquad F_B\cdot b-F'_2 a=0$$

解方程得

$$F_B=\frac{P(a+d)+Ga}{2b}$$

(3) 最后选取整体为研究对象，受力分析如图4-14(c)所示。列平衡方程

$$\sum F_x=0,\quad \sum F_{Ax}=0$$

$$\sum F_y=0,\quad F_{Ay}+F_B-G-P=0$$

$$\sum M_A(\boldsymbol{F})=0,\quad M_A+F_B(c+b)-GC-P(c+d)=0$$

解得：

$$F_{Ax}=0$$

$$F_{Ay} = G + P - \frac{P(a + d) + Ga}{2b}$$

$$M_A = Gc + P(c + d) - \frac{(c + b)[P(a + d) + Ga]}{2b}$$

代入数值得

$$F_{Ax} = 0, F_{Ay} = 53.75\text{kN}, M_A = 205\text{kN} \cdot \text{m}, F_B = 6.25\text{kN}$$

讨论　如果依次选取起重机、CB 梁、AC 梁为研究对象，依次求解水平梁对起重机的作用力、C 铰链处受力和固定端 A 处受力。总共需要列出 8 个平衡方程，与本解法相比较，多列了 3 个平衡方程，多求了 3 个中间变量。

求解本题时常出现 3 个错误：

① 漏画 A 处的力偶 M_A；

② 依据未知数的个数列平衡方程，而不考虑力系的种类，如果以整体为研究对象列出 4 个平衡方程，由于方程之间不独立(平面任意力系只有 3 个独立的平衡方程)，则不能求出 4 个未知量；

③ 将整体受力图与局部受力图画在同一张图中，这样画受力图是错误的。

例 7　结构如图 4－15(a)所示。已知：$q = 3\text{kN/m}$，$F = 4\text{kN}$，$M = 2\text{kN} \cdot \text{m}$，$l = 2\text{m}$，$CD = BD$，$\varphi = 30°$。试求固定端 A 和支座 B 的力。

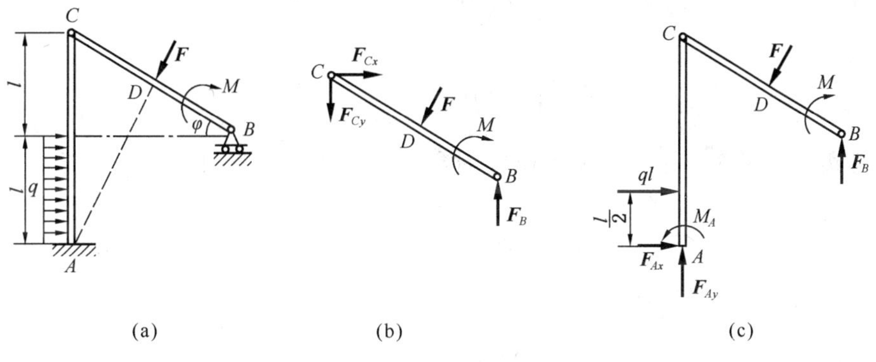

图 4－15

解　取 CB 杆进行受力分析，如图 4－15(b)所示：

$$\sum M_C = 0, \qquad F_B l\cot\varphi - F\frac{l}{2\sin\varphi} - M = 0,$$

得　$F_B = 2.89\text{kN}$

取整体进行受力分析，如图 4－15(c)所示：

$$\sum F_x = 0, \qquad F_{Ax} + ql - F\sin\varphi = 0,$$

得　$F_{Ax} = -4\text{kN}$

$$\sum F_y = 0, \qquad F_{Ay} + F_B - F\cos\varphi = 0,$$

得　$F_{Ay} = 0.58\text{kN}$

$$\sum M_A = 0, \qquad M_A + F_B l\cot\varphi - M - ql\frac{l}{2} = 0,$$

得　$M_A = -2\text{kN} \cdot \text{m}$

例 8　平面构架如图 4－16(a)所示。已知物块重力为 W，$DC = CE = AC = CB = 2l$，$R =$

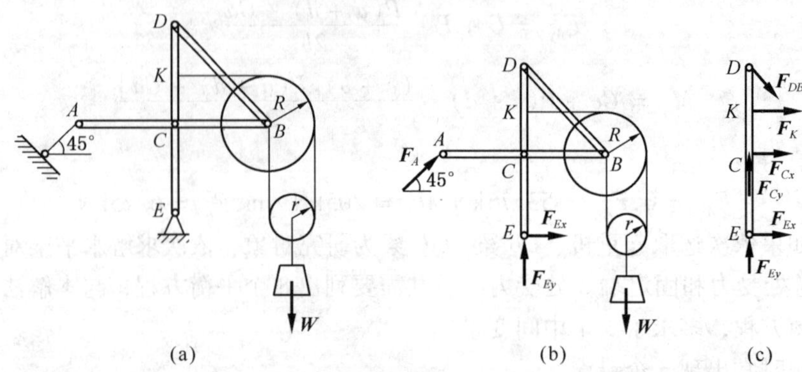

图 4-16

$2r=l$。试求支座 A、E 处的约束力及 BD 杆所受力。

解 (1)考察整体平衡。先取整体为研究对象，受力如图 4-16(b)所示。写出平衡方程:

$$\sum M_E(\boldsymbol{F})=0 \qquad -2\sqrt{2}lF_A-\frac{5}{2}lW=0$$

$$\sum F_x=0 \qquad F_A\cos45°+F_{Ex}=0$$

$$\sum F_y=0 \qquad F_A\sin45°+F_{Ey}-W=0$$

由此解得:

$$F_A=-\frac{5\sqrt{2}}{8}W,\quad F_{Ex}=\frac{5}{8}W,\quad F_{Ey}=\frac{13}{8}W$$

(2) 考察局部平衡。取杆 DE 为研究对象，其受力图如图 4-16(c)所示。列出平衡方程:

$$\sum M_C(\boldsymbol{F})=0 \qquad -F_{DB}\cos45°\times2l-F_Kl+F_{Ex}\times2l=0$$

其中: $F_K=\dfrac{W}{2}$ $F_{Ex}=\dfrac{5}{8}W$

代入上式解得: $F_{DB}=\dfrac{3\sqrt{2}}{8}W$

通过上述例题，可将求解平面任意力系问题的一般方法和特点归纳如下:

(1) 判断物体系统是否静定

在受平面任意力系作用的物体系统的平衡问题中，经常遇到整个物体系统的外约束力未知量多于 3 个的情形，因此，首先要判断问题是否静定。可依次选取每个物体为研究对象，根据它的受力情况，可知其内、外约束反力的未知量数目和独立的平衡方程的数目，当前者小于或等于后者时，问题是静定的，否则是静不定的。应该指出，问题是否静定，与研究对象的选取次序有关。

(2) 选取研究对象的原则

如果整个物体系统的外约束力未知量不超过 3 个，或虽超过 3 个但不拆开也能求出一部分未知量时，可选取整个物体系统为研究对象。否则，一般先选取受力情况最简单的、或有已知力和未知力同时作用的某个物体或某部分物体(可包含几个物体)为研究对象。

所选取的每一个研究对象所包含的未知量数目最好不超过该研究对象所受力系的独立平衡方程的数目，以避免对不同研究对象的平衡方程联立求解。

(3) 受力分析时应注意的要点

只分析所选取研究对象上的外力，而不考虑内力。

分析每个研究对象所受的外力时，应根据约束的性质确定约束反力的方位、指向等。

(4) 应用不同形式的平衡方程

要根据不同的研究对象和不同的受力情况，建立相应的平衡方程，以简化计算。

第六节　平面静定桁架的内力分析

桁架是由许多杆件在两端用适当方式联结而组成的几何形状不变的结构。杆件相结合的地方称为节点或结点。所有杆件的轴线在同一平面内的桁架称为平面桁架，该平面称为桁架的中心平面；否则称为空间桁架。桁架使用材料比较经济，本身重量较轻，因此是工程上常用的结构，广泛应用在屋架、桥梁、井架、起重机架、输电铁塔、飞机骨架以及其他大型结构物中。

在设计桁架时必须计算支座的约束反力和各杆件中的内力。为了简化计算，工程中通常作如下假设：① 节点都是光滑铰接点；② 杆件的轴线都是直线，在同一平面内并通过铰的中心；③ 荷载与支座反力都在桁架中心平面内，且集中作用于节点；④ 与荷载比较，杆件的自重都可略去不计，有时将杆件自重平均分配到杆件两端的节点上，作为荷载的一部分来考虑。根据以上假设，桁架的每个杆件都是二力杆，每一杆件所受的是大小相等、方向相反且沿着杆件轴线的两个力。这种力称为轴向力，它们只能使杆件拉伸或压缩，不能使杆件受到弯曲，这样便于只根据材料的抗拉或抗压的性能选择材料和设计杆件截面。合乎上述条件的桁架称为理想桁架。根据理想桁架所计算出的近似值，一般能符合工程实际中的需要。

本节仅介绍平面静定桁架内力的基本分析方法——数解法。

数解法是用截面假想地截取桁架的一部分为分离体，列平衡方程，求解杆件内力的方法。若分离体只包含一个节点称节点法，为平面汇交力系的平衡；若分离体包含两个以上的节点称截面法，为平面任意力系的平衡。计算时要注意：① 首先应判断是否静定；② 求内力一般要先求支座反力，悬臂桁架可不先求反力；③ 分离体上已知力按实际方向画出，拉力离开杆件的截面，压力指向作用的截面，未知内力先设为拉力；④ 用截面截取时，对节点法节点上未知内力的杆件不能多于 2 个，对截面法截面上未知内力的杆件不能多于 3 个，否则不能全部解出；⑤ 计算时可选用投影方程或力矩方程，并适当选取矩心和投影轴以简化计算；⑥ 简单桁架可用节点法求出全部杆件内力，截取节点的次序与桁架组成的次序相反；联合桁架用截面法求出联结杆的内力后，也可以用节点法求出全部杆件的内力；只求少数杆件的内力，可灵活运用节点法和截面法；对于复杂桁架要用适当的截面去截取。

有关桁架问题的进一步讨论，则属于结构力学的内容。

例 9　图 4－17(a)所示为一平面桁架，求各杆的内力。

解　由于节点 E 仅连接两根杆件且有已知荷载作用，故无须先求支座反力。可先从节点 E 入手，应用节点法求出全部杆件的内力。为方便起见，设各杆均受拉力。

(1) 先取节点 E 为研究对象。销钉 E 除受主动力 $\boldsymbol{P}$ 作用外，还受 1、2 两根二力杆的约束力 $\boldsymbol{F}_1$，$\boldsymbol{F}_2$ 作用，受力如图 4－17(d)所示。按图示坐标列平衡方程，有

$$\sum F_x = 0, \qquad -F_1\cos\alpha - F_2 = 0 \tag{a}$$

$$\sum F_y = 0, \qquad F_1\sin\alpha - P = 0 \tag{b}$$

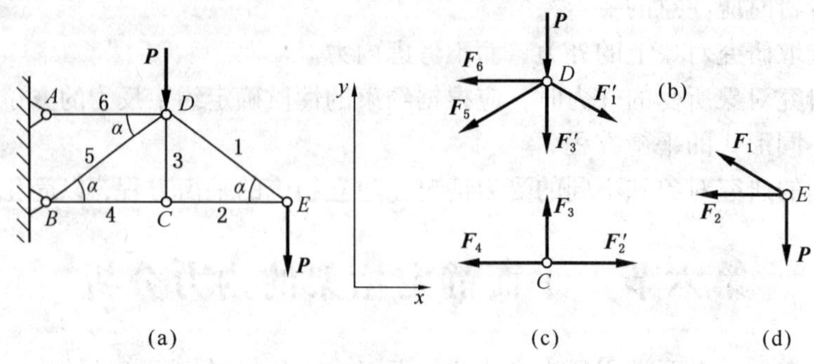

图4－17

联立上两式解得

$$F_1 = \frac{P}{\sin\alpha}, \qquad F_2 = -P\cot\alpha$$

(2) 取节点 C 为研究对象。销钉 C 受2、3、4各杆的约束力分别为 $\boldsymbol{F}'_2$，$\boldsymbol{F}_3$，$\boldsymbol{F}_4$。因为 $F'_2 = F_2$，故此节点只有两个未知量，受力如图4－17(c)所示。列平衡方程，有

$$\sum F_x = 0, \qquad -F_4 + F'_2 = 0 \tag{c}$$

$$\sum F_y = 0, \qquad F_3 = 0 \tag{d}$$

由式(c)得

$$F_4 = F'_2 = -P\cot\alpha$$

(3) 取节点 D 为研究对象。销钉 D 受1、3、5、6四杆的约束力分别为 F'_1、F'_3、F_5、F_6，受力如图4－17(b)所示。其中 $F'_1 = F_1 = \dfrac{P}{\sin\alpha}$。列平衡方程，有

$$\sum F_x = 0, \qquad -F_6 - F_5\cos\alpha + F'_1\cos\alpha = 0 \tag{e}$$

$$\sum F_y = 0, \qquad -P - F_5\sin\alpha - F'_1\sin\alpha = 0 \tag{f}$$

解得 $F_5 = -\dfrac{2P}{\sin\alpha}$，$F_6 = 3P\cot\alpha$

因假设各杆都受拉力，解出 F_1 与 F_6 为正值，F_2、F_4、F_5 为负值，故杆1与杆6受拉力，杆2、4、5受压力。杆3内力等于零，称为零杆。

例10 如图4－18所示平面桁架，各杆件的长度都等于1m，在节点 E 上作用荷载 $F_{P1} = 10\text{kN}$，在节点 G 上作用荷载 $F_{P2} = 7\text{kN}$。试计算杆1、2和3的内力。

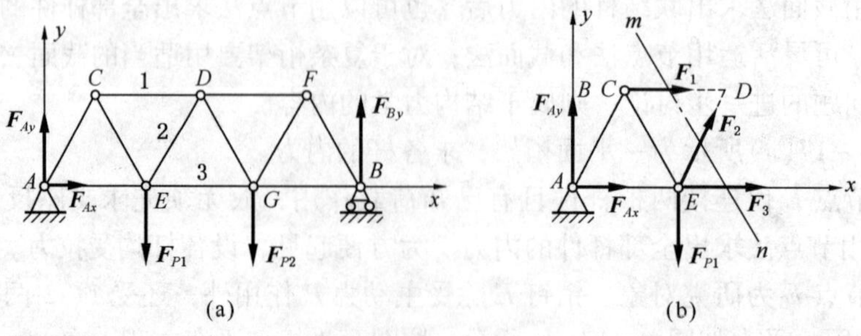

图4－18

解 先求桁架的支座反力。以桁架整体为研究对象。在桁架上受主动力 $\boldsymbol{F}_{P1}$ 和 $\boldsymbol{F}_{P2}$ 以及

约束反力 $\boldsymbol{F}_{Ax}$、$\boldsymbol{F}_{Ay}$ 和 $\boldsymbol{F}_{By}$ 的作用。列出平衡方程，有

$$\sum F_x = 0 \qquad F_{Ax} = 0$$

$$\sum F_y = 0 \qquad F_{Ay} + F_{By} - F_{P1} - F_{P2} = 0$$

$$\sum M_B(\boldsymbol{F}) = 0 \qquad -3F_{Ay} + 2F_{P1} + F_{P2} = 0$$

解得：$F_{Ax} = 0$　　$F_{Ay} = 9\text{kN}$　　$F_{By} = 8\text{kN}$

为求杆 1、2 和 3 的内力，可作一截面 $m-n$ 将三杆截断。选取桁架左半部为研究对象。假定所截断的三杆都受拉力，受力如图 4－18(b)所示，为一平面任意力系。列平衡方程：

$$\sum M_E(\boldsymbol{F}) = 0 \qquad -F_1\frac{\sqrt{3}}{2} - F_{Ay} = 0$$

$$\sum F_y = 0 \qquad F_{Ay} - F_{P1} + F_2\sin 60^\circ = 0$$

$$\sum M_D(\boldsymbol{F}) = 0 \qquad -1.5F_{Ay} + \frac{1}{2}F_{P1} + \frac{\sqrt{3}}{2}F_3 = 0$$

解得：$F_1 = -10.4\text{kN}$(压力)　　$F_2 = 1.15\text{kN}$(拉力)　　$F_3 = 9.81\text{kN}$(拉力)

如选取桁架的右半部为研究对象，可得同样的结果。

由上例可知，采取截面法时，选择适当的力矩方程，常可较快地求得某些指定杆件的内力。当然，应注意到，平面任意力系只有 3 个独立的平衡方程，因而，作截面时最多截断 3 根内力未知的杆件。如截断内力未知的杆件多于 3 根时，它们的内力还需联合由其他截面列出的方程一起求解。

小　结

1. 力的平移定理

平移一力的同时必须附加一力偶，附加力偶的矩等于原来的力对新作用点的矩。

2. 平面任意力系的简化

平面任意力系向平面内任选一点 O 简化，一般情况下，可得一个力和一个力偶，这个力等于该力系的主矢，这个力偶的矩等于该力系对于点 O 的主矩。

平面内任意力系向一点简化，可能出现 4 种情况：① 主矢不等于零，主矩等于零，原力系合成结果为一合力；② 主矢不等于零，主矩也不等于零，原力系最终合成结果仍为一合力；③ 主矢等于零，主矩不等于零，原力系合成结果为一力偶；④ 主矢等于零，主矩也等于零，原力系平衡。

3. 平面任意力系平衡的必要和充分条件

力系的主矢和对于任一点的主矩都等于零，其平衡方程有三种形式，即基本形式(一矩式)、二矩式、三矩式。

4. 桁架的内力计算方法

桁架由二力杆件铰接构成，平面静定桁架杆件内力的计算，通常应用节点法和截面法。

(1) 节点法：逐个考虑桁架中所有节点的平衡，应用平面汇交力系的平衡方程求出各杆的内力。应注意每次选取的节点其未知力的个数不宜多于两个。

(2) 截面法：截断待求内力的杆，将桁架截割为两部分，取其中的一部分为研究对象，应用平面任意力系的平衡方程求出被截割各杆件的内力。应注意每次截割的内力未知的杆件数目不宜多于 3 个。

习 题

4－1 求题图 4－1 所示平面力系的合成结果。

答案：合力偶 $M=260\text{N}\cdot\text{m}$

4－2 重力坝受力情况如题图 4－2 所示，设 $W_1=450\text{kN}$，$W_2=200\text{kN}$，$F_1=300\text{kN}$，$F_2=70\text{kN}$，长度单位为 m。求合力的大小、方向及与基底 AB 的交点至 A 点的距离 x。$AB=5.7\text{m}$。

答案：$F_R=710\text{kN}$，$\theta=-70°50'$（第四象限），$x=3.51\text{m}$

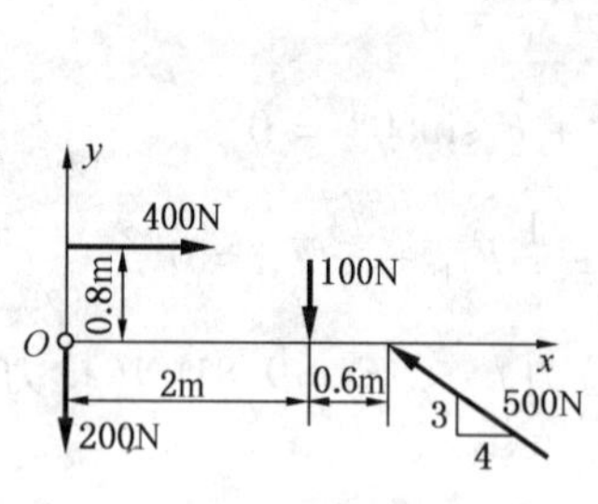

题图 4－1

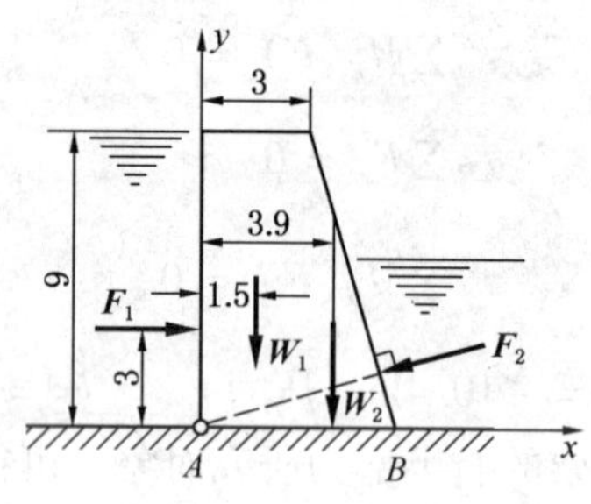

题图 4－2

4－3 求题图 4－3 所示各梁和刚架的支座约束力，长度单位为 m。

答案：(a) $F_{Ax}=-1.41\text{kN}$，$F_{Ay}=-1.09\text{kN}$，$F_B=2.50\text{kN}$；

(b) $F_A=3.75\text{kN}$，$F_B=-0.25\text{kN}$；

(c) $F_{Ax}=0\text{kN}$，$F_{Ay}=17\text{kN}$，$M_A=33\text{kN}\cdot\text{m}$；

(d) $F_{Ax}=3\text{kN}$，$F_{Ay}=5\text{kN}$，$F_B=-1\text{kN}$

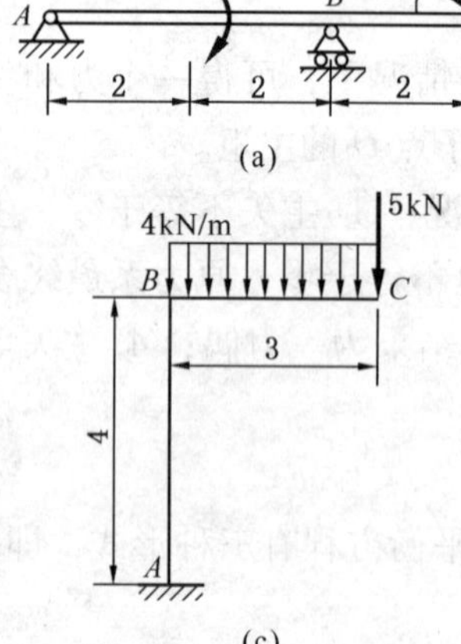

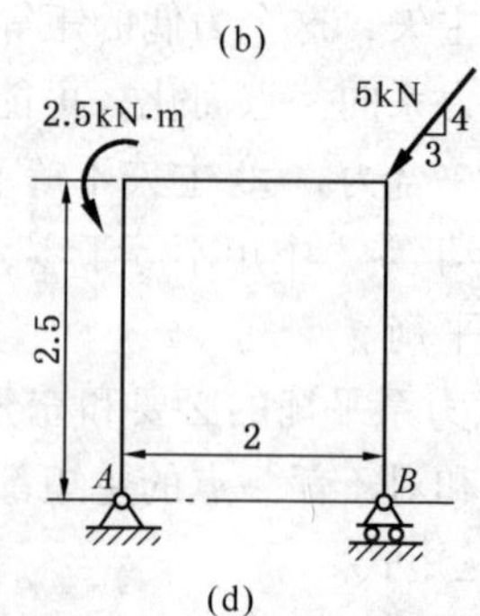

题图 4－3

4－4 重物悬挂如题图 4－4 所示，已知 $W=1.8\text{kN}$，其他重量不计。求铰链 A 的约束力和杆 BC 所受的力。

答案：$F_{Ax}=2.4\text{kN}$，$F_{Ay}=1.2\text{kN}$，$F_{BC}=848\text{N}$

4－5 如题图 4－5 所示简支梁 AB 上受两个力的作用，$F_1=F_2=20\text{kN}$，图中长度单位为 m，不计梁的重量，求支座 A、B 的反力。

答案：$F_{Ax}=10\text{kN}$，$F_{Ay}=19.2\text{kN}$，$F_B=18.1\text{kN}$

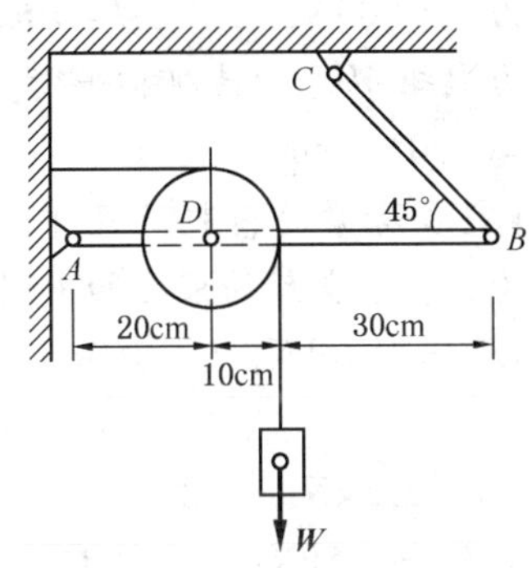

题图 4－4

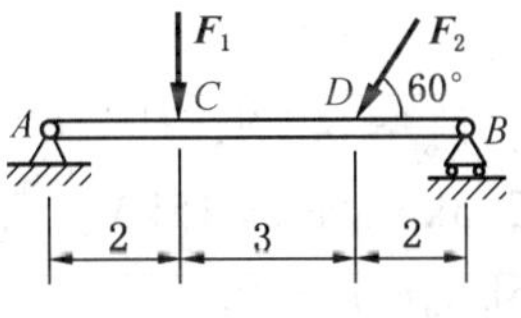

题图 4－5

4－6　简支梁 AB 的支承和受力情况如题图 4－6 所示。已知分布荷载的集度 $q=20\text{kN/m}$，力偶矩的大小 $M=20\text{kN}\cdot\text{m}$，梁的跨度 $l=4\text{m}$。不计梁的重量，求支座 A、B 的反力。

答案：$F_{Ax}=8.7\text{kN}$，$F_{Ay}=25\text{kN}$，$F_B=17.3\text{kN}$

4－7　求题图 4－7 所示悬臂梁的固定端 A 的约束反力和反力偶。已知力偶矩 $M=qa^2$，q 为荷载集度，梁重不计。

答案：$F_A=2qa$，$M_A=qa^2$

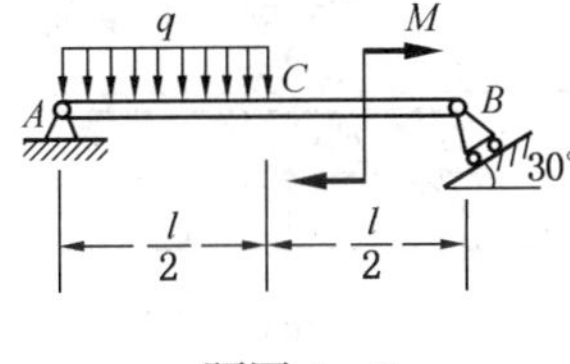

题图 4－6

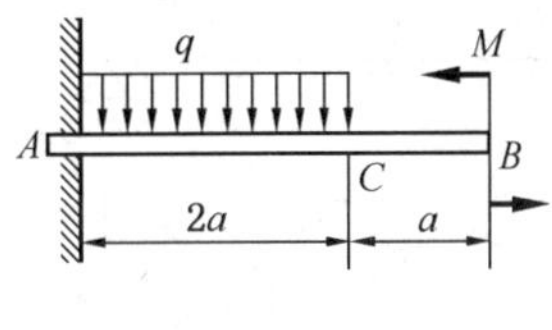

题图 4－7

4－8　题图 4－8 所示，汽车停在长 20m 水平桥上，前轮压力为 10kN，后轮压力为 20kN，汽车前、后两轮的距离等于 2.5m。问汽车后轮到支座 A 的距离 x 为多大时，方能使支座 A、B 受的压力相等？

答案：$x=9\dfrac{1}{6}\text{m}$

4－9　构架如题图 4－9 所示，已知：$q=10\text{kN/m}$，$b=0.4\text{m}$，$h=1.5\text{m}$。试求支座 A 处的力及 1，2，3 各杆的力。

答案：$F_{Ax}=-26.1\text{kN}$，$F_{Ay}=28\text{kN}$，$F_1=32.6\text{kN}$(拉)，
$F_2=-41.8\text{kN}$(压)$F_3=-26.1\text{kN}$(压)

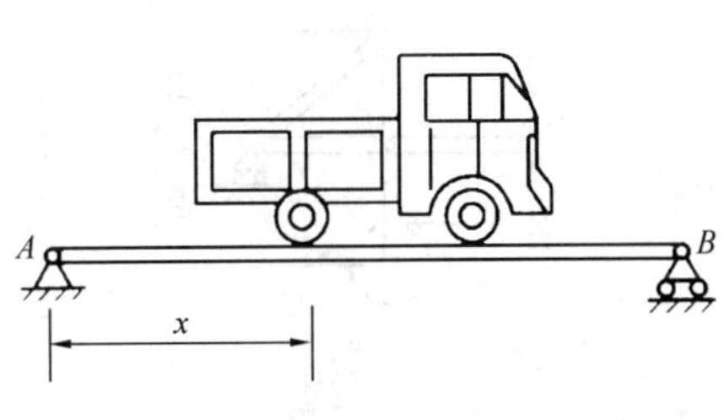

题图 4－8

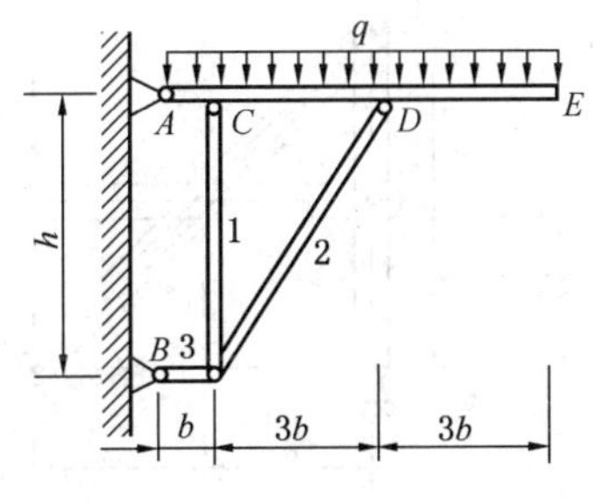

题图 4－9

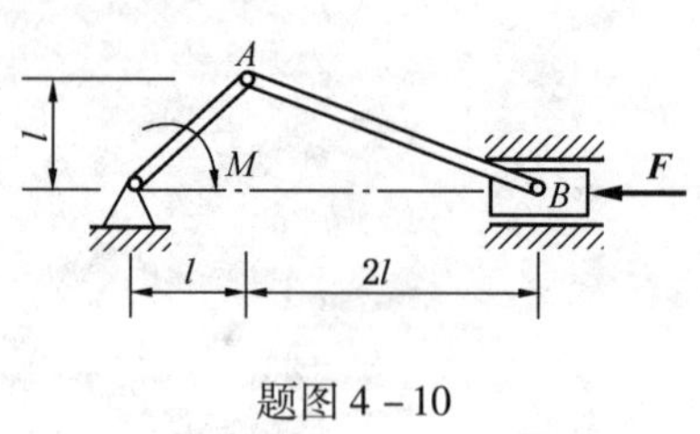

题图 4-10

4-10 曲柄连杆活塞机构在题图 4-10 所示位置时，活塞上受力 $F=400\text{N}$，已知：$l=10\text{cm}$。试问在曲柄上应加多大的力偶矩 M 才能使机构平衡。

答案：$M=6000\text{N}\cdot\text{cm}$。

4-11 静定多跨梁的荷载及尺寸如题图 4-11 所示，长度单位为 m。求支座约束力和中间铰处压力。

答案：(a) $F_{Ax}=34.64\text{kN}$，$F_{Ay}=60\text{kN}$，$M_A=220\text{kN}\cdot\text{m}$，$F_{Bx}=-34.64\text{kN}$，$F_{By}=60\text{kN}$，$F_C=69.28\text{kN}$；

(b) $F_{Ay}=-2.5\text{kN}$，$F_B=15\text{kN}$，$F_{Cy}=2.5\text{kN}$，$F_D=2.5\text{kN}$；

(c) $F_{Ay}=2.5\text{kN}$，$M_A=10\text{kN}\cdot\text{m}$，$F_{By}=2.5\text{kN}$，$F_C=1.5\text{kN}$；

(d) $F_{Ay}=-51.25\text{kN}$，$F_B=105\text{kN}$，$F_{Cy}=43.75\text{kN}$，$F_D=6.25\text{kN}$

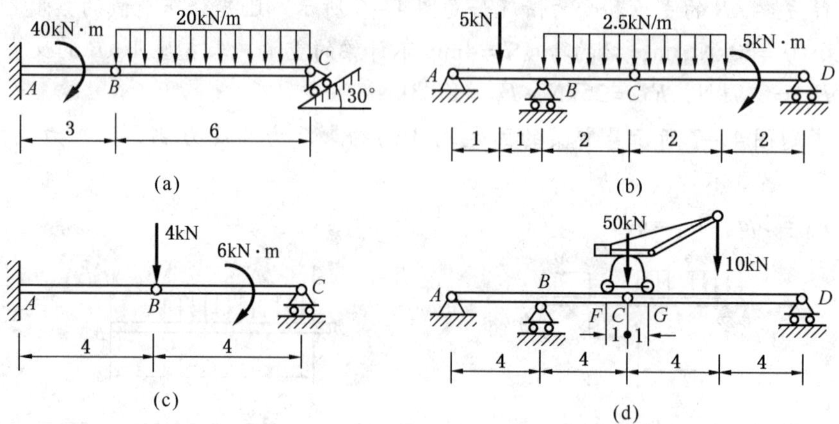

题图 4-11

4-12 构架 ABC 由三杆 AB、AC 和 DF 组成，如题图 4-12 所示。杆 DF 上的销子 E 可在杆 AC 的槽内滑动。求在水平杆 DF 的一端作用铅直力 F 时杆 AB 上的 A、D 和 B 所受的力。

答案：$F_{Ax}=F$，$F_{Ay}=F$；$F_{Bx}=F$，$F_{By}=0$；$F_{Dx}=-2F$，$F_{Dy}=-F$

4-13 如题图 4-13 所示支架由杆 AB，BC，CE 和滑轮等组成。尺寸如图所示，D 处是铰链连接，物体重 $G=12\text{kN}$。如果不计其余构件的重量，求固定铰链支座 A 和活动铰链支座 B 的反力，以及杆 BC 的内力。

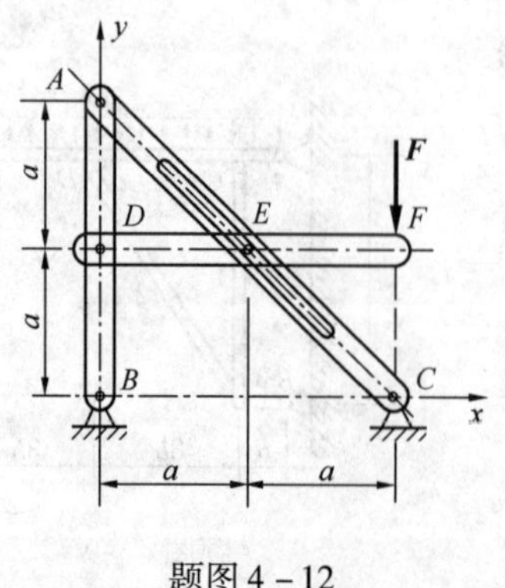

题图 4-12

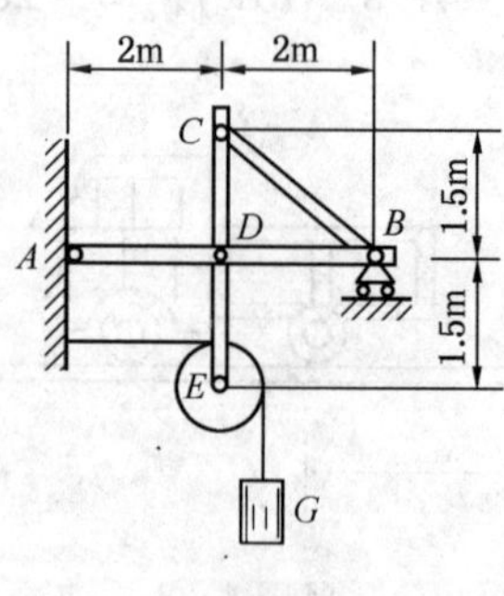

题图 4-13

答案：$F_{Ax}=12\text{kN}$，$F_{Ay}=1.5\text{kN}$，$F_B=10.5\text{kN}$，$F_{BC}=15\text{kN}$(压)

4－14 试用节点法计算题图 4－14 所示桁架各杆件内力。

答案：$F_{AB}=F_{BC}=F_{CJ}=F_{EH}=F_{EG}=0$，$F_{DE}=F_{EF}=38.9\text{kN}$，$F_{FG}=F_{GH}=-33.3\text{kN}$，$F_{CD}=33.3\text{kN}$，$F_{DH}=10\text{kN}$，$F_{CH}=-13.02\text{kN}$，$F_{AC}=39.1\text{kN}$，$F_{AJ}=F_{HJ}=-25\text{kN}$

4－15 平面桁架的支座和荷载如题图 4－15 所示，求杆 1、2 和 3 的内力。

答案：$F_3=0$，$F_2=-\dfrac{2}{3}F$(压)，$F_1=-\dfrac{4}{9}F$(压)

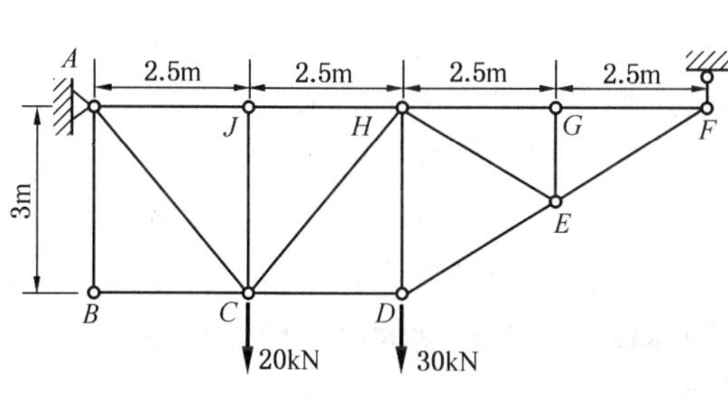

题图 4－14

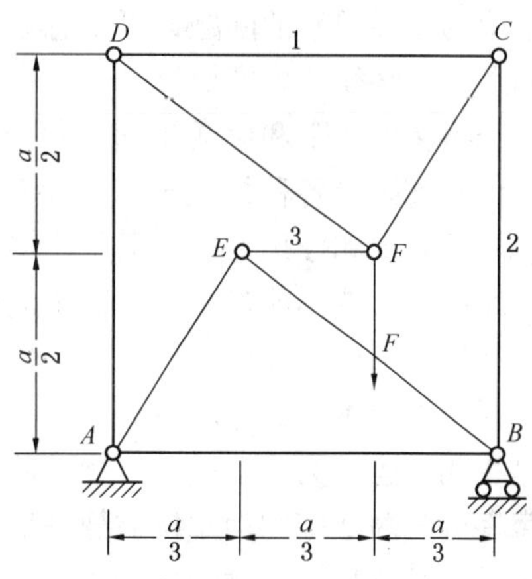

题图 4－15

第五章　摩　　擦

前几章中，研究物体的平衡问题时，我们把物体的接触面都看成是绝对光滑的，两物体的接触面间一般都存在摩擦。对于接触面比较光滑，或有良好的润滑条件，摩擦力很小或摩擦不成为主要因素的问题，可以忽略物体接触面间的摩擦。但是，对于一些摩擦为主要因素的问题，就必须考虑摩擦。

摩擦在生产上和生活中起着很重要的作用，既表现出有害的一面，也表现出有利的一面。由于摩擦给各种机械带来多余的阻力，使机械发热，引起零部件的磨损，从而消耗能量，降低效率和使用寿命。但是摩擦也可用于传动、制动、调速、连接、夹卡物件等。如果没有摩擦，人就不能走路，车辆不能行驶，甚至人类不能保持正常的生活。

摩擦现象比较复杂，可按不同情况分类。如按相互接触的物体的运动形式，可把摩擦分为滑动摩擦和滚动摩擦。滑动摩擦是指相对运动为滑动或具有滑动趋势时的摩擦；而滚动摩擦是指相对运动为滚动或具有滚动趋势时的摩擦。按相互接触物体有无相对运动来看，又可把摩擦分为静摩擦和动摩擦。静摩擦是两接触物体仅有相对运动的趋势而保持相对静止时的摩擦，动摩擦是两接触物体有相对运动时的摩擦。

本章主要讨论静滑动摩擦的情形，重点研究静滑动摩擦的平衡问题，关于滚动摩擦只介绍基本概念。

第一节　滑　动　摩　擦

1. 静滑动摩擦

观察图 5－1 所示的简单实验。重为 $\boldsymbol{W}$ 的物块，放在固定的水平面上，用一条不计重量的细绳跨过滑轮，绳的一端系在物块上，另一端悬挂一个可放砝码的平盘，显然，绳对物体的拉力 $\boldsymbol{Q}$ 的大小决定于砝码的重量。当 $Q=0$ 时，物块静止；$\boldsymbol{Q}$ 逐渐增大，只要不超过一定限度，物块仍然保持静止。这一事实说明：固定平面对物块的约束反力除法向反力 $\boldsymbol{N}$ 外，还有一个与物体运动趋势方向相反的沿接触面的力 $\boldsymbol{F}$ 阻止物块滑动。力 $\boldsymbol{F}$ 就是静滑动摩擦力(简称静摩擦力)。静摩擦力与一般的约束反力一样，其大小需用平衡方程确定，即

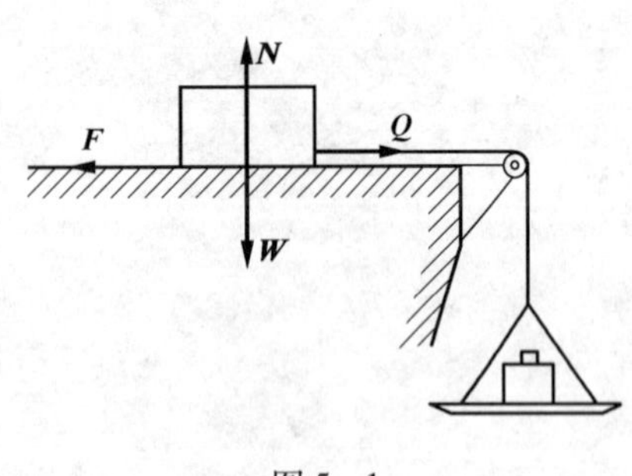

图 5－1

$$\sum F_x = 0, F = Q$$

这说明：当物块静止时，静摩擦力 $\boldsymbol{F}$ 的大小随力 $\boldsymbol{Q}$ 大小的变化而变化。这是静摩擦力与一般约束反力的共同点。

但是，静摩擦力还有它自己的特征。通过上述实验可以看出，静摩擦力并不随力 $\boldsymbol{Q}$ 的增大而无限制地增大，当力 $\boldsymbol{Q}$ 的大小达到一定数值时，物块便处于即将开始滑动但仍然保持静止的临界平衡状态，这时只要力 $\boldsymbol{Q}$ 的值再稍微增加一点，物块便开始滑动。这一事实

说明：当物块处于临界平衡状态时，静摩擦力达到了最大值，称为最大静摩擦力。此后力 $\boldsymbol{Q}$ 增大，静摩擦力不再随之增大，这就是静摩擦力与一般的约束反力的不同之处。

综上所述，得到静摩擦力的概念：静摩擦力是一种约束反力，它的方向与物体相对运动趋势的方向相反；静摩擦力的大小随主动力的变化而变化，变化范围在零与某一最大值 F_{max} 之间：

$$0 \leqslant F \leqslant F_{max} \tag{5-1}$$

这一最大值称为最大静摩擦力。

2. 静摩擦定律

最大静摩擦力与许多因素有关。根据大量的实验结果发现，最大静摩擦力的方向与两物体相对滑动趋势的方向相反，其大小与接触面间的正压力(即法向压力)的大小成正比，即

$$F_{max} = f_s N \tag{5-2}$$

这就是库伦静摩擦定律，一般称为库伦定律或静摩擦定律。

式中 f_s 是一无量纲的常数，称为静滑动摩擦系数，简称摩擦系数。它的大小与两接触物体的材料和接触表面的状况(粗糙度、温度、湿度等)有关，而与接触面的大小无关，须通过实验得出。一般材料的静摩擦系数的数值可从有关工程手册中查到。

应该指出，库伦定律是法国科学家库伦于一七八一年建立的，限于当时的科学水平和条件，它远不能完全反映出静滑动摩擦现象的复杂性。但是，由于公式简单，计算方便，并且又有足够的准确性，所以在工程实际中仍被广泛采用。

3. 动滑动摩擦

当两物体间发生相对滑动时，接触面间产生的阻碍滑动的力称为动滑动摩擦力，简称动摩擦力。由大量实验结果，得到与静摩擦定律相似的动摩擦定律：动摩擦力的方向与接触物体之间相对速度的方向相反，其大小与两物体间的正压力成正比，即

$$F' = f'N \tag{5-3}$$

式中 f' 称为动摩擦系数。动摩擦系数除了与接触物体的材料和表面的粗糙情况有关之外，在通常条件下还有下列性质：

(1) 动摩擦系数小于静摩擦系数($f' < f_s$)；

(2) 动摩擦系数与接触物体间相对滑动的速度大小有关。在大多数情况下，动摩擦系数随相对滑动速度的增大而逐渐减小，趋于某一极限值。其数值与静摩擦系数一样，也可在有关的工程手册中查到。

4. 摩擦角

当考虑摩擦时，支承面对物体的约束反力除法向反力 $\boldsymbol{N}$ 外，尚有静摩擦力 $\boldsymbol{F}$，力 $\boldsymbol{N}$ 与 $\boldsymbol{F}$ 的合力 $\boldsymbol{R}$ 称为全约束反力。全约束反力 $\boldsymbol{R}$ 与接触面公法线间的夹角为 α，如图 5-2(a) 所示。显然，夹角 α 随静摩擦力大小的变化而变化，当静摩擦力达到最大值时，夹角 α 也随之达到最大值，如图 5-2(b) 所示，全约束反力与法线方向间的夹角的最大值 φ 称为摩擦角。

$$\tan\varphi = \frac{F_{max}}{N} = \frac{f_s N}{N} = f_s \tag{5-4}$$

摩擦角的正切等于静摩擦系数。可见摩擦角与静摩擦系数一样，也是表示材料摩擦性质的重要参数。而摩擦角与摩擦系数间的数值关系又可用几何法解决考虑摩擦时的平衡问题提供了可能性。

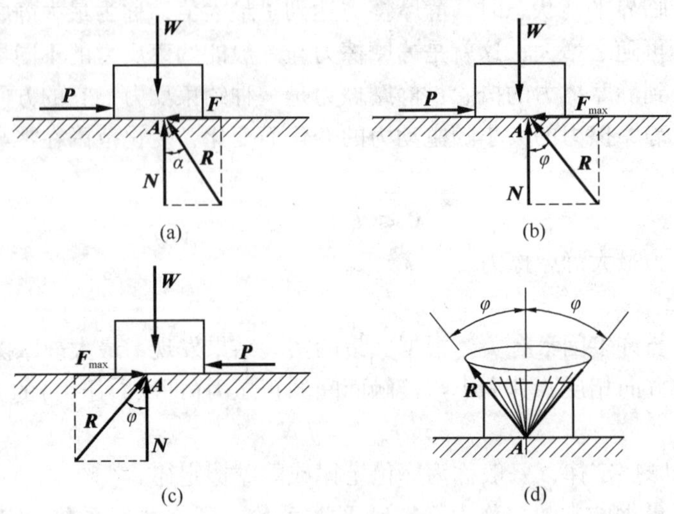

图 5－2

当作用在物体上的主动力方向改变，而使滑动趋势的方向改变时，全约束反力 $\boldsymbol{R}$ 的方位也会随之改变，如图 5－2(c)所示，如果力 $\boldsymbol{P}$ 的方向改为指向左，则全约束反力的作用线就从法向反力 $\boldsymbol{N}$ 的右侧改变到法向反力 $\boldsymbol{N}$ 的左侧。因此，在法线的各侧都可作出摩擦角，全约束反力 $\boldsymbol{R}$ 的作用线将画出一个以接触点 A 为顶点的锥面，称为摩擦锥，如图 5－2(d)所示。设物体与支承面间沿任何方向的摩擦系数都相同，即摩擦角都相等，则摩擦锥将是一个顶角为 2φ 的圆锥。

物体平衡时，静摩擦力总是小于或等于最大静摩擦力，因而全约束反力 $\boldsymbol{R}$ 与法线间的夹角 α 也总是小于或等于摩擦角 φ，即

$$\alpha \leqslant \varphi \tag{5-5}$$

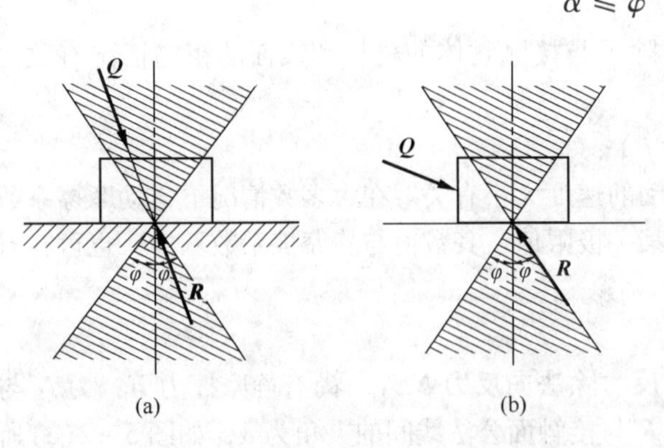

图 5－3

因此，物体平衡时，全约束反力 $\boldsymbol{R}$ 的作用线只能在摩擦角(锥)之内，不可能超出摩擦角(锥)以外。

由摩擦角的这个性质可以知道：如果全部主动力的合力 $\boldsymbol{Q}$ 的作用线位于摩擦角(锥)之内，如图 5－3(a)所示，那么无论力 $\boldsymbol{Q}$ 的数值多么大，因其在沿接触面公切线方位的分力不会大于最大静摩擦力，支承面就总可以产生一个全约束反力 $\boldsymbol{R}$ 与力 $\boldsymbol{Q}$ 平衡而使物体保持静止，这种现象称为自锁现象；相反，如果全部主动力的合力 $\boldsymbol{Q}$ 的作用线位于摩擦角(锥)之外，如图 5－3(b)所示，则无论力 $\boldsymbol{Q}$ 的数值多么小，因其在接触面公切线方位的分力一定大于最大静摩擦力，支承面则不可能产生一个与之平衡的全约束反力 $\boldsymbol{R}$，物体也就不能保持静止。

工程实际中，常应用自锁原理设计某些机构和夹具，例如脚套钩在电线杆上不会自行下滑就是自锁现象。而在另外一些情况下，则要设法避免自锁现象发生，例如变速箱中的滑动齿轮就绝对不允许自锁，否则变速箱就不能起变速作用。

可以应用摩擦角测定静摩擦系数。把要测定的两种材料分别做成可绕 O 轴转动的平板 OA 和物体 B，如图 5－4 所示，并使接触表面的情况符合预定的要求。当斜板倾角 α 较小时，物体 B 保持静止，此时物体的重力 $\boldsymbol{W}$ 与全约束反力 $\boldsymbol{R}$ 必等值、反向、共线，力 $\boldsymbol{R}$ 的作用线与接触面法线间的夹角也是 α。逐渐增大斜板倾角 α 直到物体虽仍静止却即将下滑为止；此时，物体处于临界平衡状态，全约束反力 $\boldsymbol{R}$ 与法线间的夹角达到摩擦角 φ，刻度上标出的斜面倾角 α 值等于摩擦角 φ，即 $\alpha=\varphi$。由式(5－4)即可求得静摩擦系数：

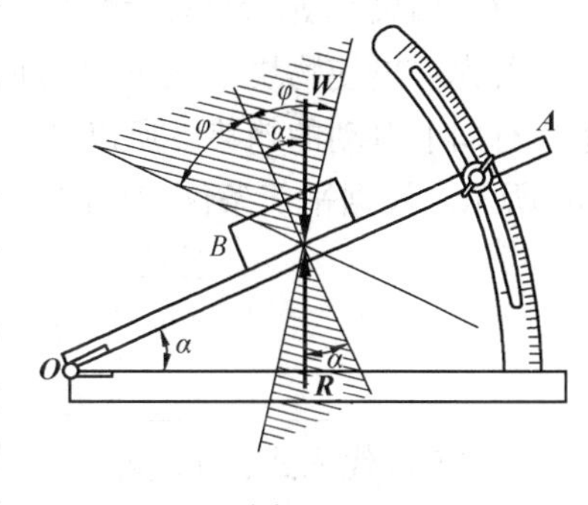

图 5－4

$$f_s = \tan\varphi = \tan\alpha \qquad (5-6)$$

第二节　考虑摩擦时的平衡问题

平衡问题的共性是作用在物体或物体系统上的力系必须满足平衡条件，考虑摩擦时的平衡问题自然也要服从这一规律。但是，考虑摩擦时的平衡问题还有它自己的特点。由于静摩擦力的大小不可能超过最大静摩擦力，因此，在考虑摩擦时的平衡问题时，摩擦力必须满足方程 $F\leqslant F_{max}=f_sN$；由于静摩擦力可以在零和最大值之间变化，因而在考虑摩擦时的平衡问题中，使物体平衡的主动力以及物体的平衡位置也将在一定范围内变化。

求解考虑摩擦时的平衡问题的方法、步骤与前几章所述的相同。值得注意的是：在研究对象的受力图中一定要画出摩擦力，若当物体处于临界平衡状态时，摩擦力的指向不能任意假定，必须画成与物体相对滑动趋势的方向相反；因此在画摩擦力之前要正确确定物体相对滑动趋势的方向。与此类似，动摩擦力的方向也不能任意假设，而必须与相对滑动的方向相反。

例 1　将重为 $\boldsymbol{W}$ 的物块放置在斜面上，斜面倾角 α 大于接触面的静摩擦角 φ_m，如图 5－5(a)所示，已知静摩擦系数为 f_s。若加一水平力 $\boldsymbol{F}_1$ 使物块平衡，求力 $\boldsymbol{F}_1$ 的值的范围。

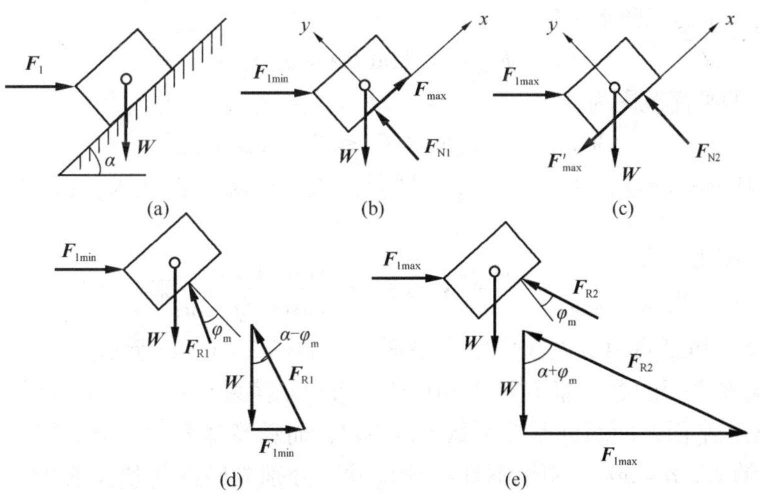

图 5－5

解 如果力 $\boldsymbol{F}_1$ 太小，物块将向下滑动，但如果力 $\boldsymbol{F}_1$ 太大，物块将向上滑动。

首先求出使物块不致下滑时所需要的力 $\boldsymbol{F}_1$ 的最小值 $\boldsymbol{F}_{1min}$。由于物块处于临界平衡状态，有向下滑动的趋势，所以摩擦力达到最大值，方向应沿斜面向上。物块受力如图 5－5(b)所示。根据平衡条件和极限摩擦定律可列出

$$\sum F_x = 0 \qquad F_{1min}\cos\alpha + F_{max} - W\sin\alpha = 0 \tag{1}$$

$$\sum F_y = 0 \qquad -F_{1min}\sin\alpha + F_{N1} - W\cos\alpha = 0 \tag{2}$$

$$F_{max} = f_s F_{N1} \tag{3}$$

将式(3)代入式(1)，再由式(1)与式(2)解得

$$F_{1min} = \frac{\sin\alpha - f_s\cos\alpha}{\cos\alpha + f_s\sin\alpha}W$$

再次求出使物体不致上滑时所需要的力 $\boldsymbol{F}_1$ 的最大值 F_{1max}。由于物块处于临界平衡状态，有向上滑动的趋势，所以摩擦力达到最大值，方向应沿斜面向下。物块受力如图 5－5(c)所示。同样根据平衡条件和极限摩擦定律可列出

$$\sum F_x = 0 \qquad F_{1max}\cos\alpha - F'_{max} - W\sin\alpha = 0$$

$$\sum F_y = 0 \qquad -F_{1max}\sin\alpha + F_{N2} - W\cos\alpha = 0$$

$$F'_{max} = f_s F_{N2}$$

由此三式可解得:

$$F_{1max} = \frac{\sin\alpha + f_s\cos\alpha}{\cos\alpha - f_s\sin\alpha}W$$

由此可知，要维持物块平衡时，力 $\boldsymbol{F}_1$ 的值应满足的条件是

$$\frac{\sin\alpha - f_s\cos\alpha}{\cos\alpha + f_s\sin\alpha}W \leqslant F_1 \leqslant \frac{\sin\alpha + f_s\cos\alpha}{\cos\alpha - f_s\sin\alpha}W$$

这就是所求的平衡范围。

本题也可利用摩擦角和平衡的几何条件求解。当 $\boldsymbol{F}_1$ 有最小值时，物块受力如图 5－5(d)所示，这时 $\boldsymbol{W}$、$\boldsymbol{F}_{1min}$ 与支承面的全约束反力 $\boldsymbol{F}_{R1}$ 三力成平衡。由力三角形可得

$$F_{1min} = W\tan(\alpha - \varphi_m)$$

当 $\boldsymbol{F}_1$ 有最大值时，物块受力如图 5－5(e)所示，这时 $\boldsymbol{W}$、$\boldsymbol{F}_{1max}$ 与支承面的全约束反力 $\boldsymbol{F}_{R2}$ 三力成平衡。由力三角形可得

$$F_{1max} = W\tan(\alpha + \varphi_m)$$

所以力 $\boldsymbol{F}_1$ 的平衡范围为

$$W\tan(\alpha - \varphi_m) \leqslant F_1 \leqslant W\tan(\alpha + \varphi_m)$$

若将上式中 $\tan(\alpha - \varphi_m)$ 及 $\tan(\alpha + \varphi_m)$ 展开，并以 $\tan\varphi_m = f_s$ 代入，也可得解析法的计算结果

$$\frac{\sin\alpha - f_s\cos\alpha}{\cos\alpha + f_s\sin\alpha}W \leqslant F_1 \leqslant \frac{\sin\alpha + f_s\cos\alpha}{\cos\alpha - f_s\sin\alpha}W$$

例 2 物块 A 和 B 自由叠放在固定水平面上，如图 5－6(a)所示。物块 A 的重量 G_A = 20N，它与物块 B 之间的静摩擦系数 $f_{sA} = 0.31$，而动摩擦系数 $f_A = 0.30$。物块 B 的重量 G_B = 30N，它与固定水平面之间的静摩擦系数 $f_{sB} = 0.2$，而动摩擦系数 $f_B = 0.19$。今在物块 A 上作用 F_1 = 20N 的力，$\alpha = 30°$。如果不计滑块尺寸，分别判断两物块是否处于静止状态，并求各摩擦力。

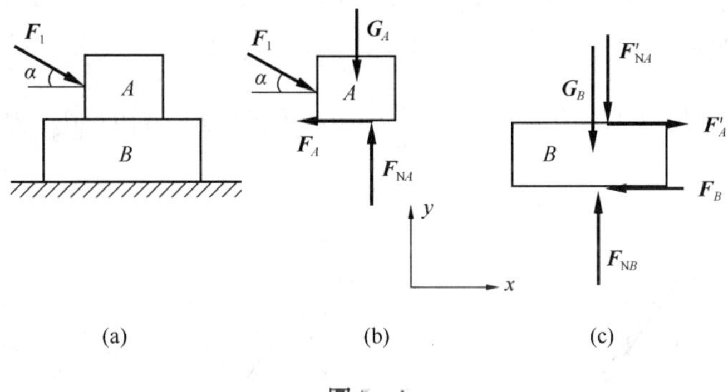

图 5 - 6

解　本例是判断两物块接触处是否处于相对静止并求摩擦力类型的典型题。首先取受主动力 $\boldsymbol{F}_1$ 作用的物块 A 为研究对象，并假设它处于平衡状态，受力分析如图 5 - 6(b)所示。根据力系的投影平衡方程，有

$$\sum F_x = 0, \qquad F_1\cos\alpha - F_A = 0 \tag{1}$$

$$\sum F_y = 0, \qquad -F_1\sin\alpha + F_{NA} - G_A = 0 \tag{2}$$

由以上两式求解，并代入数据得

$$F_A = F_1\cos\alpha = 17.3\text{N}$$

$$F_{NA} = F_1\sin\alpha + G_A = 30\text{N} \tag{3}$$

为了判断物块 A 是否处于相对静止状态，还应该求出物块 A 和 B 之间的最大静摩擦力

$$F_{A\max} = f_{sA}F_{NA} = 0.31 \times 30 = 9.3\text{N}$$

现在将力 F_A 与 $F_{A\max}$ 进行比较，因为 $F_A > F_{A\max}$，可见物块 A 并不处于相对平衡状态，它已相对于物块 B 滑动。这时物块 A 与 B 之间的摩擦力是动摩擦力 $\boldsymbol{F}_A$，其大小为

$$F_A = f_AF_{NA} = 0.3 \times 30 = 9\text{N} \tag{4}$$

然后取物块 B 为研究对象，仍假设它处于平衡状态，受力分析如图 5 - 6(c)所示，其中 $\boldsymbol{F}'_{NA} = -\boldsymbol{F}_{NA}$，$\boldsymbol{F}'_A = -\boldsymbol{F}_A$。根据力系的投影平衡方程，有

$$\sum F_x = 0, \qquad F'_A - F_B = 0 \tag{5}$$

$$\sum F_y = 0, \qquad -F'_{NA} + F_{NB} - G_B = 0 \tag{6}$$

由式(5)和式(6)求解，并代入数据得

$$F_B = F'_A = 9\text{N}$$

$$F_{NB} = F_{NA} + G_B = 60\text{N}$$

为了判断物块 B 是否处于静止状态，同样也应该求出物块 B 与固定水平面之间的最大静摩擦力

$$F_{B\max} = f_{sB}F_{NB} = 0.2 \times 60 = 12\text{N} \tag{7}$$

现在将力 F_B 与 $F_{B\max}$ 进行比较，因为 $F_B < F_{B\max}$，可见物块 B 处于静止状态。这是物块 B 与固定水平面之间的摩擦力是静摩擦力 $\boldsymbol{F}_B$，它的大小为 $F_B = 9\text{N}$，方向沿水平向左。

例 3　梯子重 $W_2 = 200\text{N}$，长 $AB = l$，如图 5 - 7(a)所示。与地面夹角 $\theta = \arctan(4/3)$，梯子与墙间摩擦系数 $f_B = 1/3$。今有一重 $W_1 = 600\text{N}$ 的人沿梯而上。问：梯子与地面摩擦系数 f_A 为多大时，人能安全到达梯顶？

解　取梯子为研究对象。当人到达梯子顶端时，梯子处于临界平衡状态，即：A、B 均处在最大静滑动摩擦力作用下，受力如图 5 - 7(b)所示。建立如图坐标，列平衡方程式：

$$\sum F_x = 0 \qquad N_B - F_A = 0$$

$$\sum F_y = 0 \qquad F_B - W_1 - W_2 + N_A = 0$$

$$\sum M_B(F) = 0 \qquad W_2 \times \frac{l}{2}\cos\theta + F_A l\sin\theta - N_A l\cos\theta = 0$$

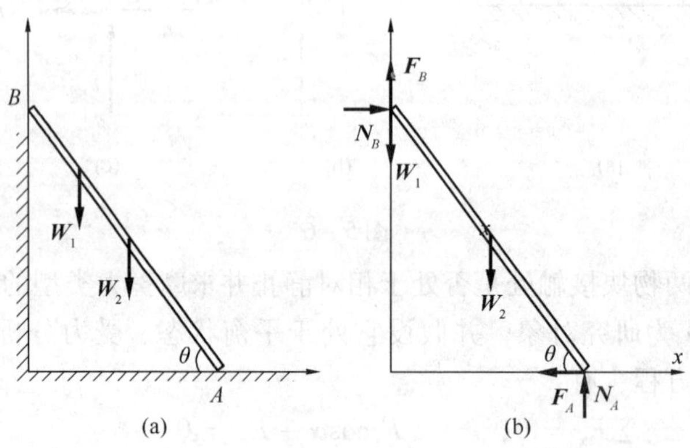

图 5－7

补充方程：$F_B = f_B N_B \qquad F_A = f_A N_A$

联立方程组，解得：$f_A = 7/11 = 0.64$

所以，当 $f_A \geqslant 7/11$ 时，人能安全到达梯顶。

第三节　滚　动　摩　擦

由实践知道，使圆形物体滚动比滑动省力。所以在工程实际中，为了提高效率，减轻劳动强度，常利用物体的滚动来代替滑动。

图 5－8(a)所示的圆盘，重 $\boldsymbol{W}$，半径为 r。圆盘在重力 $\boldsymbol{W}$ 与支承面的法向反力 $\boldsymbol{N}$ 的作用下处于静止状态，由平衡条件知，$\boldsymbol{W} = -\boldsymbol{N}$。若在圆盘的中心 C 作用一水平力 $\boldsymbol{P}$，则圆盘上与支承面的接触点 A 处产生一滑动摩擦力 $\boldsymbol{F}$。

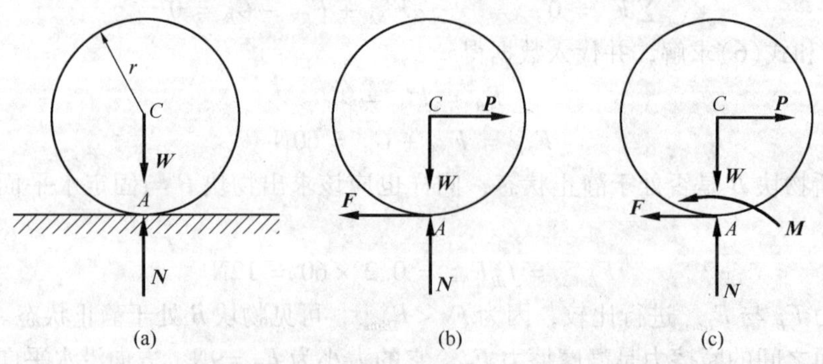

图 5－8

当力 $\boldsymbol{P}$ 不大时，圆盘既不滑动也不滚动，保持静止状态，由平衡条件知，$\boldsymbol{F} = -\boldsymbol{P}$，静摩擦力 $\boldsymbol{F}$ 阻止了圆盘的滑动，但与力 $\boldsymbol{P}$ 构成了一个使圆盘转动的力偶($\boldsymbol{P}$，$\boldsymbol{F}$)，其力偶矩的大小为 Pr。但实际上，圆盘是静止的。可见支承面对圆盘的作用除法向约束反力 $\boldsymbol{N}$ 和静摩擦力 $\boldsymbol{F}$ 外，一定还有一个由于接触处变形而产生的阻碍圆盘转动的反力偶。此反力偶称为滚动摩阻力偶，其转向与圆盘转动的趋势相反，其矩以 M 表示，由平衡条件知：

$$M = Pr \tag{5-7}$$

那么滚动摩阻力偶是如何产生的？实际上圆盘与支承面都不是刚体，在压力作用下，圆盘与支承面在接触处都会发生变形，由于变形，圆盘与支承面的接触处不再是一点而是一段弧线。因此，支承面的约束反力不是作用于一个点而是分布于一段弧线上的平面力系。如果以 A 点为简化中心，这些力可以简化为作用于 A 点的一力及一力偶，这一力偶即为滚动摩阻力偶。与静滑动摩擦力相似，滚动摩阻力偶矩 M 随着主动力偶矩 Pr 的增加而增加。滚动摩阻力偶矩也有一最大值 M_{max}，当滚动摩阻力偶矩达到最大值时，力 $\boldsymbol{P}$ 再增加，圆盘就会发生滚动。因此，静滚动摩阻力偶矩 M 的变化范围为

$$0 \leqslant M \leqslant M_{max} \tag{5-8}$$

滚动摩阻力偶矩的最大值 M_{max} 与两个相互接触物体间的正压力（或法向约束反力）成正比，即

$$M_{max} = \delta N \tag{5-9}$$

这就是库仑的滚动摩擦定律。式中量纲为长度的比例系数 δ 称为滚动摩擦系数，具有力偶臂的意义，由实验测定。

应该指出，滚动摩擦定律也是个近似关系式，远远没有反映出滚动摩擦的复杂性。由于有时与实际不符，该定律不如滑动摩擦定律那样得到广泛应用。

小　结

1. 摩擦现象分为滑动摩擦和滚动摩擦两类。

2. 滑动摩擦力是在两物体相对滑动或有相对滑动趋势时，在接触面上产生阻碍相对滑动的力简称摩擦力。滑动摩擦力的方向总是与物体的相对滑动或相对滑动的趋势方向相反，它的大小则需根据主动力作用的不同来分析。

3. 基于简单实验而得出的摩擦定律

$$F_{max} = f_s F_N \quad \text{（静摩擦定律）}$$

$$F' = f' F_N \quad \text{（动摩擦定律）}$$

$$M_{max} = \delta F_N \quad \text{（滚动摩擦定律）}$$

这些都是近似定律，滑动摩擦定律比较可靠，应用广泛。静摩擦力在零和最大静摩擦力之间变化，动摩擦力基本上没有变化范围，通常动摩擦因数略小于静摩擦因数。

4. 当静摩擦力达到最大静摩擦力值时，全约束力与接触面公法线间夹角的最大值称为摩擦角，回旋一周构成摩擦锥。摩擦角与静摩擦因数的关系为

$$\tan\varphi = f_s$$

5. 自锁是物体借摩擦力的一种平衡现象，在工程上有重要的应用。自锁条件就是物体的平衡条件，其特点是与主动力的大小无关。

6. 求解具有摩擦的平衡问题，在进行受力分析时，应画上摩擦力，要注意的一点是判断摩擦力的方向和计算摩擦力的大小。求解此类问题时，①直接应用平衡方程和补充方程（$F \leqslant f_s F_N$），解不等式方程，解为一平衡范围；②通常考虑临界平衡状态时需求临界量的值，解等式方程，然后根据问题的具体情况考虑其范围；③利用摩擦角和平衡的几何条件解题，有时较为简便。

习　题

5－1　楔块顶重装置如题图5－1所示。已知重物块B重力为$\boldsymbol{W}$，与楔块之间的静摩擦系数为f_s，楔块顶角为θ。试求：(1)顶住重块所需力F的大小；(2)使重块不向上滑所需力F的大小；(3)不加力F能处于自锁的角θ的值。

答案：(1)$F=\dfrac{\sin\theta-f_s\cos\theta}{\cos\theta+f_s\sin\theta}W$，(2)$F=\dfrac{\sin\theta+f_s\cos\theta}{\cos\theta-f_s\sin\theta}W$，(3)$\theta\leqslant\arctan f_s$

5－2　如题图5－2所示，汽车重力$P=15\text{kN}$，车轮直径$r=600\text{mm}$，轮与重心间距离$l=1200\text{mm}$。试求发动机应给予后轮的力偶矩，方能使前轮越过高$h=80\text{mm}$的障碍物；并求此后轮与地面的静摩擦系数f_s应为多大才不致打滑。

答案：$M=1.867\text{kN}\cdot\text{m}$，$f_s\geqslant0.752$

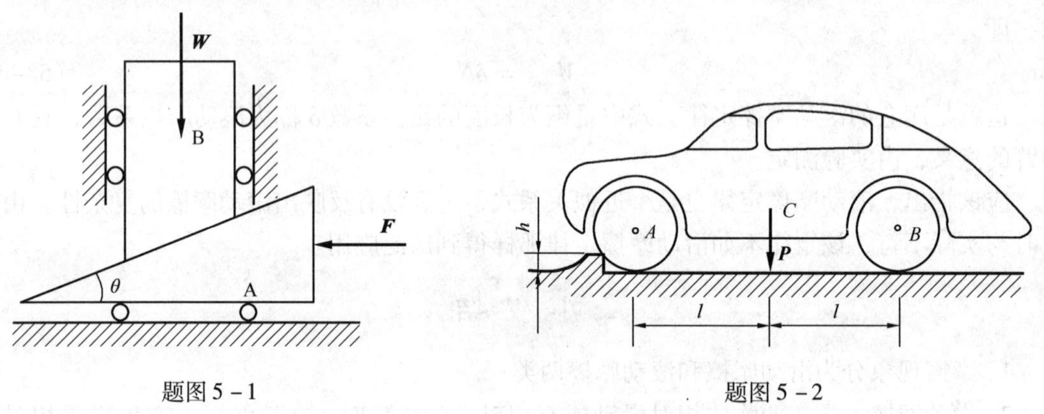

题图5－1　　　　题图5－2

5－3　如题图5－3所示用绳拉一重500N的物体，拉力$F_T=150\text{N}$。(1)若摩擦系数$f_s=0.45$，试判断该物体是否平衡及此时摩擦力的大小及方向；(2)若摩擦系数$f_s=0.577$，求拉动物体所需的拉力。

答案：(1)平衡，130N，向左；(2)250N

5－4　如题图5－4所示，重为$\boldsymbol{W}$的物体放在倾角为α的斜面上，摩擦因数为f_s。问要拉动物体所需拉力F_T的最小值是多少，这时角θ多大？

答案：$F_{T\min}=W\sin(\alpha+\varphi_m)$，$\theta=\varphi_m$，而$\tan\varphi_m=f_s$

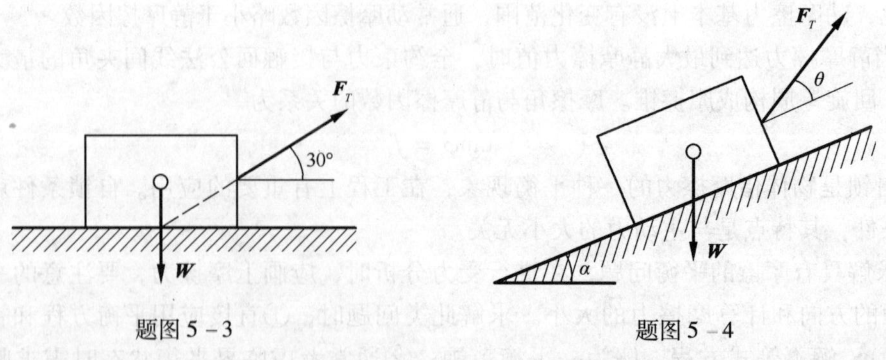

题图5－3　　　　题图5－4

5－5　如题图5－5所示，欲转动一放在V形槽中的钢棒料，需作用一矩$M=15\text{kN}\cdot\text{m}$的力偶，已知棒料重400N，直径为25cm。求棒料与槽间的摩擦系数f_s。

答案：$f_s=0.223$

5－6　如题图5－6所示，梯子重$\boldsymbol{W}$、长为l，上端靠在光滑的墙上，底端与水平面间的摩擦系数为f_s。求：(1)已知梯子倾角α，为使梯子保持静止，问重为W_1的人活动范围多大？(2)倾角α多大时，不论人在什么位置梯子都保持静止。

答案：(1)$AD\leqslant\dfrac{2f_s(W+W_1)\tan\alpha-W}{2W_1}l$；(2)$\tan\alpha\geqslant\dfrac{2W_1+W}{2f_s(W_1+W)}$

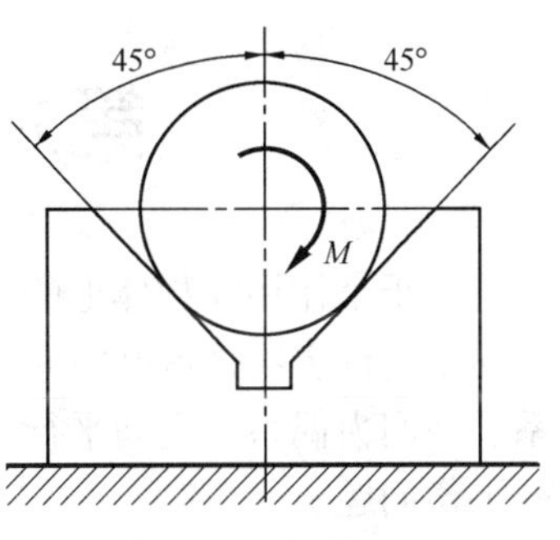

题图5－5

5－7　攀登电线杆用的脚套钩如题图5－7所示，设电线杆的直径$d=30\text{cm}$，A、B间的垂直距离$b=10\text{cm}$，套钩与电线杆间的摩擦系数$f_s=0.5$。试问踏脚处至电线杆间的距离l为多少才能保证安全操作？

答案：$l\geqslant10\text{cm}$

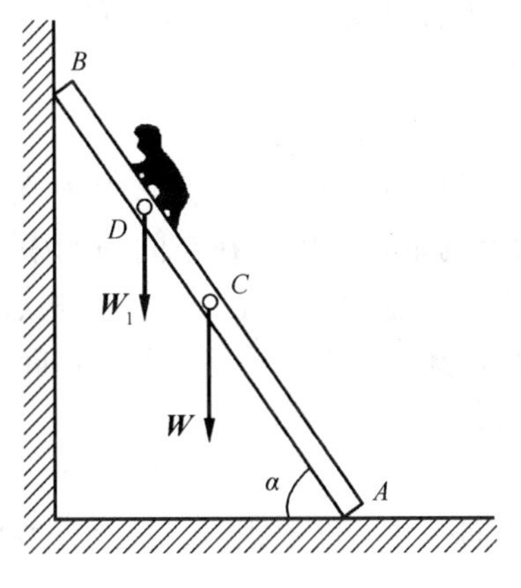

题图5－6

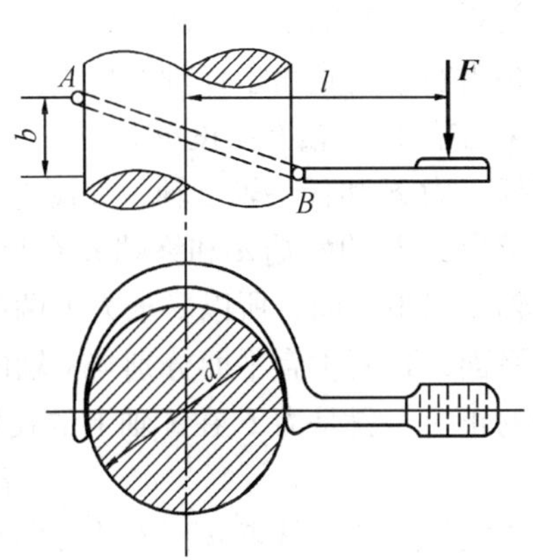

题图5－7

第六章 空 间 力 系

若干个作用在物体上的、作用线不在同一平面内的力组成的力系称为空间力系。在工程实际中，许多物体承受空间力系的作用。与平面力系一样，空间力系也可以分为空间汇交力系、空间力偶系、空间平行力系和空间任意力系。本章着重研究物体在空间任意力系作用下的平衡问题。

第一节 力在空间直角坐标轴上的投影

在求解空间力系的平衡问题时，由于作图困难，不宜采用几何法，通常只用解析法，这就要求掌握力在空间直角坐标轴上投影的计算和力对轴之矩的计算。

1. 力在空间任一轴上的投影

设有任一力 $\boldsymbol{F}$ 和任一轴 x 轴，如图 6-1 所示，与平面问题一样，为求力 $\boldsymbol{F}$ 在 x 轴上的投影，需求出力 $\boldsymbol{F}$ 的始端 A 和终端 B 在投影轴 x 轴上的垂足。由于在空间问题中，力 $\boldsymbol{F}$ 与投影轴 x 轴一般不共面，所以要求力矢两端点 A 和 B 在 x 轴上的垂足，可过这两点分别作 x 轴的垂直平面，这两垂直平面分别与 x 轴的交点 a 和 b 就是所求的垂足。两垂足间的线段 ab 加上适当的正负号就是力 $\boldsymbol{F}$ 在 x 轴上的投影，以 F_x 表示，有

$$F_x = \pm ab \tag{6-1}$$

符号规定为：如果从点 a 到 b 的方向与 x 轴的正向一致，就取正号；反之，取负号。

2. 力在空间直角坐标轴上的投影

设有一力 $\boldsymbol{F}$，取空间直角坐标系 $Oxyz$，如图 6-2 所示，已知力 $\boldsymbol{F}$ 与 x、y、z 轴正向间的夹角分别为 α、β、γ，根据力的投影定义，可直接将力 $\boldsymbol{F}$ 向三个坐标轴投影，得到：

$$F_x = F\cos\alpha, F_y = F\cos\beta, F_z = F\cos\gamma \tag{6-2}$$

称为直接投影法。

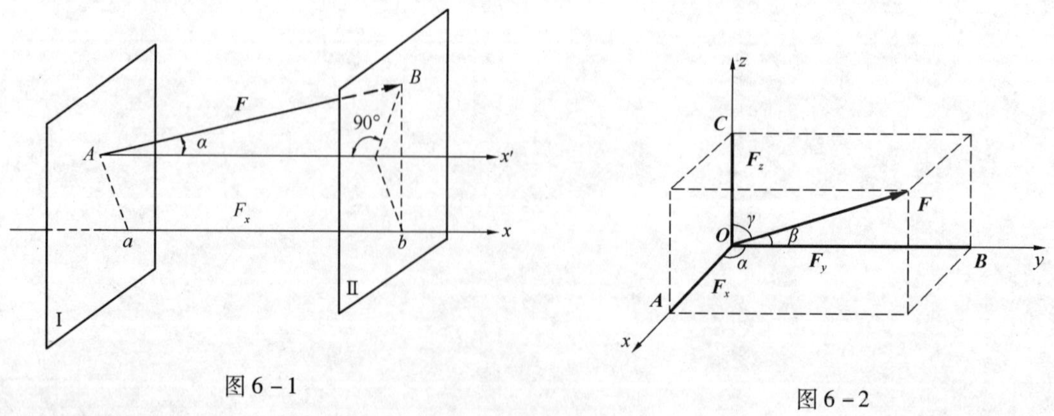

图 6-1

图 6-2

有时，力 $\boldsymbol{F}$ 与 x、y 轴的夹角是未知的，或者是不易求出的，而与 z 轴的夹角 γ 是已知的，如图 6-3 所示，对于这种情况，可先求出力 $\boldsymbol{F}$ 在坐标平面 Oxy 上的投影矢量 $\boldsymbol{F}_{xy}$，显

然，投影矢量 $\boldsymbol{F}_{xy}$就是力 $\boldsymbol{F}$ 在平面 Oxy 内的分力，其大小为 $F_{xy}=F\sin\gamma$。必须指出，力在轴上的投影只需用代数量表示，而力在平面上的投影需用矢量表示。求出投影矢量 $\boldsymbol{F}_{xy}$后，由图可以看出，力 $\boldsymbol{F}_{xy}$ 在 x、y 轴上的投影就是力 $\boldsymbol{F}$ 在 x、y 轴上的投影。如已知力 $\boldsymbol{F}_{xy}$与 x 轴正向间的夹角为 θ，则力 $\boldsymbol{F}$ 在 x、y、z 轴上的投影分别为：

$$F_x = F\sin\gamma\cos\theta, F_y = F\sin\gamma\sin\theta, F_z = F\cos\gamma \tag{6-3}$$

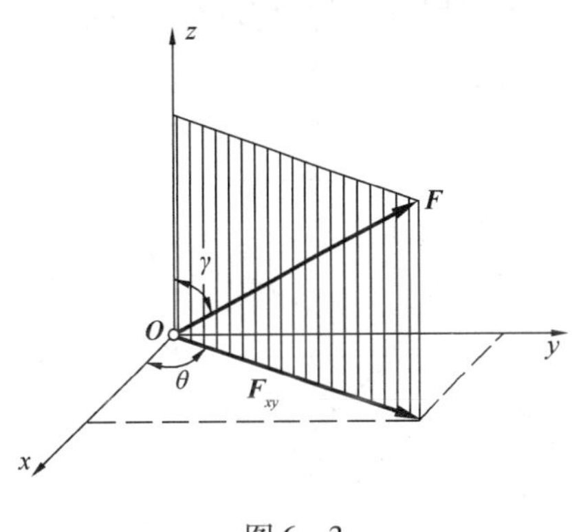

图 6－3

这种求解力在直角坐标轴上投影的方法称为二次投影法，是一种在实际计算中应用较多的方法。

上面介绍的是已知力求其投影。反过来，如果已知投影，也可求得力 $\boldsymbol{F}$ 的大小和方向余弦：

$$F = \sqrt{F_x^2 + F_y^2 + F_z^2} \tag{6-4}$$

$$\cos\alpha = \frac{F_x}{F}, \cos\beta = \frac{F_y}{F}, \cos\gamma = \frac{F_z}{F} \tag{6-5}$$

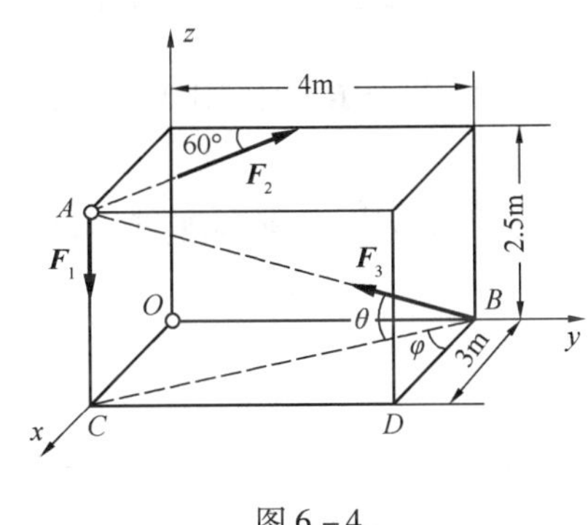

图 6－4

例 1　长方体上作用有三个力，$F_1=500\text{N}$，$F_2=1000\text{N}$，$F_3=1500\text{N}$，方向与尺寸如图 6－4 所示。求各力在坐标轴上的投影。

解　由于力 $\boldsymbol{F}_1$ 及 $\boldsymbol{F}_2$ 与坐标轴间的方向角都为已知，可应用直接投影法，力 $\boldsymbol{F}_3$ 与坐标轴间的方位角 φ 及仰角 θ 为已知，可应用二次投影法，而

$$\sin\theta = \frac{AC}{AB} = \frac{2.5}{5.59} \qquad \cos\theta = \frac{BC}{AB} = \frac{5}{5.59}$$

$$\sin\varphi = \frac{CD}{CB} = \frac{4}{5} \qquad \cos\varphi = \frac{DB}{CB} = \frac{3}{5}$$

因此各力在坐标轴上的投影分别为

$F_{x1}=500\times\cos 90^\circ=0$　$F_{y1}=500\times\cos 90^\circ=0$　$F_{z1}=500\times\cos 180^\circ=-500\text{N}$

$F_{x2}=-1000\times\sin 60^\circ=866\text{N}$　$F_{y2}=1000\times\sin 60^\circ=500\text{N}$

$F_{z2}=1000\times\cos 90^\circ=0$

$F_{x3}=1500\cos\theta\cos\varphi=805\text{N}$　$F_{y3}=-1500\cos\theta\sin\varphi=-1073\text{N}$

$F_{z3}=1500\sin\theta=671\text{N}$

第二节　空间汇交力系的合成与平衡

与平面汇交力系相同，对空间汇交力系也可分别用几何法和解析法进行研究。空间汇交力系合成的几何法是应用力的多边形法则。但所作出的力多边形不在同一平面内，而是空间的力多边形。空间汇交力系的合力可用空间的力多边形的封闭边来表示，其作用线过力系的汇交点，以矢量式表示为

$$\boldsymbol{R} = \boldsymbol{F}_1 + \boldsymbol{F}_2 + \cdots + \boldsymbol{F}_n = \sum \boldsymbol{F}_i \tag{6-6}$$

由于用空间的力多边形法则求合力并不方便，因此在实际问题中一般都不用几何法，只用解析法。

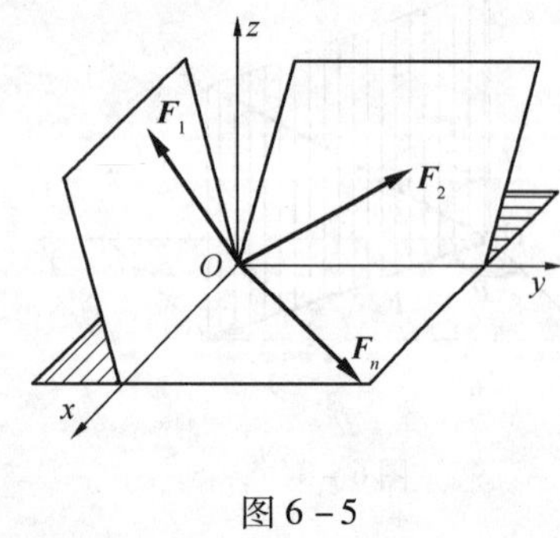

图 6－5

设作用于刚体上的空间力系 $\boldsymbol{F}_1$、$\boldsymbol{F}_2$、…、$\boldsymbol{F}_n$ 汇交于同一点 O，如图 6－5，选力系汇交点 O 为原点，作坐标系 $Oxyz$，把各力用分解表达式表示，即

$$\boldsymbol{F}_i = F_x\boldsymbol{i} + F_y\boldsymbol{j} + F_z\boldsymbol{k} \quad (i = 1,2,\cdots,n) \tag{6-7}$$

代入前式得

$$\boldsymbol{R} = \sum\boldsymbol{F}_i = \sum F_x\boldsymbol{i} + \sum F_y\boldsymbol{j} + \sum F_z\boldsymbol{k} \tag{6-8}$$

式中 $\boldsymbol{i}$、$\boldsymbol{j}$、$\boldsymbol{k}$ 分别对应合力 $\boldsymbol{R}$ 在各坐标轴上投影的单位矢量，故

$$R_x = \sum F_x \quad R_y = \sum F_y \quad R_z = \sum F_z \tag{6-9}$$

即合力在某一轴上的投影，等于力系中所有各分力在同一轴上的投影的代数和，这就是空间合力投影定理。

则合力 $\boldsymbol{R}$ 的大小及方向余弦分别为：

$$R = \sqrt{R_x^2 + R_y^2 + R_z^2} = \sqrt{(\sum F_x)^2 + (\sum F_y)^2 + (\sum F_z)^2} \tag{6-10}$$

$$\cos\alpha = \frac{R_x}{R} = \frac{\sum F_x}{R}, \cos\beta = \frac{R_y}{R} = \frac{\sum F_y}{R}, \cos\gamma = \frac{R_z}{R} = \frac{\sum F_z}{R} \tag{6-11}$$

式中 α、β、γ 分别为合力 $\boldsymbol{R}$ 与轴 x、y、z 正向间的夹角，而合力 $\boldsymbol{R}$ 的作用线过力系的汇交点 O。

由于空间汇交力系合成的结果是一合力，因此空间汇交力系平衡的必要与充分条件是：该力系的合力等于零，即

$$\boldsymbol{R} = \sum\boldsymbol{F}_i = 0 \tag{6-12}$$

以解析式表示为

$$\sum F_x = 0, \sum F_y = 0, \sum F_z = 0 \tag{6-13}$$

即空间汇交力系平衡的必要与充分条件是：该力系中所有各力分别在三个坐标轴的每一个坐标轴上投影的代数和等于零。式(6－13)称为空间汇交力系的平衡方程。

应用空间汇交力系的平衡方程可以求解三个未知量。在解决实际问题时，注意弄清空间的几何关系，并适当选取投影轴，以简化计算。投影轴是可以任意选取的，只要这三个轴不共面以及它们中的任何两个轴不互相平行，常选取相互垂直的三个坐标轴为投影轴。

例 2 三根无重直杆在 D 端用球铰连接，另一端 A，B，C 用球铰固定在水平地板上，如图 6－6 所示。设挂在 D 端的重物 $W=10\text{kN}$，求铰链 A，B，C 处的约束力。

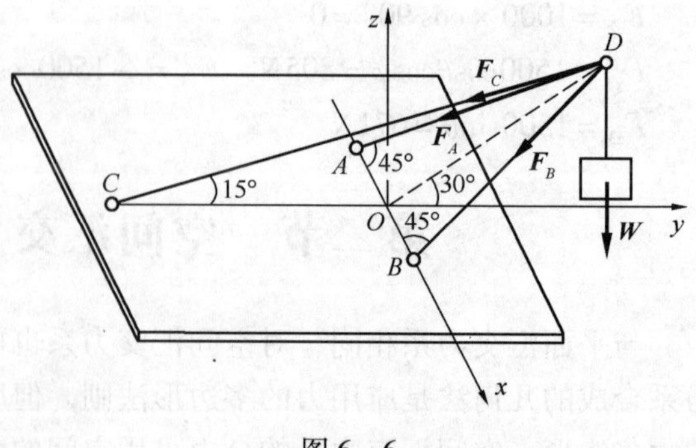

图 6－6

解 由于 AD，BD 和 CD 均为二力杆，铰链 A，B，C 处的约束力都是沿杆作用，设杆件受拉力，如图 6－6 所示。取铰链 D 为研究对象，列平衡方程。

$$\sum F_x = 0, \; -F_A\cos 45° + F_B\cos 45° = 0 \tag{a}$$

$$\sum F_y = 0,\ -(F_A \sin 45° + F_B \sin 45°)\cos 30° - F_C \cos 15° = 0 \qquad (b)$$

$$\sum F_z = 0,\ -(F_A \sin 45° + F_B \sin 45°)\sin 30° - F_C \sin 15° - W = 0 \qquad (c)$$

从上述方程解得

$$F_A = F_B = 26.39\text{kN}(拉),F_C = -33.46\text{kN}(压) \qquad (d)$$

第三节　力对点之矩矢与力对轴之矩

1. 力对点之矩的矢量表示

在平面力系中，我们把力对点之矩用代数量表示，这是因为力与矩心所在的平面(力矩作用面)是固定不变的。但是在空间力系问题中情况就不同了。一个力对于某一点虽然有一定大小及转向的力矩，但是当力的作用线与矩心所组成的平面的方位不同时，即可产生不同的作用，这就说明力对于点之矩决定于力矩的大小、力矩作用面的方位和力矩在作用面内的转向。这三个因素可以用一个矢量来表示，称为力矩矢，并用 $\boldsymbol{M}_O(\boldsymbol{F})$ 表示，如图 6－7 所示。该矢量通过矩心 O，垂直于力矩作用面，指向按右手规则决定，即从矢的末端沿矢看去，力矩为逆时针转向时，规定为正，反之为负。矢量的长度表示力矩的大小，即

$$M_O(\boldsymbol{F}) = F \cdot h = 2\Delta OAB \text{面积} \qquad (6-14)$$

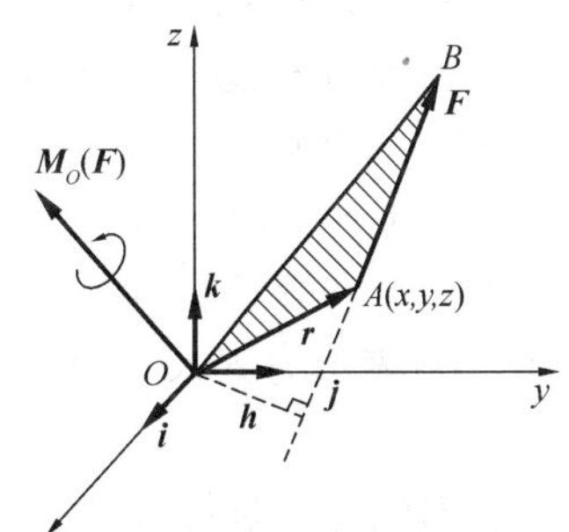

图 6－7

应该指出，当矩心的位置改变时，$\boldsymbol{M}_O(\boldsymbol{F})$ 的大小及方向也随之而变，可见力矩矢为定位矢量。

若以 $\boldsymbol{r}$ 表示矩心 O 至力 $\boldsymbol{F}$ 的作用点 A 的矢径，则矢积 $\boldsymbol{r} \times \boldsymbol{F}$ 也是一个矢量，其大小等于 $\triangle OAB$ 面积的两倍，方向垂直于 $\boldsymbol{r}$ 与 $\boldsymbol{F}$ 所决定的平面，指向也由右手规则决定。矢积 $\boldsymbol{r} \times \boldsymbol{F}$ 与力矩矢 $\boldsymbol{M}_O(\boldsymbol{F})$ 两者大小相等、方向相同，于是得

$$\boldsymbol{M}_O(\boldsymbol{F}) = \boldsymbol{r} \times \boldsymbol{F} \qquad (6-15)$$

即力对于任一点之矩等于矩心至力的作用点的矢径 $\boldsymbol{r}$ 与该力 $\boldsymbol{F}$ 的矢量积。式(6－15)称为力对于点之矩的矢量积表达式。

2. 力对轴之矩的概念及其计算方法

在日常生活和工程实际中，经常遇到绕固定轴转动的物体，如门、发电机转子等。为了度量力使物体绕某固定轴转动的效应和求解空间力系的平衡问题，我们引入力对轴之矩的概念。

由实践经验知道，力使物体绕一固定轴转动的效应，决定于力的大小、方向和作用于物体上的位置。图 6－8(a)表示一扇可以绕固定轴 z 轴转动的门，如果作用于把手 A 的力 $\boldsymbol{F}$ 与 z 轴平行，或者力 $\boldsymbol{F}$ 的作用线通过 z 轴，即与 z 轴相交，都不能使门转动，即在这两种情况下，力 $\boldsymbol{F}$ 都不产生使门绕 z 轴转动的效应。

如果作用于把手 A 的力 $\boldsymbol{F}$ 恰好在过点 A 且垂直于 z 轴的平面 H 内，但不与 z 轴相交，如图 6－8(c)所示，则门较易转动。这时，力 $\boldsymbol{F}$ 使门绕 z 轴转动的效应，是由力 $\boldsymbol{F}$ 对 z 轴与平面 H 的交点 O 的矩来度量的，也就是说，这时力 $\boldsymbol{F}$ 对 z 轴的矩就是力 $\boldsymbol{F}$ 对 z 轴与平面 H 的交点 O 的矩。

在一般情况下，作用于把手 A 的力 $\boldsymbol{F}$ 既不与 z 轴平行或相交，也不在过点 A 且垂直于 z 轴的平面 H 内，如图 6－8(d)所示，在这种情况下，可以将力 $\boldsymbol{F}$ 分解为平行于 z 轴的分力

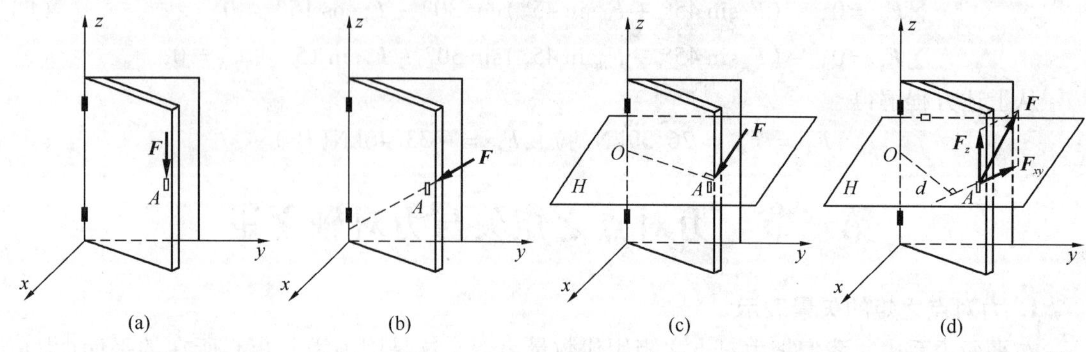

图 6－8

$\boldsymbol{F}_z$ 和在与 z 轴垂直的平面 H 内的分力 $\boldsymbol{F}_{xy}$，分力 $\boldsymbol{F}_{xy}$ 就是力 $\boldsymbol{F}$ 在与 z 轴垂直的平面 H 上的投影。显然，分力 $\boldsymbol{F}_z$ 不能使门转动，只有分力 $\boldsymbol{F}_{xy}$ 才能使门转动。所以，力 $\boldsymbol{F}$ 使门绕 z 轴转动的效应与分力 $\boldsymbol{F}_{xy}$ 使门绕 z 轴转动的效应是相同的，这个效应由分力 $\boldsymbol{F}_{xy}$ 对 z 轴与平面 H 的交点 O 的矩来度量。

根据上述情况，力对轴之矩可定义为：一个力对某轴之矩是这个力使刚体绕此轴转动效应的度量，它等于此力在垂直于该轴的平面上的投影对该轴与这平面的交点之矩。如以 M_z 或 $M_z(\boldsymbol{F})$ 表示力 $\boldsymbol{F}$ 对 z 轴之矩，则

$$M_z = M_O(\boldsymbol{F}_{xy}) = \pm F_{xy}d \tag{6-16}$$

力对轴之矩是代数量，式中的正负号表明力 $\boldsymbol{F}$ 使物体绕矩轴 z 转动的方向，或者说，表明力矩的转向，正负号通常可用右手法则确定，即以右手四指表示力 $\boldsymbol{F}$ 使物体绕矩轴转动的方向，若大姆指的指向与 z 轴的正向相同，则取正号；反之，取负号。

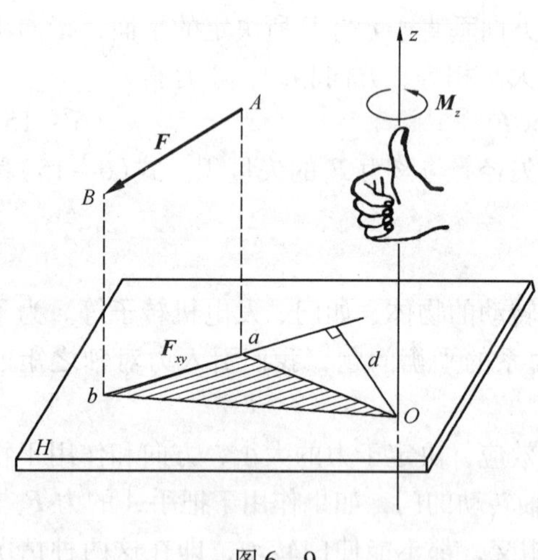

图 6－9

由图 6－9 可以看出，乘积 $F_{xy}d$ 等于三角形 Oab 面积的两倍，所以，力 $\boldsymbol{F}$ 对 z 轴之矩又可表示为

$$M_z = \pm 2\triangle oab \text{ 面积}$$

力对轴之矩的单位与力矩的单位相同，也是牛·米(N·m)或千牛·米(kN·m)等。

由力对轴之矩的定义可知：

(1) 力与矩轴平行(这时 $F_{xy}=0$)或相交(这时 $d=0$)时，也就是力与矩轴在同一平面内时，力对轴之矩等于零。

(2) 在平面力系中，力对力系所在平面内某点的矩就是力对通过此点且与力系所在平面垂直的轴之矩。

(3) 当力沿其作用线移动时，因力在与矩轴垂直的平面上的投影力 $\boldsymbol{F}_{xy}$ 的大小、方向和点 O 到力 $\boldsymbol{F}$ 的垂直距离 d 都不会改变，所以力对轴之矩也不变。

3. 力对轴之矩的解析表达式

在空间力系的问题中，有时因求 $\boldsymbol{F}_{xy}$ 和 d 值不太方便，应用式(6－16)计算力对 z 轴之矩有困难，有时需要计算力对三个直角坐标轴的矩。在这些情况下，应用力对轴之矩的解析表达式比较简便。

设有一力 $\boldsymbol{F}$，在所取直角坐标系 $Oxyz$ 中，其作用点 A 的坐标为 x、y、z，在各坐标轴上的投影分别为 F_x、F_y、F_z，如图 6－10(a)所示。根据合力矩定理，可分别求出力 $\boldsymbol{F}$ 对 x、y 和 z 轴之矩，有：

$$M_x = yF_z - zF_y, M_y = zF_x - xF_z, M_z = xF_y - yF_x \tag{6-17}$$

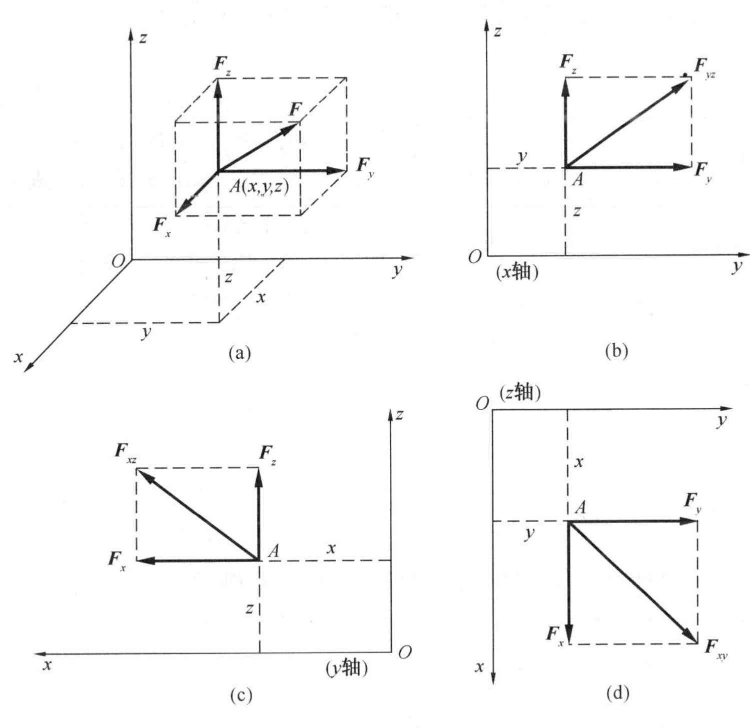

图 6－10

这就是力对直角坐标轴之矩的解析表达式。应用时，该式右端各量都应该用代数值。

4. 力对点之矩与力对通过该点的轴之矩间的关系

设力 $\boldsymbol{F}$ 作用于刚体上的 A 点，任取一点 O，如图 6－11 所示，力 $\boldsymbol{F}$ 对 O 点之矩矢的大小为

$$M_O(\boldsymbol{F}) = 2\triangle OAB \text{ 面积} \tag{6-18}$$

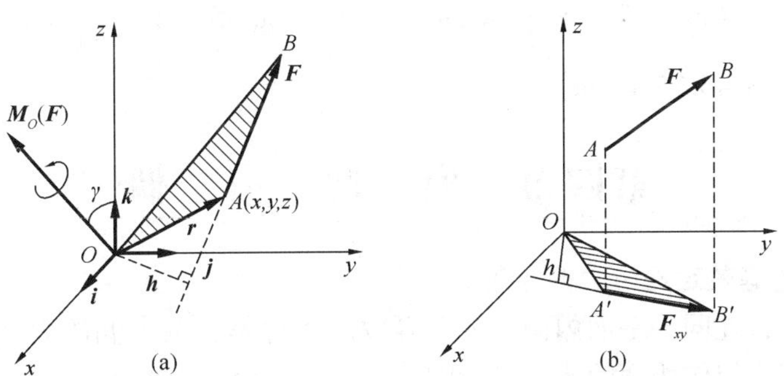

图 6－11

而力 $\boldsymbol{F}$ 对通过 O 点的任一 z 轴之矩的大小为

$$M_z(\boldsymbol{F}) = 2\triangle OA'B' \text{ 面积} \tag{6-19}$$

显然$\triangle OA'B'$为$\triangle OAB$ 在平面 xy 上的投影，根据几何关系可知，

$$\triangle OAB\ 面积 \cdot \cos\gamma = \triangle OA'B'\ 面积 \tag{6-20}$$

式中 γ 为两个三角形平面间的夹角，即矢量 $\boldsymbol{M}_O(\boldsymbol{F})$ 与 z 轴间的夹角。将上式的两边均乘以 2，并考虑正负号的关系，可得

$$M_O(\boldsymbol{F}) \cdot \cos\gamma = M_z(\boldsymbol{F}) = [M_O(\boldsymbol{F})]_z \tag{6-21}$$

即力对任一点之矩矢在通过该点的任一轴上的投影等于力对该轴之矩。式(6-21)称为力矩关系定理。

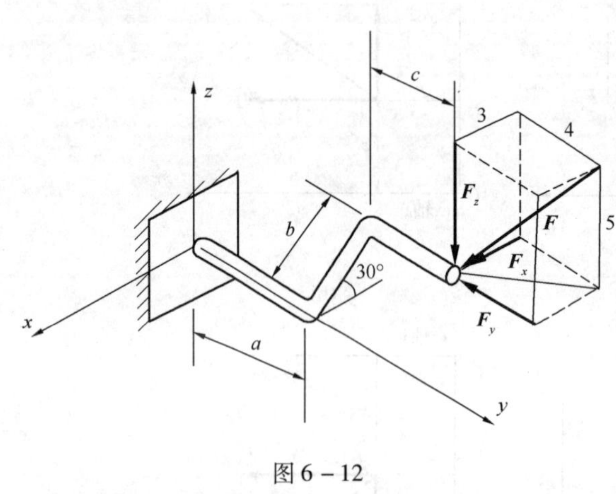

图 6-12

例 3 直角曲杆 A 端作用一力 $\boldsymbol{F}$，如图 6-12 所示。已知 $F=500\text{N}$，$a=25\text{cm}$，$b=c=20\text{cm}$，求该力对 x，y，z 各轴之矩。

解 先将力 $\boldsymbol{F}$ 沿三个直角坐标轴方向分解，得

$$F_x = (F\cos 45°) \times \frac{3}{5}$$

$$F_y = (F\cos 45°) \times \frac{4}{5}$$

$$F_z = F\sin 45°$$

由力对轴之矩的定义可知，当力平行于矩轴时，该力对该轴之矩等于零。因此只须计算与矩轴垂直平面内的分力或投影对该轴之矩。由合力矩定理可得

$$\begin{aligned} M_x(\boldsymbol{F}) &= M_x(\boldsymbol{F}_y) + M_x(\boldsymbol{F}_z) \\ &= (F\cos45°) \times \frac{4}{5} \times b\sin30° - (F\sin45°)(a+c) = -130.8\text{N}\cdot\text{m} \end{aligned}$$

$$\begin{aligned} M_y(\boldsymbol{F}) &= M_y(\boldsymbol{F}_x) + M_y(\boldsymbol{F}_z) \\ &= (F\cos45°) \times \frac{3}{5} \times b\sin30° - (F\sin45°) \times b\cos30° \\ &= -40.02\text{N}\cdot\text{m} \end{aligned}$$

$$\begin{aligned} M_z(\boldsymbol{F}) &= M_z(\boldsymbol{F}_x) + M_z(\boldsymbol{F}_y) \\ &= -(F\cos45°) \times \frac{3}{5} \times (a+c) + (F\cos45°) \times \frac{4}{5} \times b\cos30° \\ &= -46.47\text{N}\cdot\text{m} \end{aligned}$$

第四节 空 间 力 偶

1. 空间力偶的等效定理·力偶矩矢的概念

前面已经证明，在同一平面内两个力偶等效的条件是：两力偶的力偶矩的代数值相等。现在进一步来研究力偶作用面的改变对于刚体的影响。经验告诉我们，力偶作用于汽车方向盘或丝锥扳手上时，只要力偶矩大小及转向保持不变，则力偶的转动效应是与方向盘的转轴或丝锥柄的长短无关，而且力偶可以从一个平面移至另一平行平面而不影响它对于刚体的作用。

根据力偶的上述性质，再结合平面力偶的等效条件，可得平行平面间的力偶的等效条

件：作用面平行的两个力偶，若其力偶矩大小相等，转向相同，则两力偶等效。

经验还告诉我们，分别作用在不平行平面内的两个力偶对于刚体的效应是不同的，力偶对于刚体的效应是与力偶的作用面在空间的方位有关，而与该作用面的具体位置无关。

综合平面力偶与空间力偶的性质得知：力偶对于刚体的转动效应取决于力偶矩的大小、力偶的转向和力偶作用面在空间的方位，这就是所谓的力偶的三要素。我们可以用一个矢量来表示这三个要素：矢量的长度按一定比例尺表示力偶矩的大小，方位与力偶作用面的法线的方位相同，指向按右手规则表示力偶的转向，即从矢的末端沿矢看去，力偶的转向是逆时针转向的，称为力偶矩矢，用 $\boldsymbol{M}$ 表示，如图 6－13 所示。可以证明，力偶矩矢的合成符合平行四边形法则。

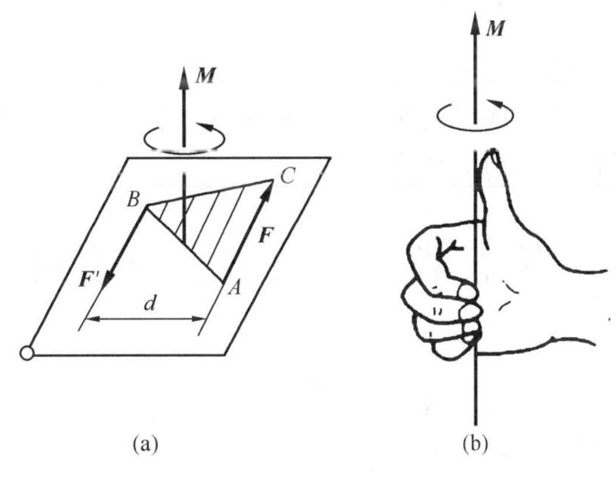

图 6－13

由于力偶可以在同一平面内和平行平面内任意移动，因此表示力偶矩矢 $\boldsymbol{M}$ 亦可在空间任意移动，可见力偶矩矢为一自由矢量。

用矩矢表示力偶矩，则空间力偶的等效条件如下：凡矩矢相等的力偶均为等效力偶，这就是空间力偶的等效定理。

2. 空间力偶系的合成与平衡

空间力偶系可合成为一合力偶，合力偶矩矢等于力偶系中所有各力偶矩矢的矢量和，即

$$\boldsymbol{M} = \boldsymbol{M}_1 + \boldsymbol{M}_2 + \cdots + \boldsymbol{M}_n = \sum \boldsymbol{M}_i \tag{6-22}$$

若空间力偶系的合力偶矩矢等于零，则该力偶系必平衡。于是可知，空间力偶系平衡的必要与充分条件是：该力偶系中所有各力偶矩矢的矢量和等于零，即

$$\sum \boldsymbol{M}_i = 0 \tag{6-23}$$

如写成投影形式，则得

$$\sum M_{ix} = 0, \sum M_{iy} = 0, \sum M_{iz} = 0 \tag{6-24}$$

即空间力偶系平衡的必要与充分条件是：该力偶系中所有各力偶矩矢在三个坐标轴上每一个坐标轴上的投影的代数和等于零。式(6－24)称为空间力偶系的平衡方程。

以上三个独立的平衡方程可求解三个未知量。

例 4　一边长为 lm 的正方体上作用有 $\boldsymbol{M}_1$，$\boldsymbol{M}_2$ 两个力偶，如图 6－14 所示，若 $M_1 = M_2 = M$，试求平衡时，1、2 两杆所受的力。

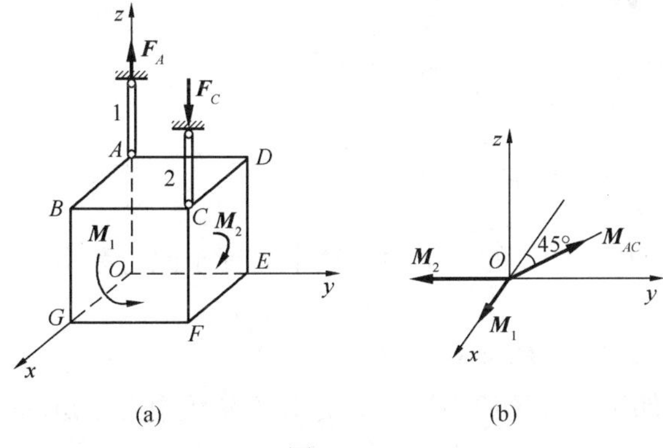

图 6－14

解　(1) 应用力偶平衡的概念。对立方体进行受力分析可知，所给力系为空间力系，由力偶系平衡的特点可知，1、2 两杆所受力也必构成一力偶，且与 $\boldsymbol{M}_1$，$\boldsymbol{M}_2$ 构成一空间的平衡力偶系。

如图 6－14(b)所示，$\boldsymbol{M}_1$，$\boldsymbol{M}_2$ 在 xOy 平面，故力偶 $\boldsymbol{M}_{AC}$ 也必在此面上，并且力偶 $\boldsymbol{M}_{AC}$ 由约束力 $\boldsymbol{F}_A$、$\boldsymbol{F}_C$(等值、反向、平

行且不共线）构成。由力偶系的平衡方程可得

$$\sum M_x = 0 \quad M_1 - M_{AC}\cos 45^\circ = 0$$

得

$$M_{AC} = \sqrt{2}M_1 = \sqrt{2}M$$

由于

$$F_A\sqrt{2}l = M_{AC}$$

所以有

$$F_A = F_C = \frac{M_{AC}}{\sqrt{2}l} = \frac{M}{l}$$

（2）本例讨论

由方向可判断出，1 杆受拉，2 杆受压。若 $M_1 \neq M_2$，系统能否平衡？如果要维持系统平衡，需附加什么条件？

第五节　空间任意力系向已知点的简化·主矢与主矩

1. 空间任意力系向已知点的简化

与平面任意力系一样，我们也应用力系向已知点简化的方法来研究空间任意力系的合成问题，简化的理论依据仍然是力线平移定理。只是在空间力系中，应当把力对点之矩与力偶矩用矢量表示，即作用于刚体上的任一力，可平移至刚体的任意指定点，欲不改变该力对于刚体的作用，则必须在该力与指定点所决定的平面内附加一力偶，其力偶矩矢等于该力对于指定点的矩矢。

设有空间任意力系 $\boldsymbol{F}_1$、$\boldsymbol{F}_2$、…、$\boldsymbol{F}_n$ 分别作用于刚体上的 A、B、C……各点，如图6－15所示。为了简化这个力系，在刚体内任选一点 O 作为简化中心，应用力线平移定理，将各力平移至 O 点，并各附加一力偶，原力系变换为作用于 O 点的空间汇交力系 $\boldsymbol{F}'_1$、$\boldsymbol{F}'_2$、…、$\boldsymbol{F}'_n$ 及力偶矩矢为 $\boldsymbol{M}_1$、$\boldsymbol{M}_2$、…、$\boldsymbol{M}_n$ 的空间附加力偶系，如图 6－15(b)所示，其中

$$\boldsymbol{F}'_1 = \boldsymbol{F}_1, \boldsymbol{F}'_2 = \boldsymbol{F}_2, \cdots, \boldsymbol{F}'_n = \boldsymbol{F}_n \tag{6-25}$$

$$\boldsymbol{M}_1 = \boldsymbol{M}_O(\boldsymbol{F}_1), \boldsymbol{M}_2 = \boldsymbol{M}_O(\boldsymbol{F}_2), \cdots, \boldsymbol{M}_n = \boldsymbol{M}_O(\boldsymbol{F}_n) \tag{6-26}$$

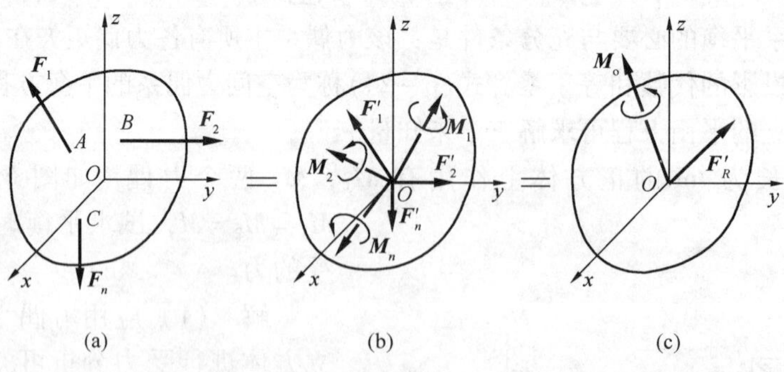

图 6－15

作用于 O 点的空间汇交力系可合成为作用于 O 点的一个力，这个力等于原力系中各力的矢量和，称为力系的主矢，即

$$\boldsymbol{R}' = \boldsymbol{F}'_1 + \boldsymbol{F}'_2 + \cdots + \boldsymbol{F}'_n = \boldsymbol{F}_1 + \boldsymbol{F}_2 + \cdots + \boldsymbol{F}_n = \sum \boldsymbol{F}_i \tag{6-27}$$

空间附加力偶系可合成为一力偶，其力偶矩矢等于原力系中各力对于简化中心之矩的矢量和，称为力系对 O 点的主矩，即

$$\boldsymbol{M}_O=\boldsymbol{M}_1+\boldsymbol{M}_2+\cdots+\boldsymbol{M}_n=\boldsymbol{M}_O(\boldsymbol{F}_1)+\boldsymbol{M}_O(\boldsymbol{F}_2)+\cdots+\boldsymbol{M}_O(\boldsymbol{F}_n)=\sum\boldsymbol{M}_O(\boldsymbol{F}_i) \tag{6-28}$$

由此可知，空间任意力系向任一点简化的结果，一般可得到一力和一力偶，该力作用于简化中心，其力矢等于力系的主矢，该力偶的力偶矩矢等于力系对于简化中心的主矩。

与平面力系一样，空间力系的主矢与简化中心的位置无关，而主矩一般将随着简化中心的位置不同而改变。

为了计算主矢和主矩，可取简化中心 O 为原点的直角坐标系 $Oxyz$，将主矢 $\boldsymbol{R}'$ 及各力 $\boldsymbol{F}_1$、$\boldsymbol{F}_2$、…、$\boldsymbol{F}_n$ 均投影在三个坐标轴上，则

$$R'_x=\sum F_{ix},R'_y=\sum F_{iy},R'_z=\sum F_{iz} \tag{6-29}$$

因此主矢 $\boldsymbol{R}'$ 的大小及方向余弦为：

$$R'=\sqrt{(\sum F_{ix})^2+(\sum F_{iy})^2+(\sum F_{iz})^2} \tag{6-30}$$

$$\cos\alpha=\frac{\sum F_{ix}}{R'},\cos\beta=\frac{\sum F_{iy}}{R'},\cos\gamma=\frac{\sum F_{iz}}{R'} \tag{6-31}$$

其中 α、β、γ 分别表示主矢 $\boldsymbol{R}'$ 与 x、y、z 轴的正向间的夹角。

同样地将 $\boldsymbol{M}_O$ 及 $\boldsymbol{M}_O(\boldsymbol{F}_1)$、$\boldsymbol{M}_O(\boldsymbol{F}_2)$、…、$\boldsymbol{M}_O(\boldsymbol{F}_n)$ 均投影在三个坐标轴上，并应用力矩关系定理，则得

$$M_{Ox}=\sum[\boldsymbol{M}_O(\boldsymbol{F}_i)]_x=\sum\boldsymbol{M}_x(\boldsymbol{F}_i),M_{Oy}=\sum[\boldsymbol{M}_O(\boldsymbol{F}_i)]_y=\sum M_y(\boldsymbol{F}_i),$$

$$M_{Oz}=\sum[\boldsymbol{M}_O(\boldsymbol{F}_i)]_z=\sum M_z(\boldsymbol{F}_i) \tag{6-32}$$

因此主矩 $\boldsymbol{M}_O$ 的大小及方向余弦为：

$$M_O=\sqrt{[\sum M_x(F_i)]^2+[\sum M_y(F_i)]^2+[\sum M_z(F_i)]^2} \tag{6-33}$$

$$\cos\alpha'=\frac{\sum M_x(F_i)}{M_O},\cos\beta'=\frac{\sum M_y(F_i)}{M_O},\cos\gamma'=\frac{\sum M_z(F_i)}{M_O} \tag{6-34}$$

其中 α'、β'、γ' 分别表示主矩 $\boldsymbol{M}_O$ 与 x、y、z 轴的正向间的夹角。

2. 空间任意力系简化结果的分析

现在根据空间力系的主矢 $\boldsymbol{R}'$ 与对于简化中心的主矩 $\boldsymbol{M}_O$ 来进一步讨论力系简化的最后结果。

（1）若 $\boldsymbol{R}'=0$，$\boldsymbol{M}_O=0$，则力系平衡，这种情况下一节讨论。

（2）若 $\boldsymbol{R}'-0$，$\boldsymbol{M}_O\neq0$，则力系可合成为一合力偶，其矩就等于力系对于简化中心的主矩 $\boldsymbol{M}_O$，在这种情况下，力系的主矩与简化中心的位置无关。

（3）若 $\boldsymbol{R}'\neq0$，$\boldsymbol{M}_O=0$，则力系可合成为一合力，作用线过简化中心，其力矢等于力系的主矢 $\boldsymbol{R}'$。当简化中心刚好选在合力的作用线上时，就会出现这种情况。

（4）若 $\boldsymbol{R}'\neq0$，$\boldsymbol{M}_O\neq0$，且 $\boldsymbol{M}_O\perp\boldsymbol{R}'$，则力系可进一步合成为一合力 $\boldsymbol{R}$，如图 6－16 所示。其力矢 $\boldsymbol{R}$ 等于力系的主矢 $\boldsymbol{R}'$，位于包含 $\boldsymbol{R}'$ 并垂直于 $\boldsymbol{M}_O$ 的平面内，合力作用线与简化

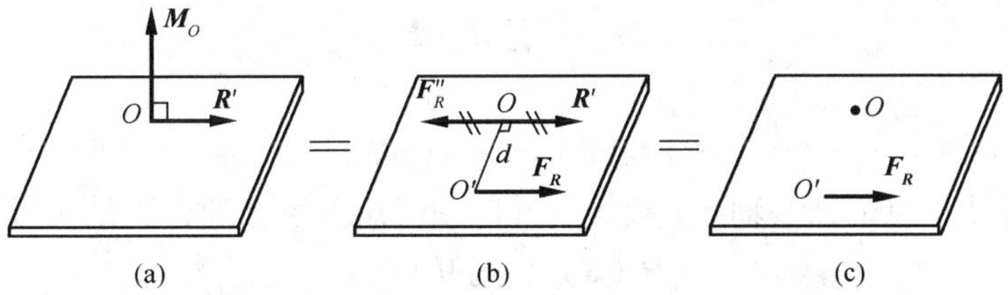

(a)　(b)　(c)

图 6－16

中心的距离 $d=\frac{|M_O|}{R'}$。

(5) 若 $\boldsymbol{R}'\neq0$，$\boldsymbol{M}_O\neq0$，且 $\boldsymbol{R}'/\!/\boldsymbol{M}_O$，这时力系已无法进一步简化。这样的一个力及与之垂直的平面内的一个力偶的组合称为力螺旋，如图 6－17 所示。力螺旋中力 $\boldsymbol{R}'$的作用线称为力螺旋的中心轴，如 $\boldsymbol{R}'$与 $\boldsymbol{M}_O$ 同方向则称为右手力螺旋，如 $\boldsymbol{R}'$与 $\boldsymbol{M}_O$ 方向相反则称为左手力螺旋。力螺旋也是最简力系之一，例如手对于解锥、钻床的钻头对于工件等都是力螺旋。

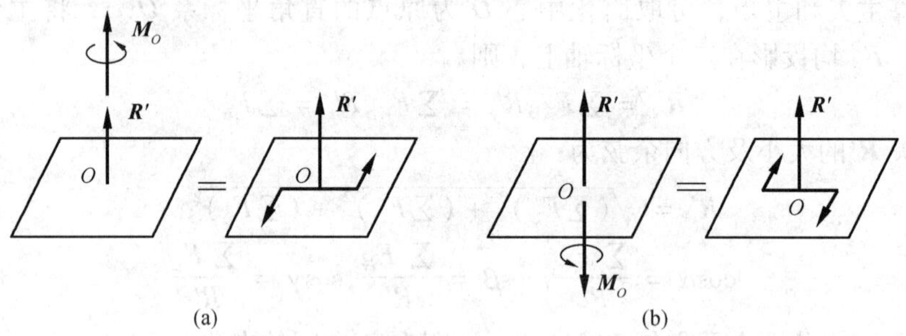

图 6－17

(6) 若 $\boldsymbol{R}'\neq0$，$\boldsymbol{M}_O\neq0$，且 $\boldsymbol{R}'$与 $\boldsymbol{M}_O$ 成任意角 θ，这是力系简化所得最一般的情况，这时可将力偶矩 $\boldsymbol{M}_O$ 沿着与力 $\boldsymbol{R}'$平行及垂直的两个方向分解为 $\boldsymbol{M}'_O$及 $\boldsymbol{M}''_O$，如图 6－18 所示。力 $\boldsymbol{R}'$和矩为 $\boldsymbol{M}''_O$的力偶可合成为作用线过 O'点的一力 $\boldsymbol{R}$，其力矢等于力系的主矢 $\boldsymbol{R}'$，其作用线与简化中心的距离 $d=M''_O/R'$。再将 $\boldsymbol{M}'_O$平移至 O'点，则力系同样也可以简化为力螺旋。

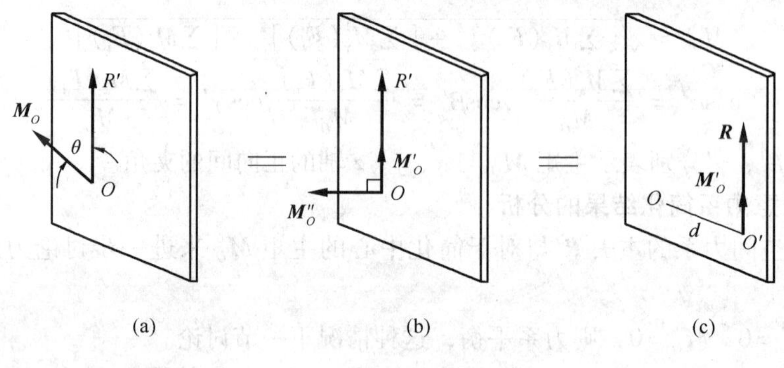

图 6－18

3. 空间力系的合力矩定理

由上述可知，当 $\boldsymbol{R}'\neq0$，$\boldsymbol{M}_O\neq0$，且 $\boldsymbol{M}_O\perp\boldsymbol{R}'$时，空间任意力系向已知点 O 简化所得的力 $\boldsymbol{R}'$与矩为 $\boldsymbol{M}_O$ 的力偶可合成为作用线过点 O'的一个合力 $\boldsymbol{R}$，显然，

$$\boldsymbol{M}_O=\boldsymbol{M}_O(\boldsymbol{R}) \tag{6-35}$$

由式(6－28)有

$$\boldsymbol{M}_O=\sum\boldsymbol{M}_O(\boldsymbol{F}_i) \tag{6-36}$$

于是得到

$$\boldsymbol{M}_O(R)=\sum\boldsymbol{M}_O(\boldsymbol{F}) \tag{6-37}$$

将上式向通过 O 点的任一轴 z 上投影，并应用力矩关系定理，于是又得到

$$M_z(\boldsymbol{R})=\sum M_z(\boldsymbol{F}_i) \tag{6-38}$$

式(6－37)及式(6－38)表明：若空间任意力系可以合成为一个合力时，则其合力对于

任一点(或轴)之矩等于力系中各力对于同一点(或轴)之矩的矢量和(或代数和)，这就是空间力系合力矩定理的两种形式。

第六节　空间任意力系的平衡条件与平衡方程

前面已知空间力系向已知点简化后一般得一个力和一个力偶，但是一个力不能和一个力偶相互平衡，所以空间力系平衡的必要条件是力系的主矢及主矩都等于零，即

$$\boldsymbol{R}' = \sum \boldsymbol{F} = 0 \qquad (6-39)$$
$$\boldsymbol{M}_O = \sum \boldsymbol{M}_O(\boldsymbol{F}) = 0$$

不难理解这个条件也是充分的，因为当主矢等于零时保证了汇交力系的平衡，主矩等于零时保证了力偶系的平衡，所以原力系是平衡力系。根据以上所述可知，空间任意力系平衡的必要与充分条件是：力系的主矢和力系对于任一点之主矩都等于零。

根据式(6－30)及式(6－33)已知：

$$R' = \sqrt{(\sum F_x)^2 + (\sum F_y)^2 + (\sum F_z)^2}$$
$$M_O = \sqrt{[\sum M_x(\boldsymbol{F})]^2 + [\sum M_y(\boldsymbol{F})]^2 + [\sum M_z(\boldsymbol{F})]^2} \qquad (6-40)$$

因此得

$$\sum F_x = 0, \sum F_y = 0, \sum F_z = 0 \qquad (6-41)$$
$$\sum M_x(\boldsymbol{F}) = 0, \sum M_y(\boldsymbol{F}) = 0, \sum M_z(\boldsymbol{F}) = 0$$

由此可知，空间任意力系平衡的必要与充分条件是：力系中所有各力在三个坐标轴的每一个轴上之投影的代数和等于零，以及力系对于这三个坐标轴之矩的代数和分别等于零。上式称为空间任意力系的平衡方程。

空间任意力系的平衡条件包含了各种特殊力系的平衡条件，由空间任意力系的平衡方程可以导出各种特殊力系的平衡方程。

(1) 空间汇交力系　取力系的汇交点为坐标原点，在此情形下不论力系是否平衡，力系中各力对于坐标轴 x、y、z 轴之矩都等于零，所以空间汇交力系的平衡方程只有三个，即

$$\sum F_x = 0, \sum F_y = 0, \sum F_z = 0 \qquad (6-42)$$

(2) 空间平行力系　取坐标轴 z 与各力平行，如图 6－19 所示，在此情形下不论力系是否平衡，力系中各力对于坐标轴 z 之矩都等于零，同时各力在 x 轴及 y 轴上的投影也都等于零，所以空间平行力系的平衡方程只有三个，即

$$\sum F_z = 0, \sum M_x(\boldsymbol{F}) = 0, \sum M_y(\boldsymbol{F}) = 0 \qquad (6-43)$$

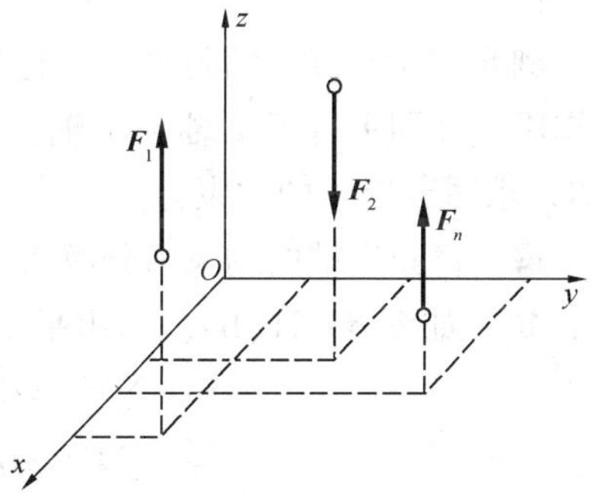

图 6－19

上式表明，空间平行力系平衡的必要与充分条件是：该力系中所有各力在与力线平行的坐标轴上的投影的代数和等于零，以及各力对于两个与力线垂直的轴之矩的代数和等于零。

(3) 平面任意力系　取力系的作用面为坐标面 Oxy，在此情形下不论力系是否平衡，力系中各力在 z 轴上的投影都等于零，同时各力对于 x 轴和 y 轴之矩也都等于零，所以平面任

意力系的平衡方程只有三个，即

$$\sum F_x = 0, \sum F_y = 0, \sum M_z(\boldsymbol{F}) = 0 \qquad (6-44)$$

下面举例说明空间任意力系平衡方程的应用。

例5 一辆三轮平板小车放置在光滑地面上，自重用集中力 $\boldsymbol{W}$ 表示，小车上货物重量为 $\boldsymbol{F}$。集中力作用位置与小车尺寸如图 6－20(a)所示。已知：$F=10\text{kN}$，$W=8\text{kN}$。求平板小车各轮的约束反力。

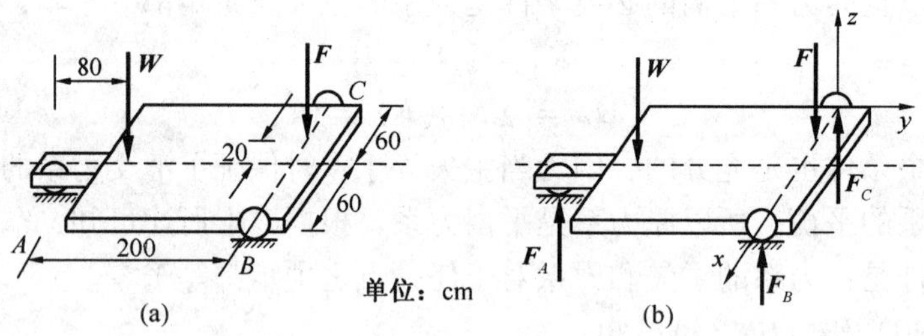

图 6－20

解 (1) 该题是空间力系的问题，现将小车的受力图画出，如图 6－20(b)所示。通过分析，发现所有的力都垂直平板小车。当空间结构中所有的力是互相平行时，可称为空间平行力系。如平行力系与 z 轴平行时，则空间力系的平衡条件必须满足：

$$\sum F_z = 0, \sum M_x = 0, \sum M_y = 0$$

故空间平衡力系中有效的独立方程为三个，仅可解三个未知量。

(2) 建立空间的直角坐标系，应尽量使坐标轴线通过未知的约束反力。写出空间平衡方程：

$$\sum M_x = 0, (200-80)W - 200 \times F_A = 0 \qquad (1)$$

得

$$F_A = 4.8\text{kN}$$

$$\sum M_y = 0, 60 \times W + (60-20)F - 60F_A - 2 \times 60 \times F_B = 0 \qquad (2)$$

得

$$F_B = 4.93\text{kN}$$

$$\sum F_z = 0, F_A + F_B + F_C - F - W = 0 \qquad (3)$$

得

$$F_C = 8.27\text{kN}$$

例6 钢架 ABC 的悬臂 BC 上作用着均布荷载 q，C、D 两处作用着集中荷载 $\boldsymbol{F}_1$ 和 $\boldsymbol{F}_2$，其作用线分别平行于 x 轴和 y 轴，如图 6－21(a)所示。已知 $q=2\text{kN/m}$，$F_1=6\text{kN}$，$F_2=8\text{kN}$，求固定端 A 的约束力。

解 将固定端的约束力分解为沿三个坐标轴方向的分力 F_{Ax}、F_{Ay}、F_{Az} 及约束反力偶 M_x、M_y、M_z，如图 6－21(b)。列出平衡方程：

$$\sum F_x = 0 \qquad F_{Ax} + F_1 = 0$$

$$\sum F_y = 0 \qquad F_{Ay} + F_2 = 0$$

$$\sum F_z = 0 \qquad F_{Az} - q \times 4 = 0$$

$$\sum M_x(\boldsymbol{F}) = 0 \qquad M_x - F_2 \times 4 - q \times 4 \times \frac{4}{2} = 0$$

$$\sum M_y(\boldsymbol{F}) = 0 \qquad M_y + F_1 \times 6 = 0$$

$$\sum M_z(\boldsymbol{F}) = 0 \qquad M_z - F_1 \times 4 = 0$$

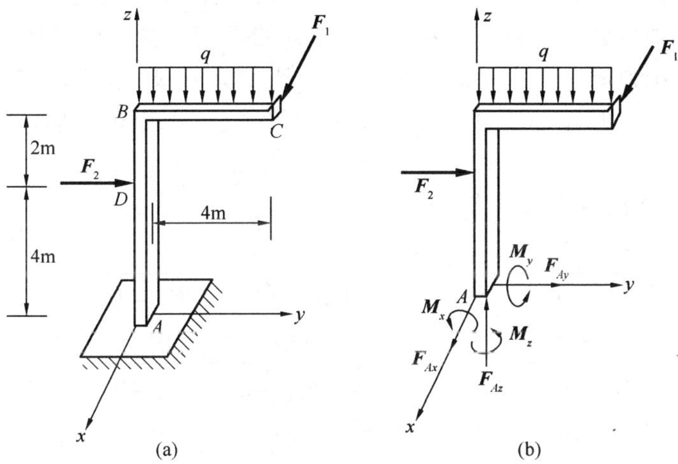

图 6－21

解得

$$F_{Ax}=-6\text{kN}\quad F_{Ay}=-8\text{kN}\quad F_{Az}=8\text{kN}$$

$$M_x=48\text{kN}\cdot\text{m}\quad M_y=-36\text{kN}\cdot\text{m}\quad M_z=24\text{kN}\cdot\text{m}$$

例 7 车床主轴装在轴承 A 和 B 上，如图 6－22(a)所示，其中 A 为向心推力轴承，B 为向心轴承。圆柱齿轮 C 的节圆半径 $r_1=100\text{mm}$，其下端 D 与另一齿轮啮合，压力角 $\alpha=20°$。在轴的右端固连一半径 $r_2=50\text{mm}$ 的圆柱形工件。已知 $a=50\text{mm}$，$b=200\text{mm}$，$c=100\text{mm}$。当车外缘时，车刀给工件的切削力作用在点 H，其中切向力 $F_z=1400\text{N}$，轴向力 $F_y=352\text{N}$，径向力 $F_x=466\text{N}$。如果不计构件重量，试求齿轮所受的力 F_1 和两轴承处的约束力。

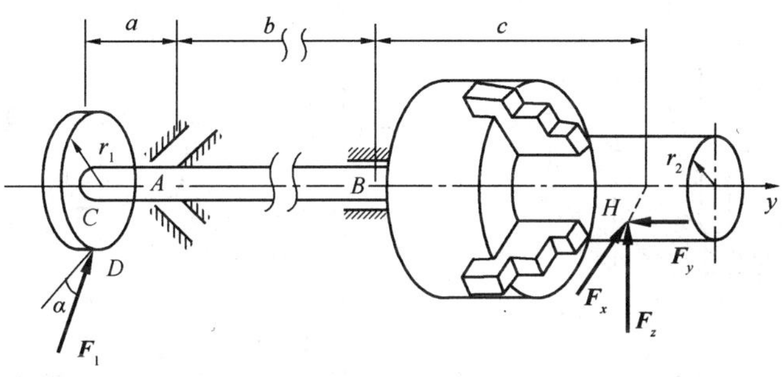

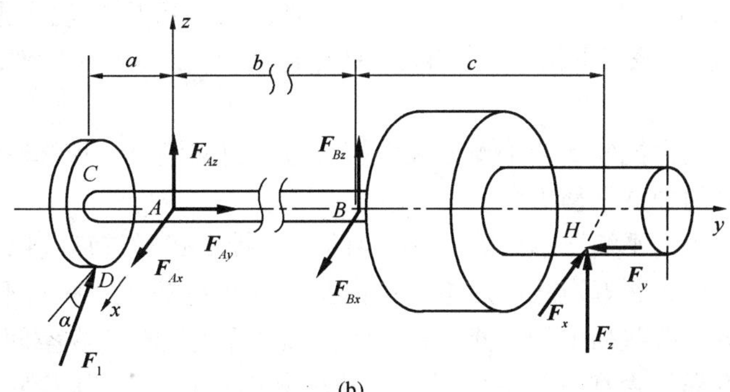

图 6－22

解 取主轴连同齿轮 C 和工作轴承一起作为研究对象。以 A 为坐标原点，取轴 x 在水平面内，轴 y 与主轴轴线重合，轴 z 沿铅垂线，各轴的正向与受力情况如图 6－22(b)所示。系统的受力包括切削力 $\boldsymbol{F}_x$，$\boldsymbol{F}_y$，$\boldsymbol{F}_z$，轴承约束力 $\boldsymbol{F}_{Ax}$，$\boldsymbol{F}_{Ay}$，$\boldsymbol{F}_{Az}$和 $\boldsymbol{F}_{Bx}$，$\boldsymbol{F}_{Bz}$，齿轮 C 所受的啮合力 F_1。这 9 个力构成空间任意力系，未知量有 6 个，由式(6－41)可列写 6 个独立的平衡方程：

$$\sum F_y = 0,\quad F_{Ay} - F_y = 0 \tag{1}$$

$$\sum M_y = 0,\quad r_1 F_1 \cos\alpha - r_2 F_z = 0 \tag{2}$$

$$\sum M_x = 0,\quad bF_{Bz} - aF_1 \sin\alpha + (b+c)F_z = 0 \tag{3}$$

$$\sum F_z = 0,\quad F_{Az} + F_{Bz} + F_1 \sin\alpha + F_z = 0 \tag{4}$$

$$\sum M_z = 0,\quad (b+c)F_x - bF_{Bx} - aF_1 \cos\alpha - r_2 F_y = 0 \tag{5}$$

$$\sum F_x = 0,\quad F_{Ax} + F_{Bx} - F_1 \cos\alpha - F_x = 0 \tag{6}$$

联立求解方程(1)～(6)可得 5 个未知约束力和齿轮啮合力为

$$F_{Ax} = 730\text{N}, F_{Ay} = 352\text{N}, F_{Az} = 381\text{N}$$

$$F_{Bx} = 43.6\text{N}, F_{Bz} = -2036\text{N}, F_1 = 754\text{N}$$

通过上述例题的分析，可以知道求解空间力系平衡问题应注意的问题为：

(1) 解题的方法和步骤基本上与平面力系相同，仍然是确定研究对象，进行受力分析，并画出受力图，选取适当的投影轴和矩轴，列平衡方程求解未知量。在进行受力分析时，要注意在空间力系问题中，某几种类型约束的反力与在平面力系问题中有所不同，如图 6－23 所示为固定端的约束反力。

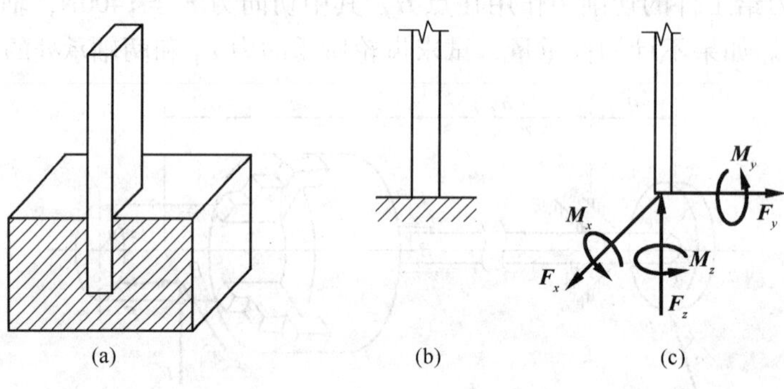

图 6－23

(2) 在应用式(6－41)解题时，为了简化计算，可以选取适当的投影轴、矩轴来列平衡方程，尽可能使一个方程中包含一个未知量。同时，为了解题方便，也不一定要按照式(6－41)所列方程的次序来写平衡方程求解，可以根据物体受力的具体情况决定不同的计算次序。

(3) 有些物体的受力能使 6 个平衡方程中有的方程自然满足，计算时无需列出，因而减少了能够求解未知量的独立平衡方程。

(4) 空间任意力系的平衡方程，除式(6－41)的三投影式和三矩式以外，与平面任意力系类似，还可以有四矩式、五矩式和六矩式；但是，这些矩轴的选取与平面任意力系一样，有一定的限制；否则，有些列出的平衡方程，将是不独立的。由于在空间问题中，要判断任意列出的 6 个平衡方程是否都是独立的是一个比较复杂的问题，为了保证平衡方程的独立性，求解时一般以采用式(6－41)为宜，它是空间任意力系平衡方程的基本形式。

(5) 式(6－41)虽然是由直角坐标系导出的，但在求解具体问题时，三个投影轴或矩轴不一定要相互垂直，投影轴与矩轴也不一定要重合，而是可以分别选取适当的投影轴和矩轴，以简化计算。

第七节　平行力系中心·重心和形心

1. 平行力系中心

设在物体上的 A_1、A_2、A_3 三点，作用一空间同向平行力系 $\boldsymbol{F}_1$、$\boldsymbol{F}_2$、$\boldsymbol{F}_3$，如图 6－24 所示，求其合力 $\boldsymbol{R}$。先把力 $\boldsymbol{F}_1$、$\boldsymbol{F}_2$ 合成，得合力 $\boldsymbol{R}_1$，且 $\boldsymbol{R}_1=\boldsymbol{F}_1+\boldsymbol{F}_2$。力 $\boldsymbol{R}_1$ 的作用线与线段 A_1A_2 相交于点 C_1，且 $C_1A_1:C_1A_2=F_2:F_1$。再把力 $\boldsymbol{R}_1$ 与 $\boldsymbol{F}_3$ 合成，得合力 $\boldsymbol{R}$，且 $\boldsymbol{R}=\boldsymbol{R}_1+\boldsymbol{F}_3=\boldsymbol{F}_1+\boldsymbol{F}_2+\boldsymbol{F}_3$。力 $\boldsymbol{R}$ 的作用线与线段 C_1A_3 相交于点 C，且 $CC_1:CA_3=F_3:R_1$。若力系有 n 个力，可用同法依此类推。

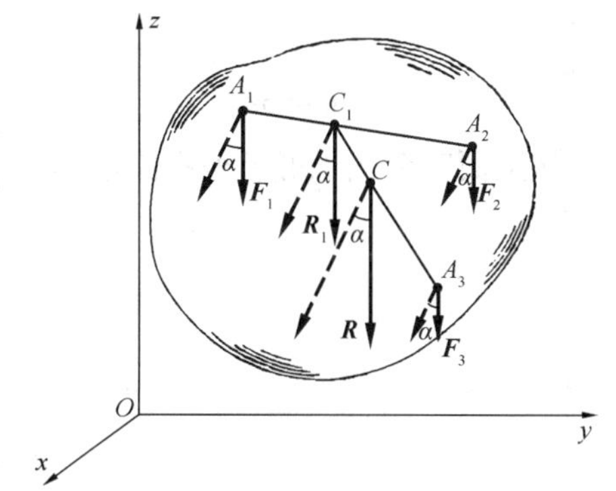

图 6－24

若将原力系各力各绕其作用点转过同一角度 α，则合力 $\boldsymbol{R}$ 也绕点 C 转过相同的角度 α，上述的关系仍然成立。由此可见，点 C 的位置只与各平行力的大小和作用点的位置有关，而与各平行力的方向无关，点 C 称为平行力系中心。

2. 重心的概念

地球表面上的物体由于受到地球的吸引，物体的重力就是地球对这一物体的引力。物体中各微小部分都受到重力的作用，整个物体的重力，就是体内各微小部分所受重力的合力，这合力大小就是物体的重量，合力的作用点就是物体的重心。严格地讲，物体内各微小部分所受的重力的作用线都汇交于地心附近的一点，是一个空间汇交力系。但是，一般物体的几何尺寸远比地球半径为小，所以重力可以看成是铅直向下的平行分布力；求重心，也就是求平行分布力的合力作用点的位置。重心，是平行力系中心的一个特例。由实践经验可知，若将物体看作刚体，则不论将这物体放置在空间什么位置，也不论怎样放置，它的重心在物体中的相对位置是确定不变的。

在工程实际中，确定物体的重心位置十分重要，不论是物体的平衡还是运动变化，都与物体重心的位置密切相关。例如，为了保证起重机、水坝等的抗倾稳定性，它们的重心必须在某一规定范围内。又如转动零件，特别是高速转动零件，必须使它的重心尽可能位于转动轴线上，以免引起强烈振动，影响转子的正常运转，甚至造成破坏。相反，有些转动零件，则要使它的重心偏离转动轴线一定的距离，使其产生某种可以利用的效果，如振捣器、振动打桩机等。

3. 重心和形心的坐标公式

下面来推导物体重心和形心坐标的普遍公式。

设有一物体，如图 6－25 所示，体内任一微小部分 M_i 的重力为 $\Delta\boldsymbol{P}_i$，物体所受的重力就是所有各 $\Delta\boldsymbol{P}_i$ 的合力 $\boldsymbol{P}$，其大小(即整个物体的重量)为 $P=\sum\Delta P_i$。为求物体的重心，也就是求合力 $\boldsymbol{P}$ 的作用点的位置，取直角坐标系 $Oxyz$，令坐标平面 Oxy 在水平面内，z 轴铅直向上，即与重力平行。设物体的重心为 C，其坐标为 x_c、y_c、z_c；微小部分 M_i 的坐标为 x_i、

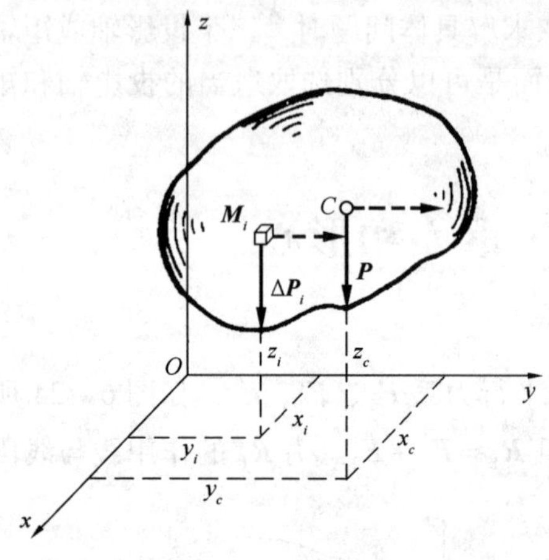

图6-25

y_i、z_i。根据合力矩定理，可知物体的重力 $\boldsymbol{P}$ 分别对 y 轴和 x 轴的矩应等于所有各力 $\Delta\boldsymbol{P}_i$ 分别对 y 轴和 x 轴的矩的代数和。即：

$$x_c \cdot P = \sum x_i \cdot \Delta P_i \tag{6-45}$$

$$-y_c \cdot P = -\sum y_i \cdot \Delta P_i \tag{6-46}$$

由上面两式可以分别求出 x_c 和 y_c。如何求 z_c 呢？根据平行力系中心的位置与各平行力的方向无关的性质，可将物体连同坐标系一起绕 x 轴顺时针转过90°，使 y 轴朝下，这样一来，重力 $\boldsymbol{P}$ 和各力 $\Delta\boldsymbol{P}_i$ 都与 y 轴同向平行，如图中有向虚线段所示。现在对 z 轴就用合力矩定理，有

$$-z_c \cdot P = -\sum z_i \cdot \Delta P_i \tag{6-47}$$

从上面三个式子可求得物体重心 C 的位置坐标的普遍公式为：

$$\left.\begin{aligned} x_c &= \frac{\sum x_i \cdot \Delta P_i}{P} \\ y_c &= \frac{\sum y_i \cdot \Delta P_i}{P} \\ z_c &= \frac{\sum z_i \cdot \Delta P_i}{P} \end{aligned}\right\} \tag{6-48}$$

如果是均质物体，即其容重(单位体积的重量)γ 为常量，这时，求物体的重心的问题可转化为纯几何问题，设微小部分 M_i 的体积为 ΔV_i，整个物体的体积为 $V=\sum\Delta V_i$，则有

$$\Delta P_i = \gamma \cdot \Delta V_i, P = \sum \Delta P_i = \gamma \cdot \sum \Delta V_i = \gamma \cdot V$$

代入式(6-48)，消去 γ，就得到：

$$\left.\begin{aligned} x_c &= \frac{\sum x_i \cdot \Delta V_i}{V} \\ y_c &= \frac{\sum y_i \cdot \Delta V_i}{V} \\ z_c &= \frac{\sum z_i \cdot \Delta V_i}{V} \end{aligned}\right\} \tag{6-49}$$

由式(6-49)可知，均质物体的重心与物体的重量无关，只决定于物体的几何形状和尺寸。这个由物体的几何形状和尺寸所决定的点是物体的几何中心，叫做物体的几何形体的形心。物体的重心和物体几何形体的形心是两个不同的概念，重心是物理概念，形心是几何概念。非均质物体的重心和它的几何形状的形心并不在同一点上，只有均质物体的重心和形心才重合于同一点。

令 ΔV_i 趋近于零，在极限情况下，公式(6-49)可写成积分形式，即：

$$\left.\begin{aligned} x_c &= \frac{\int x \mathrm{d}V}{V} \\ y_c &= \frac{\int y \mathrm{d}V}{V} \\ z_c &= \frac{\int z \mathrm{d}V}{V} \end{aligned}\right\} \tag{6-50}$$

如果物体是均质等厚度，而且厚度远比长度和宽度为小的薄壳或薄板，如图 6－26 所示，以 A 表示壳或板的表面面积，ΔA_i 表示微小部分 M_i 的面积，与上面求均质物体重心的方法相同，可求得均质薄壳或薄板的重心或形心 C 的位置坐标公式为：

$$\left.\begin{aligned} x_c &= \frac{\sum x_i \cdot \Delta A_i}{A} \\ y_c &= \frac{\sum y_i \cdot \Delta A_i}{A} \\ z_c &= \frac{\sum z_i \cdot \Delta A_i}{A} \end{aligned}\right\} \tag{6-51}$$

写成积分形式，即：

$$\left.\begin{aligned} x_c &= \frac{\int x\mathrm{d}A}{A} \\ y_c &= \frac{\int y\mathrm{d}A}{A} \\ z_c &= \frac{\int z\mathrm{d}A}{A} \end{aligned}\right\} \tag{6-52}$$

如果物体是均质等截面的细线，如图 6－27 所示，以 L 表示细线的长度，ΔL_i 表示微小部分 M_i 的长度，与上面一样，可求得这细线的重心或形心 C 的位置坐标公式为：

$$\left.\begin{aligned} x_c &= \frac{\sum x_i \cdot \Delta L_i}{L} \\ y_c &= \frac{\sum y_i \cdot \Delta L_i}{L} \\ z_c &= \frac{\sum z_i \cdot \Delta L_i}{L} \end{aligned}\right\} \tag{6-53}$$

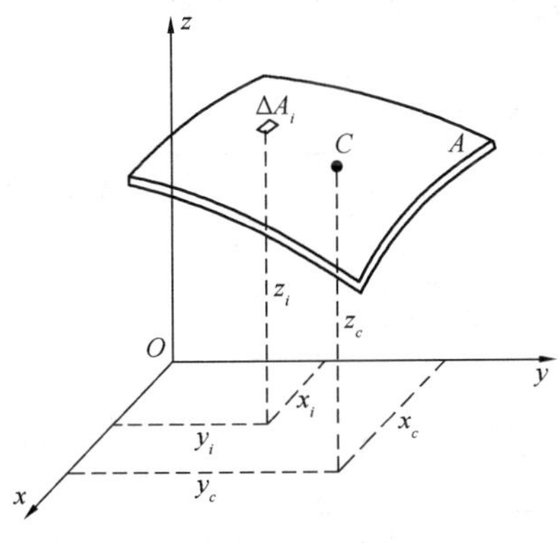

图 6－26

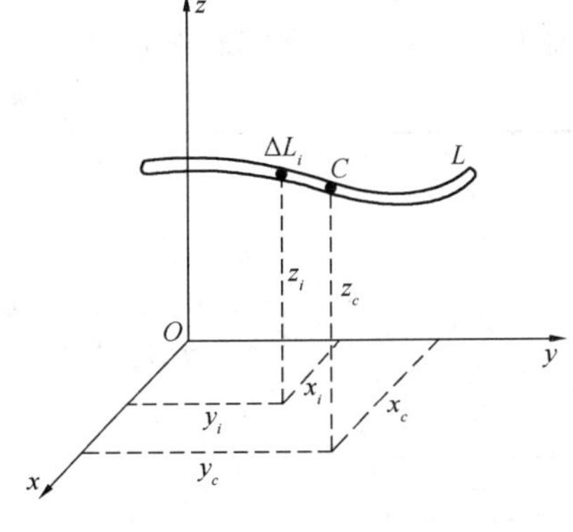

图 6－27

写成积分形式为：

$$\left.\begin{aligned}x_c &= \frac{\int x\mathrm{d}L}{L}\\ y_c &= \frac{\int y\mathrm{d}L}{L}\\ z_c &= \frac{\int z\mathrm{d}L}{L}\end{aligned}\right\} \tag{6-54}$$

4. 确定重心位置的方法

下面介绍求物体重心的几种常用的方法。

（1）对称法

凡是具有对称面、对称轴、对称中心的均质物体，它们的重心必在对称面、对称轴、对称中心上。图 6－28 是工程实际中常用型钢的几种截面形状。圆形截面、矩形截面、工字型截面都具有对称中心，它们的重心或形心 C 都与各自的对称中心重合。图 6－28(d) 和 6－28(e) 所示的槽形截面和 T 形截面都具有一个对称轴 $O-O$，它们的重心或形心都在它们的对称轴上，圆柱体、正圆锥体等的重心或形心都在它们的中心轴上。

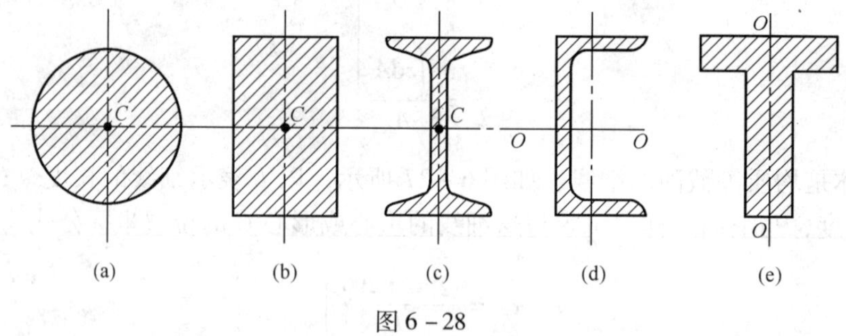

图 6－28

（2）积分法

工程实际中的物体（如构件和零、部件）大多是均质的简单形状的物体，或者是由几个简单形状的物体组成的组合体，因此，确定简单形状的重心，有着重要的实际意义。对于简单形状物体的重心，一般可按式(6－50)、式(6－52)或式(6－54)用积分法求出。用积分法求重心的实例在高等数学中已列举不少，这里不再重复。

一些简单形状的均质物体的重心位置可查阅有关工程手册。表 6－1 列出了常见的几种常见的简单形状的均质物体的重心。

表 6－1　几种常见形状均质物体的重心

图　形	重心位置	图　形	重心位置
三角形	在中线的交点 $y_C = \frac{1}{3}h$	梯形	$y_C = \frac{h(2a+b)}{3(a+b)}$

续表

图　形	重心位置	图　形	重心位置
圆弧 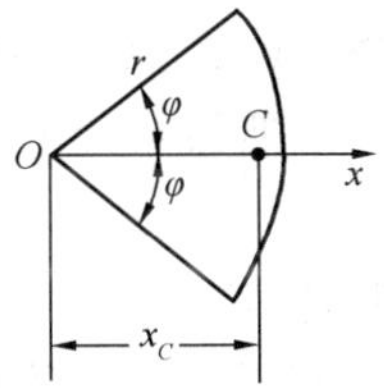	$x_C=\dfrac{r\sin\varphi}{\varphi}$ 对于半圆弧 $x_C=\dfrac{2r}{\pi}$	弓形 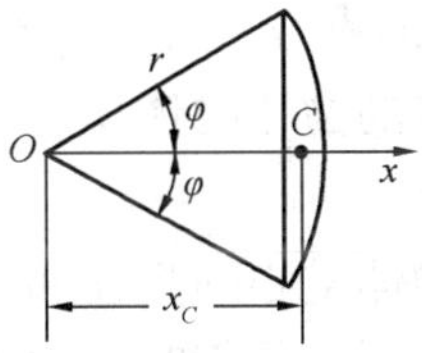	$x_C=\dfrac{2}{3}\dfrac{r^3\sin^3\varphi}{A}$ 面积 $A=\dfrac{r^2(2\varphi-\sin2\varphi)}{2}$
扇形 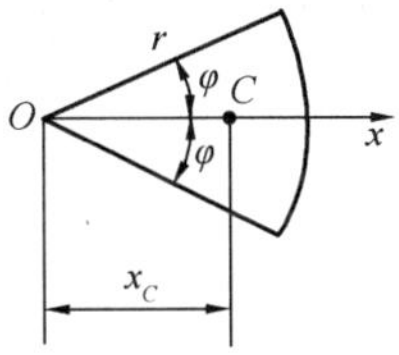	$x_C=\dfrac{2}{3}\dfrac{r\sin\varphi}{\varphi}$ 对于半圆 $x_C=\dfrac{4r}{3\pi}$	部分圆环 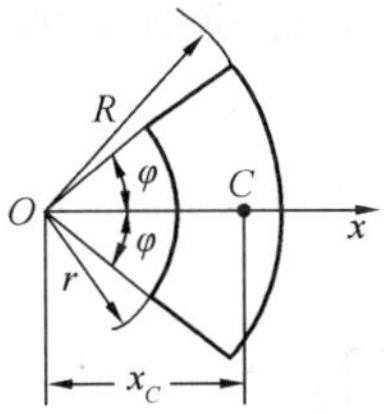	$x_C=\dfrac{2}{3}\dfrac{R^3-r^3}{R^2-r^2}\dfrac{\sin\varphi}{\varphi}$
二次抛物线面 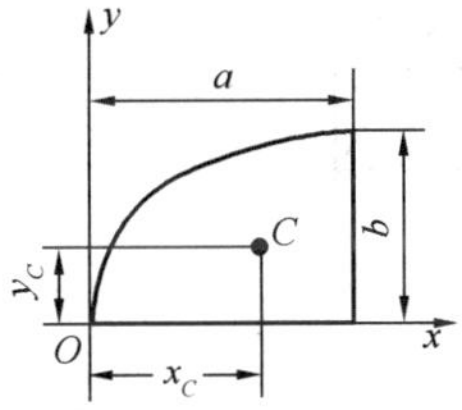	$x_C=\dfrac{5}{8}a$ $y_C=\dfrac{2}{5}b$	二次抛物线面 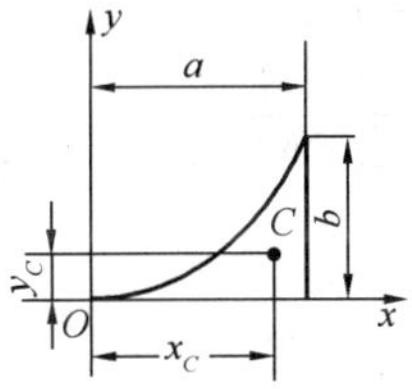	$x_C=\dfrac{3}{4}a$ $y_C=\dfrac{3}{10}b$
正圆锥体 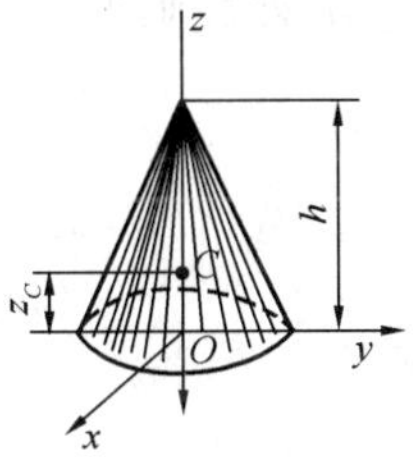	$z_C=\dfrac{1}{4}h$	正角锥体 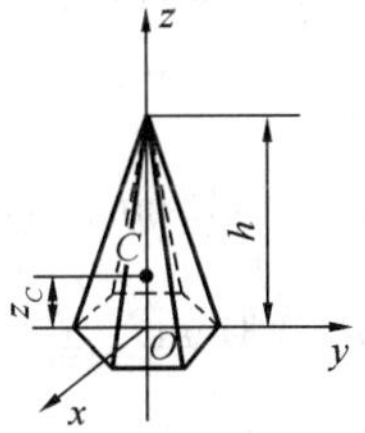	$z_C=\dfrac{1}{4}h$
半圆球 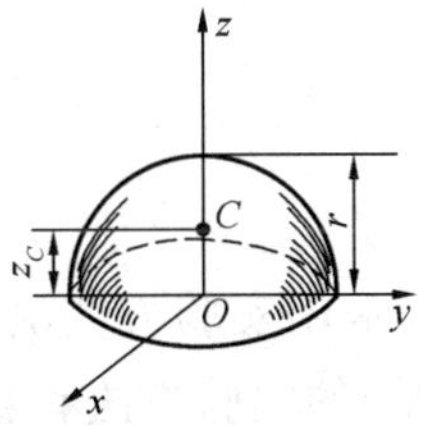	$z_C=\dfrac{3}{8}r$	锥形筒体 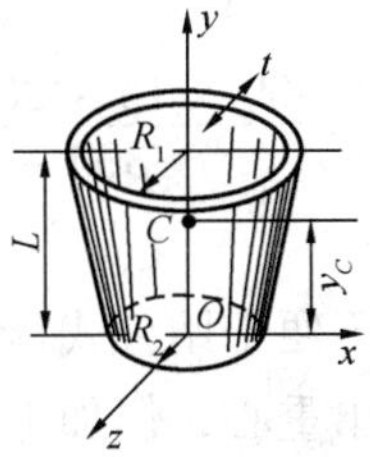	$y_C=\dfrac{4R_1+2R_2-3t}{6(R_1+R_2-t)}L$

（3）分割法

有些均质物体可以看成是由几个简单形状的均质物体组成的组合体，它们的重心位置可采用分割法求出。分割法就是将组合体分割成几个简单形状的物体，每个简单形状的物体的重心可用积分法或者查表求得，再应用有限形式的重心坐标公式式(6－49)、式(6－51)或式(6－53)求出整个物体的重心。应该注意的是，公式中的微小体积、微小面积或微小长度就是分割出来的简单形状的物体的体积、面积或长度；公式中的 x_i、y_i、z_i 则为相应的重心坐标。

应用分割法求均质物体重心的步骤和应注意的问题是：第一，考察物体是否可以分割成若干个简单形状的物体，可以分割时，才能采用分割法。第二，将物体分割成若干个简单形状的物体，这些简单形状物体的重心最好是已知的；如果所分割的简单物体中有的是被挖去的物体，则在算式中应将这部分物体的体积或面积作为负值。第三，取坐标系，并根据所取坐标系判定各个简单形状物体重心坐标的正负号。第四，应用有限形式的重心坐标公式求解。

例 8　如图 6－29(a)所示槽钢的横截面，求此截面的重心。

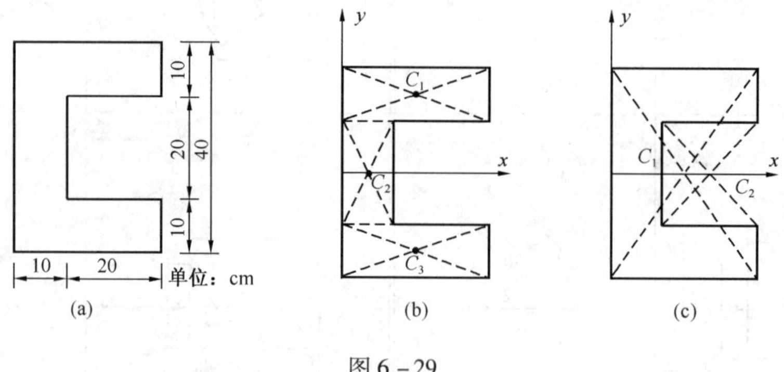

图 6－29

解　（1）横截面取为单位长度，则可以将其认为是均匀板块的物体。由于横截面是由几个规则形状的物体组成，故可以适用组合形式的分割法。

（2）首先选取对称轴，将 x 轴重合于对称轴，显然，$y_C=0$。再取三块有规则形状的物体[图 6－29(b)]，可求得

$A_1=30\times10=300\text{cm}^2$，$x_1=15\text{cm}$，$A_2=20\times10=200\text{cm}^2$，

$x_2=5\text{cm}$，$A_3=30\times10=300\text{cm}^2$，$x_3=15\text{cm}$

代入式(6－51)组合形式的均质等厚薄板公式求 x_C：

$$x_C=\frac{A_1x_1+A_2x_2+A_3x_3}{A_1+A_2+A_3}$$

$$=\frac{300\times15+200\times5+300\times15}{300+200+300}=12.5\text{cm}$$

（4）实验法

对于形状更为复杂而不便于用公式计算或不均质物体的重心位置，常用实验方法测定。另外，虽然设计时已计算出重心，但加工制造后还需用实验法检验。常用的实验方法有悬挂法和称重法。

悬挂法是一种找薄板或具有对称面的薄零件重心的简易方法。如图 6－30(a)所示的薄板零件，为了找出它的重心，可在薄板上任取一点 A，用细绳在点 A 将薄板悬挂起来，待其平衡后，可在板上画一条过点 A 的铅直线 AA'；因为薄板是在重力和细绳拉力作用下而处于平衡，其重心必在铅直线 AA'上。再另选一吊点 B，按照前述的方法重做一次，画出铅直线 BB'，如图 6－30(b)所示，薄板的重心也必在此线上。可见，直线 AA'与 BB'的交点 C 就是薄板的重心。

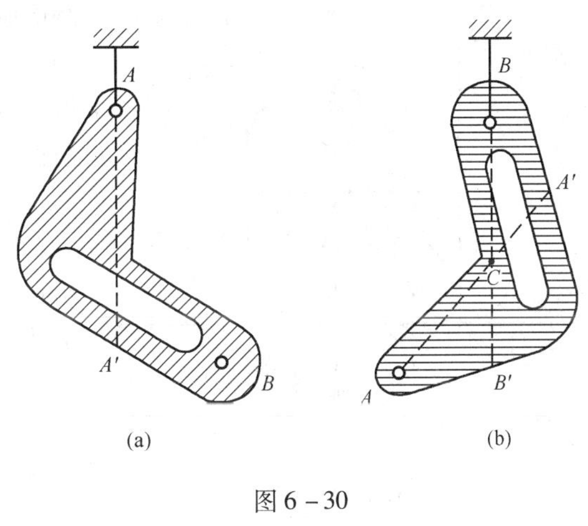

图 6－30

小　结

1. 力在空间直角坐标轴上的投影有两种方法：(1)直接投影法，(2)二次投影法。

2. 在空间情况下，力偶矩是自由矢量，力对点之矩是定位矢量，而力对轴之矩是一个代数量。

3. 空间力系的简化

空间任意力系向一点简化，最终简化结果可归纳为四种情况：空间力系平衡；简化为一合力；简化为一合力偶；简化为一力螺旋。

4. 空间力系的平衡

空间力系平衡的必要和充分条件是：力系的主矢和对任一点的主矩都等于零；或者说力系中所有各力在空间直角坐标系中每个轴上的投影的代数和等于零，以及这些力对于每个坐标轴之矩的代数和也等于零。

空间任意力系有 6 个独立的平衡方程，可求解 6 个未知量。空间汇交力系、空间平行力系和空间力偶系都只有 3 个独立的平衡方程，只能求解 3 个未知量。

5. 在工程上确定物体的重心位置常用分割法和实验法。

工 程 实 例

自行车急刹车

下面运用静力学知识分析本篇开篇讲到的自行车快速行驶中急刹前闸发生前翻的原因。

1. 人车系统模型

由于自行车前翻现象与它此时所受的力矩有关，所以刹车过程中自行车不能当作质点来看待，而应看作一个有一定长度和高度的刚体，如图 6－31 所示。$Oxyz$ 为参考坐标系，人车系统共同的质量为 m，重心为 C 点，前、后车轮与地面接触点分别为 A 点和 B 点，所受的支持力分别为 N_1 和 N_2，刹车时所受的摩擦力分别为 f_1 和 f_2，车轮与地面间的滑动摩擦系数为 μ，忽略车轮与地面间的滚动摩擦，C 点距地面高度为 h，到 N_1 和 N_2 的距离分别为 l_1 和 l_2。

下面从刚体受力和转动平衡的角度进行分析，为简化分析过程，仅考虑到自行车发生前

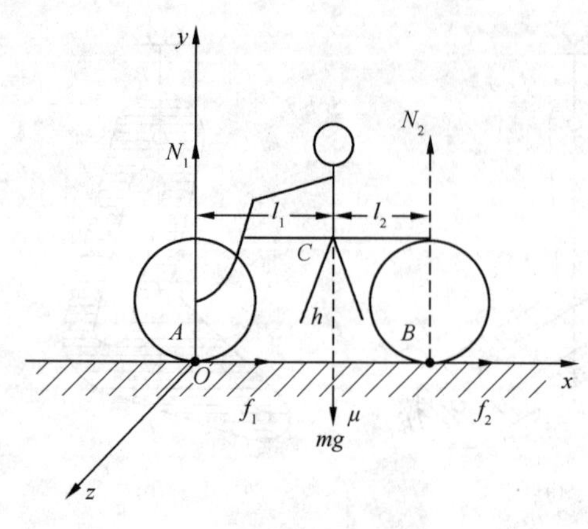

图6－31

翻的临界状态，现象产生后，分析方法即不再适用。各力的力矩均相对于重心来计算(如果以其他点为转轴计算力矩，由于刹车时的自行车为非惯性系，需在重心引入方向向左的惯性力)。

2. 前翻现象分析

自行车前翻是绕 z 轴的转动，所以只与其在 xOy 平面内的受力(mg，N_1，N_2，f_1，f_2)有关(假定此时自行车不转弯，始终沿直线向前运动)。

(1) 急刹前闸

此时自行车前轮突然停止转动，与地面间产生滑动摩擦力 f_1，由于没刹后闸，所以 $f_2=0$。假定此时自行车并未前翻，根据重心运动定理，则自行车做匀减速运动，根据刚体转动平衡条件，力系主矩为0。

即
$$N_1\cdot l_1-N_2\cdot l_2-f_1\cdot h=0$$
又因为
$$N_1+N_2=mg$$
所以
$$f_1=\frac{N_1l_1-N_2l_2}{h}=\frac{mgl_1-N_2(l_1+l_2)}{h}$$
又因：
$$f_1=\mu N_1=\mu(mg-N_2)$$
所以
$$\frac{mgl_1-N_2(l_1+l_2)}{h}=\mu(mg-N_2)$$
则
$$N_2=\frac{mgl_1-\mu mgh}{l_1+l_2-\mu h}$$

由于假定自行车没有前翻，则 $N_2\geqslant 0$。即 $N_2=\dfrac{mgl_1-\mu mgh}{l_1+l_2-\mu h}\geqslant 0$，于是可得出 $\dfrac{l_1}{h}\geqslant\mu$。

以上结论说明，当 $\dfrac{l_1}{h}\geqslant\mu$ 时，自行车急刹前闸没有前翻的危险；当 $\dfrac{l_1}{h}<\mu$ 时，自行车急刹前闸就会前翻，因为自行车是靠轮胎与地面的静摩擦力作为动力的，μ 一般都较大，所以自行车在快速行驶时急刹前闸很容易前翻栽跟头。

要想在刹前闸时是安全的，需增大 $\dfrac{l_1}{h}$ 的值即可，l_1 越大(即重心越靠后)，h 越小(即重心越低)，急刹前闸时自行车前翻的可能性就越小。

(2) 急刹后闸

此时后轮突然停止转动，与地面间产生滑动摩擦力 f_2，由于没刹前闸，所以 $f_1=0$。假定此时自行车前翻，同样有 $N_1\cdot l_1-N_2\cdot l_2-f_2\cdot h=0$。又因为 $N_1+N_2=mg$，所以 $f_2=\dfrac{N_1l_1-N_2l_2}{h}=\dfrac{mgl_1-N_2(l_1+l_2)}{h}=\mu N_2$，则 $N_2=\dfrac{mgl_1}{l_1+l_2+\mu h}$。

从上式可以看出，急刹后闸时 N_2 不可能为0，所以没有前翻的可能性。

综上所述，当自行车刹闸做减速运动时，必然导致前轮受地面支持力增大，后轮受地面支持力减小，刹前闸时后轮受地面的支持力有为0的可能，从而有前翻的危险，而刹后闸时后轮受地面支持力则不会减小为0，一般来说是安全的。所以急刹车时一定要刹后闸，或者前后闸一起刹，千万不要只刹前闸。

拔河

拔河具有悠久的历史，在大力提倡全民健身运动的今天，这项古老的民间体育活动，更因其具有广泛的群众基础，因容易开展以及运动场面的热烈、壮观而格外受到人们的欢迎。

拔河比的是臂力吗？两个人可通过拉弹簧条决出臂力的大小，但拔河却不一定是臂力大者取胜。那么哪些力学因素在拔河中更为关键呢？下面就从力学角度进行探讨与分析。

图6－32为双方队员拔河时的情景，通过分析可知：拔河中队员身体的运动可分为身体重心的平动和绕以其脚为支点的转动，现取双方各一名队员为代表进行分析和讨论。

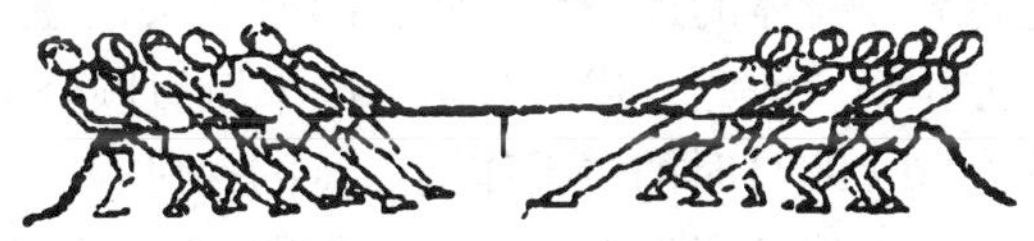

图6－32

1. 平动时是拉力与摩擦力的较量

图6－33为双方代表拔河时的示意图，受力分析如图6－34所示。以A为例，A共受4个力的作用：重力G_A、支持力N_A、摩擦力f_A和B对A的拉力T_{BA}，由于$G_A=N_A$，所以平动时主要是拉力与摩擦力的较量。

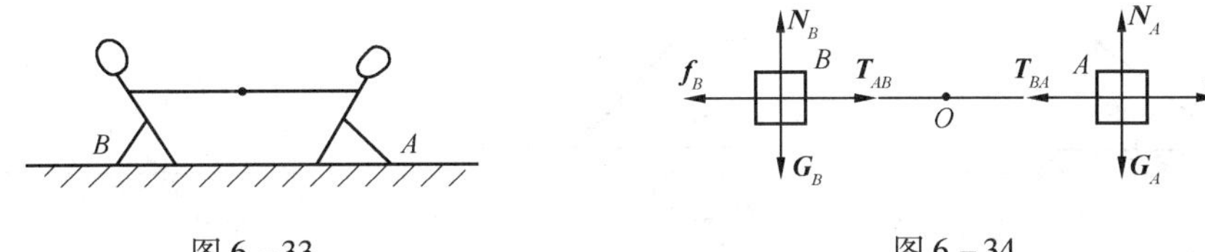

图6－33　　图6－34

对绳子的中点O而言，F_A与F_B的大小将取决于双方拉力T与摩擦力f的差（图6－35），其中

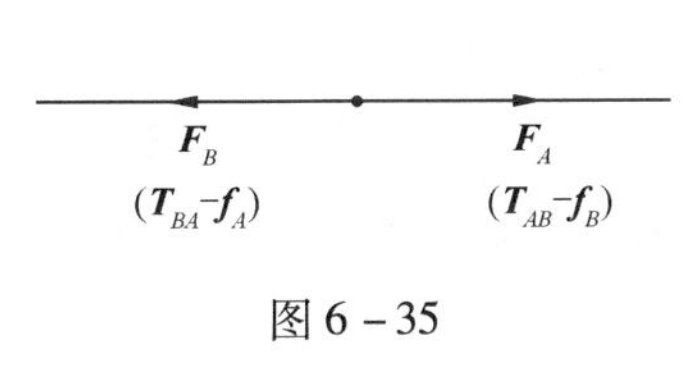

图6－35

$$F_A = T_{AB}-f_B;F_B = T_{BA}-f_A$$

拉力T是弹性力，它是通过人的肌肉收缩而产生的力量，它与队员身体的全面素质有关，是拔河中起决定性作用的力学因素。在双方拉力非常悬殊的情况下，肯定是拉力大的一方获胜。而在拉力相当的条件下，若能增大摩擦力，就能削弱对方拉力，从而对本方获胜起到积极的保证作用。

增大摩擦力，有两个主要的途径，由$f=\mu N$可知，一个是增加摩擦系数μ，另一个是增大正压力N。

（1）摩擦系数μ与地面的粗糙程度及队员穿着的鞋子有关，而地面的粗糙程度对双方队员都是一样的，无须多加考虑。主要应注意选择摩擦系数较大的橡胶底鞋以尽量增大与地面的摩擦。

（2）由$N=G=mg$可知，尽可能选择体重大的队员出场参赛，以达到增大摩擦力的目的。

但值得提醒的是，摩擦力是阻力性质，它的主要作用是增加对方的困难。若A不具备一定的拉力T_{AB}，那么哪怕自身体重再大，鞋与地面间的摩擦系数再大，也难以取得主动的胜利，至多令对方拉不动而已，所以确切地说，摩擦力是拔河取胜的重要因素，但不是决定的因素。

2. 转动时是拉力矩与重力矩的较量

把拔河的人作为刚体来看待，拔河的队员除了身体的平动以外，还存在着以脚为支点的转动。仍以 A 为例(图 6－36)，可见对其转动起作用的是 B 方对 A 方的拉力 $\boldsymbol{T}_{BA}$ 和 A 的自身重力 $\boldsymbol{G}_A$ 所产生的力矩，而对 A 能产生积极作用的则是重力矩。

为了保持身体的平衡，人与地面的倾斜角必须小于90°，即后倾状态(图 6－36)。此时脚底与地面产生向后的摩擦力 f'_A，这将增大对方的困难；若身体与地面的倾斜角 $\theta \geqslant 90°$，即直立或前倾状态时(图 6－37)，重力矩将不起作用($\theta = 90°$时)或起反作用($\theta > 90°$时)，它将导致身体的进一步前倾，同时还会产生不利于己方的摩擦力 f'_A，这样将会更迅速地被对方拉动。因此，拔河时队员应采取后倾姿势，即图 6－36 所示状态。下面再对身体在后倾状态($\theta < 90°$)时的情况作进一步的探讨。

设人的身高为 L，身体与地面的倾斜角为 $\theta(\theta < 90°)$，如图 6－38 所示。$\boldsymbol{T}_{BA}$ 与 $\boldsymbol{G}_A$ 的作用点分别在人体的肩部和重心处，大约在身高的 $0.8L$ 和 $0.6L$ 处。$\boldsymbol{T}_{BA}$ 与 $\boldsymbol{G}_A$ 距支点 e 的距离分别为 h 和 l，当拉力矩与重力矩平衡时，有

$$T_{BA} \cdot h = G_A \cdot l$$

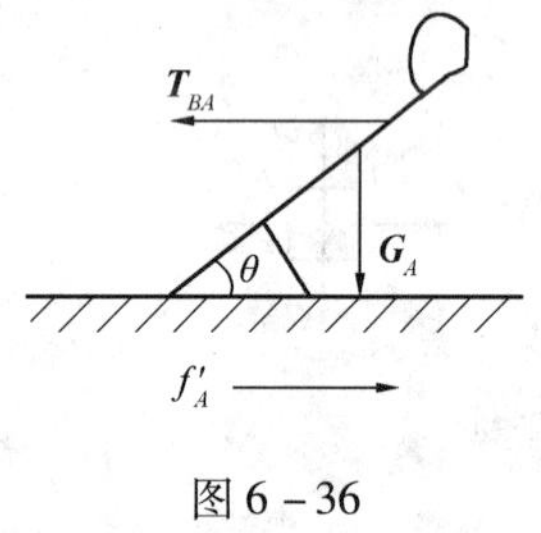

图 6－36

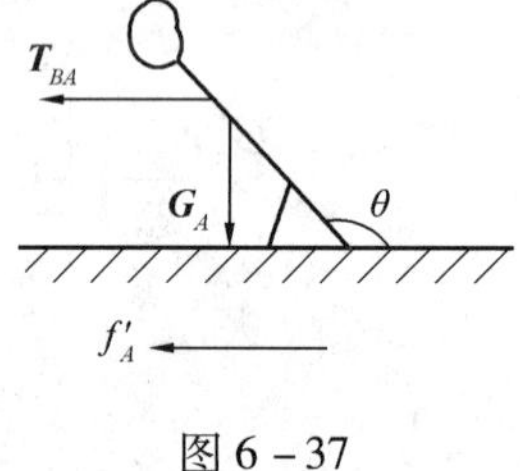

图 6－37

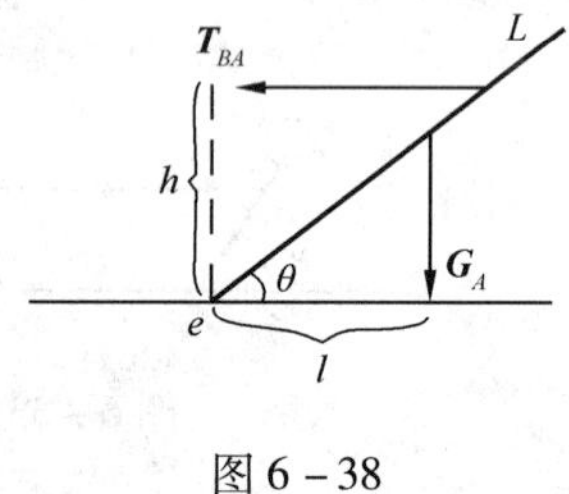

图 6－38

而

$$h = 0.8L\sin\theta; l = 0.6L\cos\theta$$

即

$$T_{BA}0.8\sin\theta = G_A 0.6\cos\theta \tag{6－55}$$

由式(6－55)可见，在对方拉力一定的条件下，力矩的大小将取决于 $\boldsymbol{G}_A$ 和 θ，下面分别讨论之。

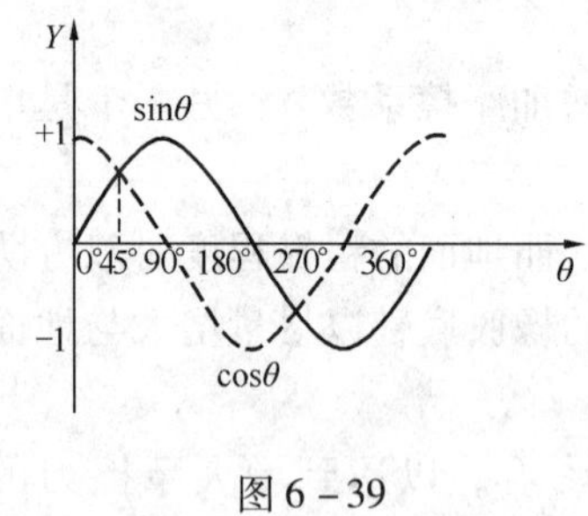

图 6－39

(1) 重力矩和倾斜角的关系

正弦、余弦函数的变化规律如图 6－39 所示。在 0～90°范围内，$\sin\theta$ 为升函数，$\cos\theta$ 为降函数，且 θ 越小，$\cos\theta$ 越大，而 $\sin\theta$ 越小。

由式(6－55)可见要发挥重力矩的有利作用，应保持 θ 在45°以下，因为在此区间内 $\cos\theta > \sin\theta$，这显然有利于增大重力矩，当然 θ 也并非越小越好，在人体的脚背自然绷直，且保持全脚底接触地面(增大摩擦力)的情况下，θ 大约应在30°以上。

另外，由式(6－55)还可导出 θ 与摩擦系数 μ 的关系 $\theta = \arctan(k/\mu)$(其中 $k = 0.6f_A/0.8T_{BA}$，$f_A = \mu G_A$)。可见 μ 越大，θ 越小，即在摩擦系数较大(地面较粗糙)的情况下，θ 可更小一些；而在摩擦系数较小(地面较光滑)时，θ 应更大一些，即在地面较光滑时人的身体应该站得更直一些，这与经验也是相符的。

由以上分析，可以得出在拔河时身体应取后倾姿势($\theta < 90°$)，具体倾角约在$30° < \theta <$

45°，但还应根据地面的粗糙程度作出适当调整，调整范围约在$30° < \theta < 90°$。

（2）重力矩与体重的关系

由式(6－55)还可见，在$\boldsymbol{T}_{BA}$和θ一定的条件下，增加体重$\boldsymbol{G}_A$($G_A = mg$)也能增大重力矩，可见大的体重不仅能增大摩擦力，同时也还有增大重力矩的作用

综上所述，可知摩擦力和重力矩是拔河中的两个比较重要的力学因素。大的体重和适宜的倾斜角，是增大摩擦力和重力矩的关键，特别是大的体重分别在平动和转动两个方面都有着积极的作用，因此从某种意义上来说，拔河不但是拉力的较量，同时也是体重的较量，因此在挑选队员时应对大体重队员予以足够的重视。

习　题

6－1　题图6－1所示的空间支架。已知：$\angle CBA = \angle BCA = 60°$，$\angle EAD = 30°$，物体的重力为$F_G = 3\text{kN}$，平面$ABC$是水平的，$A$、$B$、$C$各点均为铰链，杆件自重不计。试求撑杆$AB$和$AC$所受的压力$\boldsymbol{F}_{AB}$和$\boldsymbol{F}_{AC}$及绳子$AD$的拉力$\boldsymbol{F}_T$。

答案：$F_{AB} = F_{AC} = 3\text{kN}$，$F_T = 6\text{kN}$

6－2　在题图6－2中，已知$P_1 = 100\text{N}$，$P_2 = 300\text{N}$，$P_3 = 200\text{N}$，各力作用线位置如图所示。试将此力系向O点简化。

答案：$R_x = -345\text{N}$，$R_y = 250\text{N}$，$R_z = 10.5\text{N}$

$M_x = -51.85\text{N}\cdot\text{m}$，$M_y = -36.6\text{N}\cdot\text{m}$，$M_z = 103.7\text{N}\cdot\text{m}$

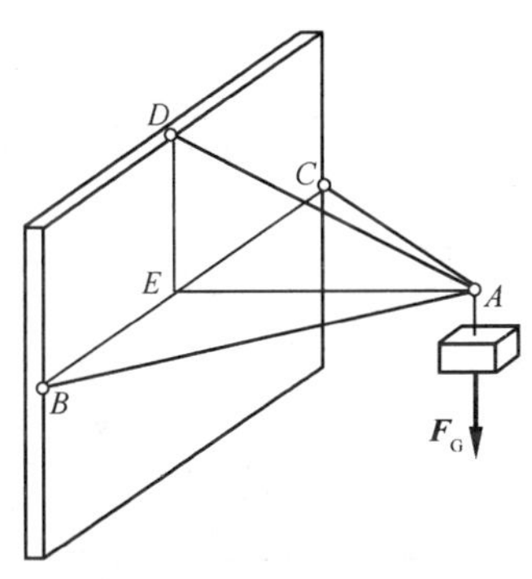

题图6－1

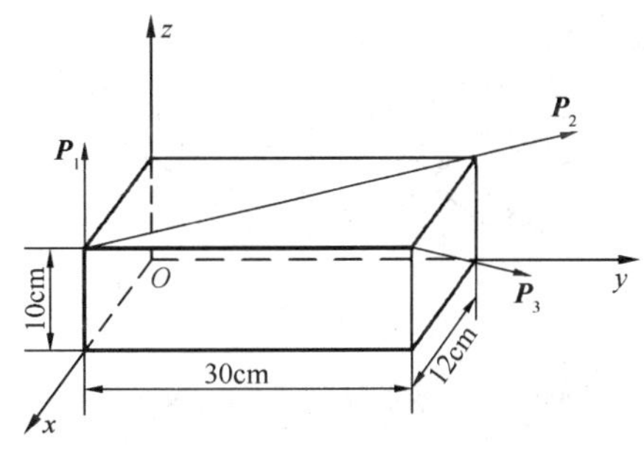

题图6－2

6－3　题图6－3所示的均质圆环，重为200N，直径为300mm，用三根各长为250mm的绳悬挂于屋顶上。若$\alpha = 120°$，$\beta = 150°$，$\gamma = 90°$，试确定每根绳拉力。

答案：$T_A = 106\text{N}$，$T_B = 53\text{N}$，$T_C = 91.8\text{N}$

6－4　起重机装在三轮小车ABC上，如题图6－4所示，机身重$W = 100\text{kN}$，重力作用线在平面$LMNF$之内，至机身轴线MN的距离为0.5m；已知$AD = DB = 1\text{m}$，$CD = 1.5\text{m}$，$CM = 1\text{m}$。

求：当载重$W_1 = 30\text{kN}$、起重机的平面LMN平行于AB时，车轮对轨道的压力。

答案：$F_A = 8.33\text{kN}$，$F_B = 78.33\text{kN}$，$F_C = 43.34\text{kN}$

6－5　三脚圆桌的半径$r = 50\text{cm}$，重为$W = 600\text{N}$，圆桌的三脚A、B和C形成一等边三角形，如题图6－5所示。如在中线CO上距圆心为a的点M处作用一铅垂力$F = 1500\text{N}$，求使圆桌不致翻倒的最大距离a。

答案：$a = 35\text{cm}$

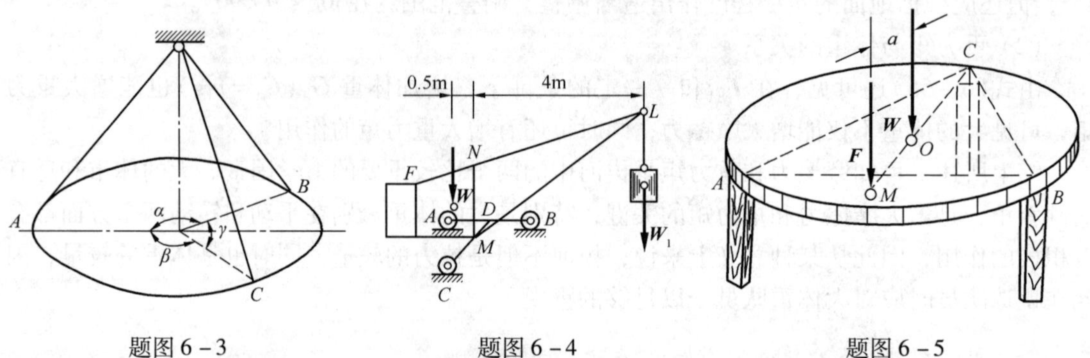

题图 6-3　　题图 6-4　　题图 6-5

6-6　作用于管扳子手柄上的两个力构成一力偶，试求此力偶矩矢量的大小和方向，如题图 6-6 所示。

答案：$M=78.3\text{N}\cdot\text{m}$

6-7　在边长为 a 的正六面体上作用有三个力，如题图 6-7 所示，已知 $F_1=6\text{kN}$，$F_2=2\text{kN}$，$F_3=4\text{kN}$。试求各力在三个坐标轴上的投影。

答案：$F_{1x}=0$，$F_{1y}=0$，$F_{1z}=6\text{kN}$；

$F_{2x}=-1.414\text{kN}$，$F_{2y}=1.414\text{kN}$，$F_{2z}=0$；

$F_{3x}=2.31\text{kN}$，$F_{3y}=-2.31\text{kN}$，$F_{3z}=2.31\text{kN}$；

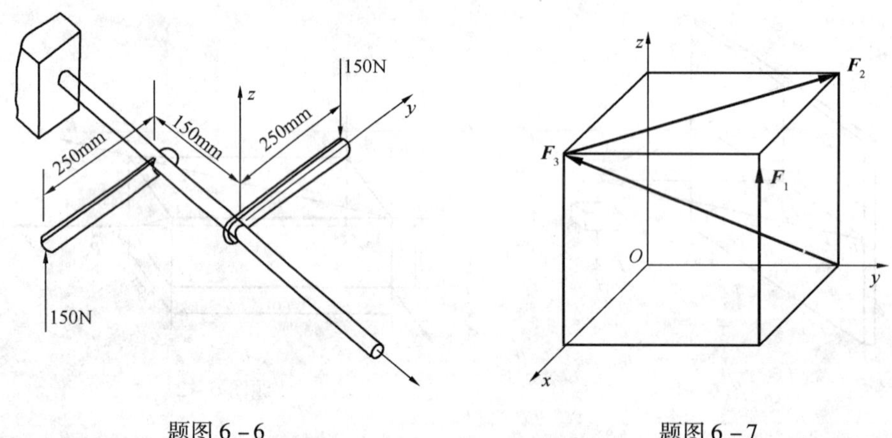

题图 6-6　　题图 6-7

6-8　如题图 6-8 所示，已知六面体尺寸为 400mm×300mm×300mm，正面有力 $F_1=100\text{N}$，中间有力 $F_2=200\text{N}$，顶面有力偶 $M=20\text{N}\cdot\text{m}$ 作用。试求各力及力偶对 z 轴之矩的和。

答案：$\sum M_z=-7.1\text{N}\cdot\text{m}$

6-9　如题图 6-9 所示，曲柄 $ABCD$ 有两根直角，$\angle ABC=\angle BCD=90°$，且平面 ABC 与平面 BCD 垂直。杆的 D 端铰支，另一端 A 用轴承支持。在曲杆 AB、BC、和 CD 段上分别作用三个力偶，力偶所在平面分别垂直于 AB、BC 和 CD 三段。若 $AB=a$，$BC=b$，$CD=c$，且已知力偶矩 m_2 和 m_3，求使曲柄处于平衡的力偶矩 m_1 和支座 A、D 处的约束反力。

答案：$m_1=\dfrac{b}{a}m_2+\dfrac{c}{a}m_3$；$F_{Ay}=\dfrac{m_3}{a}$；$F_{Az}=\dfrac{m_2}{a}$；$F_{Dy}=-\dfrac{m_3}{a}$；$F_{Dz}=-\dfrac{m_2}{a}$

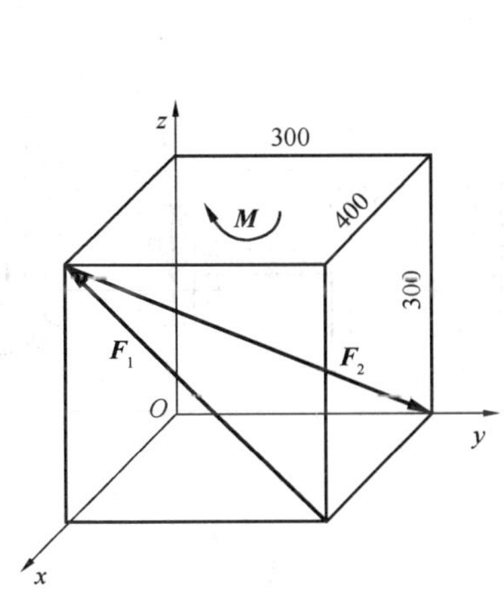

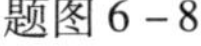
题图 6－8

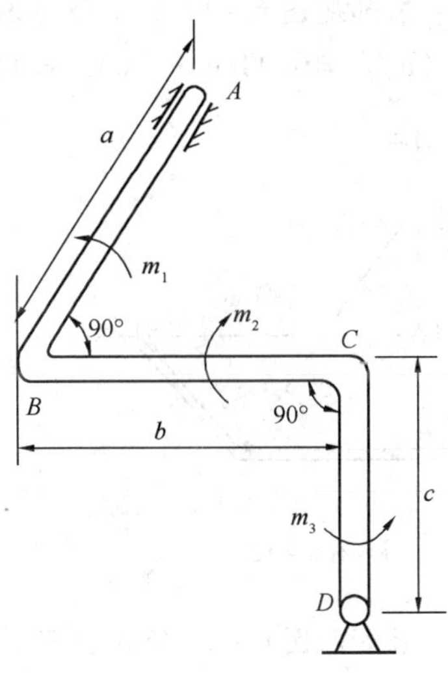

题图 6－9

6－10 如题图 6－10 所示，电动机通过链条传带将重物匀速提起，已知 $r=10\text{cm}$，$R=20\text{cm}$，$W=10\text{kN}$，链条与水平线成角 $\alpha=30°$，其拉力 $F_{T1}=2F_{T2}$，轴线 $O_1x_1 /\!/ Ax$。求轴承约束力及链条的拉力。

答案：$F_{T1}=10\text{kN}$，$F_{T2}=5\text{kN}$，$F_{Ax}=-5.2\text{kN}$，$F_{Az}=8\text{kN}$，$F_{Bx}=-7.8\text{kN}$，$F_{Bz}=4.5\text{kN}$

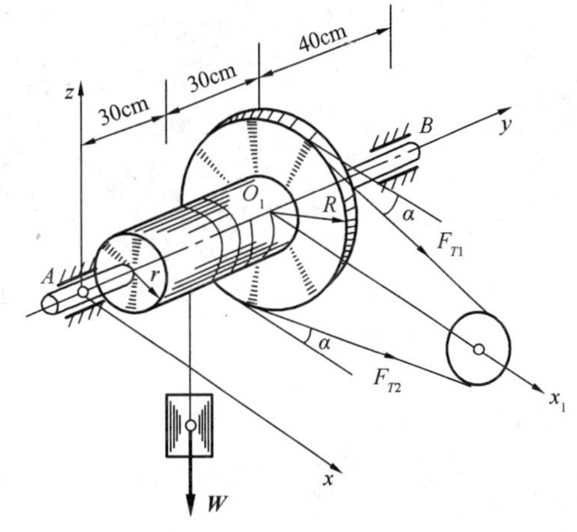

题图 6－10

6－11 小车 C 沿题图 6－11 所示装置斜面匀速上升，已知小车重 $W_1=10\text{kN}$，鼓轮重 $W=1\text{kN}$，四根杠杆的臂长相同且均垂直于鼓轮轴，其端点作用有大小相同的力 $\boldsymbol{F}_1$、$\boldsymbol{F}_2$、$\boldsymbol{F}_3$ 及 $\boldsymbol{F}_4$。求加在每根杠杆上的力的大小及轴承 A、B 的约束力。

答案：$F=0.15\text{kN}$；$F_{Ax}=0$，$F_{Ay}=-1.25\text{kN}$，$F_{Az}=1\text{kN}$，$F_{Bx}=0$，$F_{By}=-3.75\text{kN}$

6－12 如题图 6－12 所示，均质长方形板 $ABCD$ 重 $W=200\text{N}$，用球铰链 A 和蝶形铰链 B 固定在墙上，并用绳 EC 维持在水平位置。求绳的拉力和支座的约束力。

答案：$F_T=200\text{N}$；$F_{Ax}=86.6\text{N}$，$F_{Ay}=150\text{N}$，$F_{Az}=100\text{N}$，$F_{Bx}=F_{Bz}=0$

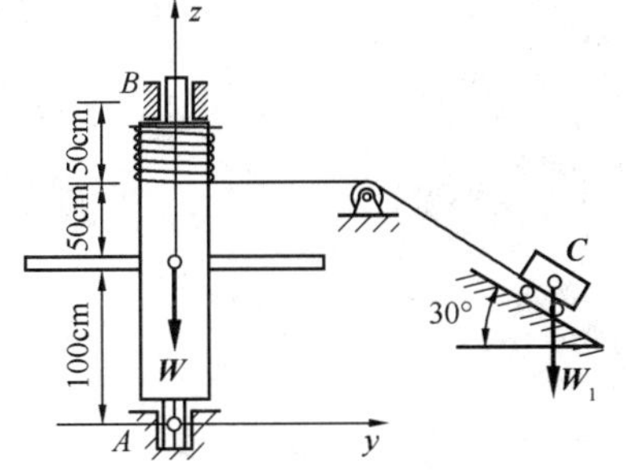

题图 6－11

6－13　求如题图 6－13 所示型材剖面的形心位置。图中长度单位为 mm。

答案：(a)$y_C=6.08$mm；(b)$x_C=11$mm；(c)$x_C=5.1$mm，$y_C=10.1$mm

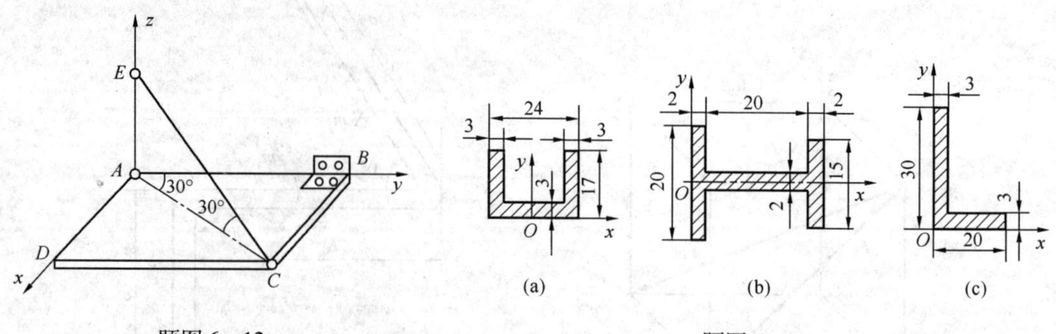

题图 6－12　　题图 6－13

6－14　求如题图 6－14 所示画阴影线部分的面积的形心坐标。

答案：$x_C=-\dfrac{r^3}{2(R^2-r^2)}$，$y_C=0$

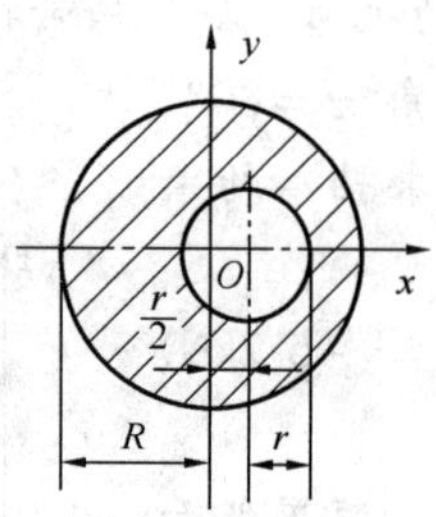

题图 6－14

第二篇　运　动　学

1. 运动学历史渊源

运动学在发展的初期，从属于动力学，随着动力学发展而发展。古代，人们通过对地面物体和天体运动的观察，逐渐形成了物体在空间中位置的变化和时间的概念。中国战国时期在《墨经》中已有关于运动和时间先后的描述。《墨经》中指出，宇宙是一个连续的整体，个体或局部都是由这个统一的整体分出来的，都是这个统一整体的组成部分。换句话说，也就是整体包含着个体，整体又是由个体所构成，整体与个体之间有着必然的有机联系。从这一连续的宇宙观出发，墨子建立了关于时空的理论。在此基础上，墨子又建立了自己的运动论。《墨经》中写到："动，域徙也"。意思是说，机械运动的本质是物体位置的移动。他把时间、空间和物体运动统一起来，联系在一起。他认为，在连续的统一的宇宙中，物体的运动表现为在时间中的先后差异和在空间中的位置迁移。没有时间先后和位置远近的变化，也就无所谓运动，离开时空的单纯运动是不存在的。

亚里士多德在《物理学》中讨论了落体运动和圆周运动。伽利略发现了在等加速直线运动中距离与时间的二次方成正比的规律，建立了加速度的概念；在对弹射体运动的研究中得出抛物线轨迹，并建立了运动(或速度)合成的平行四边形法则，为点的运动学奠定了基础。在此基础上，惠更斯在对摆的运动和牛顿在对天体运动的研究中，各自独立地提出了离心力的概念，从而发现了向心加速度与速度的二次方成正比、同半径成反比的规律。

18 世纪后期，由于天文学、造船业和机械业的发展和需要，欧拉用几何方法系统地研究了刚体的定轴转动和刚体的定点运动问题，提出了后人用他的姓氏命名的欧拉角的概念，建立了欧拉运动学方程和刚体有限转动位移定理，并由此得到刚体瞬时转动轴和瞬时角速度矢量的概念，深刻地揭示了这种复杂运动形式的基本运动特征。所以欧拉可称为刚体运动学的奠基人。

19 世纪末以来，为了适应不同生产需要，完成不同动作的各种机器相继出现并广泛使用，于是，机构学应运而生。机构学的任务是分析机构的运动规律，根据需要实现的运动设计新的机构和进行机构的综合。现代仪器和自动化技术的发展又促进机构学的进一步发展，提出了各种平面和空间机构运动分析的问题，作为机构学的理论基础。运动学已逐渐脱离动力学而成为经典力学中一个独立的分支。

2. 科学家简述

古典力学的基础是牛顿奠定的，而欧拉则是其主要建筑师。1736 年，欧拉出版了《力学，或解析地叙述运动的理论》，在这里他最早明确地提出质点或粒子的概念，最早研究质点沿任意一曲线运动时的速度，并在有关速度与加速度问题上应用矢量的概念。

同时，他创立了分析力学、刚体力学，研究和发展了弹性理论、振动理论以及材料力学。并且他把振动理论应用到音乐的理论中去，1738 年，法国科学院设立了回答热本质问题征文的奖金，欧拉的《论火》一文获奖，在这篇文章中，欧拉把热本质看成是分子的振动。

欧拉(Leonhard Euler)1707 年出生在瑞士的巴塞尔(Basel)城，是 18 世纪最优秀的数学家，也是历史上最伟大的数学家之一，被称为"分析的化身"。他小时候就特别喜欢数学，不满10岁就开始自学《代数学》。13岁就进巴塞尔大学读书，是这所大学，也是整个瑞士大学校园里年龄最小的学生。在大学里得到当时最有名的数学家微积分权威约翰·伯努利(JohannBernoulli，1667~1748年)的精心指导，并逐渐与其建立了深厚的友谊。两年后的夏天，欧拉获得巴塞尔大学的学士学位，次年，欧拉又获得巴塞尔大学的哲学硕士学位。1725年，欧拉开始了他的数学生涯。1783年9月18日，在不久前才刚计算完气球上升定律的欧拉，在兴奋中突然停止了呼吸，享年76岁。

欧拉渊博的知识，无穷无尽的创作精力和空前丰富的著作，都是令人惊叹不已的！他从19岁开始发表论文，直到76岁，半个多世纪写下了浩如烟海的书籍和论文。可以说欧拉是科学史上最多产的一位杰出的数学家，据统计，他那不倦的一生，共写下了886本书籍和论文(70余卷，牛顿全集8卷，高斯全集12卷)，其中分析、代数、数论占40%，几何占18%，物理和力学占28%，天文学占11%，弹道学、航海学、建筑学等占3%，彼得堡科学院为了整理他的著作，足足忙碌了47年。到今几乎每一个数学领域都可以看到欧拉的名字，从初等几何的欧拉线、多面体的欧拉定理、立体解析几何的欧拉变换公式、四次方程的欧拉解法到数论中的欧拉函数、微分方程的欧拉方程、级数论的欧拉常数、变分学的欧拉方程、复变函数的欧拉公式等等，数也数不清。他对数学分析的贡献更独具匠心，《无穷小分析引论》一书便是他划时代的代表作，当时数学家们称他为“分析学的化身”。

欧拉著作的惊人多产并不是偶然的，他可以在任何不良的环境中工作，他常常抱着孩子在膝上完成论文，也不顾孩子在旁边喧哗。他那顽强的毅力和孜孜不倦的治学精神，使他在双目失明以后，也没有停止对数学的研究，在失明后的17年间，他还口述了几本书和400篇左右的论文。19世纪伟大的数学家高斯(Gauss，1777~1855年)曾说：“研究欧拉的著作永远是了解数学的最好方法。”

欧拉一生能取得伟大成就的原因在于：惊人的记忆力；聚精会神，从不受嘈杂和喧闹的干扰；镇静自若，孜孜不倦。

3. 身边的力学小问题

杂技演员将一个刚性圆环沿水平地面滚出，起始圆环一跳一跳地向前滚动，随后不离开地面向前滚动，为什么？杂技演员拿出一个匀质圆环，沿粗糙的水平地面向前抛出，不久圆环又自动返回到演员跟前，这样的原理又何在呢？

4. 运动学的基本概念

静力学研究的是作用在物体(刚体)上的力系的平衡条件。如果作用在物体上的力系不平衡，物体的运动状态将发生变化。物体的运动规律不仅与受力情况有关，而且与物体本身的惯性和原来的运动状态有关。总之，物体在力作用下的运动规律是一个比较复杂的问题。为了学习上的循序渐进，我们暂不考虑影响物体运动的物理因素，而单独研究物体运动的几何性质(轨迹、运动方程、速度和加速度等)，这部分内容称为运动学。至于物体的运动规律与力、惯性等的关系将在动力学中研究。因此，运动学是研究物体运动的几何性质的科学。

学习运动学一方面为学习动力学打基础，另一方面又有独立的意义，为分析机构的运动打好基础。科学技术的发展对于运动学不断地提出新的要求，同时生产实践也不断地丰富了运动学的内容，于是，从十九世纪初期运动学就从动力学中分离出来成为单独的学科系统。在许多工程问题中，如自动控制系统、传递系统和仪表系统中，运动的分析常常是主要的；在机械设计中，在强度分析之前应首先对机构中的运动进行分析，使各机件的运动关系满足机械正常运转的需要。

研究一个物体的机械运动，必须选取另一个物体作为参考，这个参考的物体称为参考体，物体相对于不同参考体的运动是不同的。因此，在力学中，描述任何物体的运动都需要指明参考体，与参考体固连的坐标系称为参考坐标系。一般工程问题中，取与地面固连的坐标系为参考系，对于特殊的问题，将根据需要另选参考系，并加以说明。

在运动学里经常遇到关于“瞬时”和“时间间隔”这两个概念，所谓瞬时是指对应每一事件发生或终止的时刻，而时间间隔是指两个瞬时之间相隔的秒数。

研究物体的运动时，在运动学里不考虑“力”和“质量”这样的物理因素，常把物体视为几何点或不变形的几何物体。

点在空间运动所经过的路线，称为点的轨迹。点的运动如其轨迹为直线，称为直线运动；如为曲线，则称为曲线运动。

第七章 点的运动

本章将研究点的简单运动，研究点相对某一个参考系的几何位置随时间变动的规律，包括点的运动方程、运动轨迹、速度和加速度等。

第一节 点的运动的矢量表示法

1. 点的运动方程

动点在空间作曲线运动时，如图 7-1 所示，为了确定它在任一瞬时 t 的位置 M，可在该空间任选一个固定点 O，从点 O 向动点作矢量 $\overrightarrow{OM}=\boldsymbol{r}$，$\boldsymbol{r}$ 称为动点对于点 O 的矢径或位置矢。矢径 $\boldsymbol{r}$ 的大小和方向可以惟一地确定点的位置，不同的矢径 $\boldsymbol{r}$ 对应于点的不同位置，这种表示点的位置的方法称为矢量法。当点运动时，矢径 $\boldsymbol{r}$ 的大小和方向随着时间 t 而变化，是时间 t 的单值连续矢函数，即

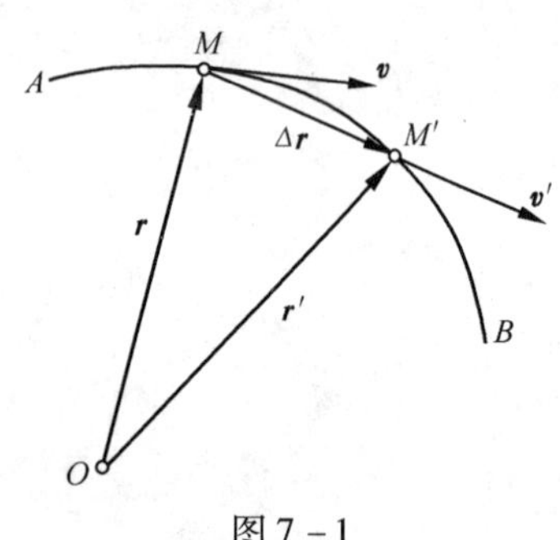

图 7-1

$$\boldsymbol{r}=\boldsymbol{r}(t) \tag{7-1}$$

这就是用矢量表示的点的运动方程。

在运动过程中，矢径 $\boldsymbol{r}$ 不断改变，矢径端点在空间所描绘的曲线称为矢端曲线，也就是点的运动轨迹，又称为路径。

2. 点的速度

在图 7-1 中，设动点沿轨迹作曲线运动，在瞬时 t，动点位于点 M，矢径为 $\boldsymbol{r}$；经过时间 Δt 后，即在瞬时 $t+\Delta t$，动点位于点 M'，矢径为 $\boldsymbol{r}'$。在 Δt 时间内点的矢径的变化量为 $\Delta\boldsymbol{r}=\overrightarrow{MM'}=\boldsymbol{r}'-\boldsymbol{r}$，$\Delta\boldsymbol{r}$ 称为点在 Δt 时间内的位移矢量。

如果 Δt 取得很小，位移 $\overrightarrow{MM'}$ 和弧 $\overset{\frown}{MM'}$ 很接近，点沿曲线 $\overset{\frown}{MM'}$ 的运动可以近似地看成是沿直线 $\overrightarrow{MM'}$ 的运动。由物理学知道，位移 $\Delta\boldsymbol{r}$ 与相应的时间间隔 Δt 的比值 $\dfrac{\Delta\boldsymbol{r}}{\Delta t}$ 就是点在 Δt 时间内的平均速度，以 $\boldsymbol{v}^*$ 表示，即

$$\boldsymbol{v}^*=\frac{\Delta\boldsymbol{r}}{\Delta t} \tag{7-2}$$

平均速度是矢量，它的大小等于位移的大小 $|\Delta\boldsymbol{r}|$ 除以时间 Δt，方向与位移 $\Delta\boldsymbol{r}$ 的方向相同。平均速度近似地表示动点在 Δt 时间内运动的快慢和方向。

当 Δt 趋近于零时，平均速度 $\boldsymbol{v}^*$ 的极限值就是点在瞬时 t 的速度，以 $\boldsymbol{v}$ 表示，则

$$\boldsymbol{v}=\lim_{\Delta t\to 0}\boldsymbol{v}^*=\lim_{\Delta t\to 0}\frac{\Delta\boldsymbol{r}}{\Delta t}=\frac{\mathrm{d}\boldsymbol{r}}{\mathrm{d}t}=\dot{\boldsymbol{r}} \tag{7-3}$$

即点的速度等于它的矢径对时间的一阶导数。由矢量导数的性质知道，速度是矢量，其大小为 $\left|\dfrac{\mathrm{d}\boldsymbol{r}}{\mathrm{d}t}\right|$，方向为当 Δt 趋近于零时位移 $\Delta\boldsymbol{r}$ 的极限方向，即沿点的运动轨迹在点所在位

置的切线并指向点前进的方向，速度$\boldsymbol{v}$表示点在瞬时t运动的快慢和方向。

速度的量纲是$[\boldsymbol{v}]=\left[\frac{长度}{时间}\right]=[L][T]^{-1}$，国际单位是：米/秒(m/s)。

3. 点的加速度

动点作曲线运动时，它的速度的大小和方向一般是随时间而变化的，加速度就是速度对时间的变化率，它反映了速度的大小和方向随时间变化的程度。

瞬时t，动点在M点，如图7－2所示，速度为$\boldsymbol{v}$；在瞬时$t+\Delta t$，动点在运动至M'点，这时的速度为$\boldsymbol{v}'$。为了确定动点的速度在Δt时间内的变化$\Delta\boldsymbol{v}$，可将速度$\boldsymbol{v}'$平行移到点M，再以速度矢$\boldsymbol{v}$为一边，以$\boldsymbol{v}'$为另一边，作速度三角形，则得第三边$\Delta\boldsymbol{v}=\boldsymbol{v}'-\boldsymbol{v}$。$\Delta\boldsymbol{v}$与相应时间间隔$\Delta t$的比值$\frac{\Delta\boldsymbol{v}}{\Delta t}$就是动点在$\Delta t$时间内的平均加速度，以$\boldsymbol{a}^*$表示，即

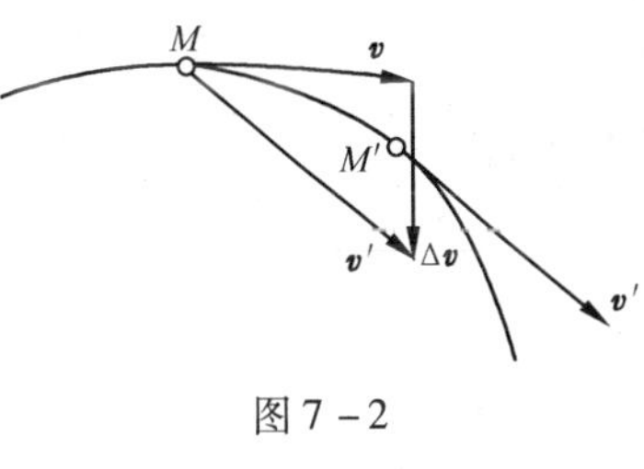

图7－2

$$\boldsymbol{a}^*=\frac{\Delta\boldsymbol{v}}{\Delta t} \tag{7－4}$$

平均加速度表示在Δt时间内动点的速度的平均变化率。

当Δt趋近于零时，平均加速度$\boldsymbol{a}^*$的极限值就是点在瞬时t的加速度，以$\boldsymbol{a}$表示，即

$$\boldsymbol{a}=\lim_{\Delta t\to 0}\boldsymbol{a}^*=\lim_{\Delta t\to 0}\frac{\Delta\boldsymbol{v}}{\Delta t}=\frac{\mathrm{d}\boldsymbol{v}}{\mathrm{d}t}=\dot{\boldsymbol{v}}=\ddot{\boldsymbol{r}} \tag{7－5}$$

也即动点的加速度等于它的速度对时间的一阶导数，或等于它的矢径对时间的二阶导数。

由矢量导数的性质可知，加速度也是矢量，其大小为$\left|\frac{\mathrm{d}\boldsymbol{v}}{\mathrm{d}t}\right|$，方向与$\Delta t$趋近于零时$\Delta\boldsymbol{v}$的极限方向一致。

加速度的量纲是$[\boldsymbol{a}]=\left[\frac{长度}{时间^2}\right]=[L][T]^{-2}$，单位是：米/秒^2($m/s^2$)、厘米/秒^2($cm/s^2$)或千米/小时^2($km/h^2$)。

以矢量表示法表示动点的运动，简明、直接，最便于公式的推导。但在具体建立动点的运动方程，并计算其速度和加速度时，常采用直角坐标表示法或自然坐标表示法等。

第二节　点的运动的直角坐标表示法

1. 点的运动方程

过空间任一直角坐标系$Oxyz$，点在任一瞬时t的位置，可用三个直角坐标x、y、z确定，如图7－3所示。这种确定点的位置的方法称为直角坐标法。点运动时，坐标x、y、z都随时间而变化，是自变量t的单值连续函数，即：

$$\left.\begin{aligned}x&=f_1(t)\\y&=f_2(t)\\z&=f_3(t)\end{aligned}\right\} \tag{7－6}$$

若已知函数$f_1(t)$、$f_2(t)$和$f_3(t)$，则在任一瞬时动点在空间的位置就可以完全确定，故

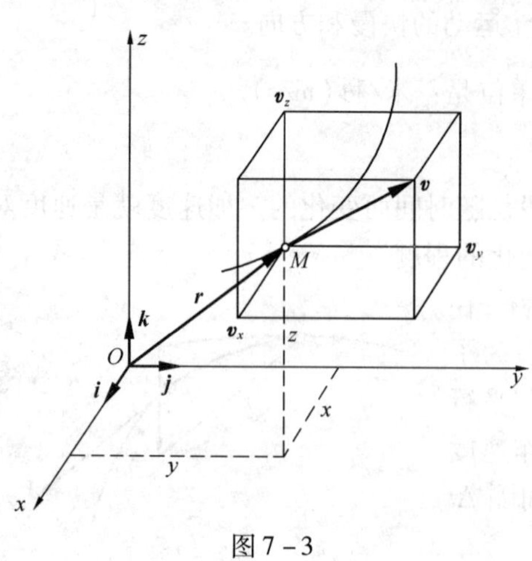

图7-3

动点的运动情况也就可以完全确定。式(7-6)称为直角坐标表示的点的运动方程。

运动方程能决定动点的运动情况，因而也就能决定动点的轨迹。事实上，式(7-6)本身就是以时间 t 为参数的动点的轨迹参数方程。从式(7-6)的三个方程中消去时间 t，可得到两个柱面方程：

$$\left.\begin{aligned} F_1(x,y) &= 0 \\ F_2(y,z) &= 0 \end{aligned}\right\} \tag{7-7}$$

这两个柱面的母线分别平行于 z 轴和 x 轴，它们的交线就是动点的轨迹。式(7-7)称为点的轨迹方程。

2. 点的速度

在图7-3中，过点 O 作动点 M 的矢径 $\boldsymbol{r}$，坐标 x、y、z 就是 $\boldsymbol{r}$ 在相应坐标轴上的投影。用 $\boldsymbol{i}$、$\boldsymbol{j}$、$\boldsymbol{k}$ 表示沿各相应坐标轴正向的单位矢量，则有

$$\boldsymbol{r} = x\boldsymbol{i} + y\boldsymbol{j} + z\boldsymbol{k} \tag{7-8}$$

这就是矢径 $\boldsymbol{r}$ 沿直角坐标轴的分解式。将式(7-8)代入式(7-3)，并注意到单位矢量 $\boldsymbol{i}$、$\boldsymbol{j}$、$\boldsymbol{k}$ 是常矢量，得

$$\boldsymbol{v} = \frac{\mathrm{d}\boldsymbol{r}}{\mathrm{d}t} = \frac{\mathrm{d}x}{\mathrm{d}t}\boldsymbol{i} + \frac{\mathrm{d}y}{\mathrm{d}t}\boldsymbol{j} + \frac{\mathrm{d}z}{\mathrm{d}t}\boldsymbol{k} \tag{7-9}$$

如果将速度 $\boldsymbol{v}$ 写成沿直角坐标轴的分解式(图7-3)，则有

$$\boldsymbol{v} = v_x\boldsymbol{i} + v_y\boldsymbol{j} + v_z\boldsymbol{k} \tag{7-10}$$

将上面两式加以比较，可得速度 $\boldsymbol{v}$ 在各坐标轴上的投影为：

$$\left.\begin{aligned} v_x &= \frac{\mathrm{d}x}{\mathrm{d}t} = \dot{x} \\ v_y &= \frac{\mathrm{d}y}{\mathrm{d}t} = \dot{y} \\ v_z &= \frac{\mathrm{d}z}{\mathrm{d}t} = \dot{z} \end{aligned}\right\} \tag{7-11}$$

可见点的速度在直角坐标轴上的投影等于它相应的坐标对时间的一阶导数。式(7-11)又称为点的速度方程。

由矢量运算法则与式(7-10)可以确定速度 $\boldsymbol{v}$ 的大小和方向分别为

$$v = \sqrt{v_x^2 + v_y^2 + v_z^2} \tag{7-12}$$

和

$$\left.\begin{aligned} \cos(\boldsymbol{v},\boldsymbol{i}) &= \frac{v_x}{v} \\ \cos(\boldsymbol{v},\boldsymbol{j}) &= \frac{v_y}{v} \\ \cos(\boldsymbol{v},\boldsymbol{k}) &= \frac{v_z}{v} \end{aligned}\right\} \tag{7-13}$$

3. 点的加速度

由式(7－5)和式(7－9)得

$$\boldsymbol{a} = \frac{\mathrm{d}\boldsymbol{v}}{\mathrm{d}t} = \frac{\mathrm{d}v_x}{\mathrm{d}t}\boldsymbol{i} + \frac{\mathrm{d}v_y}{\mathrm{d}t}\boldsymbol{j} + \frac{\mathrm{d}v_z}{\mathrm{d}t}\boldsymbol{k} = \frac{\mathrm{d}^2x}{\mathrm{d}t^2}\boldsymbol{i} + \frac{\mathrm{d}^2y}{\mathrm{d}t^2}\boldsymbol{j} + \frac{\mathrm{d}^2z}{\mathrm{d}t^2}\boldsymbol{k} \tag{7-14}$$

加速度 $\boldsymbol{a}$ 沿直角坐标轴的分解式为

$$\boldsymbol{a} = a_x\boldsymbol{i} + a_y\boldsymbol{j} + a_z\boldsymbol{k} \tag{7-15}$$

将式(7－14)与式(7－15)进行比较，可得加速度 $\boldsymbol{a}$ 在各坐标轴上的投影为：

$$\left.\begin{aligned} a_x &= \frac{\mathrm{d}v_x}{\mathrm{d}t} = \frac{\mathrm{d}^2x}{\mathrm{d}t^2} = \ddot{x} \\ a_y &= \frac{\mathrm{d}v_y}{\mathrm{d}t} = \frac{\mathrm{d}^2y}{\mathrm{d}t^2} = \ddot{y} \\ a_z &= \frac{\mathrm{d}v_z}{\mathrm{d}t} = \frac{\mathrm{d}^2z}{\mathrm{d}t^2} = \ddot{z} \end{aligned}\right\} \tag{7-16}$$

点的加速度在直角坐标轴上的投影等于它的速度在相应轴上的投影对时间的一阶导数，或等于相应的坐标对时间的二阶导数。式(7－16)又称为点的加速度方程。

由矢量运算法则和式(7－15)可以确定加速度 $\boldsymbol{a}$ 的大小和方向分别为

$$a = \sqrt{a_x^2 + a_y^2 + a_z^2} \tag{7-17}$$

和

$$\left.\begin{aligned} \cos(\boldsymbol{a},\boldsymbol{i}) &= \frac{a_x}{a} \\ \cos(\boldsymbol{a},\boldsymbol{j}) &= \frac{a_y}{a} \\ \cos(\boldsymbol{a},\boldsymbol{k}) &= \frac{a_z}{a} \end{aligned}\right\} \tag{7-18}$$

4. 点作平面曲线运动时的情况

如果动点的运动轨迹为平面曲线，可取轨迹平面为 Oxy 坐标平面。这时，点的运动方程简化为

$$\left.\begin{aligned} x &= f_1(t) \\ y &= f_2(t) \end{aligned}\right\} \tag{7-19}$$

轨迹方程为

$$F(x,y) = 0 \tag{7-20}$$

速度公式简化为：

$$\left.\begin{aligned} v_x &= \frac{\mathrm{d}x}{\mathrm{d}t} = \dot{x} \\ v_y &= \frac{\mathrm{d}y}{\mathrm{d}t} = \dot{y} \end{aligned}\right\} \tag{7-21}$$

$$v = \sqrt{v_x^2 + v_y^2} \tag{7-22}$$

$$\left.\begin{aligned} \cos(\boldsymbol{v},\boldsymbol{i}) &= \frac{v_x}{v} \\ \cos(\boldsymbol{v},\boldsymbol{j}) &= \frac{v_y}{v} \end{aligned}\right\} \tag{7-23}$$

加速度公式简化为：

$$\left.\begin{aligned} a_x &= \frac{\mathrm{d}v_x}{\mathrm{d}t} = \frac{\mathrm{d}^2x}{\mathrm{d}t^2} = \ddot{x} \\ a_y &= \frac{\mathrm{d}v_y}{\mathrm{d}t} = \frac{\mathrm{d}^2y}{\mathrm{d}t^2} = \ddot{y} \end{aligned}\right\} \tag{7-24}$$

$$a = \sqrt{a_x^2 + a_y^2} \tag{7-25}$$

$$\left.\begin{aligned} \cos(\boldsymbol{a},\boldsymbol{i}) &= \frac{a_x}{a} \\ \cos(\boldsymbol{a},\boldsymbol{j}) &= \frac{a_y}{a} \end{aligned}\right\} \tag{7-26}$$

如果动点的轨迹为一直线，则称点作直线运动；此时可取 x 轴(或 y 轴，或 z 轴)与轨迹重合，点的运动方程简化为

$$x = f(t) \tag{7-27}$$

动点的速度和加速度公式简化为：

$$v = \frac{\mathrm{d}x}{\mathrm{d}t} = \dot{x} \tag{7-28}$$

$$a = \frac{\mathrm{d}v}{\mathrm{d}t} = \frac{\mathrm{d}^2x}{\mathrm{d}t^2} = \ddot{x} \tag{7-29}$$

当动点作直线运动时，由于动点的速度和加速度的方位均与轨迹的方位一致，故它们都可作为代数量。

如果动点作匀变速直线运动，即 $a=$ 常量，则可由式(7-29)和式(7-28)分别积分得到动点的速度方程和运动方程分别为：

$$v = v_0 + at$$

$$x = x_0 + v_0t + \frac{1}{2}at^2$$

从上面两式中消去加速度 a 或时间 t，分别可得：

$$x = x_0 + \frac{1}{2}(v_0 + v)t$$

$$v^2 - v_0^2 = 2a(x - x_0)$$

如果动点作匀速直线运动，即 $v=$ 常量，则动点的加速度 $a=0$，这时动点的运动方程为

$$x = x_0 + vt$$

当用直角坐标表示动点的运动时，动点的空间曲线运动与直线运动的区别仅在于前者需用三个坐标作为自变量，而后者只需用一个坐标作为自变量；但分析问题和解决问题的方法都是相同的。

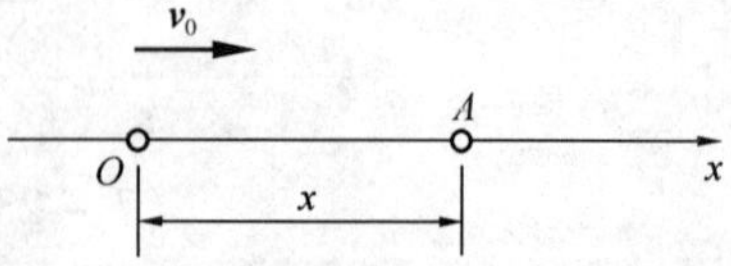

图 7-4

例 1 已知动点 A 作水平直线运动，初始时位于直线上的 O 点，初速度 $v_0=2\pi$，方向向右，如图 7-4 所示。若 A 点的加速度 $a=-\pi^2\sin\frac{\pi}{2}t$，求 A 点的运动方程。

解　因动点沿水平直线运动，取坐标如图 7－4 所示，以初始位置 O 为坐标原点。由式(7－29)可得

$$a = \frac{\mathrm{d}v}{\mathrm{d}t} = -\pi^2 \sin\frac{\pi}{2}t$$

分离变量后积分，有

$$\int_{v_0}^{v} \mathrm{d}v = \int_0^t \left(-\pi^2 \sin\frac{\pi}{2}t\right)\mathrm{d}t$$

将 $v_0 = 2\pi$ 代入，解得

$$v = 2\pi\cos\frac{\pi}{2}t$$

由式(7－28)，有

$$v = \frac{\mathrm{d}x}{\mathrm{d}t} = 2\pi\cos\frac{\pi}{2}t$$

分离变量后积分，得

$$\int_{x_0}^{x} \mathrm{d}x = \int_0^t 2\pi\cos\frac{\pi}{2}t\mathrm{d}t$$

将 $x_0 = 0$ 代入，解得 A 点运动方程：

$$x = 4\sin\frac{\pi}{2}t$$

可见，动点 A 的运动是在 O 点附近作简谐运动。

第三节　点的运动的自然坐标表示法

在很多工程实际问题中，动点的轨迹往往已预先给定，例如火车行驶时，它的轨道就是已知的轨迹。如果要确定火车在某一瞬时的位置，可以用铁路上某一车站作为计算距离的起点，沿着轨道某一方向量出火车离开这个车站的距离，则火车的位置便确定了。这种以点的轨迹作为一根曲线坐标来确定动点位置的方法称为自然坐标法。

1. 点的运动方程

设动点沿已知轨迹运动，在轨迹上任选一点 O 为原点，并规定轨迹上点 O 的一侧为正向，另一侧为负向，如图 7－5 所示。动点在任一瞬时 t 的位置 M，可由原点 O 到点 M 的弧长 $\overset{\frown}{OM}$ 并冠以正负号来表示，即用 $s = \pm\overset{\frown}{OM}$ 来表示。s 以沿轨迹正向为正，沿负向为负。这种带正负号的弧长 s 称为弧坐标。当动点运动时，弧坐标 s 随时间 t 而变化，是变量 t 的单值连续函数，可表示为

$$s = f(t) \tag{7-30}$$

上式表示了动点沿已知轨迹的运动规律，只要确定了动点的轨迹与式(7－30)所表示的函数关系，点在任一瞬时的位置就完全确定了。式(7－30)称为用自然坐标表示的点的运动方程。

自然坐标表示法又称弧坐标表示法，其特点是结合轨迹来确定动点沿轨迹运动的规律。当动点沿直线或圆周运动时，

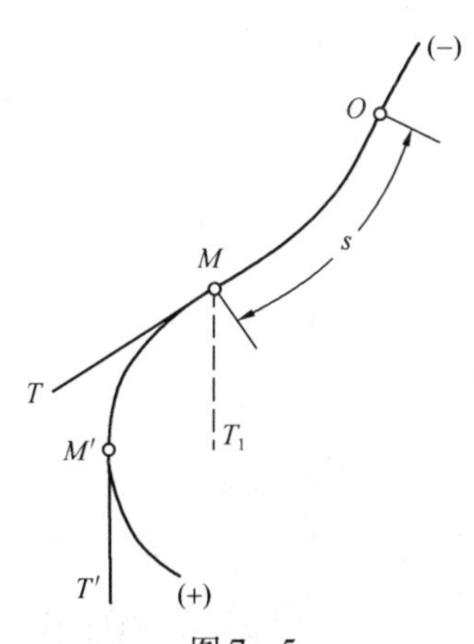

图 7－5

确定动点的运动规律，用自然坐标表示法是很简单的。

2. 自然轴系

用自然坐标表示法描述点的运动时，动点的运动轨迹的几何性质会影响点的运动要素。例如，沿曲线轨道运行的火车，其速度的方向就取决于轨道的形状。因此，在用自然坐标表示法分析动点运动的速度和加速度之前，必须引入一个与动点的运动轨迹有密切关系的坐标系——自然轴系。

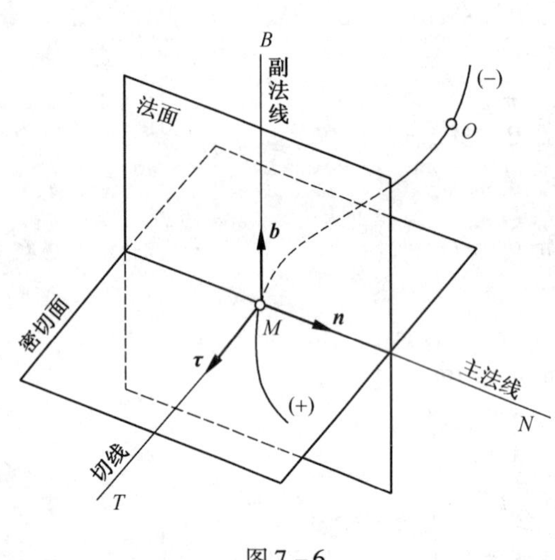

图 7 - 6

通过点 M 作垂直于切线 MT 的平面，这个平面称为曲线上点 M 处的法面，如图 7 - 6 所示。法面内通过点 M 的所有直线都与切线 MT 垂直，它们都是法线。在这些法线中，法面与密切面的交线 MN 称为曲线在点 M 的主法线。法面内与密切面垂直的直线 MB 称为曲线在点 M 的副法线。在切线上取单位矢量 $\boldsymbol{\tau}$，指向弧坐标 s 的正向；在主法线上取单位矢量 $\boldsymbol{n}$，指向轨迹凹方；在副法线上取单位矢量 $\boldsymbol{b}$，且令 $\boldsymbol{b}$ 满足

$$\boldsymbol{b} = \boldsymbol{\tau} \times \boldsymbol{n} \tag{7-30}$$

即 $\boldsymbol{b}$ 方向由右手螺旋法则确定。

为了描述空间曲线的几何性质，还要建立自然轴系的概念。以动点在轨迹上的位置 M 为原点，以曲线在该点的切线、主法线和副法线为轴(轴的正向与 $\boldsymbol{\tau}$、$\boldsymbol{n}$ 和 $\boldsymbol{b}$ 的指向一致)的坐标称为自然轴系。当动点运动时，动点在轨迹曲线上占据的位置是不断变化的，而曲线上不同的点有不同位置的切线、主法线和副法线，即 $\boldsymbol{\tau}$、$\boldsymbol{n}$ 和 $\boldsymbol{b}$ 的方向也随点的位置的变化而变化。由此可知，自然轴系的单位矢是随点在曲线上的位置而变化的变矢量，这是自然轴系与笛卡尔直角坐标系的根本区别。

3. 点的速度

已知动点的轨迹，取轨迹上的任一固定点 O 为原点，并定出正负方向如图 7 - 7 所示。设在瞬时 t，动点位于 M，对任一固定点 O' 的矢径为 $\boldsymbol{r}$；经过时间 Δt，即在瞬时 $t+\Delta t$，动点位于 M'，矢径为 $\boldsymbol{r}'$。在 Δt 时间内，动点弧坐标的增量为 Δs，矢径的增量(即位移)为 $\Delta\boldsymbol{r}$。由矢量表示法可知，点在瞬时 t 的速度为

$$\boldsymbol{v} = \frac{\mathrm{d}\boldsymbol{r}}{\mathrm{d}t} \tag{7-31}$$

根据微分学，上式可写为

$$\boldsymbol{v} = \frac{\mathrm{d}\boldsymbol{r}}{\mathrm{d}t} = \frac{\mathrm{d}\boldsymbol{r}}{\mathrm{d}s}\frac{\mathrm{d}s}{\mathrm{d}t} \tag{7-32}$$

而矢量导数

$$\frac{\mathrm{d}\boldsymbol{r}}{\mathrm{d}s} = \lim_{\Delta s\to 0}\frac{\Delta\boldsymbol{r}}{\Delta s} \tag{7-33}$$

为了确定这一矢量导数的大小和方向，我们在 M 处作轨迹的切线，并在切线上顺轨迹的正向取单位矢量 $\boldsymbol{\tau}$，如图 7 - 7 所示。因 $\Delta t\to 0$ 时，有 $\Delta s\to 0$，此时矢径的增量 $\Delta\boldsymbol{r}$ 的大小趋近于 Δs，即 $\left|\frac{\Delta\boldsymbol{r}}{\Delta s}\right|$ 趋近于 1，而方向沿切线恒指向弧坐标的正向，所以得到

$$\frac{\mathrm{d}\boldsymbol{r}}{\mathrm{d}s}=\boldsymbol{\tau} \tag{7-34}$$

将式(7-34)代入式(7-32)，得到

$$\boldsymbol{v}=\frac{\mathrm{d}s}{\mathrm{d}t}\boldsymbol{\tau} \tag{7-35}$$

同时，由速度的矢量表示法知道，速度的方向沿轨迹的切线并指向点前进的方向，也就是

$$\boldsymbol{v}=v\boldsymbol{\tau} \tag{7-36}$$

式中 v 是一代数值。比较式(7-35)与式(7-36)得到

$$v=\frac{\mathrm{d}s}{\mathrm{d}t} \tag{7-37}$$

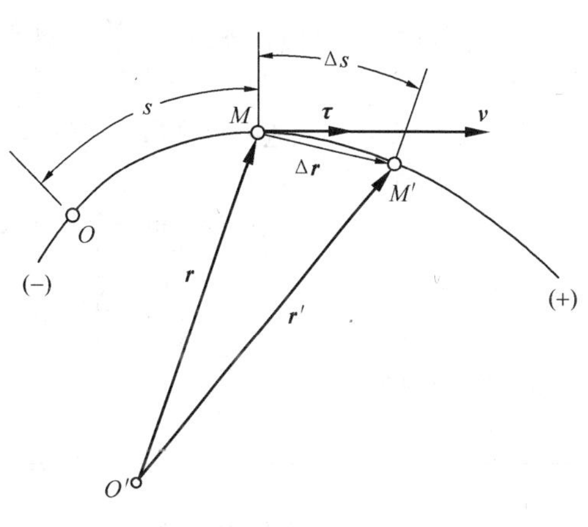

图 7-7

此式表明，点的速度的代数值等于它的弧坐标对时间的一阶导数。速度的方向沿轨迹的切线，指向可根据 v 的正负号判定。当 v 为正时，即$\frac{\mathrm{d}s}{\mathrm{d}t}>0$ 时，弧坐标 s 的代数值随时间增大，点沿轨迹正向运动；当 v 为负时，即$\frac{\mathrm{d}s}{\mathrm{d}t}<0$ 时，则点沿轨迹的负向运动。v 可认为是$\boldsymbol{v}$ 在 $\boldsymbol{\tau}$ 上的投影。

4. 点的加速度

动点在瞬时 t 的加速度为

$$\boldsymbol{a}=\frac{\mathrm{d}\boldsymbol{v}}{\mathrm{d}t}=\frac{\mathrm{d}}{\mathrm{d}t}(v\boldsymbol{\tau})=\frac{\mathrm{d}v}{\mathrm{d}t}\boldsymbol{\tau}+v\frac{\mathrm{d}\boldsymbol{\tau}}{\mathrm{d}t} \tag{7-38}$$

上式右端都是矢量。式中第一项是反映速率变化；第二项是反映速度方向变化的加速度分量。

$\frac{\mathrm{d}\boldsymbol{\tau}}{\mathrm{d}t}$是一矢量，下面分别说明它的大小、方向和位置。

首先来求$\frac{\mathrm{d}\boldsymbol{\tau}}{\mathrm{d}t}$的大小。设在瞬时 t，动点在 M 点处，$\boldsymbol{\tau}$ 为沿 M 点的切线方向的单位矢量；瞬时 $t+\Delta t$ 时，动点在 M'点，$\boldsymbol{\tau}'$为沿 M'点的切线方向的单位矢量，如图 7-8(a)所示。将单位矢量 $\boldsymbol{\tau}'$平行移到点 M，$\boldsymbol{\tau}$ 与移动后的 $\boldsymbol{\tau}'$之间的夹角 $\Delta\theta$。作单位矢量 $\boldsymbol{\tau}$ 的矢三角形，则在 Δt 时间内，单位矢量 $\boldsymbol{\tau}$ 的增量为 $\Delta\boldsymbol{\tau}=\boldsymbol{\tau}'-\boldsymbol{\tau}$。将 $\boldsymbol{\tau}$ 的矢三角形单独绘于图 7-8(b)中进行分析。因单位矢量 $\boldsymbol{\tau}$ 和 $\boldsymbol{\tau}'$的大小都等于 1，所以 ΔMAB 为等腰三角形，则 $\Delta\boldsymbol{\tau}$ 的大小为

$$|\Delta\boldsymbol{\tau}|=2\sin\frac{|\Delta\theta|}{2} \tag{7-39}$$

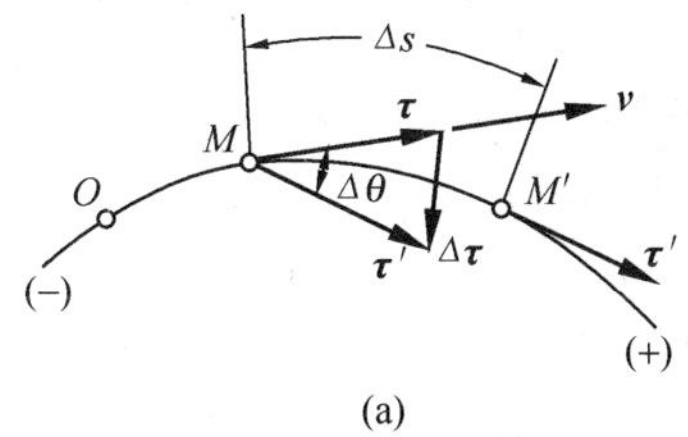

(a)

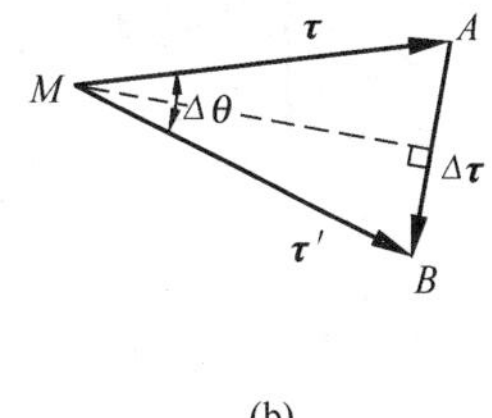

(b)

图 7-8

因 $\Delta\theta\to0$ 时，可以认为 $\sin\frac{|\Delta\theta|}{2}=\frac{|\Delta\theta|}{2}$；

则
$$|\Delta\boldsymbol{\tau}|=2\sin\frac{|\Delta\theta|}{2}=|\Delta\theta| \tag{7-40}$$

$$\begin{aligned}\left|\frac{\mathrm{d}\boldsymbol{\tau}}{\mathrm{d}t}\right| &= \lim_{\Delta t\to0}\frac{|\Delta\boldsymbol{\tau}|}{\Delta t}=\lim_{\Delta t\to0}\frac{|\Delta\theta|}{\Delta t}=\lim_{\Delta t\to0}\left(\frac{|\Delta\theta|}{|\Delta s|}\frac{|\Delta s|}{\Delta t}\right)\\ &=\lim_{\Delta s\to0}\left|\frac{\Delta\theta}{\Delta s}\right|\lim_{\Delta t\to0}\frac{|\Delta s|}{\Delta t}\end{aligned} \tag{7-41}$$

由高等数学知

$$\lim_{\Delta s\to0}\left|\frac{\Delta\theta}{\Delta s}\right|=\frac{1}{\rho} \tag{7-42}$$

式中 ρ 为轨迹曲线在 M 点的曲率半径，又知

$$\lim_{\Delta t\to0}\left|\frac{\Delta s}{\Delta t}\right|=|v| \tag{7-43}$$

于是$\frac{\mathrm{d}\boldsymbol{\tau}}{\mathrm{d}t}$的大小为

$$\left|\frac{\mathrm{d}\boldsymbol{\tau}}{\mathrm{d}t}\right|=\frac{|v|}{\rho} \tag{7-44}$$

由上面的推导可知，$\Delta\boldsymbol{\tau}$ 在 ΔMAB 所决定的平面内。当 Δt 趋近于零时，该平面便是轨迹曲线在 M 点的密切面。所以，$\frac{\mathrm{d}\boldsymbol{\tau}}{\mathrm{d}t}$在该密切面内。

$\frac{\mathrm{d}\boldsymbol{\tau}}{\mathrm{d}t}$的方向是 Δt 趋近于零时 $\Delta\boldsymbol{\tau}$ 的极限方向。由图 7－8(b)所示的等腰三角形可知，$\Delta\boldsymbol{\tau}$ 与 $\boldsymbol{\tau}$ 的夹角 $\angle MAB=\frac{1}{2}(\pi-\Delta\theta)$，当 Δt 趋近于零时，$\Delta\theta$ 也趋近于零，所以$\lim\limits_{\Delta t\to0}\angle MAB=\frac{\pi}{2}$，这就是说，矢量$\frac{\mathrm{d}\boldsymbol{\tau}}{\mathrm{d}t}$的方位与轨迹在点 M 的切线垂直。当$\boldsymbol{v}$ 为正向时，$\frac{\mathrm{d}\boldsymbol{\tau}}{\mathrm{d}t}$指向轨迹的凹方，即指向轨迹在点 M 的曲率中心，当 v 为负向时，$\frac{\mathrm{d}\boldsymbol{\tau}}{\mathrm{d}t}$指向轨迹的凸方，即背离轨迹在点 M 的曲率中心，如图 7－9 所示。根据自然轴系的规定，$\boldsymbol{n}$ 为指向主法线方向的单位矢量；又因$\frac{\mathrm{d}\boldsymbol{\tau}}{\mathrm{d}t}$的大小为$\frac{|v|}{\rho}$，$v$ 为代数量，因此，可将矢量$\frac{\mathrm{d}\boldsymbol{\tau}}{\mathrm{d}t}$写成

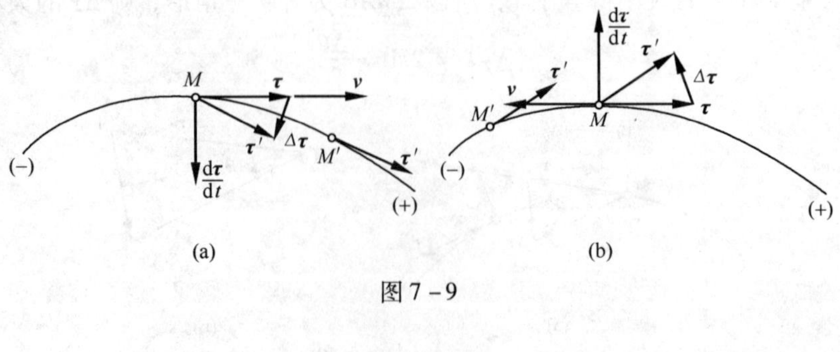

图 7－9

$$\frac{\mathrm{d}\boldsymbol{\tau}}{\mathrm{d}t}=\frac{v}{\rho}\boldsymbol{n} \tag{7-45}$$

将式(7－45)代入式(7－38)，最后得点的加速度为

$$\boldsymbol{a} = \frac{\mathrm{d}v}{\mathrm{d}t}\boldsymbol{\tau} + \frac{v^2}{\rho}\boldsymbol{n} \tag{7-46}$$

式(7－46)表明，用自然法表示点的加速度时，加速度矢量 $\boldsymbol{a}$ 可分解为两个分量：分量 $\frac{\mathrm{d}v}{\mathrm{d}t}\boldsymbol{\tau}$ 总是沿着轨迹的切线方向，称为切向加速度，以 $\boldsymbol{a}_\tau$ 表示；切向加速度表示速度的大小对时间的变化率。分量 $\frac{v^2}{\rho}\boldsymbol{n}$ 总是沿着主法线方向，并恒指向轨迹的凹方，即恒指向轨迹曲线的曲率中心，称为法向加速度或向心加速度，以 $\boldsymbol{a}_n$ 表示；法向加速度表示速度方向对时间的变化率。将加速度 $\boldsymbol{a}$ 分解为切向加速度 $\boldsymbol{a}_\tau$ 和法向加速度 $\boldsymbol{a}_n$ 之后，则有：

$$\boldsymbol{a}_\tau = \frac{\mathrm{d}v}{\mathrm{d}t}\boldsymbol{\tau} \tag{7-47}$$

$$\boldsymbol{a}_n = \frac{v^2}{\rho}\boldsymbol{n} \tag{7-48}$$

式(7－47)和式(7－48)说明点的加速度 $\boldsymbol{a}$ 在密切面内，故 $\boldsymbol{a}$ 在副法线方向的分量 $\boldsymbol{a}_b$ 为零，即

$$\boldsymbol{a}_b = 0 \tag{7-49}$$

与式(7－47)、式(7－48)和式(7－49)相对应的投影式分别为：

$$\left.\begin{aligned} \boldsymbol{a}_\tau &= \frac{\mathrm{d}v}{\mathrm{d}t} = \frac{\mathrm{d}^2 s}{\mathrm{d}t^2} = \ddot{s} \\ \boldsymbol{a}_n &= \frac{v^2}{\rho} \\ \boldsymbol{a}_b &= 0 \end{aligned}\right\} \tag{7-50}$$

即点的加速度在切线上的投影等于速度的代数值对时间的一阶导数，或等于弧坐标对时间的二阶导数；加速度在主法线上的投影等于速度大小的平方除以轨迹上动点所在处的曲率半径；加速度在副法线上的投影等于零。

切向加速度 $\boldsymbol{a}_\tau$ 的指向可由代数值 $\frac{\mathrm{d}v}{\mathrm{d}t}$ 的正负号确定，当 $\frac{\mathrm{d}v}{\mathrm{d}t}>0$ 时，$\boldsymbol{a}_\tau$ 与 $\boldsymbol{v}$ 同向，动点作加速运动；当 $\frac{\mathrm{d}v}{\mathrm{d}t}<0$ 时，$\boldsymbol{a}_\tau$ 与 $\boldsymbol{v}$ 反向，动点作减速运动。

因为点的加速度 $\boldsymbol{a}$ 等于 $\boldsymbol{a}_\tau$ 与 $\boldsymbol{a}_n$ 的矢量和，所以对于 $\boldsymbol{a}_\tau$、$\boldsymbol{a}_n$ 而言，加速度 $\boldsymbol{a}$ 又称为全加速度。其大小为

$$a = \sqrt{a_\tau^2 + a_n^2} = \sqrt{\left(\frac{dv}{\mathrm{d}t}\right)^2 + \left(\frac{v^2}{\rho}\right)^2} \tag{7-51}$$

它与主法线的夹角 α 的正切为如图 7－10 所示，即

$$\tan\alpha = \frac{|a_\tau|}{a_n} \tag{7-52}$$

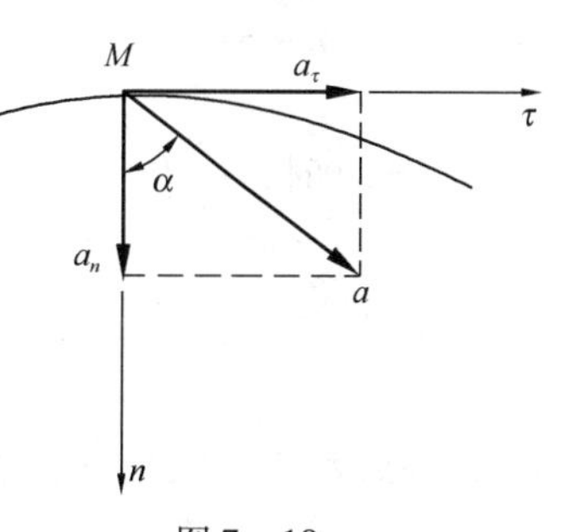

图 7－10

5. 几种特殊情况

由式(7－50)可知，如果已知点的切向加速度随时间变化的函数关系，又能确定初瞬时点的弧坐标 s_0 和初速度 v_0，就可以用积分法求出点的速度方程和运动方程：

$$v = v_0 + \int_0^t a_\tau \mathrm{d}t \tag{7-53}$$

$$s = s_0 + \int_0^t v\mathrm{d}t = s_0 + v_0 t + \int_0^t \int_0^t a_\tau \mathrm{d}t\mathrm{d}t \tag{7-54}$$

(1) 匀速曲线运动

点作匀速率曲线运动时，$v = v_0 =$ 常量，即 $\boldsymbol{a}_\tau = 0$，运动方程为

$$s = s_0 + vt \tag{7-55}$$

此时全加速度为 $\boldsymbol{a} = \boldsymbol{a}_n = \frac{v^2}{\rho}\boldsymbol{n}$，其大小为 $|\boldsymbol{a}| = \frac{v^2}{\rho}$，方向沿着主法线并指向轨迹的凹方。

(2) 匀变速曲线运动

点作匀变速曲线运动时，$a_\tau = \frac{\mathrm{d}v}{\mathrm{d}t} =$ 常量，$a_n = \frac{v^2}{\rho}$，速度大小方程和运动方程分别为：

$$v = v_0 + a_\tau t \tag{7-56}$$

$$s = s_0 + v_0 t + \frac{1}{2} a_\tau t^2 \tag{7-57}$$

从上两式中消去时间 t，得

$$v^2 - v_0^2 = 2a_\tau (s - s_0) \tag{7-58}$$

(3) 直线运动

动点作直线运动时，轨迹上任一点的曲率半径 $\rho = \infty$，所以 $a_\tau = \frac{\mathrm{d}v}{\mathrm{d}t}$，$a_n = 0$；即在直线运动中，全加速度 $\boldsymbol{a} = \boldsymbol{a}_\tau$。

上面的(7-53)至(7-58)各式完全可用于直线运动；只是在直线运动的各式中要以全加速度 $\boldsymbol{a}$ 代替曲线运动的各相应式中的切向加速度 $\boldsymbol{a}_\tau$，因为直线运动中的全加速度也就是切向加速度。

例2 汽车沿半径为 $R = 250\mathrm{m}$ 的圆弧公路作匀加速运动。如初速度为零，经过 5s 后速度达到 90km/h。求起点和终点的加速度。

解 由于汽车作圆弧轨迹匀加速运动，切向加速度 a_τ 恒定。于是有加速度大小

$$\frac{\mathrm{d}v}{\mathrm{d}t} = a_\tau = \text{常量}$$

上式两边积分

$$\int_0^v \mathrm{d}v = \int_0^t a_\tau \mathrm{d}t$$

由于 $v|_{t=0} = 0$，可得

$$v = a_\tau t$$

当 $t = 5\mathrm{s}$ 时，$v = 90\mathrm{km/h} = 25\mathrm{m/s}$，代入上式，得

$$a_\tau = 5\mathrm{m/s^2}$$

在起点 $v = 0$，则法向加速度为零，汽车只有切向加速度

$$a = a_\tau = 5\mathrm{m/s^2} \quad \text{方向沿圆弧切线方向}$$

在终点 $v \neq 0$，汽车既有切向加速度又有法向加速度

$$a_\tau = 5\mathrm{m/s^2}$$

$$a_n = \frac{v^2}{R} = 2.5\text{m/s}^2$$

终点的全加速度 $\boldsymbol{a}$ 的大小为

$$a = \sqrt{a_\tau^2 + a_n^2} = 5.6\text{m/s}^2$$

$\boldsymbol{a}$ 与主法线的夹角为

$$\tan\alpha = \frac{a_\tau}{a_n} = 2$$

$$\alpha = 63°26'$$

例 3　图 7－11 为一曲柄摇杆机构，曲柄长 $OA = 10\text{cm}$，绕 O 轴转动，角 φ(单位为 rad)与时间 t(单位为 s)的关系为 $\varphi = \frac{\pi}{4}t$，摇杆长 $O_1B = 24\text{cm}$，距离 $O_1O = 10\text{cm}$。求 B 点的运动方程、速度及加速度。

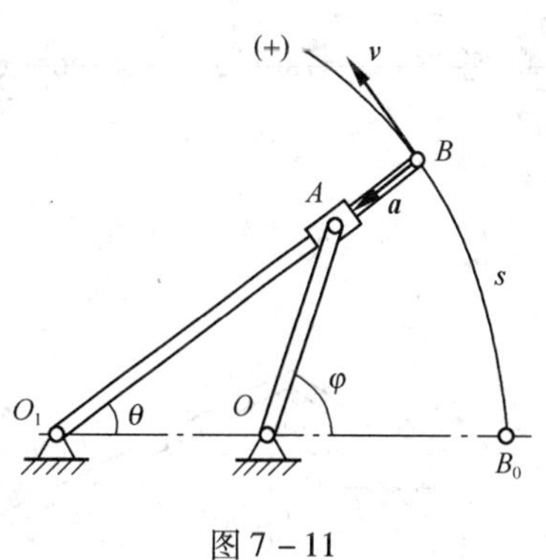

图 7－11

解　B 点的运动轨迹是以 O_1B 为半径的圆弧，$t = 0$ 时，B 点在 B_0 处。取 B_0 为坐标原点，则 B 点的弧坐标

$$s = \overset{\frown}{B_0B} = O_1B \cdot \theta$$

由于 ΔOAO_1 是等腰的，则 $\varphi = 2\theta$，故

$$s = O_1B \times \frac{\varphi}{2} = 3\pi t \quad \text{cm}$$

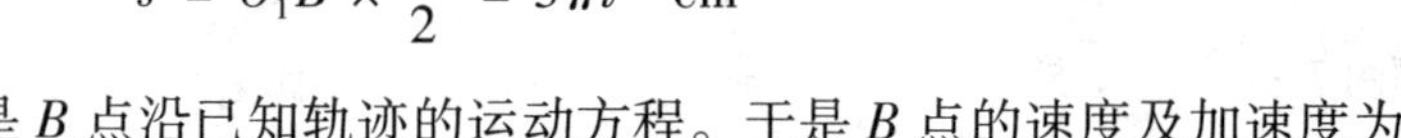

这就是 B 点沿已知轨迹的运动方程。于是 B 点的速度及加速度为

$$v = \frac{\mathrm{d}s}{\mathrm{d}t} = 3\pi = 9.42\text{cm/s}\ \text{指向轨迹的切线方向}$$

$$a_\tau = \frac{\mathrm{d}^2 s}{\mathrm{d}t^2} = 0$$

加速度大小为

$$a = a_n = \frac{v^2}{\rho} = 3.70\text{cm/s}^2$$

其方向如图所示。可见，B 点作匀速圆周运动。

小　结

1. 点的运动学是研究质点系(包括刚体)运动的基础，点的运动按轨迹的不同，可分为直线运动和曲线运动。

2. 描述点的运动的常用的方法有矢量表示法、直角坐标表示法和自然坐标表示法等。矢量法适于理论推导，具体计算则用直角坐标法和自然坐标法。直角坐标法是从不同瞬时点的位置坐标的变化来研究点的运动。自然坐标法是密切联系着轨迹的性质来分析点的运动，自然坐标法应用于轨迹已知的情形。

3. 特殊运动是工程中常见的，包括匀速直线运动、匀变速直线运动、匀速曲线运动和匀变速曲线运动，其运动特征和主要公式可由自然坐标法推导出。

4. 点的运动学有两类应用问题：第一类是给定点的运动方程(轨迹)，确定其速度和加速度，或者给出约束条件，确定运动方程，进而确定速度和加速度。第二类是已知加速度和运动初始条件，通过积分，求得速度和运动方程(轨迹)。

习 题

7-1 曲柄滑块机构如题图7-1所示。曲柄 OA 长 r，连杆 AB 长 l，滑道与曲柄轴的高度相差 h。已知曲柄按规律 $\varphi=\omega t$ 转动，且 ω 是常量。试求滑块 B 的运动方程。

答案：$x=r\cos\omega t+\sqrt{l^2-(r\sin\omega t+h)^2}$

7-2 题图7-2所示杆 $OM=l$，可绕水平轴 oz 转动，并插在套筒 A 中，由按规律 $\varphi=kt^2$（k 是常量，φ 以 rad 为单位，t 以 s 为单位）转动的曲柄 O_1A 带动。设 $O_1O=O_1A$，求摇杆端点 M 在套筒滑出前的运动方程。

答案：$x=l\sin\dfrac{kt^2}{2}$，$y=l\cos\dfrac{kt^2}{2}$

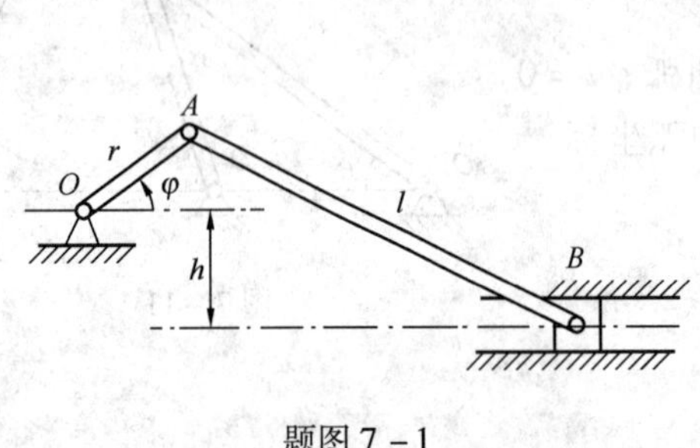

题图7-1

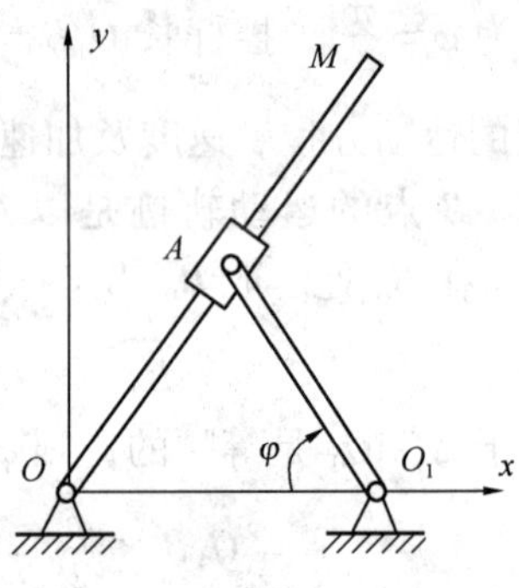

题图7-2

7-3 偏心轮半径为 R，转动轴到轮心的偏心距 $OC=d$，坐标轴 Ox 如题图7-3所示，求杆 AB 的运动方程，已知 $\varphi=\omega t$，ω 为常量。

答案：$x=d\sin\omega t+\sqrt{r^2-d^2\cos^2\omega t}$

7-4 如题图7-4所示，摇杆机构由摇杆 BC、滑块 A 和曲柄 OA 组成，已知 $OA=OB=10\text{cm}$，BC 杆绕 B 轴按 $\varphi=10t$ 的规律转动（φ 以弧度计），并通过滑块 A 在 BC 上滑动而带动 OA 绕 O 轴转动。试用直角坐标法和自然法，求滑块 A 的速度和加速度。

答案：$v_A=2\text{m/s}$；$a_A=40\text{m/s}^2$

7-5 如题图7-5所示，半圆形凸轮以匀速 $v=10\text{mm/s}$ 沿水平方向向左运动，滑杆

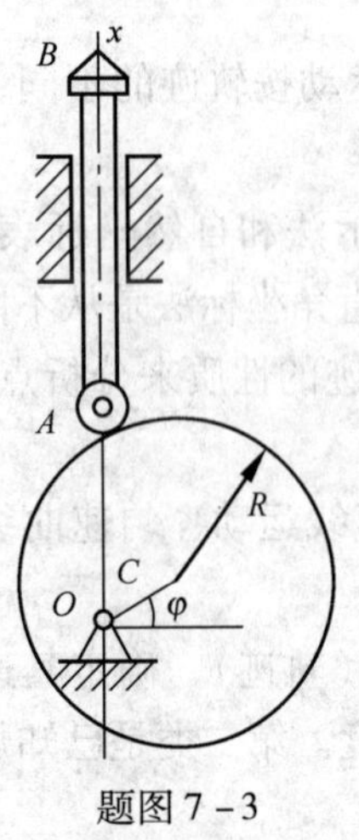

题图7-3

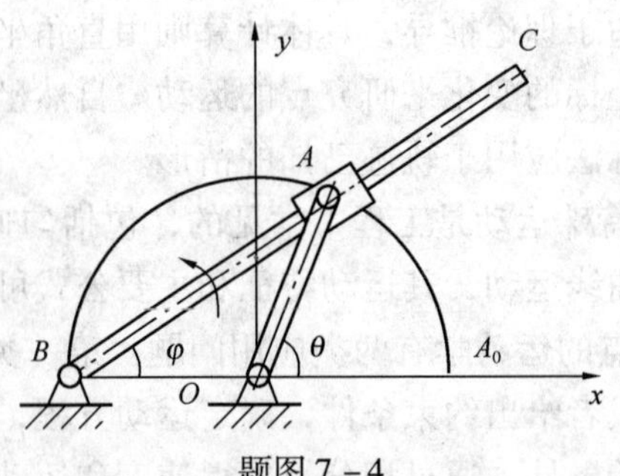

题图7-4

AB 长 l，沿竖直方向运动。当运动开始时，滑杆 A 端在凸轮的最高点上。若凸轮的半径 $R=80$mm，求滑杆 B 的运动方程和速度方程。

答案：$y_B=\sqrt{64-t^2}+l$；$v_B=-t/\sqrt{64-t^2}$

7－6　滑道连杆机构如题图 7－6 所示，曲柄 OA 长 r，按规律 $\varphi=\varphi_0+\omega t$ 转动（φ 以 rad 计，t 以 s 计），ω 为一常量。求滑道上 B 点的运动方程、速度及加速度。

答案：$y_B=r\cos(\varphi_o+\omega t)+l$；$v_B=-r\omega\sin(\varphi_o+\omega t)$；$a_B=-r\omega^2\cos(\varphi_o+\omega t)$

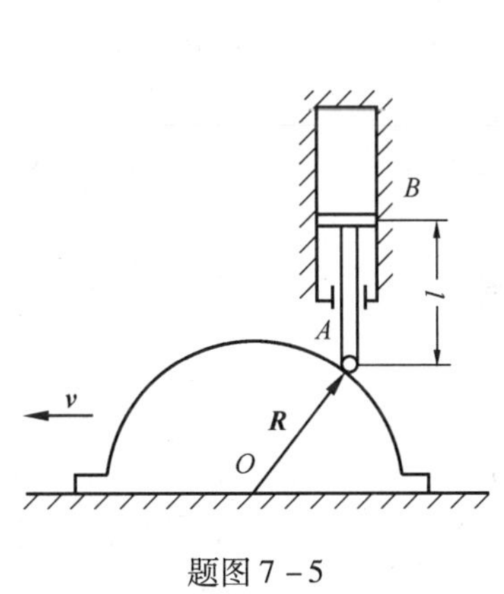

题图 7－5

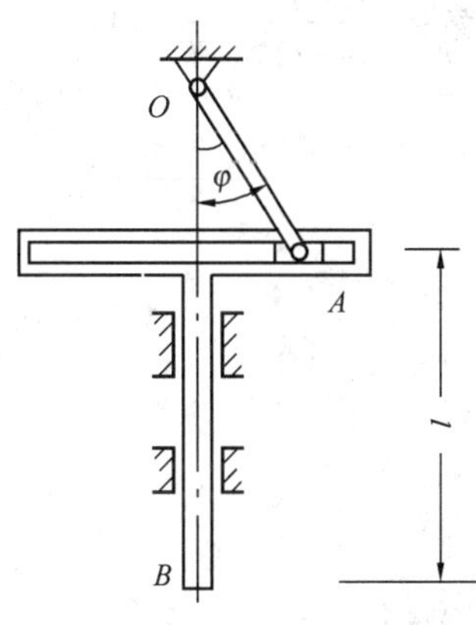

题图 7－6

7－7　如题图 7－7 所示，摇杆机构的滑轮 AB 在某段时间内以匀速 u 向上运动，试分别用直角坐标法与自然坐标法建立摇杆上 C 点的运动方程和在 $\varphi=\pi/4$ 时该点速度的大小。摇杆长 $OC=b$。

答案：直角坐标法：$x_c=\dfrac{bL}{\sqrt{L^2+(ut)^2}}$，$y_c=\dfrac{but}{\sqrt{L^2+(ut)^2}}$；

自然坐标法：$s=b\varphi$，$\varphi=\arctan\dfrac{ut}{L}$；$v_c=\dfrac{bu}{2L}$

7－8　如题图 7－8 所示，摇杆滑道机构，滑块 M 同时在固定圆弧槽 BC 中和在摇杆 OA 的滑道中滑动。BC 弧的半径为 R，摇杆绕 O 轴以匀角速度 ω 转动，O 轴在 BC 弧所在的圆周上，开始时摇杆在水平位置。试分别用直角坐标法与自然坐标法求滑块 M 的运动方程、速度及加速度。

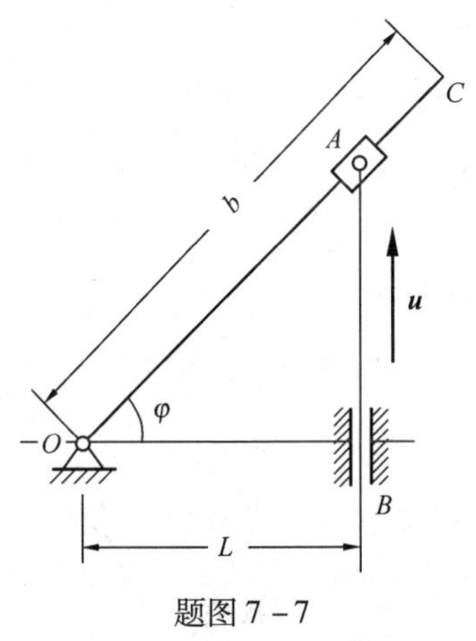

题图 7－7

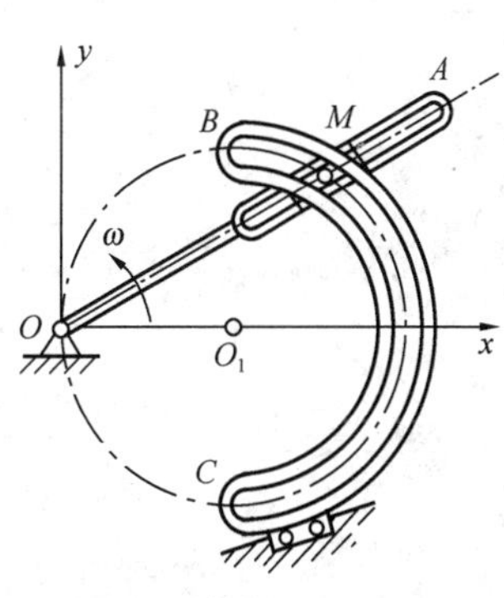

题图 7－8

答案：(1)直角坐标法：$x = R + R\cos 2\omega t$，$y = R\sin 2\omega t$；$v = 2R\omega$，$\cos(v, i) = -\sin 2\omega t$，$a = 4R\omega^2$，$\cos(a, i) = -\cos 2\omega t$；

(2)自然坐标法：$s = 2R\omega t$；$v = 2R\omega$；$a = a_n = 4R\omega^2$

7-9 如题图7-9所示，杆AB长l，以等角速度ω绕点B转动，其转动方程为$\varphi = \omega t$。而与杆连接的滑块B规律$s = a + b\sin\omega t$沿水平线作谐振动，其中a和b均为常数。求点A的轨迹。

答案：$\dfrac{(x-a)^2}{(b+l)^2} + \dfrac{y^2}{l^2} = 1$

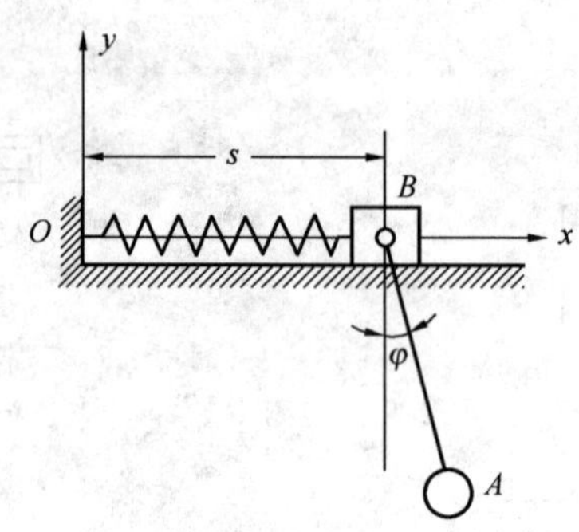

题图7-9

第八章　刚体的基本运动

在前一章中，我们已经研究了点的运动，但是在许多工程实际问题中，例如在研究列车以及各种机构等的运动时，则不能作为点的运动，而是物体的运动。一般地说，这些物体是由无数个点组成的，要研究物体的运动，就应研究各个点的运动。对刚体而言，由于各点间的距离保持不变，各点的相对运动相互制约，各点间的速度与加速度存在一定的关系，这就表明刚体运动的研究是以点的运动的研究为基础。刚体的最基本的运动形式是平行移动和定轴转动，因此先研究刚体的这两种基本形式的运动，作为进一步研究刚体复杂运动的基础。

第一节　刚体的平行移动

观察图 8－1 所示的直线轨道上行驶的火车车厢的运动，图 8－2 所示的汽缸中活塞 B 的运动，图 8－3 所示的筛砂机的筛子 AB 的运动等，可以发现它们有一个共同的特征，即在运动过程中，它们内部的任一直线在任一瞬时的位置，始终与原先的位置平行。由此可得定义：在运动过程中，若刚体内部任何一条直线始终保持与其原先的位置平行，则称为刚体的平行移动，简称为平动或移动。

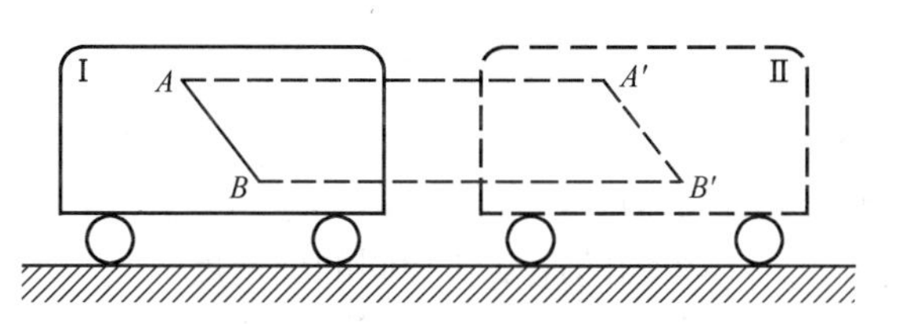

图 8－1

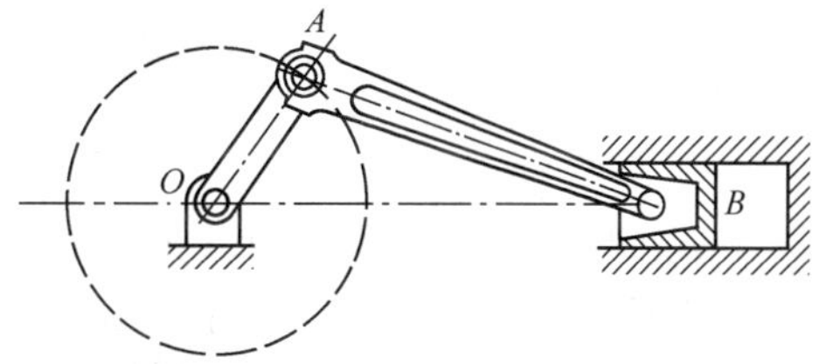

图 8－2

刚体平动时，其上各点可能是作直线运动，也可能是作任意曲线运动。图 8－2 所示活塞作平动时，其上各点的轨迹为直线，这种平动称为直线平动；图 8－3 所示筛砂机的筛子 AB 作平动时，其上各点的轨迹是一段圆弧，这种平动则称为曲线平动。下面的定理表明了作平动的刚体内各点运动的特性。

定理：当刚体作平动时，体内所有各点的轨迹形状完全相同且相互平行，并且在同一瞬时，各点具有相同的速度和相同的加速度。

证明：在作平动的刚体内任选两点 A、B，并连接两点成一线段 AB。在瞬时 t_0，线段的位置为 AB，经过时间间隔 $t-t_0$ 后，线段运动到位置 A_nB_n。A、B 两点的轨迹为图 8－4 所示的曲线。现将时间间隔分成若干个非常短的时段，对应每一时段线段 AB 的位置为 A_1B_1、A_2B_2、…、A_nB_n。根据刚体平行移动的定义，有 $AB /\!/ A_1B_1 /\!/ A_2B_2 /\!/ \cdots A_nB_n$ 且各线段的长度相等。可知 ABB_1A_1、$A_1B_1B_2A_2$、…等都是平行四边形，即两折

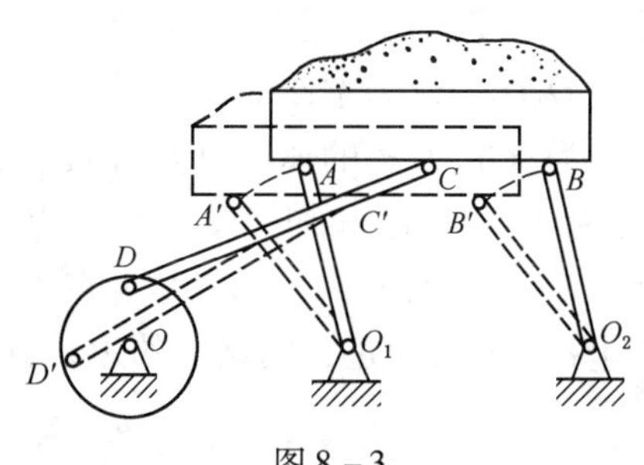

图 8－3

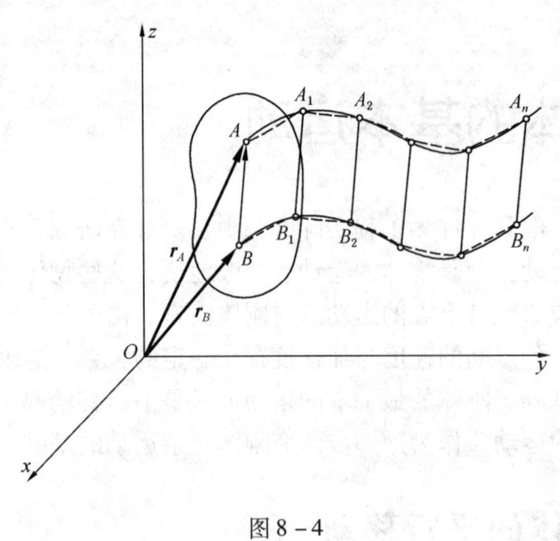

图8-4

线 $AA_1A_2\cdots A_n$ 与 $BB_1B_2\cdots B_n$ 平行而且形状相同。当 n 趋近于无穷大且每一时段趋近于零时，这两折线分别趋近于 A 点和点 B 的轨迹。这就证明了刚体平动时，刚体内所有各点的轨迹形状完全相同且相互平行。

现在再来研究 A、B 两点的速度和加速度。以 $\boldsymbol{r}_A$ 和 $\boldsymbol{r}_B$ 分别表示点 A 和点 B 的矢径，由图8-4得

$$\boldsymbol{r}_A = \boldsymbol{r}_B + \overrightarrow{BA} \tag{8-1}$$

将上式对时间求一阶导数，由于刚体作平动，$\overrightarrow{BA}$是一个常矢量，对时间的导数应等于零，所以

$$\frac{\mathrm{d}\boldsymbol{r}_A}{\mathrm{d}t} = \frac{\mathrm{d}\boldsymbol{r}_B}{\mathrm{d}t}$$

即

$$\boldsymbol{v}_A = \boldsymbol{v}_B \tag{8-2}$$

上式说明，在同一瞬时点 A 的速度$\boldsymbol{v}_A$与点 B 的速度$\boldsymbol{v}_B$相等。

再将式(8-2)对时间求一阶导数，得

$$\frac{\mathrm{d}\,\boldsymbol{v}_A}{\mathrm{d}t} = \frac{\mathrm{d}\,\boldsymbol{v}_B}{\mathrm{d}t}$$

即

$$\boldsymbol{a}_A = \boldsymbol{a}_B \tag{8-3}$$

上式说明，在同一瞬时点 A 的加速度 $\boldsymbol{a}_A$ 与点 B 的加速度 $\boldsymbol{a}_B$ 相等。

这就证明了在同一瞬时，作平动的刚体内各点具有相同的速度和相同的加速度。

根据上述定理可知，当刚体作平动时，刚体内各点的运动规律、速度和加速度都相同，因此，平动刚体上任意一点的运动都可以代表整个刚体的运动，也就是说刚体平动的问题可以归结刚体内任意一点的运动的问题，可以应用上一章关于点的运动学的理论和方法。

例1 荡木用两条等长的钢索平行吊起，如图8-5所示。钢索长为 l，长度单位为m。当荡木摆动时，钢索的摆动规律为 $\varphi=\varphi_0\sin\dfrac{\pi}{4}t$，其中 t 为时间，单位为 s；转角 φ_0 的单位为 rad，试求当 $t=0$s 和 $t=2$s 时，荡木的中点 M 的速度和加速度。

解 由于两条钢索 O_1A 和 O_2B 的长度相等，并且相互平行，于是荡木 AB 在运动中始终平行于直线 O_1O_2，故荡木作平动。

为求中点 M 的速度和加速度，只需求出点 A(或者 B)的速度和加速度即可。点 A 在圆弧上运动，圆弧的半径为 l。如以最低点 O 为起点，规定弧坐标 s 向右为正，则点 A 的运动方程为

$$s = \varphi_0 l\sin\frac{\pi}{4}t$$

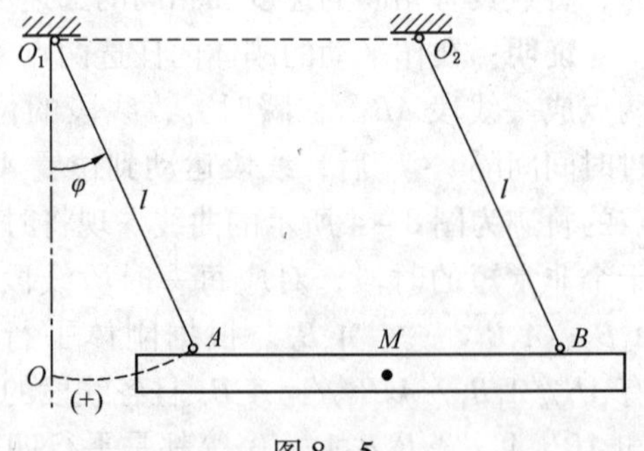

图8-5

将上式对时间求导数，得点 A 的速度为

$$v = \frac{\mathrm{d}s}{\mathrm{d}t} = \frac{\pi}{4} l\varphi_0 \cos \frac{\pi}{4} t$$

再求一次导数，得切向加速度为

$$a_\tau = \frac{\mathrm{d}v}{\mathrm{d}t} = -\frac{\pi^2}{16} l\varphi_0 \sin \frac{\pi}{4} t$$

点 A 的法向加速度为

$$a_n = \frac{v^2}{l} = -\frac{\pi^2}{16} l\varphi_0^2 \cos^2 \frac{\pi}{4} t$$

代入 $t = 0\mathrm{s}$ 和 $t = 2\mathrm{s}$，就可求得这两瞬时点 A 的速度和加速度，亦即点 M 在这两瞬时的速度和加速度。计算结果如表 8－1 所列。

表 8－1　M 在这两瞬时的速度和加速度

t/s	φ/rad	$v/(\mathrm{m \cdot s^{-1}})$	$a_\tau/(\mathrm{m \cdot s^{-2}})$	$a_n/(\mathrm{m \cdot s^{-2}})$
0	0	$\frac{\pi}{4}\varphi_0 l$（水平向右）	0	$\frac{\pi^2}{16}\varphi_0 l$（铅直向上）
2	φ_0	0	$-\frac{\pi^2}{16}\varphi_0 l$	0

第二节　刚体的定轴转动

在工程实际中，刚体绕定轴转动是一种很普遍的运动，例如电机转子、机器的飞轮、卷扬机的卷筒、机械的传动轴、齿轮等的运动，其共同特点是各自绕一固定的轴线转动，轴线上的各点保持不动。由此可得定义：刚体运动时，其上或其扩展部分有两点保持不动，则这种运动称为刚体绕定轴的转动，简称刚体的转动。通过这两个固定点的一条不动的直线，称为刚体的转轴或轴线，简称轴。

由于刚体上各点到转轴的距离保持不变，当刚体转动时，体内不在转轴上的各点都在垂直于转轴的各平面内作圆周运动，圆心都在转轴上，这就是刚体转动的特点。但是必须指出，虽然各点都作圆周运动，但它们各自的轨迹却不一定相同，各点的速度和加速度也不一定相同。因此刚体绕定轴转动不能像平动刚体那样当作一个点来研究，而必须首先研究整个刚体的运动规律，然后再研究刚体内各点的速度和加速度。

1. 刚体位置的确定

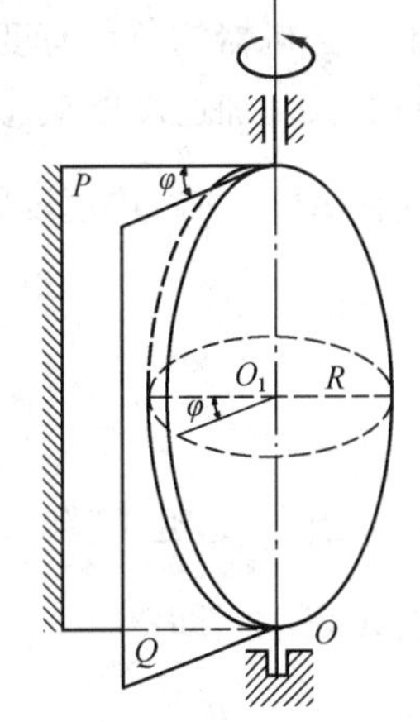

图 8－6

设刚体绕转轴 Oz 转动，如图 8－6 所示。为了确定刚体在任一瞬时的位置，通过 Oz 轴分别作 P、Q 两个平面，使平面 P 固结在静参考体上，平面 Q 则固结在刚体上随刚体一起转动。由于刚体内任一点相对于平面 Q 的位置是一定的，因此，只要知道在某一瞬时平面 Q 在空间的位置，也就知道了该瞬时刚体上各点的位置，亦即知道了整个刚体的位置。而平面 Q 在任一瞬时 t 的位置可由它与固定平面 P 的夹角 φ 来确定。φ 称为刚体的转角或位置角，它被视为代数量，其正负号规定如下：从 z 轴的正端看刚体，按逆时针转向量取的转角为

正，反之为负。转角 φ 的单位通常用弧度 rad。

当刚体转动时，转角 φ 随时间而变化，它是时间 t 的单值连续函数，可写为

$$\varphi = f(t) \tag{8-4}$$

这个方程称为刚体的转动方程，它反映了整个刚体转动的规律。

2. 角速度

为了描述刚体转动的快慢和转向，引入角速度的概念。设在瞬时 t，刚体的转角为 φ，在瞬时 $t+\Delta t$，转角为 $\varphi+\Delta\varphi$，则在 Δt 时间内刚体的角位移为

$$\Delta\varphi = (\varphi + \Delta\varphi) - \varphi$$

比值$\frac{\Delta\varphi}{\Delta t}$称为刚体在 Δt 时间内的平均角速度，以 ω^* 表示，即

$$\omega^* = \frac{\Delta\varphi}{\Delta t} \tag{8-5}$$

当 Δt 趋近于零时，ω^* 的极限即为刚体在瞬时 t 的角速度，以 ω 表示，即

$$\omega = \lim_{\Delta t\to 0}\omega^* = \lim_{\Delta t\to 0}\frac{\Delta\varphi}{\Delta t} = \frac{d\varphi}{dt} \tag{8-6}$$

即：刚体绕定轴转动的角速度等于转角对时间的一阶导数。角速度的量纲是 $[\omega] = \left[\frac{1}{\text{时间}}\right] = [T]^{-1}$，角速度的单位是：弧度/秒(rad/s)。

由于转角 φ 是代数量，角速度 ω 必然也是代数量。当$\frac{d\varphi}{dt}>0$ 时，φ 的代数值随时间 t 的增加而增加，因此，刚体沿 φ 的正向即逆时针转动的方向转动。当$\frac{d\varphi}{dt}<0$ 时，刚体顺时针转动。可见，角速度的正负号表示了刚体转动的方向。

工程实际中常用转速 n 来表示刚体转动的快慢，转速就是单位时间内刚体转过的周数，常用单位为转/分(r/min)。角速度与转速的换算关系是：

$$\omega = \frac{2\pi n}{60} = \frac{n\pi}{30} \tag{8-7}$$

其中 n 的单位是 r/min，ω 的单位是 rad/s。

3. 角加速度

机器启动或制动时，其角速度是变化的。启动时角速度逐渐增大，制动时角速度逐渐减小；若机器的负荷有变化，其转动的角速度也会发生波动。为了描述角速度变化的快慢，我们引入角加速度的概念。设在瞬时 t，刚体的角速度为 ω，到瞬时 $t+\Delta t$，角速度为 $\omega+\Delta\omega$，则在 Δt 时间内角速度的改变量为 $\Delta\omega$，比值$\frac{\Delta\omega}{\Delta t}$称为刚体在 Δt 时间内的平均角加速度，以 α^* 表示，即

$$\alpha^* = \frac{\Delta\omega}{\Delta t} \tag{8-8}$$

当 Δt 趋近于零时，$\frac{\Delta\omega}{\Delta t}$的极限表示瞬时 t 角速度的变化率，称为刚体瞬时 t 的角加速度，以 α 表示，即

$$\alpha = \lim_{\Delta t\to 0}\alpha^* = \lim_{\Delta t\to 0}\frac{\Delta\omega}{\Delta t} = \frac{d\omega}{dt} = \frac{d^2\varphi}{dt^2} \tag{8-9}$$

即：定轴转动刚体的角加速度等于刚体的角速度对时间的一阶导数，或转角对时间的二阶导数。角加速度的量纲是 $[\alpha]=\left[\frac{1}{时间^2}\right]=[T]^{-2}$，角加速度的单位是：弧度/秒^2（$rad/s^2$）。

由于角速度是代数量，角加速度显然也是代数量。当 $\omega>0$ 时，如果 $\alpha>0$ 时，那么角速度的代数值逐渐增大，刚体作加速转动；如果 $\alpha<0$ 时，那么角速度的代数值逐渐减小，刚体作减速转动。当 $\omega<0$ 时，如果 $\alpha>0$，那么角速度的绝对值逐渐减小，刚体作减速转动；如果 $\alpha<0$，那么角速度的绝对值逐渐增大，刚体作加速转动，但转动的方向与规定的转动方向相反。

4. 匀速转动和匀变速转动

刚体转动时，若其角速度为常量，则称为匀速转动；若其角加速度为常量，则称为匀变速转动。这是刚体转动的两种特殊情况。

刚体转动时，可以用前述与点的运动类似的积分方法得到表示各运动要素之间的关系的公式如下：

$$\omega=\omega_0+\int_0^t\alpha dt \tag{8-10}$$

$$\varphi=\varphi_0+\omega_0 t+\int_0^t\int_0^t\alpha dt dt \tag{8-11}$$

式中 φ_0 和 ω_0 分别为初位置角和初角速度。

对于匀速转动，因 $\omega=\omega_0=$ 常量，$\alpha=0$，由式(8－11)，则有

$$\varphi=\varphi_0+\omega t \tag{8-12}$$

对于匀变速转动，$\alpha=\alpha_0=$ 常数，则有

$$\varphi=\varphi_0+\omega_0 t+\frac{1}{2}\alpha t^2 \tag{8-13}$$

由式(8－13)中消去 t，则有

$$\omega^2-\omega_0^2=2\alpha(\varphi-\varphi_0) \tag{8-14}$$

这些公式与点的直线运动的公式在形式上是相似的。

第三节　定轴转动刚体内各点的速度和加速度

在工程实际中，不仅要知道定轴转动刚体的角速度和角加速度，而且还常常需要知道刚体内某些点的速度和加速度。例如，要知道带式运轮机的传递速度，就要知道带轮边缘上一点的速度；齿轮带动齿条运动，就需要知道齿轮与齿条相接触的那一点的速度和加速度。

除了刚体作平动的情况外，刚体上各点的速度和加速度，一般是各不相同的。因此不能笼统地说“刚体的速度或加速度”，应该通过整个刚体的运动来研究刚体内各点的速度和加速度。

1. 定轴转动刚体内各点的速度

根据刚体定轴转动的特点，转动刚体上除了转轴上的各点外，其余各点都在垂直于转轴的各平面内作圆周运动，圆心在转轴上。由于各点的轨迹已知，利用自然法来研究各点的运动较为方便。

已知刚体绕 Oz 轴以 $\varphi=f(t)$ 的规律转动，在刚体内任取一点 M 来进行研究。过点 M 作垂直于转轴的截面 H，与转轴交于点 O，则 $r=OM$ 为点 M 的转动半径，如图 8－7 所示。取

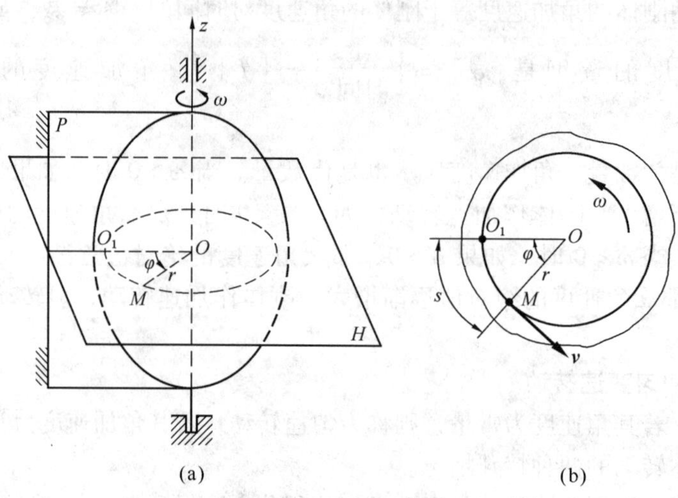

图 8－7

固定平面 P 与点 M 的圆周轨迹的交点 O_1 为弧坐标原点，以转角 φ 的正方向为弧坐标的正向，则在任一瞬时点 M 的弧坐标可表示为

$$s = r\varphi \tag{8-15}$$

式中 φ 的单位为弧度。这样，点 M 的运动就与刚体的整体运动联系起来了。

由式(8－15)，可得点 M 速度的代数值为

$$v = \frac{\mathrm{d}s}{\mathrm{d}t} = r\frac{\mathrm{d}\varphi}{\mathrm{d}t} \tag{8-16}$$

即

$$v = r\omega \tag{8-17}$$

上式表明，转动刚体内任一点速度的大小，等于该点的转动半径与刚体的角速度的乘积。其方向沿轨迹的切线，指向与角速度的转向一致，如图 8－7 所示。

2. 定轴转动刚体内各点的加速度

由前面知，点的加速度等于切向加速度与法向加速度的矢量和。

切向加速度 $\boldsymbol{a}_\tau$ 的方向沿轨迹的切线，其代数值为

$$a_\tau = \frac{\mathrm{d}v}{\mathrm{d}t} = \frac{\mathrm{d}}{\mathrm{d}t}(r\omega) = r\frac{\mathrm{d}\omega}{\mathrm{d}t} = r\alpha \tag{8-18}$$

即：转动刚体内任一点的切向加速度的大小，等于该点的转动半径与刚体角加速度的乘积，其方位沿轨迹的切线，指向与角加速度的转向一致，如图 8－8 所示。

因为点 M 作圆周运动，其法向加速度 $\boldsymbol{a}_n$ 的方向沿半径 OM 且始终指向圆心 O，大小为

$$a_n = \frac{v^2}{r} = \frac{(r\omega)^2}{r} = r\omega^2 \tag{8-19}$$

即：转动刚体内任一点的法向加速度的大小，等于该点的转动半径与刚体角速度的平方的乘积，其方向始终指向圆心。

如果 α 与 ω 同号，刚体作加速转动，角速度的绝对值随时间而增加，则切向加速度 $\boldsymbol{a}_\tau$ 与速度 $\boldsymbol{v}$ 的指向相同，如图 8－9(a)所示；如果 α 与 ω 异号，刚体作减速转动，则 $\boldsymbol{a}_\tau$ 与 $\boldsymbol{v}$ 的指向相反，如图 8－9(b)所示。

点 M 的全加速度 $\boldsymbol{a}$ 的大小为

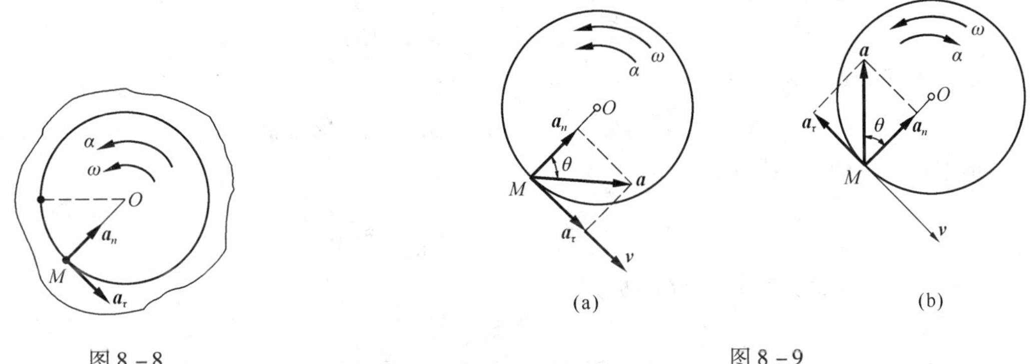

图 8-8　　　　图 8-9

$$a = \sqrt{a_\tau^2 + a_n^2} = r\sqrt{\alpha^2 + \omega^4} \tag{8-20}$$

其方向可由全加速度与转动半径 OM 的夹角 θ 来表示，为

$$\tan\theta = \frac{|a_\tau|}{a_n} = \frac{|r\alpha|}{r\omega^2} = \frac{|\alpha|}{\omega^2} \tag{8-21}$$

由于刚体转动时，在每一瞬时，刚体的 ω 和 α 都只有一个确定值，由公式(8-17)、(8-18)和式(8-19)可得刚体内各点速度、加速度的分布规律：

(1) 在任一瞬时，转动刚体内所有各点的速度和加速度的大小都与各点到转轴的距离成正比，如图 8-10(a)、(b)所示；

(2) 在任一瞬时，刚体内所有各点的速度都与其转动半径垂直，如图 8-10(a)所示；

(3) 在任一瞬时，刚体内所有各点的加速度对于其转动半径的偏角都相同，如图 8-10(b)所示。

例 2　图 8-11(a)所示卷扬机鼓轮半径 $r=0.16\text{m}$，可绕过点 O 的水平轴转动。已知鼓轮的转动方程为 $\varphi=\frac{1}{8}t^3\text{rad}$，其中 t 单位以 s 计，求 $t=4\text{s}$ 时轮缘上一点 M 的速度 $\boldsymbol{v}$ 和加速度 $\boldsymbol{a}$。

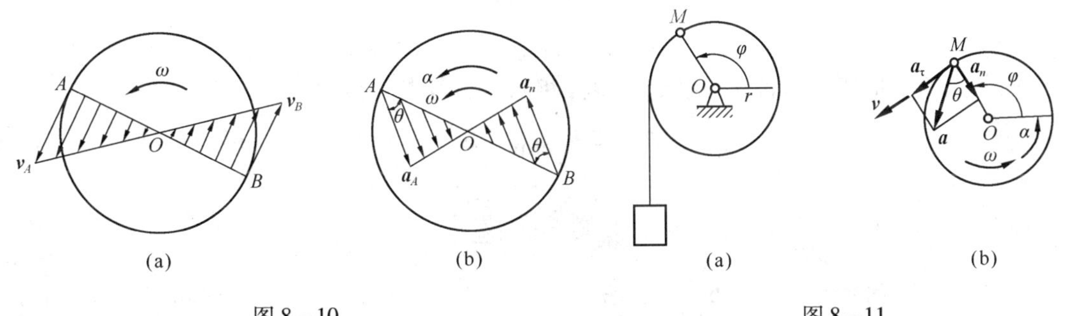

图 8-10　　　　图 8-11

解　鼓轮绕过点 O 的固定轴转动，取角坐标 φ 如图 8-11(b)所示。要求转动刚体上任一点的速度和加速度，首先将转动方程对时间求导数，得角速度 ω 和角加速度 α 分别为

$$\omega = \frac{\mathrm{d}\varphi}{\mathrm{d}t} = \frac{3}{8}t^2\text{rad/s}, \alpha = \frac{\mathrm{d}\omega}{\mathrm{d}t} = \frac{3}{4}t\text{rad/s}^2$$

故鼓轮在 $t=4\text{s}$ 时的速度和切向加速度分别为

$$v = r\omega = 0.16\times 6 = 0.96\text{m/s},\quad a_\tau = r\alpha = 0.16\times 3 = 0.48\text{m/s}^2$$

$\boldsymbol{v}$、$\boldsymbol{a}_\tau$ 与 OM 垂直，指向与 ω 和 α 转向一致，如图 8-11(b)所示。由于 ω 与 α 转向相同，所以鼓轮作加速运动。

轮缘上一点 M 的法向加速度为

$$a_n = r\omega^2 = 0.16 \times 6^2 = 5.76\text{m/s}^2$$

故点 M 的加速度的大小为

$$a = \sqrt{a_\tau^2 + a_n^2} = r\sqrt{\alpha^2 + \omega^4} = 5.78\text{m/s}^2$$

加速度 $\boldsymbol{a}$ 与 OM 连线的夹角为

$$\theta = \arctan\frac{\alpha}{\omega^2} = \arctan\left(\frac{1}{12}\right) = 4°48'$$

加速度 $\boldsymbol{a}$ 的方向如图 8－11(b)所示。

小　　结

1. 刚体运动的最简单形式为平行移动和绕定轴转动。

2. 刚体作平行移动

刚体作平行移动时，刚体内各点的轨迹形状完全相同，各点的轨迹可以是直线，也可以是曲线，在同一瞬时刚体内各点的速度和加速度大小、方向都相同。因此平动刚体可归结为点的运动来研究。

3. 刚体做定轴转动

定轴转动刚体的转动方程、角速度和角加速度分别为

$$\varphi = f(t)$$

$$\omega = \dot{\varphi}$$

$$\alpha = \frac{\mathrm{d}\omega}{\mathrm{d}t} = \ddot{\varphi}$$

定轴转动刚体上各点的速度、切向加速度、法向加速度以及全加速度的大小，都与各点的转动半径成正比。即

$$v = r\omega$$

$$a_\tau = r\alpha, a_n = r\omega^2, a = r\sqrt{\alpha^2 + \omega^4}$$

而各点的全加速度与转动半径的夹角都相同，与各点的转动半径无关，即

$$\theta = \arctan\frac{|\alpha|}{\omega^2}$$

习　　题

8－1　在题图 8－1 所示机构中，当 $\theta = 30°$，$\omega = 1.2\text{rad/s}$，$\alpha = 1.5\text{rad/s}^2$，$AB = CD = 2\text{m}$，$AC = 3\text{m}$，$CF = 7\text{m}$。求均质板 $ACFE$ 重心 G 的速度、切向加速度和法向加速度的大小和方向。

答案：$v_G = 2.4\text{m/s}$，$v_G \perp \overline{AB}$；$a_G^n = 2.88\text{m/s}^2$，$a_G^n // \overline{AB}$

8－2　摇筛机构如题图 8－2 所示，已知 $O_1A = O_2B = 40\text{cm}$，$O_1O_2 = AB$，杆 O_1A 按 $\varphi = \frac{1}{2}\sin\frac{\pi}{4}t\ \text{rad}$ 的规律摆动；求当 $t = 0$ 和 $t = 2\text{s}$ 时，筛面中点 M 的速度和加速度。

答案：当 $t = 0$ 时，$v_M = 15.71\text{cm/s}$，$a_{Mt} = 0$，$a_{Mn} = 6.17\text{cm/s}^2$；当 $t = 2s$ 时，$v_M = 0$，$a_{Mt} = -12.34\text{cm/s}^2$，$a_{Mn} = 0$

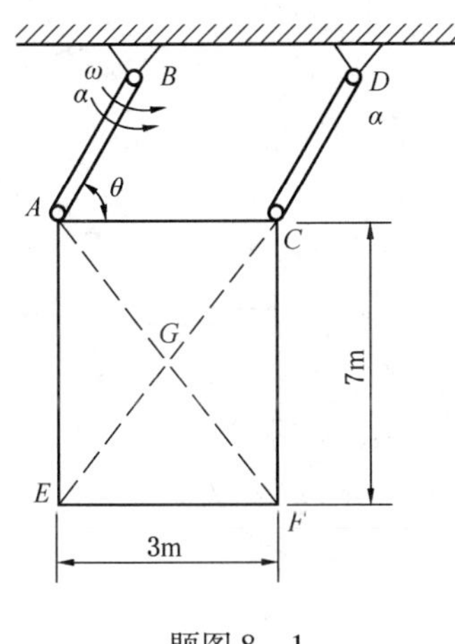

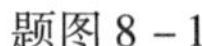

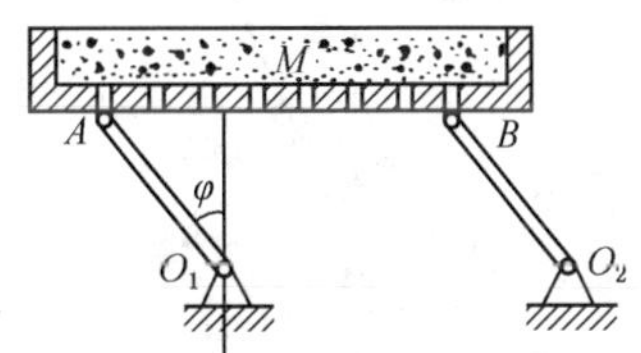

题图 8－1　　　　题图 8－2

8－3　搅拌机构如题图 8－3 所示，已知 $O_1A=O_2B=R$，$O_1O_2=AB$，杆 O_1A 以不变转速 n rpm 转动。试分析构件 BAM 上 M 点的轨迹及其速度和加速度。

答案：$v_M=\dfrac{R\pi n}{30}$，$a_M=\dfrac{R\pi^2n^2}{900}$

8－4　如题图 8－4 所示平面机构中杆 AB 以速度 $\boldsymbol{v}$ 匀速向上运动，开始时，$\varphi=0$。求当 $\varphi=\dfrac{\pi}{4}$时，摇杆 OC 的角速度和角加速度。

答案：$\omega=\dfrac{v}{2l}$，$\alpha=\dfrac{v^2}{2l^2}$

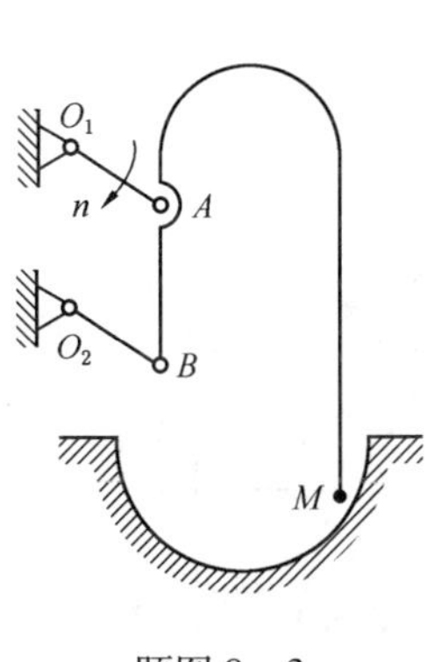

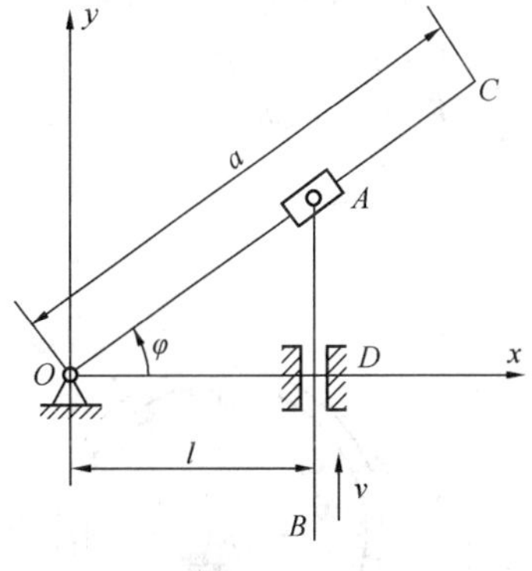

题图 8－3　　　　题图 8－4

8－5　如题图 8－5 所示曲柄 CB 以匀角速度 ω_0，$OC=h$，$CB=r$。求摇杆 OA 的转动方程。

答案：$\theta=\arctan\dfrac{r\sin\omega_o t}{h-r\cos\omega_o t}$。

8－6　如题图 8－6 所示，纸盘由厚为 a 的纸条卷成，令纸盘的中心不动，而以等速 v 拉纸条。求纸盘的角加速度（以半径 r 的函数表示）。

答案：$\alpha=\dfrac{av^2}{2\pi r^3}$

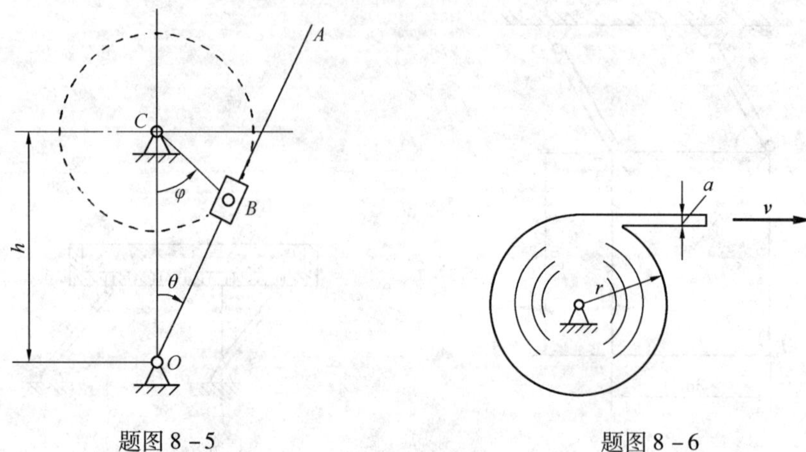

题图 8-5　　　　题图 8-6

8-7　如题图 8-7 所示，某飞轮绕固定轴 O 转动的过程中，轮缘上任一点的全加速度与其转动半径的夹角恒为 $\theta=60°$。当运动开始时，其转角 φ_0 为零，角速度为 ω_0。求飞轮的转动方程及其角速度与转角间的关系。

答案：$\varphi=\dfrac{\sqrt{3}}{3}\ln\dfrac{1}{1-\sqrt{3}\omega_0 t}$，$\omega=\omega_0 e^{\sqrt{3}\varphi}$

8-8　曲柄摇杆机构如题图 8-8 所示，曲柄 OA 长 r，以匀角速度 ω 绕 O 轴转动，其 A 端用铰链与滑块相连，滑块可沿摇杆 O_1B 的槽子滑动，且 $OO_1=h$；求摇杆的转动方程及角速度和角加速度，并分析其转动的特点。

答案：$\varphi=\arctan\dfrac{r\sin\omega t}{h+r\cos\omega t}$，$\omega_1=\dfrac{r^2\omega+hr\omega\cos\omega t}{h^2+r^2+2hr\cos\omega t}$，

$$\alpha_1=-\frac{hr(h^2-r^2)\omega^2\sin\omega t}{(h^2+r^2+2hr\cos\omega t)^2}$$

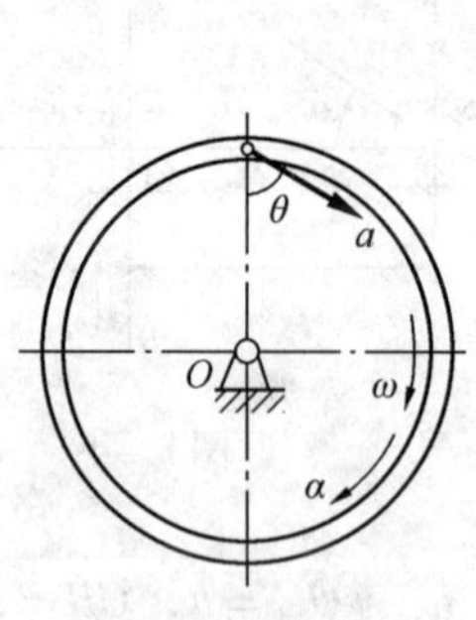

题图 8-7

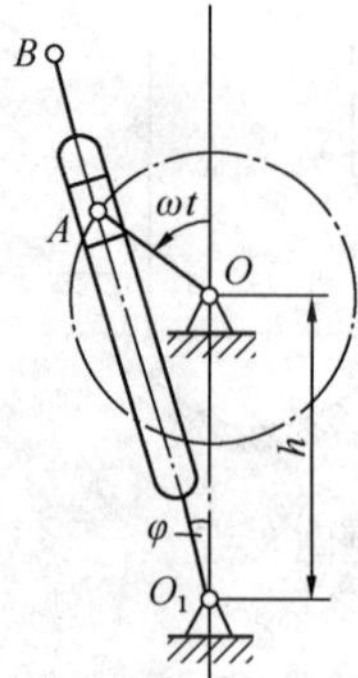

题图 8-8

8-9　一定轴转动的刚体，在初瞬时的角速度 $\omega_0=20\text{rad/s}$，刚体上一点的运动规律为 $s=t+t^3$，单位为 m、s。求 $t=1$s 时刚体的角速度和角加速度，以及该点与转轴的距离。

答案：$\omega=80\text{rad/s}$，$\alpha=120\text{rad/s}^2$，$r=0.05\text{m}$

第九章　点的合成运动

第一节　绝对运动、相对运动和牵连运动

在有相对运动的两个参考系中观察同一物体的运动，所得结果是不同的。例如，在无风下雨天，站在地面上的人看到雨点铅直降落；站在行进中的车辆上的人，却看到雨点倾斜向下降落。又如，在作升降运动的直升飞机上，人们看到水平螺旋桨端点作圆周运动，而站在地面上的人却看到该点作螺旋线运动。由此可见，物体相对于不同参考系，其运动是不同的。物体的这一运动特性称为运动的相对性。

上述例子也表明了物体相对于不同参考系的运动之间的关系。通过观察可以发现，一个物体相对于某一参考系的运动可以由几个相对于其他参考系的简单运动组合而成。例如螺旋桨端点相对于地面的螺旋线运动，就是它相对于飞机的圆周运动与飞机相对于地面的铅直升降运动的合成。

为了便于阐述问题，我们把固连于地面的参考坐标系称为静坐标系或定坐标系，以 $Oxyz$ 表示；把相对于地面运动的参考坐标系称为动坐标系，以 $O'x'y'z'$ 表示。如果所考察的物体可以视为一个点，则称之为动点。我们把动点相对于静坐标系的运动称为绝对运动；动点相对于动坐标系的运动称为相对运动；动坐标系相对于静坐标系的运动称为牵连运动。

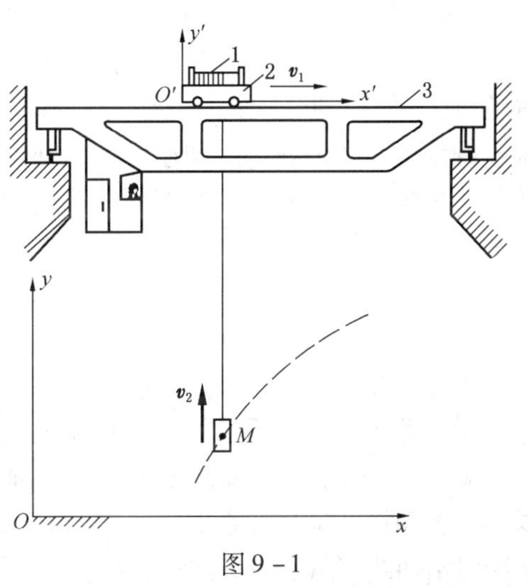

图 9－1

1—卷扬机；2—跑车；3—水平桥架

在图 9－1 中，设桥式吊车的水平桥架静止不动，跑车上的卷扬机使重物 M 相对于跑车铅直上升，而跑车又沿水平桥架作直线平动，因而重物 M 相对于地面作平面曲线运动。若以重物 M 为动点，静坐标系 Oxy 固结于地面或水平桥架上，动坐标系 $O'x'y'$ 固结于跑车上，则重物 M 相对于地面的平面曲线运动是绝对运动，重物相对于跑车的铅直直线运动是相对运动，而跑车相对于水平桥架的水平直线平动是牵连运动。再以图 9－2 为例，在车削螺纹时，若以车刀刀尖 M 为动点，将静坐标系 $Oxyz$ 固连于地面或车床床身上，动坐标系 $O'x'y'z'$ 固连于转动着的工件上，则动点 M 相对于地面沿车床主轴线方向的直线运动是绝对运动，动点 M 相对于工件的螺旋线运动是相对运动，工件相对于地面的定轴转动是牵连运动。

由上述两例可以看出，动点的绝对运动和相对运动都是指一个点的运动，可能是直线运动，也可能是曲线运动。牵连运动则是动坐标系的运动，而动坐标系所代表的空间包含无穷多的点，所以牵连运动实际上是刚体的运动，它可能是平动，也可能是定轴转动或其他形式的运动。

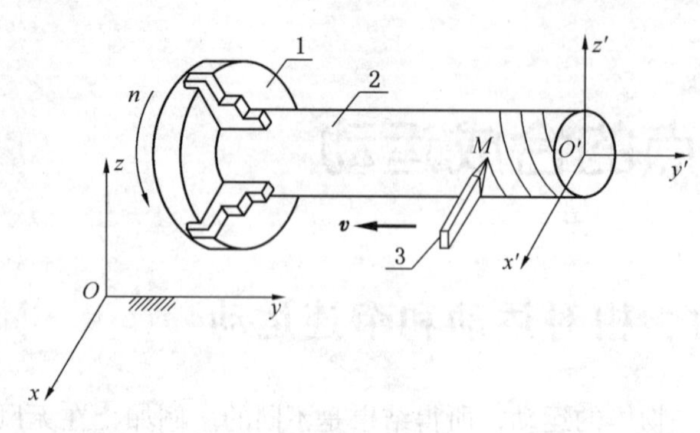

图 9－2

显然，如果没有牵连运动，则动点的相对运动就是它的绝对运动；反之，如果没有相对运动，则动点随同动坐标系所作的运动就是它的绝对运动。由此可见，动点的绝对运动既决定于动点的相对运动，也决定于动坐标系的运动即牵连运动，它是这两种运动的合成，这种类型的运动称为点的合成运动或复合运动。

下面讨论与三种运动对应的动点的三种速度和三种加速度。

动点相对于静坐标系运动的位移、轨迹、速度、加速度分别称为动点的绝对位移、绝对轨迹、绝对速度、绝对加速度。绝对速度和绝对加速度分别用$\boldsymbol{v}_a$和 $\boldsymbol{a}_a$ 表示。

动点相对于动坐标系运动的位移、轨迹、速度、加速度分别称为动点的相对位移、相对轨迹、相对速度、相对加速度。相对速度和相对加速度分别用$\boldsymbol{v}_r$和 $\boldsymbol{a}_r$ 表示。

描述动点的绝对运动和相对运动，计算动点的绝对速度、绝对加速度和相对速度、相对加速度都可以应用第七章点的运动学中所讨论的方法和公式。

应注意的是如何定义动点的牵连速度和牵连加速度。在工程实际中，有的能明显地看到动点的运动直接受到坐标系运动的牵连，如图 9－1 所示，当动坐标系(跑车)运动时，牵连着动点(重物)一起运动。而且，由于动坐标系作平动，动坐标系上各点的运动都相同，不难理解动坐标系的速度、加速度就是动点的牵连速度、牵连加速度。因此，当动坐标系作平动时，动坐标系中各点具有相同的速度和加速度，可取动坐标系中任一点的速度和加速度作为动点的牵连速度和牵连加速度。但是，当动坐标系的运动不是平动时，动坐标系上各点在同一瞬时的速度和加速度是各不相同的。因此，必须明确以动坐标系上哪一点的速度和加速度作为动点的牵连速度和牵连加速度。定义：某一瞬时，在动坐标系上与动点相重合的那一点对于静坐标系的速度、加速度，称为动点在该瞬时的牵连速度、牵连加速度，分别用$\boldsymbol{v}_e$和 $\boldsymbol{a}_e$ 表示。这个与动点重合的动坐标系上的点称为动点 M 在此瞬时的牵连点。

图 9－3(a)所示为一绕定轴转动的圆盘，盘面上一小球 M 沿曲线槽 $O'A$ 由 O'向 A 运动。以小球为动点，动坐标系 $O'x'y'z'$固结于圆盘上，静坐标系 $Oxyz$ 固结于地面上，则小球相对于圆盘沿曲线 $O'A$ 的运动是相对运动，小球相对于地面的某一平面曲线运动是绝对运动，圆盘相对于地面的定轴转动是牵连运动。因此，每一瞬时与小球重合的圆盘上的各点分别是各相应瞬时的牵连点，它们的速度和加速度分别代表各相应瞬时动点的牵连速度和牵连加速度。设瞬时 t，圆盘的角速度为 ω，角加速度为 α，小球位于 M，牵连点是圆盘上的点 M'，如图 9－3(b)所示。显然，$O'M' = O'M$。根据定轴转动刚体上任一点的速度、加速度的计算公式，可求出该瞬时动点的牵连速度的大小为：

$$v_e = O'M' \cdot \omega = O'M \cdot \omega$$

方位垂直于 $O'M$，指向与圆盘的角速度 ω 的转向一致。牵连加速度可分解为切向加速度 $\boldsymbol{a}_e^\tau$ 和法向加速度 $\boldsymbol{a}_e^n$，其大小分别为：

$$a_e^\tau = O'M \cdot \alpha, a_e^n = O'M \cdot \omega^2$$

$\boldsymbol{a}_e^\tau$ 与 $O'M$ 垂直，指向与圆盘的角加速度 α 的转向一致；$\boldsymbol{a}_e^n$ 指向转动中心 O'。当小球在

圆盘中心 O'时，由于牵连点的转动半径为零，故该瞬时动点的牵连速度、牵连加速度都等于零。

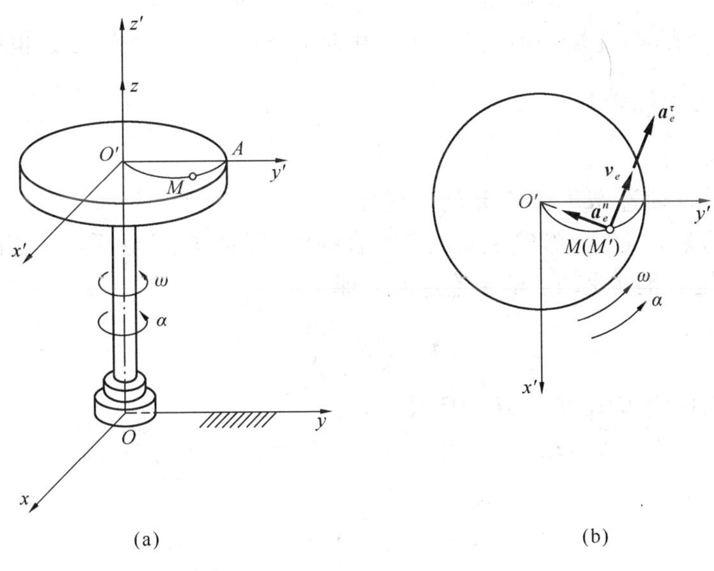

图 9－3

第二节　点的速度合成定理

前面讨论了点的绝对速度、相对速度和牵连速度的概念。现在来研究这三种速度之间的关系。

设动点 M 在弯曲的细管 AB 内运动，同时细管又相对静坐标系 $Oxyz$ 运动，如图 9－4 所示。将动坐标系 $O'x'y'z'$固连在细管上(图上未画出)，则动点沿着细管的运动是相对运动，细管的轴线就是动点相对运动的轨迹；细管相对于静坐标系的运动是牵连运动；动点相对于静坐标系的运动是绝对运动。

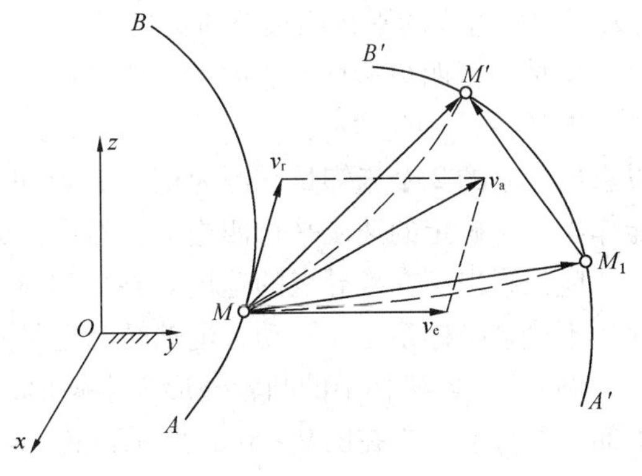

图 9－4

设在某瞬时 t，细管在 AB 位置，动点在 AB 上的 M 处；经过时间间隔 Δt 后，细管运动到 $A'B'$位置，在这一过程中，动点一方面随同细管(动坐标系)由点 M 处运动到点 M_1 处，这是牵连运动；同时动点又沿 $A'B'$由点 M_1 处运动到点 M'处，这是相对运动。根据三种运动的定义可知，图 9－4 中的 MM'是动点的绝对轨迹，矢量 $\boldsymbol{MM'}$是动点的绝对位移；M_1M'是动点的相对轨迹，矢量 $\boldsymbol{M_1M'}$是动点的相对位移；MM_1 是瞬时 t 动坐标系上与动点重合的点的轨迹，矢量 $\boldsymbol{MM_1}$ 是动点的牵连位移。

由图 9－4 中 $\Delta MM'M_1$ 可知，三个位移 $\boldsymbol{MM'}$、$\boldsymbol{MM_1}$、$\boldsymbol{M_1M'}$之间的关系为

$$\boldsymbol{MM'} = \boldsymbol{MM_1} + \boldsymbol{M_1M'}$$

即：动点的绝对位移是动点的牵连位移与相对位移的矢量和。

将上式各项分别除以 Δt，并令 $\Delta t\to 0$，取极限得

$$\lim_{\Delta t\to 0}\frac{\boldsymbol{MM'}}{\Delta t}=\lim_{\Delta t\to 0}\frac{\boldsymbol{MM_1}}{\Delta t}+\lim_{\Delta t\to 0}\frac{\boldsymbol{M_1M'}}{\Delta t} \tag{a}$$

根据速度的定义，式(a)左端是动点在瞬时 t 相对静坐标系运动的速度，也就是动点的绝对速度，即

$$\boldsymbol{v}_a=\lim_{\Delta t\to 0}\frac{\boldsymbol{MM'}}{\Delta t}$$

$\boldsymbol{v}_a$的方向沿绝对轨迹 MM'在点 M 的切线方向。

式(a)右端的第一项表示细管上与动点重合的点(即牵连点)在瞬时 t 随同细管相对于静坐标系运动的速度，也就是动点的牵连速度，即

$$\boldsymbol{v}_e=\lim_{\Delta t\to 0}\frac{\boldsymbol{MM_1}}{\Delta t}$$

$\boldsymbol{v}_e$的方向为沿曲线 MM_1 在点 M 的切线方向。

式(a)右端的第二项表示动点在瞬时 t 相对于动坐标系运动的速度，也就是动点的相对速度

$$\boldsymbol{v}_r=\lim_{\Delta t\to 0}\frac{\boldsymbol{M_1M'}}{\Delta t}$$

当 $\Delta t\to 0$ 时，位置 $A'B'$无限趋近于位置 AB；所以，动点在瞬时 t 的相对速度 v_r 的方向沿曲线 AB 在点 M 的切线方向。

将以上结果代入(a)，得

$$\boldsymbol{v}_a=\boldsymbol{v}_e+\boldsymbol{v}_r \tag{9-1}$$

式(9-1)表明：动点在任一瞬时的绝对速度等于该瞬时动点的牵连速度与相对速度的矢量和。这就是点的速度合成定理。该定理说明，以动点在某瞬时的牵时速度$\boldsymbol{v}_e$和相对速度$\boldsymbol{v}_r$为邻边所组成的平行四边形的对角线，就代表动点在这一瞬时的绝对速度$\boldsymbol{v}_a$，如图 9-4 所示。这种平行四边形称为速度平行四边形。

式(9-1)中包含$\boldsymbol{v}_a$、$\boldsymbol{v}_e$、$\boldsymbol{v}_r$的大小和方向共 6 个量，如果知道其中的任意 4 个量，就可以求出其余的 2 个未知量。因为至少必须知道$\boldsymbol{v}_a$、$\boldsymbol{v}_e$、$\boldsymbol{v}_r$的大小和方向中的任意 4 个量，才能作出一个确定的速度平行四边形，然后据此确定其余的 2 个未知量。

应该指出，在推导点的速度合成定理时，对于动坐标系运动的形式未加任何限制；因此，不论动坐标系是作平动、定轴转动还是其他形式的运动，定理都是成立的。

例 1 凸轮机构中的凸轮外形为半圆形，顶杆 AB 沿垂直槽滑动。设凸轮以匀速度$\boldsymbol{v}$ 沿水平面向左移动，当在图 9-5(a)所示位置 $\theta=30^\circ$ 时，求顶杆 B 端的速度$\boldsymbol{v}_B$。

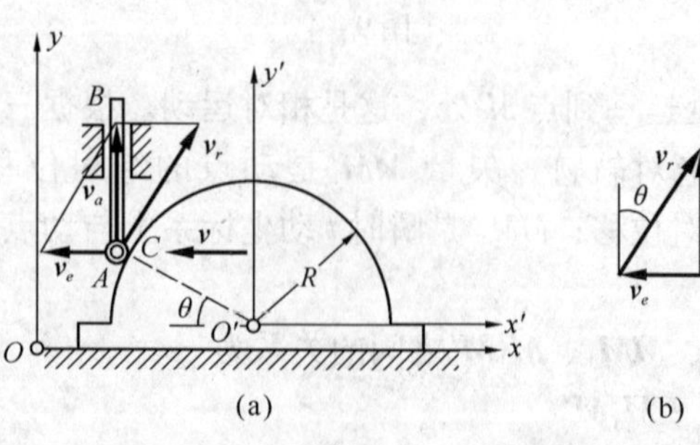

图 9-5

解 (1) 在本题的情况下，顶杆与凸轮彼此有相对运动，当凸轮向左移动时，顶杆 AB 沿垂直槽向上滑动。因 AB 杆是平动，得知 B 点的运动与 A 点的运动相同，故以杆的 A 点为动点，动参考系固连于凸轮上，静参考系固连于地面。

(2) 动点 A 沿半圆凸轮的运动为相对运动，因而相对速度$\boldsymbol{v}_r$的方向沿半圆在 C 点处

的切线方向，其大小是未知量；凸轮的向左运动为牵连运动，凸轮上的 C 点为牵连点，由于凸轮的运动为平动，故 A 点的牵连速度$\boldsymbol{v}_e$即凸轮的平动速度$\boldsymbol{v}$，其方向水平向左；动点 A 的绝对运动是铅垂的直线运动，故 A 点的绝对速度$\boldsymbol{v}_a$的方向铅垂向上，大小待求。

(3)本题为求 A 点的绝对速度$\boldsymbol{v}_a$的大小。因为已知$\boldsymbol{v}_e$的大小及方向和$\boldsymbol{v}_r$、$\boldsymbol{v}_a$的方向，因而根据速度合成定理可画出速度矢量三角形[图 9－5(b)]；由图可得

$$v_B = v_A = v_a = v\tan 60° = \sqrt{3}v$$

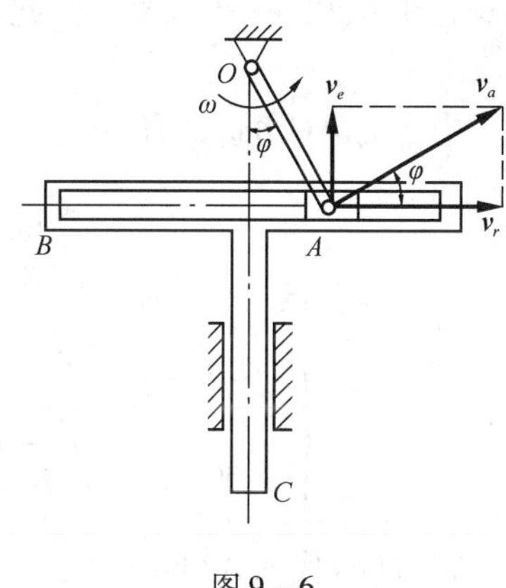

图 9－6

例 2　正弦机构如图 9－6 所示，曲柄 OA 绕 O 轴转动，通过滑块 A 带动连杆 BC 作铅垂平动。已知：曲柄 $r=10\text{cm}$，匀角速度 $\omega=2\text{rad/s}$。试求图示位置 $\varphi=30°$时，连杆上 C 点的速度和滑块 A 相对滑道的相对速度。

解　取滑块 A 为动点，动坐标系固连于连杆 BC，定坐标系固连于机架。

(1) 运动分析

动点的绝对运动：滑块 A 点以 O 为圆心，r 为半径的圆周运动。

动点的相对运动：滑块 A 点沿滑道的直线运动。

牵连运动：动坐标系随连杆 BC 作铅垂平动。

(2) 速度分析

动点的绝对速度$\boldsymbol{v}_a$：方位与曲柄垂直，大小为

$$v_a = r\omega = 20\text{cm/s}$$

动点的相对速度$\boldsymbol{v}_r$：方位沿滑道水平线，大小未知。

动点的牵连速度$\boldsymbol{v}_e$：按牵连点的定义，牵连点在滑道上与动点 A 相重合的 A_1 点，其速度方位铅垂，大小未知。

根据速度合成定理

$$\boldsymbol{v}_a = \boldsymbol{v}_e + \boldsymbol{v}_r$$

作速度平行四边形，如图 9－6 所示，可得

$$v_e = v_a\sin\varphi = r\omega\sin\varphi$$

所以，C 点的速度

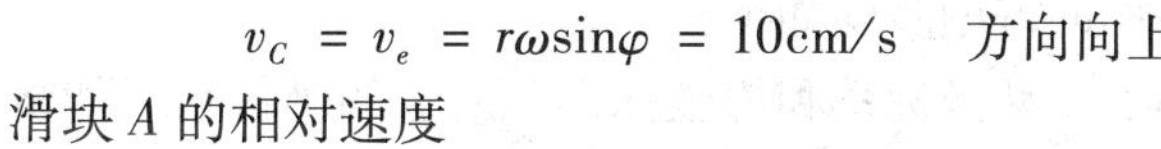

$$v_C = v_e = r\omega\sin\varphi = 10\text{cm/s}\quad 方向向上$$

滑块 A 的相对速度

$$v_r = v_a\cos\varphi = r\omega\cos\varphi = 17.3\text{cm/s}$$

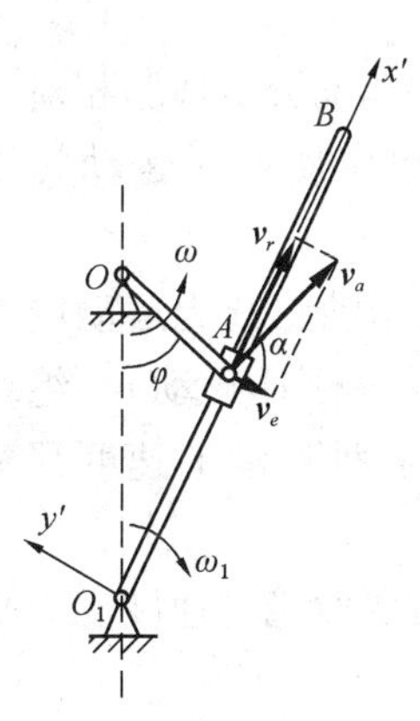

图 9－7

例 3　机构如图 9－7 所示，曲柄 $OA=r$，$OO_1=l$，曲柄 OA 以匀角速度 ω 转动。求当 OA 与 OO_1 间成任意角度 φ 时，求摇杆 O_1B 的角速度 ω_1。

解　取 OA 杆的端点 A 为动点，则动系应固结在 O_1B 杆上。于是，动点的相对运动为沿 O_1B 的直线运动，绝对运动为以 O 为圆心的圆周运动，牵连运动为 O_1B 杆的定轴转动。因此，动点绝对速度的大小 $v_a=r\omega$，方向垂直于 OA 而指向 ω 转动的一方；相对速度的方向沿 O_1B，大小未知；牵连点为 O_1B 杆上的 A 点，故牵连速度的方

向垂直于 O_1B，大小未知。据此可画出速度平行四边形如图 9－7 所示。由几何关系可得

$$v_e = v_a \cos\alpha \tag{a}$$

由于 $v_e = O_1A\omega_1$，有

$$\omega_1 = \frac{v_e}{O_1A} = \frac{v_a}{O_1A}\cos\alpha = \frac{r\omega}{O_1A}\cos\alpha \tag{b}$$

由几何关系

$$\begin{cases} O_1A = \sqrt{OO_1^2 + OA^2 - 2OO_1 \cdot OA\cos\varphi} = \sqrt{l^2 + r^2 - 2lr\cos\varphi} \\ \cos\alpha = \dfrac{l^2 - r^2 - O_1A^2}{2rO_1A} = \dfrac{l\cos\varphi - r}{\sqrt{l^2 + r^2 - 2lr\cos\varphi}} \end{cases} \tag{c}$$

将式(c)代入式(b)，得到

$$\omega_1 = \frac{r(l\cos\varphi - r)}{l^2 + r^2 - 2lr\cos\varphi} \tag{d}$$

需要注意，由于 $l\cos\varphi - r$ 随着角度 φ 的变化可正可负，于是求得角速度 ω_1 的值也可正可负。

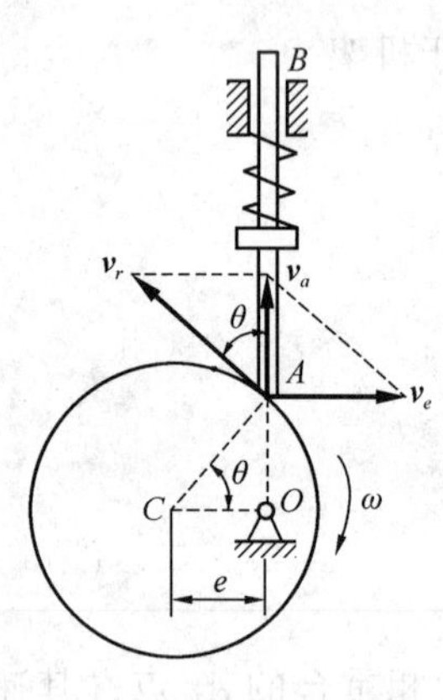

图 9－8

例 4 如图 9－8 所示，半径为 R、偏心距为 e 的凸轮，以匀角速度 ω 绕 O 轴转动，杆 AB 能在槽中上下平移，杆的端点 A 始终与凸轮接触，且 OAB 成一直线。求在图示位置时，杆 AB 的速度。

解 因为杆 AB 作平移，各点速度相同，因此只要求出其上任一点的速度即可。选取杆 AB 的端点 A 作为研究对象，动参考系随凸轮一起绕 O 轴转动。

点 A 的绝对运动是直线运动，相对运动是以凸轮中心 C 为圆心的圆周运动，牵连运动是凸轮绕 O 轴的转动。于是绝对速度方向沿 AB，相对速度方向沿凸轮圆周的切线，而牵连速度为凸轮上与杆端 A 点重合的那一点的速度，它的方向垂直于 OA，它的大小为 $v_e = \omega \cdot OA$。根据速度合成定理，已知四个要素，即可作出速度平行四边形，如图 9－8 所示。由三角关系求得杆的绝对速度为

$$v_a = v_e \cot\theta = \omega \cdot OA \frac{e}{OA} = \omega e$$

总结以上各例的解题步骤如下：

（1）选取动点、动坐标系和静坐标系。所选的坐标系应能将动点的运动分解成为相对运动和牵连运动。因此，动点和动坐标系不能选在同一个物体上；一般应使相对运动易于看清。

（2）分析三种运动和三种速度。相对运动是怎样的一种运动（直线运动、圆周运动或其他某种曲线运动）？牵连运动是怎样的一种运动（平动、转动或其他某一种刚体运动）？绝对运动是怎样的一种运动（直线运动、圆周运动或其他某种曲线运动）？各种运动的速度都有大小和方向 2 个要素，只有已知 4 个要素时才能画出速度平行四边形。

（3）应用速度合成定理，作出速度平行四边形，必须注意，作图时要使绝对速度成为平行四边形的对角线。

（4）利用速度平行四边形中的几何关系解出未知量。

第三节　牵连运动为平动时点的加速度合成定理

点的速度合成定理式(9－1)建立了点的绝对速度、相对速度和牵连速度之间的关系式，不论牵连运动是什么形式的运动，定理都是适用的。在各种加速度之间也存在着一定的关系，且其关系式与牵连运动的形式有关。本节只讨论牵连运动为平动时的情况。

如图9－9所示，设动坐标系 $O'x'y'z'$ 在静坐标系 $Oxyz$ 中作平动。同时，动点 M 又相对于动坐标系沿曲线 AB 运动，其相对矢径

$$\boldsymbol{r}' = x'\boldsymbol{i}' + y'\boldsymbol{j}' + z'\boldsymbol{k}'$$

式中 x'、y'、z' 是动点 M 在动坐标系中的位置坐标，$\boldsymbol{i}'$、$\boldsymbol{j}'$、$\boldsymbol{k}'$ 是沿动坐标系各轴的单位矢量。

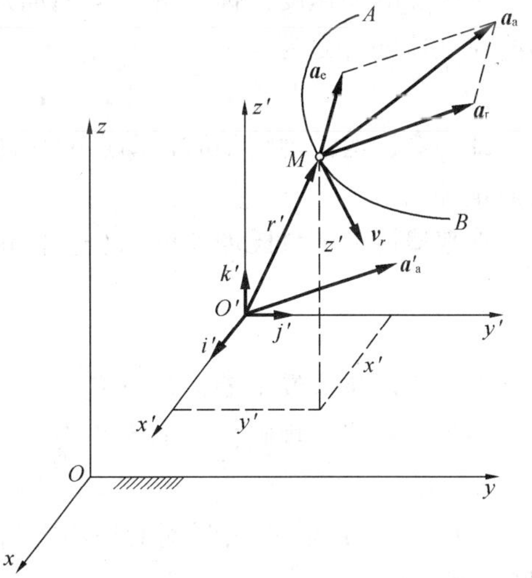

根据相对速度的概念，$\boldsymbol{v}_r$ 是动点相对于动坐标系运动的速度，也就是将动坐标系 $O'x'y'z'$ 看作静止不动时，相对矢径 $\boldsymbol{r}'$ 对时间 t 的变化率。由于将动坐标系看作静止，单位矢量 $\boldsymbol{i}'$、$\boldsymbol{j}'$、$\boldsymbol{k}'$ 应视为常量，其对时间的导数为零。因此，

$$\boldsymbol{v}_r = \frac{\mathrm{d}x'}{\mathrm{d}t}\boldsymbol{i}' + \frac{\mathrm{d}y'}{\mathrm{d}t}\boldsymbol{j}' + \frac{\mathrm{d}z'}{\mathrm{d}t}\boldsymbol{k}' \tag{a}$$

图9－9

同样，点的相对加速度可表示为

$$\boldsymbol{a}_r = \frac{\mathrm{d}^2x'}{\mathrm{d}t^2}\boldsymbol{i}' + \frac{\mathrm{d}^2y'}{\mathrm{d}t^2}\boldsymbol{j}' + \frac{\mathrm{d}^2z'}{\mathrm{d}t^2}\boldsymbol{k}' \tag{b}$$

根据牵连速度的概念，$\boldsymbol{v}_e$ 是与动点重合的动坐标系上一点的速度，由于动坐标系作平动，其上各点的速度都等于动坐标系原点 O' 的速度 $v_{O'}$，故有

$$\boldsymbol{v}_e = \boldsymbol{v}_{O'} \tag{c}$$

同样，动点的牵连加速度等于动坐标系原点 O' 的加速度 $a_{O'}$，即

$$\boldsymbol{a}_e = \boldsymbol{a}_{O'} = \frac{\mathrm{d}v_{O'}}{\mathrm{d}t} \tag{d}$$

将式(a)和(c)代入点的速度合成定理 $\boldsymbol{v}_a = \boldsymbol{v}_e + \boldsymbol{v}_r$，得到

$$\boldsymbol{v}_a = \boldsymbol{v}_{O'} + \frac{\mathrm{d}x'}{\mathrm{d}t}\boldsymbol{i}' + \frac{\mathrm{d}y'}{\mathrm{d}t}\boldsymbol{j}' + \frac{\mathrm{d}z'}{\mathrm{d}t}\boldsymbol{k}'$$

将上式对时间 t 求一阶导数，考虑到动坐标系作平动，单位矢量 $\boldsymbol{i}'$、$\boldsymbol{j}'$、$\boldsymbol{k}'$ 是常矢量，其对时间的导数等于零，于是得到

$$\boldsymbol{a}_a = \frac{\mathrm{d}\boldsymbol{v}_a}{\mathrm{d}t} = \frac{\mathrm{d}\boldsymbol{v}_{O'}}{\mathrm{d}t} + \frac{\mathrm{d}^2x'}{\mathrm{d}t^2}\boldsymbol{i}' + \frac{\mathrm{d}^2y'}{\mathrm{d}t^2}\boldsymbol{j}' + \frac{\mathrm{d}^2z'}{\mathrm{d}t^2}\boldsymbol{k}' \tag{e}$$

再将式(b)和(d)代入式(e)，最后得

$$\boldsymbol{a}_a = \boldsymbol{a}_e + \boldsymbol{a}_r \tag{9-2}$$

这就是牵连运动为平动时点的加速度合成定理：当牵连运动为平动时，动点的绝对加速度等于它的牵连加速度与相对加速度的矢量和。即牵连运动为平动时，点的绝对加速度可由

牵连加速度与相对加速度所构成的平行四边形的对角线来确定。

第四节 牵连运动为转动时点的加速度合成定理

由上节所述，已知当牵连运动为平动时，点的绝对加速度等于牵连加速度与相对加速度的矢量和。但是当牵连运动为转动时，由于转动的牵连运动与相对运动相互影响的结果而产生一种附加的加速度，称为科里奥利加速度，简称科氏加速度，以符号 $\boldsymbol{a}_c$ 表示。这时动点的绝对加速度可写为

$$\boldsymbol{a}_a = \boldsymbol{a}_e + \boldsymbol{a}_r + \boldsymbol{a}_c \tag{9-3}$$

即当牵连运动为转动时，动点的绝对加速度等于牵连加速度、相对加速度与科氏加速度的矢量和。

在普遍情形下科氏加速度为(这里不加推导，有关内容可参看其他的《理论力学》教科书)

$$\boldsymbol{a}_c = 2\boldsymbol{\omega} \times \boldsymbol{v}_r \tag{9-4}$$

即科氏加速度等于动系角速度矢与点的相对速度矢的矢积的两倍。

根据矢积运算规则，$\boldsymbol{a}_c$ 的大小为

$$a_c = 2\omega v_r \sin\theta \tag{9-5}$$

其中 θ 为 ω 与$\boldsymbol{v}_r$两矢量间的最小夹角。矢量 $\boldsymbol{a}_c$ 垂直于 ω 和$\boldsymbol{v}_r$，指向按右手法则确定，如图 9 - 10 所示。

当 $\boldsymbol{\omega}$ 与$\boldsymbol{v}_r$平行时($\theta = 0°$或 $180°$)，$a_c = 0$；当 $\boldsymbol{\omega}$ 与$\boldsymbol{v}_r$垂直时($\theta = 90°$)，$a_c = 2\omega v_r$。

工程中常见的平面机构，ω 与$\boldsymbol{v}_r$垂直，此时 $a_c = 2\omega v_r$；且$\boldsymbol{v}_r$按 ω 转向转动 90°就是 $\boldsymbol{a}_c$ 的方向。

当牵连运动为平动时，$\omega = 0$，$\boldsymbol{a}_c = 0$，此时有

$$\boldsymbol{a}_a = \boldsymbol{a}_e + \boldsymbol{a}_r \tag{9-6}$$

上式就是牵连运动为平动时点的加速度合成定理。

科氏加速度是 1832 年由科里奥利发现的，因而命名为科里奥利加速度。科氏加速度在自然现象中是有所表现的。

地球绕地轴转动，地球上物体相对于地球运动，这都是牵连运动为转动的合成运动。地球自转角速度很小，一般情况下其自转的影响可略去不计；但在某些情况下，却必须给予考虑。例如，在北半球，河水向北流动时，河水的科氏加速度向西，即指向左侧，如图 9 - 11 所示。由动力学可知，有向左的加速度，河水必受有右岸对水的向左的作用力。根据作用与反作用定律，河水必对右岸有反作用力。所以北半球的江河，其右岸都受有较明显的冲刷。

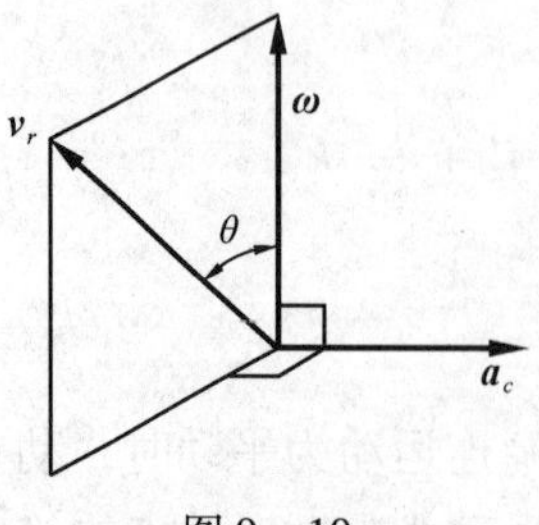

图 9 - 10

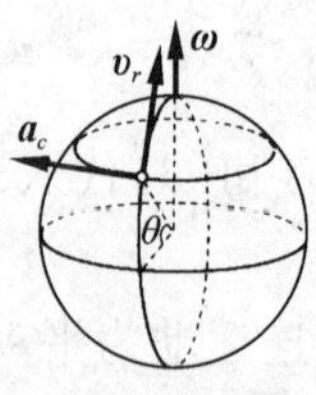

图 9 - 11

例5　图9－12(a)所示的曲柄滑道机构中，曲柄长 $OA=10\text{cm}$，绕 O 轴转动。当 $\varphi=30°$时，其角速度 $\omega=1\text{rad/s}$，角加速度 $\alpha=1\text{rad/s}^2$。求导杆 BC 的加速度和滑块 A 在滑道中的相对加速度。

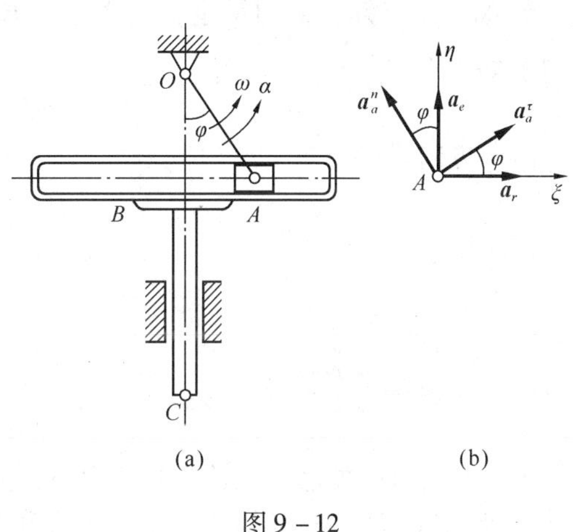

图9－12

解　取滑块 A 为动点，动参考系固连于导杆上，固定参考系固连于地面。这样，动点 A 的绝对运动是圆周运动，绝对加速度分为切向加速度 $\boldsymbol{a}_a^\tau$ 和法向加速度 $\boldsymbol{a}_a^n$ 其大小为

$$a_a^\tau = OA \cdot \alpha = 10\text{cm/s}^2$$

$$a_a^n = OA \cdot \omega^2 = 10\text{cm/s}^2$$

方向如图9－12(b)所示；相对运动为沿滑道的往复直线运动，故相对加速度 $\boldsymbol{a}_r$ 的方向为水平，大小待求；牵连运动为导杆的直线平动，故牵连加速度 $\boldsymbol{a}_e$ 为铅垂方向，大小待求。在这种情况下，牵连运动为平动的加速度合成定理为

$$\boldsymbol{a}_a = \boldsymbol{a}_a^\tau + \boldsymbol{a}_a^n = \boldsymbol{a}_e + \boldsymbol{a}_r$$

为了方便计算，利用解析法，即假设 $\boldsymbol{a}_e$ 与 $\boldsymbol{a}_r$ 的指向如图所示，选投影轴 $A\xi\eta$，将上式各矢量分别投影在 ξ 轴和 η 轴上，得

$$a_a^\tau \cos30° - a_a^n \sin30° = a_r$$

$$a_a^\tau \sin30° + a_a^n \cos30° = a_e$$

解得

$$a_r = 3.66\text{cm/s}^2 \quad a_e = 13.66\text{cm/s}^2$$

求出的 a_e 与 a_r 为正值，说明假设的指向是正确的，而 $\boldsymbol{a}_e$ 即为导杆在此瞬间的平动加速度。

例6　如图9－13(a)所示，半径为 R 的半圆形凸轮以速度 $\boldsymbol{v}$ 和加速度 $\boldsymbol{a}$ 沿水平轨道向右减速运动，带动杆 AB 沿铅垂方向运动。求图示位置时杆 AB 的速度和加速度。

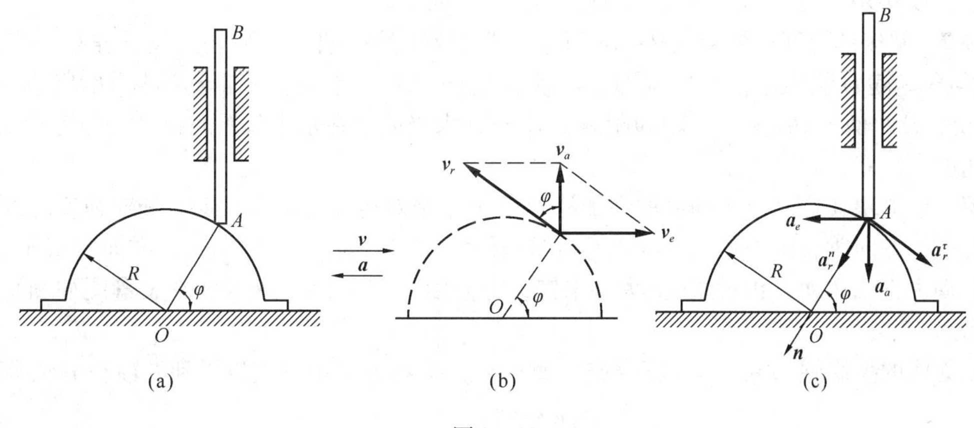

图9－13

解　动点：顶杆 AB 上的 A 点；动系固连在凸轮上，相对运动轨迹是凸轮的轮缘，即以 O 为圆心 R 为半径的圆。

$\boldsymbol{v}_a$ 的大小未知，方向铅垂；$\boldsymbol{v}_r$大小未知，方向沿相对轨迹的切线；$\boldsymbol{v}_e=\boldsymbol{v}$。速度矢量图如图 9－13(b)所示。

$$\boldsymbol{v}_a=\boldsymbol{v}_e+\boldsymbol{v}_r$$

沿 x 方向投影有

$$0=v_e-v_r\sin\varphi$$

即

$$v_r=\frac{v}{\sin\varphi} \tag{a}$$

沿 y 方向投影有

$$v_a=v_r\cos\varphi=v\cot\varphi$$

即为顶杆 AB 在此位置时速度的大小，方向向上。

$\boldsymbol{a}_a$ 为所求顶杆 AB 的加速度，大小未知，方向铅垂；$\boldsymbol{a}_e=\boldsymbol{a}_o$，如图 9－13(c)所示。

动点 A 的相对轨迹为曲线，因此相对加速度分为两个分量：相对切向加速度 $\boldsymbol{a}_r^\tau$ 和相对法向加速度 $\boldsymbol{a}_r^n$。其中，相对切向加速度 $\boldsymbol{a}_r^\tau$ 的大小未知，方向沿相对轨迹的切线；相对法向加速度 $\boldsymbol{a}_r^n$ 的方向沿相对轨迹的法线，即由 A 指向 O，其大小为

$$a_r^n=\frac{v_r^2}{R}$$

代入式(a)的结果，有

$$a_r^n=\frac{v^2}{R\sin^2\varphi}$$

则加速度合成定理有

$$\boldsymbol{a}_a=\boldsymbol{a}_e+\boldsymbol{a}_r=\boldsymbol{a}_e+\boldsymbol{a}_r^\tau+\boldsymbol{a}_r^n$$

加速度矢量图如图 9－13(c)所示，沿法线 n 的方向投影，有

$$a_a\sin\varphi=a_e\cos\varphi+a_r^n$$

解得

$$a_a=\frac{1}{\sin\varphi}\left(a\cos\varphi+\frac{v^2}{R\sin^2\varphi}\right)=a\cot\varphi+\frac{v^2}{R\sin^3\varphi}$$

即为顶杆 AB 在此位置时加速度的大小，方向向下。

例 7 刨床的急回机构如图 9－14 所示。曲柄 OA 的一端 A 与滑块用铰链连接。当曲柄 OA 以匀角速度 ω 绕固定轴 O 转动时，滑块在摇杆 O_1B 上滑动，并带动摇杆 O_1B 绕固定轴 O_1 摆动。设曲柄长 $OA=r$，两轴间距离 $OO_1=l$，求当曲柄在水平位置时摇杆的角速度 ω_1 和角加速度 α。

解 取滑块 A 为动点，动系取在摇杆 O_1B 上。绝对运动为圆周运动，绝对速度$\boldsymbol{v}_a$的大小为 $v_a=r\omega$，方向垂直于 OA；牵连运动为定轴转动，牵连速度$\boldsymbol{v}_e$大小未知，方向垂直于 O_1A；相对运动为直线运动，相对速度$\boldsymbol{v}_r$大小未知，方向沿 O_1A 方向，速度合成矢量图如图 9－14(a)所示。

取如图的投影轴 $A\xi\eta$，由速度合成定理$\boldsymbol{v}_a=\boldsymbol{v}_e+\boldsymbol{v}_r$将各矢量分别投影到 ξ 轴和 η 轴上得

$$v_a\cos\varphi=v_r$$

$$v_a\sin\varphi=v_e$$

由几何关系 $\sin\varphi=\dfrac{r}{\sqrt{l^2+r^2}}$ $\cos\varphi=\dfrac{l}{\sqrt{l^2+r^2}}$

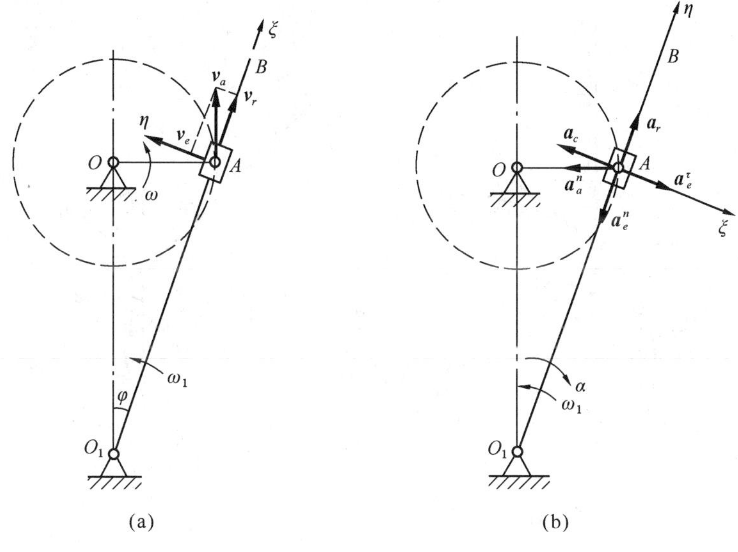

图 9－14

故得　　$v_e = \dfrac{r^2\omega}{\sqrt{l^2+r^2}}$　　$v_r = \dfrac{rl\omega}{\sqrt{l^2+r^2}}$

于是摇杆在此瞬时的角速度 ω_1 为

$$\omega_1 = \frac{v_e}{O_1A} = \frac{r^2\omega}{l^2+r^2}$$

转动方向为逆时针方向。

绝对运动为圆周运动，绝对加速度由切向和法向两部分组成，其中 $\boldsymbol{a}_a^\tau=0$；$\boldsymbol{a}_a^n$ 的大小为 $a_a^n=r\omega^2$，方向由 A 指向 O。相对运动为直线运动，相对加速度 $\boldsymbol{a}_r$ 大小未知，方向沿 O_1B。牵连运动为定轴转动，牵连加速度 $\boldsymbol{a}_e$ 由切向和法向两部分组成，其中 $\boldsymbol{a}_e^\tau$ 大小未知，方向垂直于 O_1B，指向假设；$\boldsymbol{a}_e^n$ 大小 $a_e^n=\omega_1^2\cdot O_1A=\dfrac{r^4\omega^2}{(l^2+r^2)^{3/2}}$，方向沿 AO_1。科氏加速度 $\boldsymbol{a}_c$ 的大小 $a_c=2\omega_1 v_r\sin 90^\circ=\dfrac{2r^3l\omega^2}{(l^2+r^2)^{3/2}}$，方向垂直 O_1B。加速度合成矢量图如图 9－14(b)所示。此时加速度合成定理的形式应为

$$\boldsymbol{a}_a^\tau+\boldsymbol{a}_a^n=\boldsymbol{a}_e^\tau+\boldsymbol{a}_e^n+\boldsymbol{a}_r+\boldsymbol{a}_c$$

取如图所示的投影轴 $A\xi\eta$，将各矢量投影到 ξ 轴上得

$$-a_a^n\cos\varphi = a_e^\tau - a_c$$

解之得　　$a_e^\tau = -\dfrac{rl(l^2-r^2)}{(l^2+r^2)^{3/2}}\omega^2$

式中，$l^2-r^2>0$，故 a_e^τ 为负值。负号表示实际方向与图中假设方向相反。

摇杆 O_1B 的角加速度

$$\alpha = \frac{a_e^\tau}{O_1A} = -\frac{rl(l^2-r^2)}{(l^2+r^2)^2}\omega^2$$

转向应为逆时针方向。

例 8　图 9－15 所示凸轮机构中，凸轮以匀角速度 ω 绕水平 O 轴转动，带动直杆 AB 沿

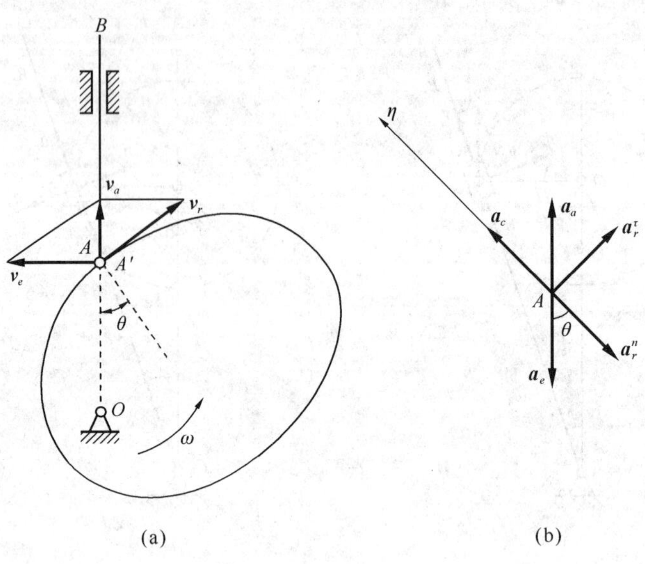

图 9－15

直线上、下运动，且 O、A、B 共线。凸轮上与点 A 接触的点为 A'，图示瞬时凸轮上点 A'的曲率半径为 ρ_A，点 A'的法线与 OA 夹角为 θ，$OA=l$。求该瞬时杆 AB 的速度及加速度。

解 如果取凸轮上点 A'作为动点，动系固结在杆 AB 上，所看到的相对运动轨迹是不清楚的。因此取杆 AB 上的点 A 为动点，动系固结在凸轮上。绝对运动是点 A 的直线运动，牵连运动是凸轮绕 O 轴的定轴转动，相对运动是点 A 沿凸轮轮缘的运动。各速度矢方向很容易画出，如图 9－15(a)所示。由点的速度合成定理

$$\boldsymbol{v}_a=\boldsymbol{v}_e+\boldsymbol{v}_r$$

其中 $v_e=\omega l$，可求得

$$v_a=\omega l\tan\theta,\quad v_r=\frac{\omega l}{\cos\theta}$$

绝对速度是直线运动，因此 $\boldsymbol{a}_a$ 沿直线 AB 方向；牵连运动是匀速定轴转动，因此 $\boldsymbol{a}_e$ 指向点 O；相对加速度有切向加速度 $\boldsymbol{a}_r^\tau$ 及法向加速度 $\boldsymbol{a}_r^n$ 两项组成，如图 9－15(b)。其中

$$a_e=l\omega^2,a_r^n=\frac{v_r^2}{\rho_A}=\frac{\omega^2l^2}{\rho_A\cos^2\theta}$$

由于牵连运动为转动，因此有科氏加速度 $\boldsymbol{a}_c$ 大小为

$$a_c=2\omega v_r=\frac{2\omega^2 l}{\cos\theta}$$

点的加速度合成定理为

$$\boldsymbol{a}_a=\boldsymbol{a}_e+\boldsymbol{a}_r^\tau+\boldsymbol{a}_r^n+\boldsymbol{a}_c$$

在此矢量方程中，只有 $\boldsymbol{a}_a$ 的大小及 $\boldsymbol{a}_r^\tau$ 的大小未知。欲求 $\boldsymbol{a}_a$，可将此矢量方程向垂直于 $\boldsymbol{a}_r^\tau$ 的 $\boldsymbol{\eta}$ 轴上投影

$$a_a\cos\theta=-a_e\cos\theta-a_r^n+a_c$$

解得

$$a_a=-\omega^2l\left(1+\frac{l}{\rho_A\cos^3\theta}-\frac{2}{\cos^2\theta}\right)$$

应用加速度合成定理解题的步骤与应用速度合成定理解题时基本相同，即：

（1）选取动点和动坐标系。

（2）分析三种运动和三种加速度。如果动点的绝对运动、相对运动和牵连点的运动都是曲线运动，则三种加速度都可分解为切向加速度和法向加速度，因此点的加速度合成定理一般可写成如下形式：

$$\boldsymbol{a}_a^\tau + \boldsymbol{a}_a^n = \boldsymbol{a}_e^\tau + \boldsymbol{a}_e^n + \boldsymbol{a}_r^\tau + \boldsymbol{a}_r^n + \boldsymbol{a}_c \quad (9-7)$$

式中每一项都有大小和方向两个要素。在平面问题中，一个矢量方程相当于两个代数方程，因而可求解两个未知量。

（3）求解未知量。求解加速度合成问题很少采用几何法，多采用解析法即投影法。在用几何法求解合成运动问题时，一定要让合矢量成为分矢量构成的平行四边形的对角线。在用投影法时，首先分析三种加速度，画出动点的加速度图，然后选取投影轴，根据合矢量投影定理求解未知量，必须注意，合矢量投影与分矢量投影应分别列在等式的两边。

小　结

1. 点的合成运动：点的绝对运动为点的牵连运动和相对运动的合成结果。

（1）绝对运动：动点相对于定参考系的运动。

（2）相对运动：动点相对于动参考系的运动。

（3）牵连运动：动参考系相对于定参考系的运动。

2. 点的速度合成定理

$$\boldsymbol{v}_a = \boldsymbol{v}_e + \boldsymbol{v}_r$$

适合于任何的牵连运动情况。

（1）绝对速度$\boldsymbol{v}_a$：动点相对于定参考系运动的速度。

（2）相对速度$\boldsymbol{v}_r$：动点相对于动参考系运动的速度。

（3）牵连速度$\boldsymbol{v}_e$：动参考系上与动点相重合的那一点相对于定参考系运动的速度。

3. 点的加速度合成定理

$$\boldsymbol{a}_a = \boldsymbol{a}_e + \boldsymbol{a}_r \text{（牵连运动为平动时）}$$

$$\boldsymbol{a}_a = \boldsymbol{a}_e + \boldsymbol{a}_r + \boldsymbol{a}_c \text{（牵连运动为转动时或任意运动时）}$$

式中，$\boldsymbol{a}_c = 2\boldsymbol{\omega} \times \boldsymbol{v}_r$，其大小为 $a_c = 2\omega v_r \sin\theta$，方向由右手法则确定。当动参考系作平动，或 $v_r = 0$，或 ω 与$\boldsymbol{v}_r$平行时，$a_c = 0$。

（1）绝对加速度 $\boldsymbol{a}_a$：动点相对于定参考系运动的加速度。

（2）相对加速度 $\boldsymbol{a}_r$：动点相对于动参考系运动的加速度。

（3）牵连加速度 $\boldsymbol{a}_e$：动参考系上与动点相重合的那一点相对于定参考系运动的加速度。

（4）科氏加速度 $\boldsymbol{a}_c$：牵连运动为转动时，牵连运动和相对运动相互影响而出现的一项附加的加速度。

4. 在解决具体问题时，首先要正确地选取动点和动参考系，动点与动参考系不能在同一物体上，必须有相对运动，相对运动轨迹要清楚，然后分析三种运动、三种速度及各项加速度，画出速度矢量图、加速度矢量图，最后利用速度合成定理和加速度合成定理求解。速度合成公式为一平面矢量方程，一般用几何法作速度平行四边形求解，而加速度合成公式一般有四个以上矢量而且可能是空间矢量方程，通常用解析法求解。

习 题

9－1 分析题图9－1中所指的点M的运动，在图(a)中，小环M为动点；图(b)中，滑块M为动点；图(c)中，轮缘上点M为动点；图(d)中脚踏板M为动点。先确定动系和定系，并说明绝对运动、相对运动和牵连运动，画出速度矢量合成图。

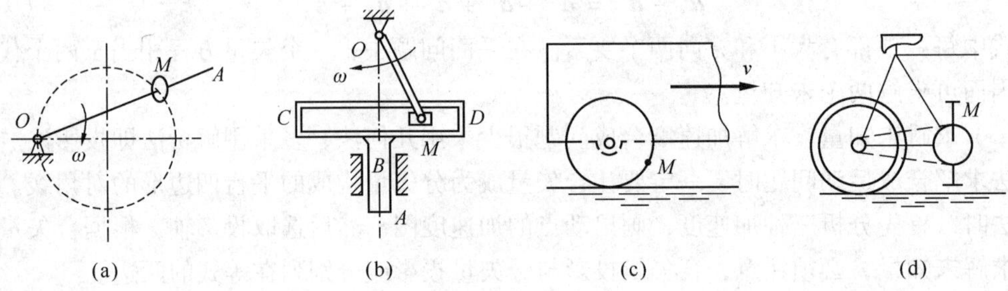

题图9－1

答案：略

9－2 偏心凸轮以匀角速度ω绕水平固定轴逆钟向转动，使顶杆沿铅垂槽上下移动，点O在滑槽的轴线上，偏心距$OC=e$，凸轮半径$r=\sqrt{3}e$，试求当$\angle OCA=\dfrac{\pi}{2}$的位置时，如题图9－2所示，顶杆$AB$的速度。

答案：$v=\dfrac{2\sqrt{3}}{3}e\omega$，方向向上

9－3 如题图9－3所示是两种不同的滑道摇杆机构。已知$O_1O=20\text{cm}$。试求当$\theta=20°$，$\varphi=27°$，且$\omega_1=6\text{rad/s}$(逆时针)时这两种机构中的摇杆O_1A和O_1B的角速度ω_2。

答案：(1)$\omega_2=3.15\text{rad/s}$，逆时针；(2)$\omega_2=1.68\text{rad/s}$，逆时针

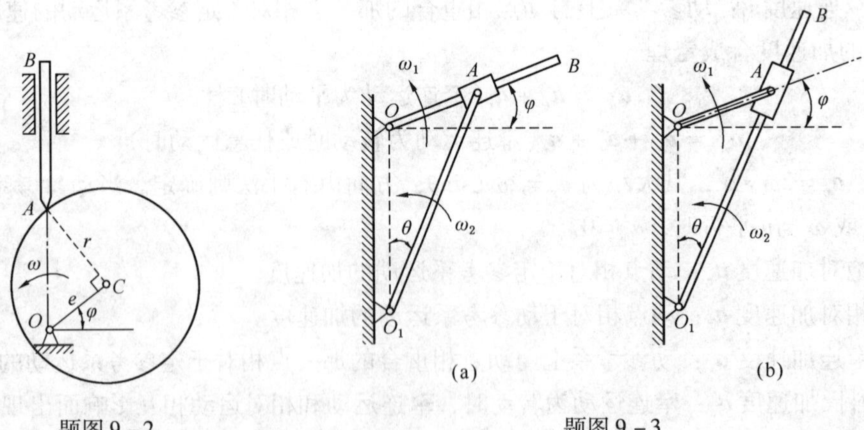

题图9－2　　题图9－3

9－4 如题图9－4所示，半圆形凸轮为R，当$\theta=60°$时，凸轮的移动速度为v，加速度为$\boldsymbol{a}_0$。试求瞬时B点的速度与加速度。

答案：$v_B=\dfrac{\sqrt{3}}{3}v$，$a_B=\dfrac{\sqrt{3}}{3}a-\dfrac{8\sqrt{3}}{9}\cdot\dfrac{v^2}{R}$。

9－5 机构如题图9－5所示，在图示瞬时，$l=150\text{mm}$，$h=200\text{mm}$，曲柄OA的角速度

$\omega_o = 4\text{rad/s}$、角加速度 $\alpha_o = 2\text{rad/s}^2$。试求此瞬时杆 O_1B 角速度与角加速度。

答案：$\omega_{o1} = 2.66\text{rad/s}$，$\alpha_{o1} = 4.85\text{rad/s}^2$

9－6 如题图 9－6 所示的牛头刨传动机构中，曲柄 OA 的转速 $n = 50\text{r/min}$（逆钟向）。求在图示位置时滑块 C 沿水平滑道 MN 运动的速度。

答案：$v_C = 94.2\text{cm/s}$，水平向右

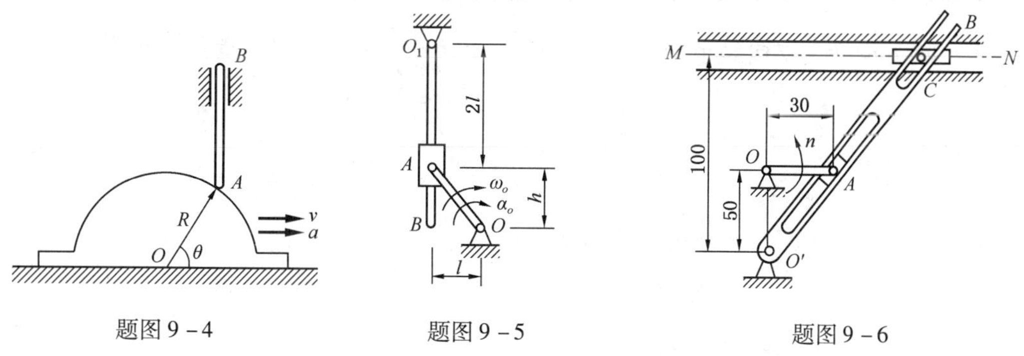

题图 9－4　　题图 9－5　　题图 9－6

9－7 摇杆 OC 经过固定在齿条 AB 上的销子 K 带动齿条上下平动，齿条又带动半径为 10cm 的齿轮绕 O_1 轴转动。如题图 9－7 所示位置时摇杆的角速度 $\omega = 0.5\text{rad/s}$，求此时齿轮的角速度。

答案：$\omega_1 = 2.67\text{rad/s}$

9－8 题图 9－8 所示，铰接四边形机构中，$O_1A = O_2B = 10\text{cm}$，又 $O_1O_2 = AB$，且杆 O_1A 以匀角速度 $\omega = 2\text{rad/s}$ 绕 O_1 轴转动。AB 杆上有一套筒 C，此筒与 CD 杆相铰接，机构的各部件都在同一铅垂面内，求当 $\varphi = 60°$ 时，CD 杆的速度及加速度。

答案：$v = 10\text{cm/s}$，$a = 34.6\text{cm/s}^2$

9－9 如题图 9－9 所示曲柄滑道机构中，导杆上有圆弧形滑槽，其半径 $R = 10\text{cm}$，圆心在导杆上。曲柄长 $OA = 10\text{cm}$，以匀角速度 $\omega = 4\pi\text{rad/s}$ 绕 O 轴转动。求当 $\varphi = 30°$ 时导杆 CB 的速度及加速度。

答案：$v = 1.26\text{m/s}$，$a = 27.3\text{m/s}^2$

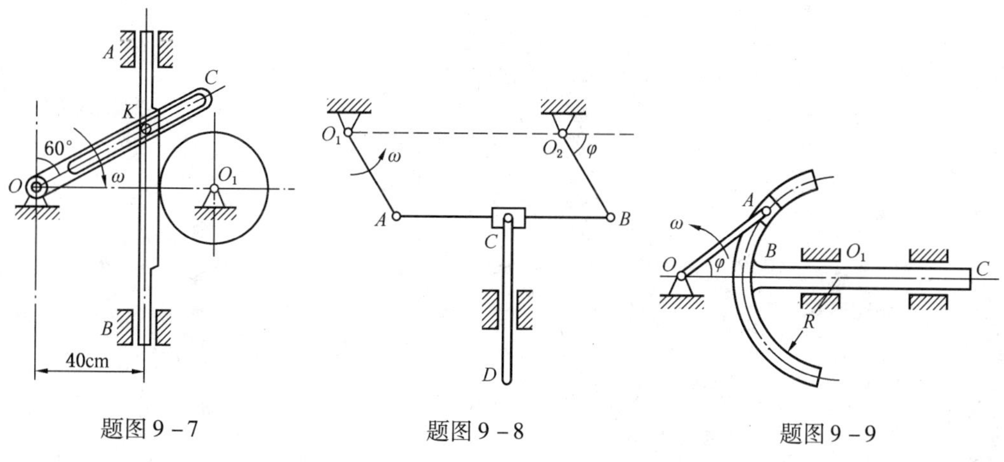

题图 9－7　　题图 9－8　　题图 9－9

9－10 半圆形凸轮以匀速度 v_0 水平向右运动，推动杆 AB 沿铅垂方向运动。如凸轮半

径为 R，求在题图 9－10 所示位置时 AB 杆的速度及加速度。

答案：$v=0.577v_0$，$a=1.155\dfrac{v_0^2}{R}$

9－11　题图 9－11 所示凸轮机构中，顶杆 AB 可沿铅垂导向套筒运动，其端点 A 由弹簧紧压在凸轮表面上。设凸轮以匀角速度 ω 转动，在图示位置瞬时，$OA=r$，凸轮轮廓曲线在 A 点的法线 An 与 OA 的夹角为 θ，曲率半径为 ρ。求此瞬时顶杆平动的速度及加速度。

答案：$v=r\omega\tan\theta$，方向铅垂向上；$a=r\omega^2\left(2\sec^2\theta-\dfrac{r}{\rho}\sec^3\theta-1\right)$，若为正值则方向铅垂向上

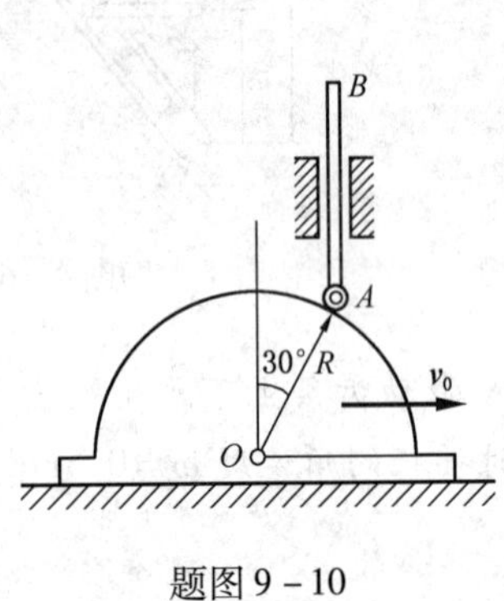

题图 9－10

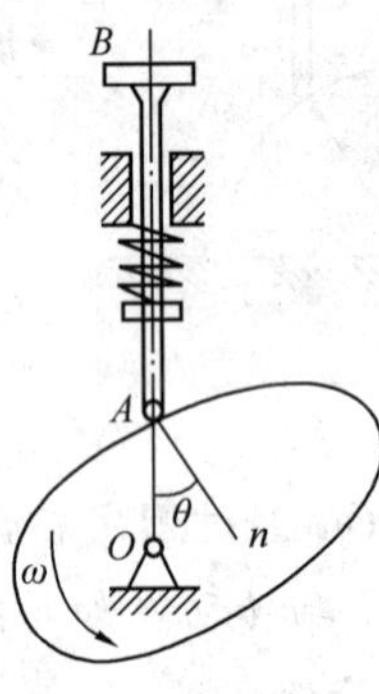

题图 9－11

第十章　刚体的平面运动

第一节　刚体平面运动的概念

在工程实际中，有许多物体既不是作平动，也不是作定轴转动，如图 10－1 所示的曲柄连杆机构中的连杆 AB、沿直线轨道滚动的车轮；但是，它们运动时有一个共同的特点，即体内各点到某一固定平面的距离始终保持不变。比如，连杆 AB 运动时，其上各点到与曲柄连杆机构中心平面(即图纸平面)平行的任一固定平面的距离都保持不变；又如，车轮滚动时，其上各点到与轨道平行的任一固定铅直平面的距离也都保持不变。于是定义：刚体运动时，如果体内所有各点到某一固定平面的距离始终保持不变，也就是说，刚体内各点都在与固定平面平行的各平面内运动，则这种运动称为刚体的平面平行运动，简称刚体的平面运动。由于机器中的许多构件的运动都属于这种运动，所以对这种运动的研究在工程实际中有着重要意义。

根据刚体平面运动的特征，可以将这种运动进行简化。

如图 10－2 所示的刚体作平面运动，刚体内各点在运动过程中到固定平面Ⅰ的距离保持不变。作平面Ⅱ平行于固定平面Ⅰ，并与刚体相交截出一平面图形 S。由平面运动的定义，图形 S 上的各点始终在平面Ⅱ内运动，或者说图形 S 始终在其自身平面内运动。如果在刚体内任取一条与图形 S 垂直的直线 A_1A_2，显然，该直线作平动，其上各点的运动都是相同的，平面图形 S 与直线 A_1A_2 的交点 A 的运动，就可以代表 A_1A_2 的运动。同理，图形 S 内点 B 的运动也可以代表刚体内与图形 S 垂直的过点 B 的直线 B_1B_2 的运动。于是，图形 S 内各点的运动就分别代表了刚体内各相应直线的运动，即整个图形 S 的运动代表了整个刚体的运动。所以，从运动学的角度来看，刚体的平面运动可以简化为平面图形 S 在其自身平面内的运动。

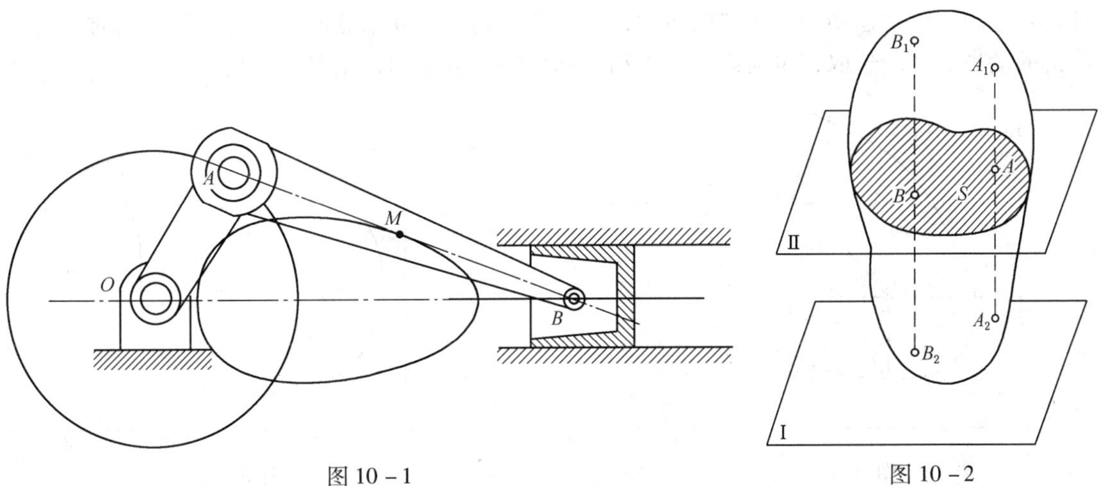

图 10－1　　图 10－2

第二节　刚体的平面运动方程・平面运动分解为平动和转动

为了描述平面图形 S 在其自身平面内的运动，可在这个平面内取静坐标系 Oxy，如图 10－3 所示。在图形 S 上任取一直线段 $O'A$，只要确定了此线段的位置，图形 S 的位置也就确定了。线段 $O'A$ 的位置可以由点 O'的两个坐标 $x_{o'}$、$y_{o'}$和线段 $O'A$ 与 x 轴的夹角 φ 来确定。当图形 S 运动时，$x_{o'}$、$y_{o'}$和 φ 都随时间而变化，是时间 t 的单值连续函数，可以表示为：

$$\left.\begin{aligned} x_{o'} &= f_1(t) \\ y_{o'} &= f_2(t) \\ \varphi &= f_3(t) \end{aligned}\right\} \tag{10-1}$$

这就是平面图形 S 的运动方程，即刚体的平面运动方程。

由式(10－1)可以看出，如果 φ 保持不变，即线段 $O'A$ 始终保持与其初始位置平行，则刚体作平动；如果 $x_{o'}$、$y_{o'}$保持不变，即点 O'固定不动，则刚体作定轴转动；而在一般情况下，$x_{o'}$、$y_{o'}$和 φ 都随时间变化。可见，刚体的平面运动可以看成是平动和转动的合成运动，也就是说可以将刚体的平面运动分解为平动和转动这两种基本运动。

怎样将平面运动分解呢？选定一个作平动的动坐标系，则刚体的平面运动可分解为随同动坐标系的平动和相对于动坐标系的转动。例如，当车子沿直线轨道行驶时，从地面上看，车轮作平面运动；而车厢相对于地面作平动。如果将动坐标系固连在作平动的车厢上，则车轮相对车厢为定轴转动。一个单独的轮子沿直线轨道滚动，就像上述车轮一样，也是平面运动。显然，轮子的平面运动也可分解为随同某一动坐标系的平动和相对于这一动坐标系的转动。如何选定作平动的动坐标系呢？下面，我们就一般情况来研究平面运动的分解问题。

如图 10－4 所示，设任一平面图形 S 作平面运动。在图形 S 上任取一点 O'，称为基点。以基点 O'为原点，作一平动的动坐标系 $O'x'y'$，则在任一瞬时，动坐标系上所有各点的速度和加速度都分别等于基点 O'的速度和加速度。基点 O'的运动就代表了平动坐标系 $O'x'y'$的运动。因此，可将图形 S 相对于静坐标系的平面运动(绝对运动)分解为随同动坐标系(即随同基点 O')的平动(牵连运动)和相对于动坐标系(绕基点 O')的转动(相对运动)。

必须指出，这里所讲的运动的分解是整个刚体的运动的分解。因此，不仅牵连运动，而且相对运动、绝对运动都是刚体的运动，这一点不同于第九章点的运动的分解。同时，这里所讲的动坐标系的选取，也与第九章中动坐标系的选取不同，主要区别是：

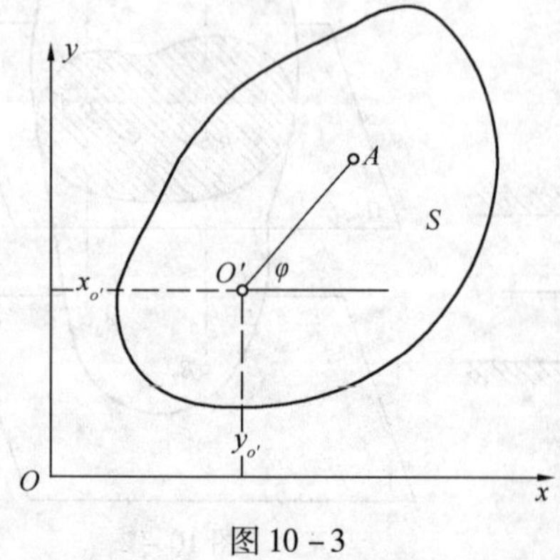

图 10－3

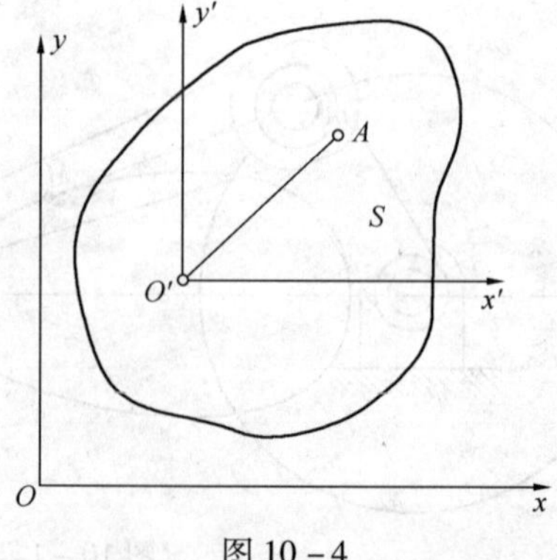

图 10－4

（1）在平面运动中，动坐标系只是以所研究的物体上的某一点（即基点）为原点，这个刚体相对于动坐标系可以转动；而在点的合成运动中，通常是将动坐标系固连在某个物体上，这个物体相对于动坐标系没有运动。

（2）由于刚体的平面运动分解为随同动坐标系的平动和相对于动坐标系的转动，所以在平面运动中，只能选择作平动的动坐标系；而在点的合成运动中，根据问题的具体情况，可能选取作平动的动坐标系，也可能选取作转动的动坐标系。

还要指出，基点 O' 是可以任意选择的，也就是说，选择图形上不同的点作基点来研究平面运动不会影响研究的结果。然而以不同的点为基点，对于平面运动的分解是否会有影响呢？

由于图形 S 的平动是以基点的运动为代表的，而图形 S 内各点的运动情况（如速度、加速度）一般是不相同的，所以选择不同的点为基点，图形 S 的平动情况（如速度、加速度）也就不同。可见，平面图形 S 的平动与基点的选择有关。

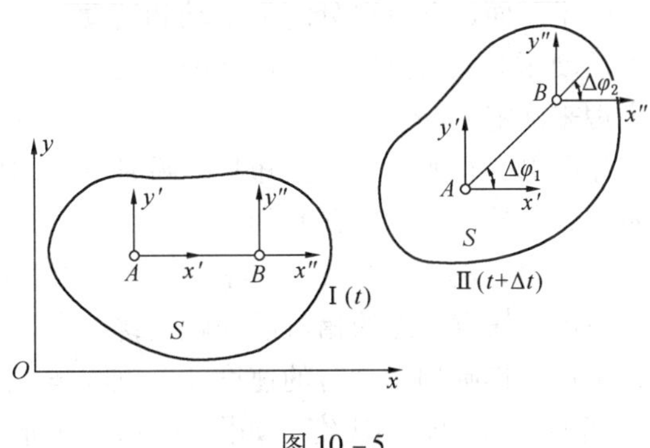

图 10－5

平面图形 S 的转动与基点选择的关系则是另一种情形。如图 10－5 所示的图形 S，任意选取两点 A、B，建立坐标系 $Ax'y'$ 和 $Bx''y''$，由于动坐标系作平动，当经过时间间隔 Δt 后，图形 S 由位置Ⅰ运动到位置Ⅱ时，任意直线 AB 相对于这两个动坐标系的角位移始终相等，即

$$\Delta\varphi_1 = \Delta\varphi_2 \tag{10－2}$$

当 Δt 趋于零时，有

$$\lim_{\Delta t\to 0}\frac{\Delta\varphi_1}{\Delta t} = \lim_{\Delta t\to 0}\frac{\Delta\varphi_2}{\Delta t}$$

即

$$\omega_1 = \omega_2 \tag{10－3}$$

又因

$$\frac{d\omega_1}{dt} = \frac{d\omega_2}{dt}$$

所以

$$\alpha_1 = \alpha_2 \tag{10－4}$$

可见，在同一瞬时，图形 S 绕基点 A 转动与绕基点 B 转动的角速度相等，角加速度也相等。所以，图形 S 的转动与基点的选择无关。

综上所述，刚体的平面运动分解为平动和转动时，平动部分与基点的选择有关，转动部分与基点的选择无关。也就是说，平动的速度和加速度随基点选择的不同而不同，而转动的角速度和角加速度则不会因基点的选择不同而不同。既然在同一瞬时，图形 S 绕任何基点转动的角速度和角加速度是相同的，那么可以说“图形的角速度和角加速度”，而毋须指明它们是相对于哪个基点而言的。

从图 10－5 还可以看到，动坐标系 $Ax'y'$ 和 $Bx''y''$ 各轴的方向虽然是任意的，但也可取为

分别与静坐标系 Oxy 的相应轴平行。因此，在时间间隔 Δt 内，任意直线 AB 相对于静坐标系的角位移也必然与相对于两个动坐标系的角位移相等。由此可知，在同一瞬时，图形 S 相对于静坐标系转动的角速度和角加速度与相对于动坐标系转动的角速度和角加速度分别相等。

第三节　求平面图形内任一点的速度的合成法

确定平面图形内任一点的速度有几种不同的方法，本节首先介绍合成法，它是其他方法的基础。

由于平面运动可以分解为平动和转动，平面图形内各点的运动就可以看成是与刚体的这两个运动相对应的点的两个运动的合成。因此，图形内任一点的速度就可以根据点的速度合成定理来确定。

如图 10-6 所示，设已知某一瞬时平面图形 S 内某一点 A 点的速度为$\boldsymbol{v}_A$、图形的角速度为 ω，欲求图形内任一点 B 的速度。为此，选取 A 为基点，则图形的牵连运动就是随基点 A 的平动，即 B 的牵连速度$\boldsymbol{v}_e$，等于基点 A 的速度$\boldsymbol{v}_A$，$\boldsymbol{v}_e=\boldsymbol{v}_A$，如图 10-7(a)所示。

图形上任意一点的相对运动就是绕基点 A 的转动，点 B 的相对速度$\boldsymbol{v}_r$就等于以 AB 为半径、绕点 A 作圆周运动时的速度$\boldsymbol{v}_{BA}$，即$\boldsymbol{v}_r=\boldsymbol{v}_{BA}$，其大小$v_{BA}=AB\cdot\omega$，方位垂直于转动半径 AB，指向由 ω 的转向决定，如图 10-7(b)所示。

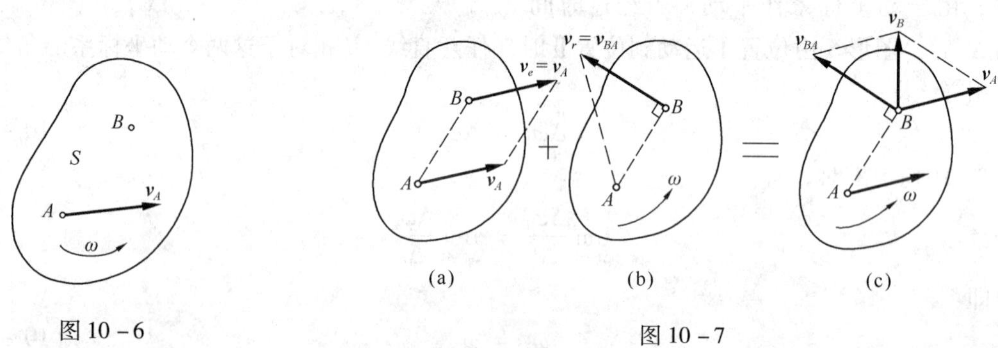

图 10-6　　　　图 10-7

根据速度合成定理，点 B 的速度(即点 B 相对于静坐标系运动的绝对速度)为

$$\boldsymbol{v}_B=\boldsymbol{v}_e+\boldsymbol{v}_r$$

所以

$$\boldsymbol{v}_B=\boldsymbol{v}_A+\boldsymbol{v}_{BA} \tag{10-5}$$

如图 10-7(c)所示。式(10-5)表明，平面图形内任一点的速度等于基点的速度与该点随图形绕基点转动的速度的矢量和。根据这一普遍公式，只要知道了某瞬时图形内某一点的速度以及图形转动的角速度，就可以求得图形内各点的速度。这是求图形内任一点的速度的基本方法，称为合成法或基点法。

由图 10-7 可以看出，由于$\boldsymbol{v}_{BA}$总是垂直于 A、B 两点的连线，它在该连线上的投影总是等于零，即$[\boldsymbol{v}_{BA}]_{AB}=0$，因此，将式(10-5)向 AB 连线上投影，则得

$$[\boldsymbol{v}_B]_{AB}=[\boldsymbol{v}_A]_{AB} \tag{10-6}$$

上式说明，平面图形内任意两点的速度在该两点连线上的投影相等。式(10-6)称为速度投影定理。这一定理反映了刚体上两点之间的距离保持不变这一特性，如果两点的速度在

两点连线上的投影不相等，则此两点之间的距离就会增大或减小，这是不符合刚体的要求的。速度投影定理不仅在刚体作平面运动时成立，对于刚体作任何运动时也都适用。应用速度投影定理分析平面图形上点的速度的方法称为速度投影法。

式(10－6)是投影式，只能用于求解一个未知量。公式是仅仅表明了平面图形上任意两点的绝对速度之间的关系，而不包含相对速度项，也就是不包含平面图形的角速度 ω，这就给公式的应用带来了一些方便，即在某些情况下，ω 未知时可以应用此式；但同时也带来了一些局限性，即不能从此式直接求出 ω。

例 1　椭圆规的构造如图 10－8(a)所示。滑块 A，B 分别可以在相互垂直的直槽中滑动，并用长为 $l=20\text{cm}$ 的连杆 AB 连接。已知 $v_A=20\text{cm/s}$，方向如图示。试求 $\varphi=30°$时滑块 B 和连杆中心 C 的速度。

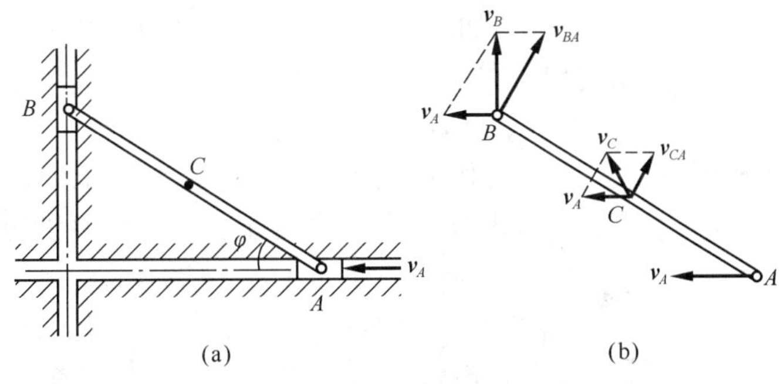

图 10－8

解　因连杆 AB 作平面运动，其中点 A 的速度是已知的，一般选速度已知点为基点，故取点 A 为基点，求点 B 的速度。注意到点 B 速度的方位已知，点 B 相对于点 A 的速度方位也已知(应垂直于 AB 连线)，根据式(10－5)，在大小与方位六个量中，有四个量已知；所以可以在点 B 作速度平行四边形，如图 10－8(b)所示。由几何关系有

$$v_B = v_A\cot\varphi = 20\cot30° = 34.64\text{cm/s}$$

$$v_{BA} = \frac{v_A}{\sin\varphi} = \frac{20}{\sin30°} = 40\text{cm/s}$$

又因 $v_{BA}=\omega\, AB=\omega l$，故可求得连杆 AB 的角速度大小为

$$\omega = \frac{v_{BA}}{l} = \frac{40}{20} = 2\text{rad/s}$$

当连杆的角速度 ω 求得后，就可取点 A 或点 B 为基点分析连杆上任意一点的速度。现仍取点 A 为基点，来求解点 C 的速度。既有

$$v_C = v_A + v_{CA}$$

式中，v_C 的大小和方向均为未知，而 $\boldsymbol{v}_{CA}$的大小与方向均已知，为

$$v_{CA} = \omega\, AC = \omega\,\frac{l}{2} = \left(2\times\frac{20}{2}\right) = 20\text{cm/s}$$

在点 C 作出速度平行四边形，如图 10－8(b)所示。由图中的几何关系有

$$v_C = \sqrt{v_A^2 + v_{CA}^2 - 2v_A v_{CA}\cos 2\varphi}$$
$$= \sqrt{20^2 + 20^2 - 2 \times 20 \times 20 \times \cos 60^\circ}$$
$$= 20\text{cm/s}$$

v_C 的方向可由 v_C 与 v_A 的夹角 θ 表示。因 v_A，v_C 和 v_{CA}的大小都相等，故 $\theta = 60°$。

应当指出，若仅需求点 B 的速度，则应用速度投影定理是较为方便的。有

$$v_B\cos(90° - \varphi) = v_A\cos\varphi$$

得

$$v_B = v_A\cot\varphi$$

在求点 C 速度时，必须要知道连杆的角速度 ω，故本题选用速度合成法分析点 B 的速度是为了同时解得 ω 和 v_B。

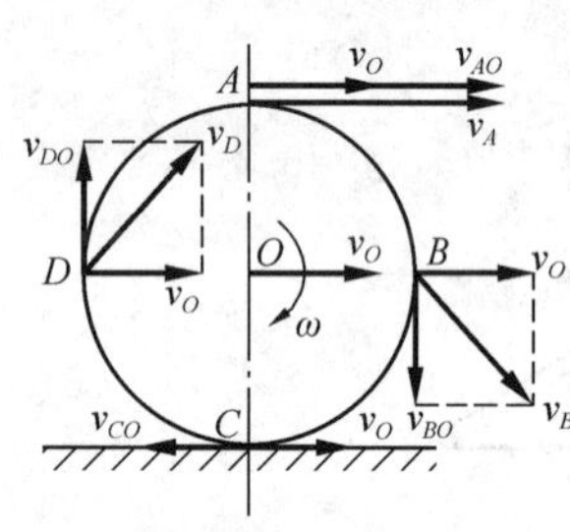

图 10－9

例 2 如图 10－9 所示，半径为 R 的车轮沿直线轨道作纯滚动(没有相对滑动的滚动)。已知轮心以匀速$\boldsymbol{v}_O$前进，求轮缘上 A，B，C，D 各点的速度。

解 轮作平面运动，轮心运动已知，故以轮心为基点进行求解。由式(10－5)，轮缘上任意一点 M 的速度可表示为

$$\boldsymbol{v}_M = \boldsymbol{v}_O + \boldsymbol{v}_{MO} \tag{a}$$

$\boldsymbol{v}_{MO}$的大小为 $R\omega$，方向垂直于半径。注意，这里角速度 ω 是未知的，故$\boldsymbol{v}_{MO}$的大小仍未知。轮缘上各点速度的大小和方向均未知，暂不能直接求解轮缘上各点的速度。考虑到车轮的纯滚动条件，可以先求车轮的角速度。由于轨道静止不动，而轮与轨道的接触点相对于轨道没有滑动，因此轮上 C 点的速度应为零，即 $v_C = 0$。由$\boldsymbol{v}_C = \boldsymbol{v}_O + \boldsymbol{v}_{CO} = 0$，且 $v_{CO} = R\omega$，故

$$\omega = \frac{v_{CO}}{R} = \frac{v_O}{R} \tag{b}$$

如图 10－9 所示，ω 为顺时针转向。当 ω 求得后，各点相对于基点的速度即可求。作 A，B，D 点的速度平行四边形，由几何关系可得各点的速度大小为

$$v_A = 2v_O, v_B = \sqrt{2}v_O, v_D = \sqrt{2}v_O \tag{c}$$

各点的速度方向如图 10－9 所示。

第四节 求平面图形内任一点的速度的瞬心法

用合成法求平面图形内各点的速度时，对每一点都要作出速度平行四边形，进行矢量合成运算，比较麻烦，而且还不能清楚地看出图形上各点速度分布的规律。但由式(10－5)可知，如果基点的速度为零，上述情况就可避免了。基于这种设想，本节将讨论另外一种求平面图形内任一点的速度的方法——瞬心法。

当平面图形运动时，图形或图形的扩展部分上某瞬时速度为零的点称为图形在该瞬时的瞬时速度中心，简称为速度瞬心或瞬心。例如，当车轮沿固定轨道作纯滚动时，当车轮与轨道接触处没有相对滑动时，接触处两点的速度相同。由于轨道固定不动，其上各点速度恒等于零，故任一瞬时与轨道接触的轮上的点，速度都等于零，它们分别是车轮在该瞬时的速度瞬心。在一般情况下，平面图形或其扩展部分上是否任一瞬时都存在着速度瞬心呢？下面来讨论这个问题。

设在某一瞬时，图形上任一点 A 的速度为$\boldsymbol{v}_A$，图形的角速度为 ω，如图 10－10 所示。沿$\boldsymbol{v}_A$的方向作直线 AL，将 AL 顺着 ω 的转向绕点 A 转过 90°到位置 AL'；在 AL'上选一点 I 使 $AI=\dfrac{v_A}{\omega}$。取点 A 为基点，则点 I 的速度为

$$\boldsymbol{v}_I=\boldsymbol{v}_A+\boldsymbol{v}_{IA}$$

式中点 I 绕基点 A 转动的速度$\boldsymbol{v}_{IA}$与直线 AL'垂直。由图可见，$\boldsymbol{v}_A$与$\boldsymbol{v}_{IA}$沿同一直线但方向相反，所以$\boldsymbol{v}_I$的大小为

$$v_I=v_A-v_{IA}=v_A-AI\cdot\omega=v_A-\frac{v_A}{\omega}\cdot\omega=0$$

这表明点 I 就是速度瞬心。由上述证明不难看出，在某一瞬时，点 I 的位置是唯一的，即在某一瞬时，图形只有一个速度瞬心。所以，一般情况下，在每瞬时，平面图形内都唯一地存在一个速度为零的点。

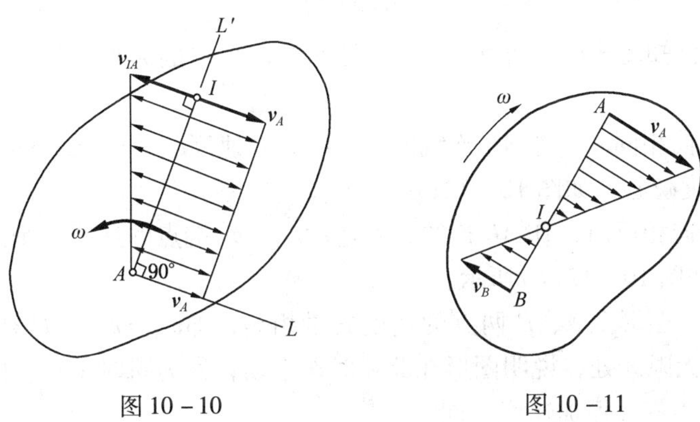

图 10－10　　　　图 10－11

瞬心的概念在研究平面图形内各点的速度问题中有很重要的意义。如果知道某一瞬时平面图形上速度为零的点即瞬心 I，那么，以点 I 为基点，根据式(10－5)，图形内任一点 M 的速度可以表示为

$$\boldsymbol{v}_M=\boldsymbol{v}_I+\boldsymbol{v}_{MI}$$

因为 $v_I=0$，所以

$$\boldsymbol{v}_M=\boldsymbol{v}_{MI} \tag{10-7}$$

此式表明：图形内任一点 M 的速度等于该点随图形绕瞬心 I 转动的速度。也就是说，某瞬时图形内任一点 M 速度的大小与此点在该瞬时绕瞬心的转动半径(即该点到瞬心 I 的距离)成正比，即

$$v_M=MI\cdot\omega \tag{10-8}$$

方向与转动半径垂直，指向与该瞬时的角速度 ω 的转向一致。

利用速度瞬心来求平面图形上点的速度的方法，称为瞬心法。由此可见，整个图形内各点的速度在某瞬时的分布情况与刚体绕定轴转动的情况类似，如图 10－11 所示。但是，平面图形的运动与刚体绕定轴转动并不相同，因为瞬心 I 不是始终静止不动的点，它仅在某瞬时速度为零。在不同瞬时，平面图形有不同的瞬心 I。因此，刚体的平面运动可以看作是绕一系列瞬心作瞬时转动。

瞬心 I 的位置可以由图形内任意两点的速度来确定。下面列举在几种不同情况下确定瞬心位置的方法。

(1) 已知某瞬时图形内任意两点 A、B 的速度的方向，且方向不同。分别以线段 AF 和 BH 表示两速度的方位，过点 A、B 分别作 AF、BH 的垂线，则这两垂线的交点 I 就是图形在此瞬时的瞬心，如图 10－12(a)所示。

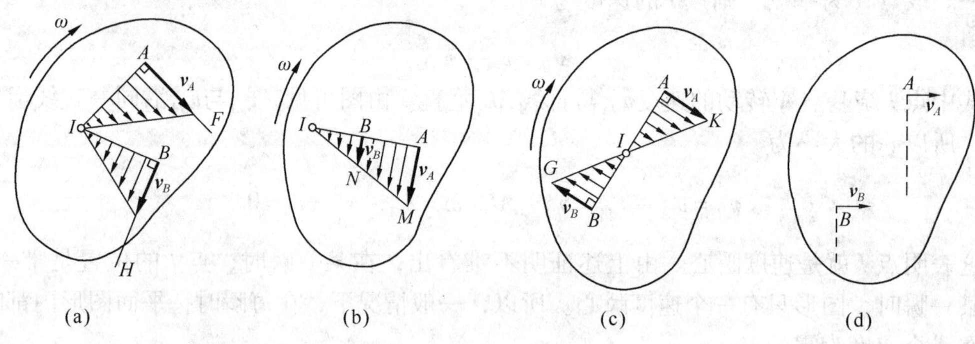

图 10－12

(2) 某瞬时，已知图形内任意两点 A、B 的速度 $\boldsymbol{v}_A$、$\boldsymbol{v}_B$ 的大小，其方向均垂直于此两点的连线 AB。

当 $\boldsymbol{v}_A$ 与 $\boldsymbol{v}_B$ 的指向相同时，作 AB 连线的延长线，及速度 $\boldsymbol{v}_A$、$\boldsymbol{v}_B$ 端点的连线，则这两条连线的交点 I 即为速度瞬心，如图 10－12(b)所示。

当 $\boldsymbol{v}_A$ 与 $\boldsymbol{v}_B$ 的指向相反时，作 AB 连线，及速度 $\boldsymbol{v}_A$、$\boldsymbol{v}_B$ 端点的连线，则这两条连线的交点 I 即为速度瞬心，如图 10－12(c)所示。

(3) 某一瞬时，图形上 A、B 两点的速度矢量相等，即 $\boldsymbol{v}_A=\boldsymbol{v}_B$，如图 10－12(d)所示，这时图形的瞬心在无限远处，说明图形在此瞬时作平动，称为瞬时平动，图形上各点的速度都相等，角速度 ω 为零，但加速度不同。

(4) 平面图形沿一固定表面作无滑动的滚动时，如图 10－9 所示。图形与固定面的接触点 C 就是图形的速度瞬心，因为在这一瞬时，点 C 相对于固定面的速度为零，所以它的绝对速度等于零。车轮滚动的过程中，轮缘上的各点相继与地面接触而成为车轮在不同时刻的速度瞬心。

例 3 曲柄连杆机构如图 10－13(a)所示，滑块 B 可在圆弧槽内滑动。已知：$OA=r$，$AB=l=2\sqrt{3}r$，圆弧半径 $R=2r$。在图示位置 $\varphi=60°$ 时，曲柄的角速度为 ω，角加速度为 α，$OA\perp AB$，且 AB 与槽在 B 点的法线方向的夹角 $\theta=30°$。试求：该瞬时滑块 B 的速度和 AB 杆的角速度。

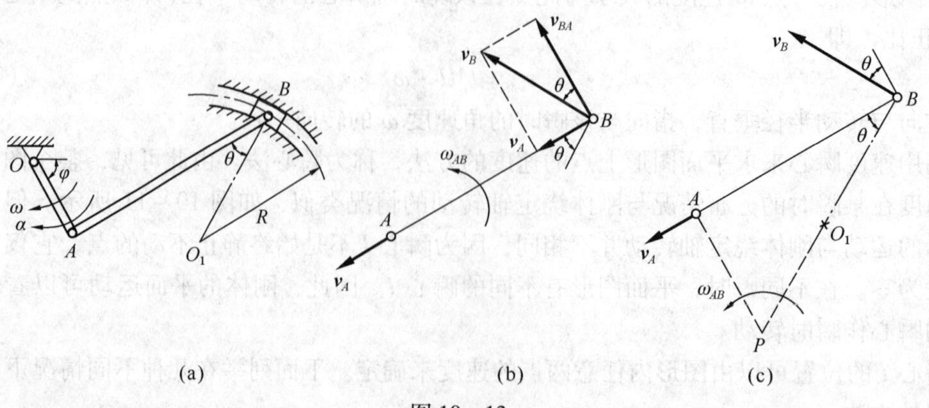

图 10－13

解

解法一 用速度合成法(基点法)求解。

取 A 为基点，B 点的速度为

$$\boldsymbol{v}_B=\boldsymbol{v}_A+\boldsymbol{v}_{BA}$$

式中，$\boldsymbol{v}_A=r\omega$ 方向与 OA 相垂直。

$\boldsymbol{v}_B$方位沿圆弧在 B 点的切线，大小未知；$\boldsymbol{v}_{BA}$方位与连杆 AB 相垂直，大小未知。

作速度平行四边形，如图 10－13(b)，得

$\boldsymbol{v}_B=\dfrac{\boldsymbol{v}_A}{\sin\theta}=\dfrac{r\omega}{\sin 30^\circ}=2r\omega$ 方向如图 10－13(b)所示。

$\boldsymbol{v}_{BA}=\dfrac{\boldsymbol{v}_A}{\tan\theta}=\dfrac{r\omega}{\tan 30^\circ}=\sqrt{3}r\omega$

所以，AB 杆的角速度

$\omega_{AB}=\dfrac{\boldsymbol{v}_{BA}}{l}=\dfrac{\sqrt{3}r\omega}{2\sqrt{3}r}=\dfrac{\omega}{2}$ 转向逆时针

解法二 用瞬心法求解。

A 点速度$\boldsymbol{v}_A=r\omega$，方向与 OA 垂直，恰沿 BA。B 点速度方位沿圆弧在 B 点的切线。分别作 A、B 两点速度的垂直线，得 P 点为 AB 杆的速度瞬心，如图 10－13(c)所示，可得 AB 杆的角速度为

$\omega_{AB}=\dfrac{\boldsymbol{v}_A}{AP}=\dfrac{\boldsymbol{v}_A}{l\tan\theta}=\dfrac{r\omega}{l\tan 30^\circ}=\dfrac{\omega}{2}$ 转向逆时针

滑块 B 的速度$\boldsymbol{v}_B=BP\cdot\omega_{AB}=4r\times\dfrac{\omega}{2}=2r\omega$ 方向如图 10－13(c)所示

解法三 用速度投影定理求解。

按解一分析的 A 点速度以及 B 点速度的方位，如图 10－13(c)所示，应用速度投影定理，有

$$v_B\sin\theta=\boldsymbol{v}_A$$

得滑块 B 的速度 $v_B=\dfrac{r\omega}{\sin 30^\circ}=2r\omega$ 方向如图 10－13(c)所示

为求 AB 杆的角速度，仍需应用上述基点(解法一)或瞬心法(解法二)求解。

第五节 求平面图形内任一点的加速度的合成法

如图 10－14 所示，已知某瞬时平面图形 S 的角速度 ω 和角加速度 α，图形上某点 A 的加速度为 $\boldsymbol{a}_A$，应用合成法可求出图形上任一点 B 的加速度 $\boldsymbol{a}_B$。

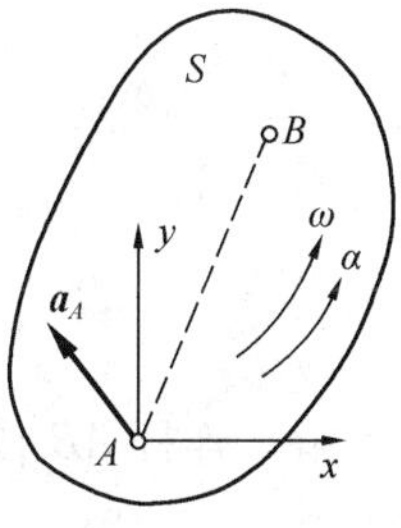

以 A 点为基点，并选以 A 点为原点的平动坐标系 Axy，把平面图形 S 的运动分解为随同动坐标系的平动和相对于动坐标系的转动，则 B 点的牵连加速度等于平动坐标系上 A 点的加速度 $\boldsymbol{a}_A$，即 $\boldsymbol{a}_e=\boldsymbol{a}_A$，如图 10－15(a)所示；相对加速度是 B 点随同平面图形绕 A 点转动时作圆周运动的加速度 $\boldsymbol{a}_{BA}$，即 $\boldsymbol{a}_r=\boldsymbol{a}_{BA}$，$\boldsymbol{a}_{BA}$又可分解为两个分量：相对切向加速度 $\boldsymbol{a}_{BA}^{\tau}$和相对法向加速度 $\boldsymbol{a}_{BA}^{n}$，如图 10－15(b)所示，其大小分别为：

图 10－14

$$a_{BA}^{\tau}=AB\cdot\alpha$$

$$a_{BA}^{n}=AB\cdot\omega^{2}$$

a_{BA}^{τ}的方位始终垂直于相对转动半径AB，指向由α决定；a_{BA}^{n}的方向始终沿AB并指向A。由于动坐标系作平动，根据动坐标系作平动时的点的加速度合成定理

$$\boldsymbol{a}_a=\boldsymbol{a}_e+\boldsymbol{a}_r$$

可得

$$\boldsymbol{a}_B=\boldsymbol{a}_A+\boldsymbol{a}_{BA} \tag{10-9}$$

因$\boldsymbol{a}_{BA}=\boldsymbol{a}_{BA}^{\tau}+\boldsymbol{a}_{BA}^{n}$，所以

$$\boldsymbol{a}_B=\boldsymbol{a}_A+\boldsymbol{a}_{BA}^{\tau}+\boldsymbol{a}_{BA}^{n} \tag{10-10}$$

合成结果如图10-15(c)所示。

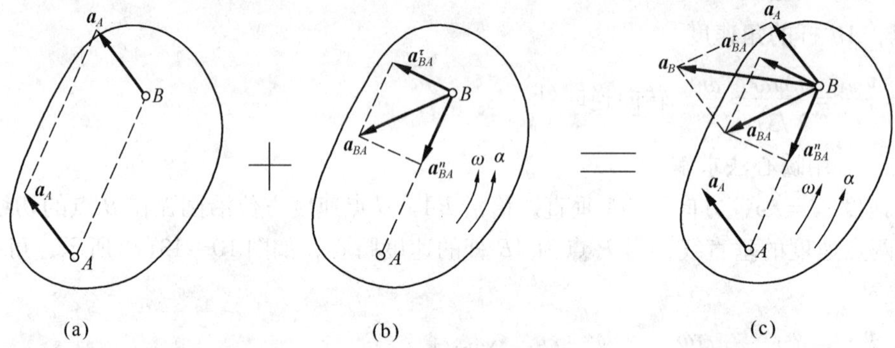

图10-15

结论 平面图形内任一点的加速度等于基点的加速度与该点随同图形绕基点转动的切向加速度和法向加速度的矢量和。

矢量式(10-10)所包含的四个加速度有大小和方向共八个量，其中$\boldsymbol{a}_{BA}^{\tau}$和$\boldsymbol{a}_{BA}^{n}$的方位总是已知的，因此，只要再知道其中任意四个量，就可以求出其余的两个未知量。

例4 曲柄OA长$r=20\text{cm}$，以匀角速度$\omega_0=10\text{rad/s}$绕轴O转动；此曲柄通过长$l=100\text{cm}$的连杆AB使滑块B沿铅垂滑槽运动，如图10-16(a)所示。试求曲柄与连杆相互垂直并与水平线成角$\varphi=45°$瞬时：(1)连杆的角加速度；(2)滑块B的加速度。

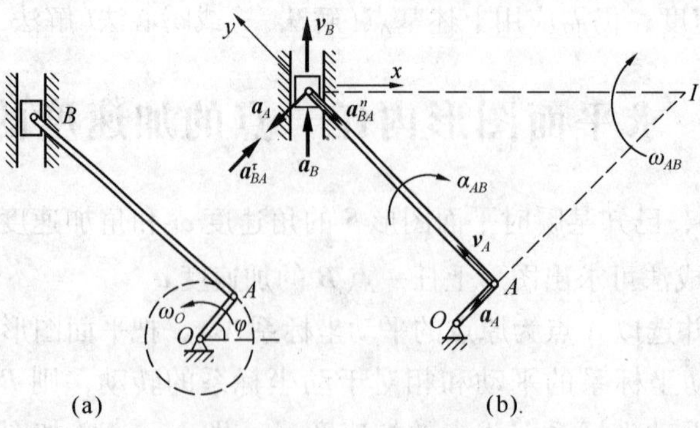

图10-16

解 连杆AB作平面运动，选点A为基点来研究B点，则点B的加速度为

$$\boldsymbol{a}_B=\boldsymbol{a}_A+\boldsymbol{a}_{BA\tau}+\boldsymbol{a}_{BAn}$$

式中 $\boldsymbol{a}_B$ 的方位沿滑槽的中心线，指向假设向上(可随意假设，本题参照速度的指向假设，这样容易得出点是作加速运动还是作减速运动)，大小未知；$\boldsymbol{a}_A$ 的大小与方位均已知；$\boldsymbol{a}_{BA}^{\tau}$的方位垂直于 AB，假定指向如图 10－16(b)所示；$\boldsymbol{a}_{BA}^{n}$的方向沿 BA 并指向 A 点，其大小须通过研究速度得到。利用速度瞬心法，有

$$\omega_{AB}=\frac{v_A}{IA}=\frac{\omega_O r}{AB}=\frac{10\times 20}{100}=2\text{rad/s}$$

由 $\boldsymbol{v}_A$ 的指向可知，ω_{AB}为顺时针转向。则

$$a_{BA}^{n}=\omega_{AB}^{2}l=2^2\times 100=400\ \text{cm/s}^2$$

这样，只有 $\boldsymbol{a}_B$ 和 $\boldsymbol{a}_{BA}^{\tau}$的大小未知，将各矢量向 x 轴投影，有

$$0=-a_A\cos\varphi+a_{BA}^{\tau}\cos\varphi+a_{BA}^{n}\cos\varphi$$

得 $a_{BA}^{\tau}=\dfrac{a_A\sin\varphi-a_{BA}^{n}\cos\varphi}{\sin\varphi}=\dfrac{2000\sin 45°-400\cos 45°}{\sin 45°}=1600\ \text{cm/s}^2$

由此得连杆 AB 的角加速度的大小为

$$\alpha_{AB}=\frac{a_{BA}^{\tau}}{l}=\frac{1600}{100}=16\ \text{rad/s}^2$$

根据 $\boldsymbol{a}_{BA}^{\tau}$的指向可知 α_{AB}为顺时针转向。再将各矢量向轴 y 投影，有

$$a_B\sin\varphi=-a_{BA}^{n}$$

得 $a_B=-\dfrac{a_{BA}^{n}}{\sin\varphi}=-\dfrac{400}{\sin 45°}=-565.7\ \text{cm/s}^2$，其负号表示实际指向向下，与假设的反向，滑块 B 做减速运动。

例 5　半径为 R 的车轮沿直线滚动，某瞬时轮心 O 点的速度为$\boldsymbol{v}_O$，加速度为 $\boldsymbol{a}_O$，如图 10－17(a)所示。若轮作纯滚动，求图示瞬时车轮上 A，B，C 三点的加速度。

解　轮作纯滚动，其瞬心为轮上与地面的接触点 C。于是，车轮在图示瞬时的角速度为

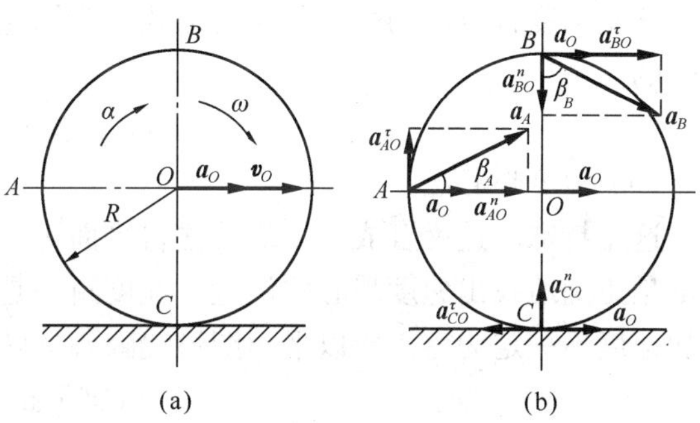

图 10－17

$$\omega=\frac{v_O}{R}\qquad\text{(a)}$$

车轮的角加速度 α 可由角速度对时间求一阶导数得到。轮心作直线运动，$\mathrm{d}v_O/\mathrm{d}t=a_O$，故

$$\alpha=\frac{\mathrm{d}\omega}{\mathrm{d}t}=\frac{\mathrm{d}}{\mathrm{d}t}\left(\frac{v_O}{R}\right)=\frac{1}{R}\frac{\mathrm{d}v_O}{\mathrm{d}t}=\frac{a_O}{R}\qquad\text{(b)}$$

在图示瞬时，方向如图 10－17(a)所示。

取轮心 O 点为基点，由式(10－10)，有

$$\boldsymbol{a}_A=\boldsymbol{a}_O+\boldsymbol{a}_{AO}^{\tau}+\boldsymbol{a}_{AO}^{n},\boldsymbol{a}_B=\boldsymbol{a}_O+\boldsymbol{a}_{BO}^{\tau}+\boldsymbol{a}_{BO}^{n},\boldsymbol{a}_C=\boldsymbol{a}_O+\boldsymbol{a}_{CO}^{\tau}+\boldsymbol{a}_{CO}^{n}\qquad\text{(c)}$$

其中 $a_{AO}^{\tau}=a_{BO}^{\tau}=a_{CO}^{\tau}=R\alpha=a_O$，$a_{AO}^{n}=a_{BO}^{n}=a_{CO}^{n}=R\omega^2=v_O^2/R$。各点的加速度图如图 10－17(b)所示。于是可求得各点加速度的大小和方向依次为

$$
\begin{cases}
a_A = \sqrt{(a_{AO}^{\tau})^2 + (a_O + a_{AO}^n)^2} = \sqrt{a_O^2 + \left(a_O + \dfrac{v_O^2}{R}\right)^2}, \ \beta_A = \arctan \dfrac{a_O R}{a_O R + v_O^2} \\
a_B = \sqrt{(a_{BO}^{\tau})^2 + (a_O + a_{BO}^n)^2} = \sqrt{\left(\dfrac{v_O^2}{R}\right)^2 + 4a_O^2}, \ \beta_B = \arctan \dfrac{2a_O R}{v_O^2} \\
a_C = a_{CO}^n = \dfrac{v_O^2}{R}, \ \beta_C = 0
\end{cases} \quad \text{(d)}
$$

由 C 点加速度的结果可见，速度瞬心的加速度不等于零。当轮心作直线运动时，速度瞬心的加速度指向轮心。

小　结

1. 刚体的平面运动

刚体内任意一点在运动过程中始终与某一固定平面保持不变的距离的运动，称为刚体平面运动。刚体的平面运动可以简化为平面图形在其自身平面内的运动。平面图形的运动又可分解为随同基点的平动(牵连运动)和绕基点的转动(相对运动)，其平动部分与基点的选取有关，而转动部分与基点的选取无关。

2. 平面图形上各点的速度求法

(1) 速度合成法(基点法)

基点法是利用复合运动方法，将运动分解为牵连运动(随基点的平动)和相对运动(绕基点的转动)，这是研究运动的一个基本方法。

$$\boldsymbol{v}_B = \boldsymbol{v}_A + \boldsymbol{v}_{BA}$$

(2) 速度投影法

这是速度合成法的另一种表达形式，应用速度投影定理，可建立平面图形上任意两点速度间的关系。

$$(\boldsymbol{v}_B)_{AB} = (\boldsymbol{v}_A)_{AB}$$

(3) 速度瞬心法

这是特殊的速度合成法，瞬心法将平面运动看作是绕瞬心的瞬时定轴转动，应用该法的关键是正确地找出速度瞬心的位置。速度瞬心是某瞬时平面图形上速度等于零的一点，而它的加速度不一定为零，所以平面图形绕瞬心的转动与刚体绕定轴的转动有本质的不同。

$$v_M = CM \cdot \omega, \ v_M \perp CM$$

3. 平面图形上各点加速度的确定(基点法)

利用加速度合成定理，采用合成法(基点法)可得关系式

$$\boldsymbol{a}_B = \boldsymbol{a}_A + \boldsymbol{a}_{BA}^{\tau} + \boldsymbol{a}_{BA}^{n}$$

在具体计算时，可将上述矢量式分别投影在两个不互相平行的轴上，利用这两个投影式解出两个未知量。

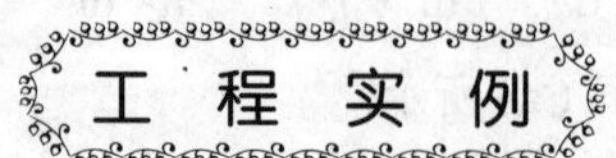

工 程 实 例

杂耍圆环

1. 杂技演员将一个刚性圆环沿水平地面滚出，起始圆环一跳一跳地向前滚动，随后不离开地面向前滚动，为什么？

2. 杂技演员拿出一个匀质圆环，沿粗糙的水平地面向前抛出，不久圆环又自动返回到演员跟前。设圆环与地面接触瞬时圆环中心 O 点的速度大小为 v_0，圆环的角速度为 ω_0，圆环半径为 r，质量为 m，圆环与地面间的静摩擦因数为 f_s，不计滚动摩阻，试问：

（1）圆环能自己滚回来的条件是什么？

（2）圆环开始向回滚动直到无滑动地滚动，在此运动过程中，圆环所走过的距离是多少？

解答

1. 圆环不是匀质的，质心不在圆环的中心。开始滚动角速度大，圆环一跳一跳地向前滚动；随后角速度减小，所以圆环不离开地面向前滚动。

2. （1）圆环自己滚回的条件为：$\omega_0 > \dfrac{v_0}{r}$，方向如图 10－18 所示。

（2）$F_N = mg$，水平方向上只受摩擦力，$F = f_S F_N = f_S mg$，圆环竖直方向二力平衡。

圆环水平方向上加速度：
$$a_C = \frac{F}{m} = f_S g$$

圆环在摩擦力 F 作用下做匀减速运动，角加速度 $\alpha = \dfrac{f_S g}{r}$，质心速度为 v_0，质心加速度 $a_C = f_S g$。

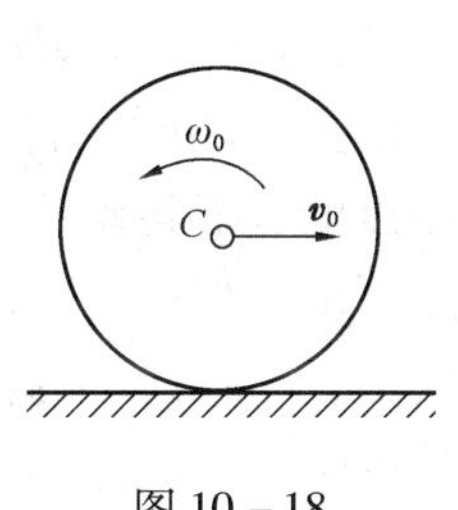

图 10－18

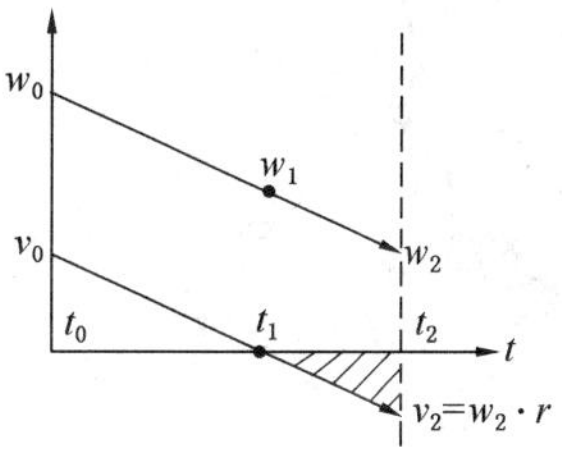

图 10－19

图 10－19 为角速度、质心速度随时间的变化图，v_0 与 t 轴交点 t_1 为圆环自动返回的时间，从 t_0 到 t_1：

$$\begin{cases} v_0 = a_C t_1 \\ \omega_1 = \omega_0 - \alpha t_1 \end{cases}$$

所以
$$t_1 = \frac{\omega_0 r + v_0}{2 f_S g}$$

当 $t = t_2$ 时，$v_2 = \omega_2 r$

$$\begin{cases} -v_2 = v_0 - a_C t_2 \\ \omega_2 = \omega_0 - \alpha t_2 \end{cases}$$

所以
$$t_2 = \frac{v_0}{f_S g}$$

圆环开始向回滚动直到无滑动地滚动，所走过距离为图中阴影部分面积。

圆环作匀加速运动，运动方程为：$s = \dfrac{1}{2} a_C (t_2 - t_1)^2$

代入 t_1，t_2 得：$s=\frac{1}{2}a_C\ (t_2-t_1)^2=\frac{(\omega_0 r-v_0)^2}{8f_S g}$

稻谷在水稻脱料装置中运动规律的探讨

脱粒装置是脱粒机和联合收割机的核心部件之一，其决定了机器的工作质量和生产率，并对以后的分离和清选产生巨大影响。轴流式脱粒机因其脱粒时间长、作用柔和、喂入量大、脱粒干净、无糙米、综合损失小而符合水稻脱粒装置的脱粒干净、谷粒破碎率小、禾秆破碎少、功率耗用低、生产率高的工作要求。下面运用点的合成运动原理建立稻谷脱粒过程的运动模型，讨论稻谷在螺旋叶片板齿组合式轴流装置内的运动规律。

（1）运动分析

组合式轴流装置是由螺旋叶片、板齿、盖板、凹板等脱粒部件构成，如图 10－20 所示。工作时，稻谷经过桥从下端由喂入螺旋叶片卷入滚筒，在脱粒空间内顶盖和凹板固定不动，螺旋叶片、板齿和滚筒在动力的带动下运动。稻谷进入脱粒装置后，因其具有一定的轴向喂入速度，稻谷的运动可分解为沿着轴线方向的直线运动和相对滚筒的螺旋运动，同时滚筒做定轴匀速转动。

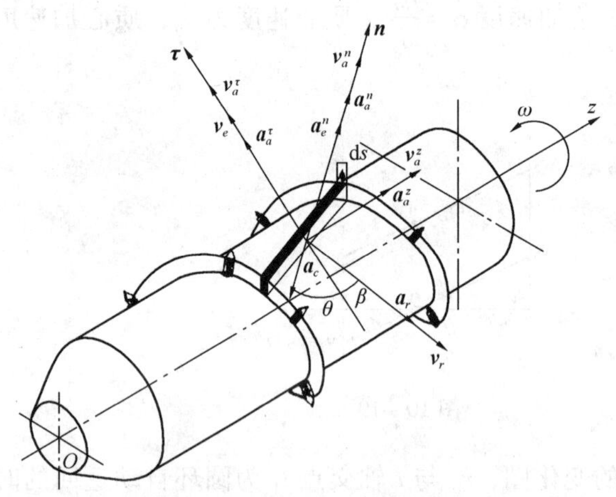

图 10－20　稻谷运动模型

（2）确定动点、动系

根据稻谷在整个脱粒过程的运动分析，沿脱粒滚筒螺旋叶片，距脱粒滚筒喂入端 S 处取微元段 ds，其形状对运动无影响，研究运动时，将此微元体视为动点，根据点的合成运动原理，定参考系固联在固定不动的机架上，动参考系建立在旋转滚筒上，牵连运动为微元体与旋转滚筒接触处的牵连点的定轴转动，相对运动为稻谷相对于滚筒沿螺旋叶片做螺旋运动，则绝对运动为稻谷与螺旋叶片成一定角度运动的曲线。建立坐标系 x、y、z、$\boldsymbol{\tau}$、n、z（$\boldsymbol{\tau}$ 为滚筒面切线方向；n 为滚筒面法线方向，z 为滚筒轴线方向），如图 10－20 所示。

（3）速度分析及方程建立

根据速度合成定理，$\boldsymbol{v}_a=\boldsymbol{v}_e+\boldsymbol{v}_r$，则速度在三个坐标轴 $\boldsymbol{\tau}$、n、z 上的投影方程为：

$$v_a^\tau=v_e-v_r^\tau,\ v_a^z=v_r\sin\beta,\ v_a^n=v_r^n$$

式中 v_a^τ、v_a^z、v_a^n 为稻谷绝对速度在坐标 $\boldsymbol{\tau}$、z、n 上的投影，其中，$v_a^n=\tan\theta v_a^z$，θ 为任意 t 时刻，稻谷与旋转滚筒间的相对角位移，是时间 t 的函数，即 $\theta=\theta(t)$。

$\boldsymbol{v}_e$ 为牵连速度，方向为稻谷所在滚筒位置的切线方向，大小 $v_e=\omega R$，式中，R 为稻谷转动半径，$R=r+c$，其中 r 为滚筒半径；c 为螺旋叶片高度；ω 为滚筒角速度。

$\boldsymbol{v}_r$ 为相对速度，沿螺旋叶片方向，矢量表示为：$\boldsymbol{v}_r=\boldsymbol{v}_r^\tau+\boldsymbol{v}_r^n+\boldsymbol{v}_r^z$

式中 v_r^τ 是相对速度在 $\boldsymbol{\tau}$ 上的投影，$v_r^\tau=R\dot{\theta}$；v_r^n 是相对速度在 n 上的投影，$v_r^n=\int R\dot{\theta}^2\mathrm{d}t$；$v_r^z$ 是相对速度在 z 上的投影，$v_r^z=v_r\sin\beta$，其中，β 为螺旋叶片的螺旋升角。

(4) 加速度分析及方程

根据加速度合成定理 $\boldsymbol{a}_a=\boldsymbol{a}_e+\boldsymbol{a}_r+\boldsymbol{a}_c$，在三个坐标轴 τ、n、z 上的投影方程为：

$$a_a^\tau=-a_r^\tau,\ a_a^n=a_e^n+a_r^n-a_c,\ a_a^z=-a_r\sin\beta$$

式中 $\boldsymbol{a}_r^\tau$、$\boldsymbol{a}_r^n$是相对加速度在 τ、n 上的投影，大小分别为 $R\ddot{\theta}$、$R\dot{\theta}^2$；a_e 是牵连加速度，矢量表示为：$\boldsymbol{a}_e=\boldsymbol{a}_e^n+\boldsymbol{a}_e^\tau$，式中 $\boldsymbol{a}_e^\tau$ 是牵连运动加速度的切向分量，牵连运动做匀速旋转，所以 $a_e^\tau=0$；a_e^n 是牵连运动加速度的法向分量，方向为微元体所在位置的外法线方向，大小是 $a_e^n=\omega^2R$；$\boldsymbol{a}_c$ 是科氏加速度，根据科氏加速度的定义，则方向垂直于脱粒滚筒的角速度 $\boldsymbol{\omega}$ 与相对速度$\boldsymbol{v}_r$两矢量所形成的平面，$\boldsymbol{a}_c=2\boldsymbol{\omega}\times\boldsymbol{v}_r=2\omega\ddot{\theta}R\cos\beta$；$\boldsymbol{a}_a^\tau$、$\boldsymbol{a}_a^n$、$\boldsymbol{a}_a^z$是稻谷绝对加速度在 τ、n、z 上的投影，其中 $\boldsymbol{a}_a^n=0$。各方程联立解得：$\ddot{\theta}=\dfrac{\dot{\theta}^2+\omega^2}{2\omega\cos\beta}$。

利用点的合成运动可求出谷物脱粒过程中的运动规律，为组合式轴流装置机理研究提供了一定理论基础。

习　题

10－1　如题图 10－1 所示的滑块 A 以速度 $v_A=30\text{m/s}$ 沿水平导向槽向右运动，滑块 B 在铅垂槽中运动，已知杆 AB 长 $l=24\text{cm}$，在图示瞬时杆 AB 与水平线成角 $\varphi=45°$，试求此时杆 AB 中点 C 的速度大小及杆 AB 的角速度。

答案：$v_c=15\sqrt{2}\text{m/s}$，$\omega_1=\sqrt{3}\omega_0$，顺时针

10－2　如题图 10－2 所示四连杆机构中，$OA=O_1B=\dfrac{1}{2}AB$，曲柄以角速度 $\omega=3\text{rad/s}$ 绕 O 轴转动；求在图示位置时杆 AB 和杆 O_1B 的角速度。

答案：$\omega_{AB}=3\text{rad/s}$，$\omega_{O_1B}=5.2\text{rad/s}$

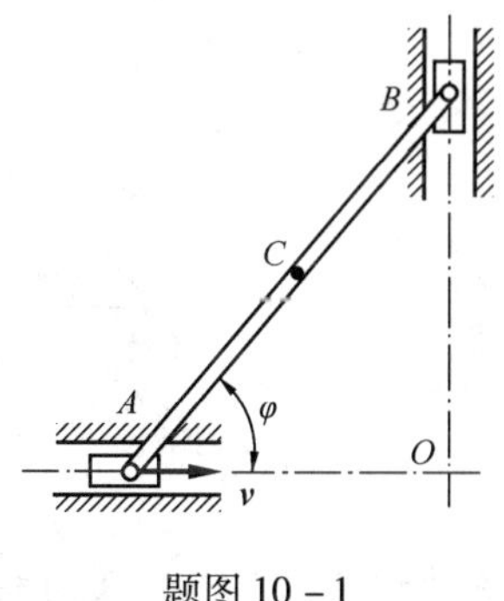

题图 10－1

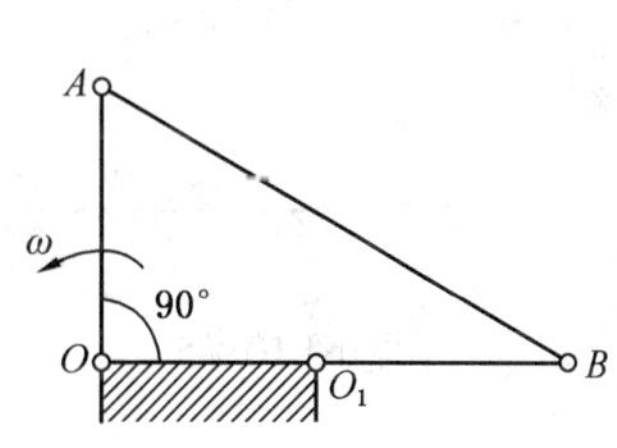

题图 10－2

10－3　如题图 10－3 所示配气机构中，曲柄以匀角速度 $\omega=20\text{rad/s}$ 绕 O 轴转动，$OA=40\text{cm}$，$AC=CB=20\sqrt{37}\text{cm}$。当曲柄在两铅垂位置和两水平位置时，求气阀推杆 DE 的速度。

答案：当 $\varphi=0$ 和180°时，$v_{DE}=400\text{cm/s}$；当 $\varphi=90$ 和270°时，$v_{DE}=0$

10－4　纵向刨床机构如题图 10－4 所示，曲柄 OA 长 r，以匀角速度 ω 转动。当 $\varphi=90°$、$\beta=60°$时，$DC:BC=1:2$，且 $OC//BE$，连杆 AC 长 $2r$。求刨杆 BE 的平动速度。

答案：$v_{BE}=3r\omega$

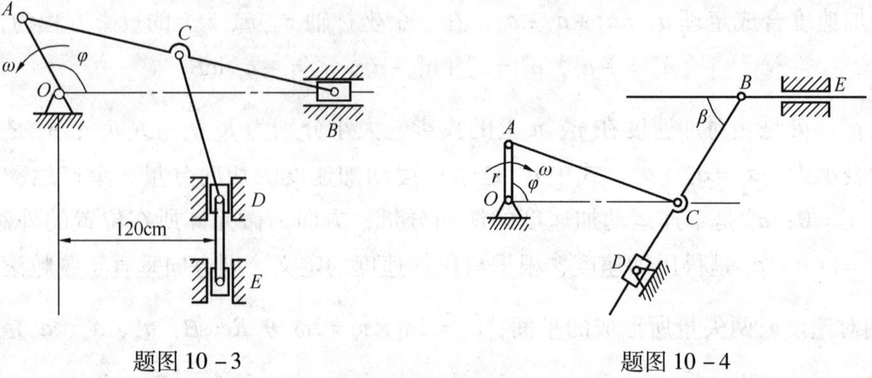

题图 10-3　　　　题图 10-4

10-5　滚压机构的滚子沿水平面滚动而不滑动。已知曲柄 OA 长 $r=10\text{cm}$，以匀转速 $n=30\text{r/min}$转动。连杆 AB 长 $l=17.3\text{cm}$，滚子半径 $R=10\text{cm}$，求在如题图 10-5 所示位置时滚子的角速度及角加速度。

答案：$\omega_B=3.62\text{rad/s}$，$\alpha_B=2.2\text{rad/s}^2$

10-6　如题图 10-6 所示曲柄连杆机构中，曲柄长 20cm，以匀角速度 $\omega_0=10\text{rad/s}$ 转动，连杆长 100cm。求在图示位置时连杆的角速度与角加速度以及滑块 B 的加速度。

答案：$\omega_{AB}=2\text{rad/s}$，$\alpha_{AB}=16\text{rad/s}^2$；$a_B=565\text{cm/s}^2$

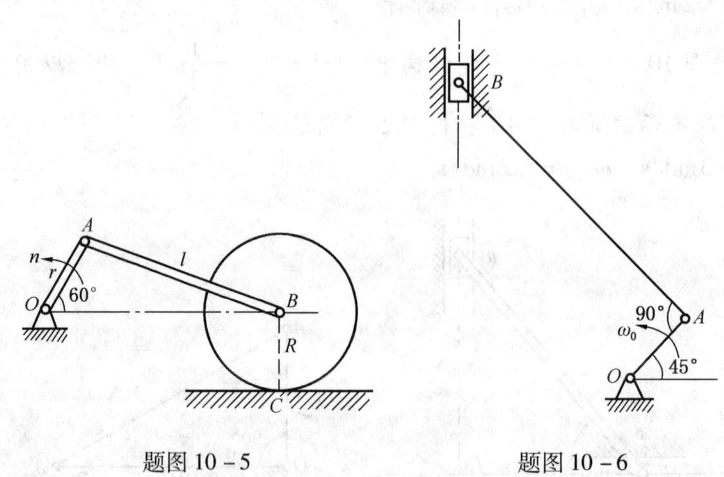

题图 10-5　　　　题图 10-6

10-7　杆 AB 的端沿水平线以等速 v 运动，在运动时杆恒与一半圆周相切，半圆周的半径为 R，如图 10-7 所示。如杆与水平线间交角为 θ，试以角 θ 表示杆的角速度。

答案：$\omega=\dfrac{v\sin^2\theta}{R\cos\theta}$

10-8　如题图 10-8 所示机构中，已知曲柄 $OA=10\text{cm}$，$BD=10\text{cm}$，$DE=10\text{cm}$，$EF=10\sqrt{3}\,\text{cm}$，$\omega_{OA}=10\text{rad/s}$。在图示位置时，曲柄 OA 与水平线 OB 垂直，且 B、D 和 F 在同一铅垂上，又 DE 垂直于 EF。求杆 EF 的角速度和点 F 的速度。

答案：$\omega_{EF}=1.33\text{rad/s}$，$v_F=46.19\text{m/s}$

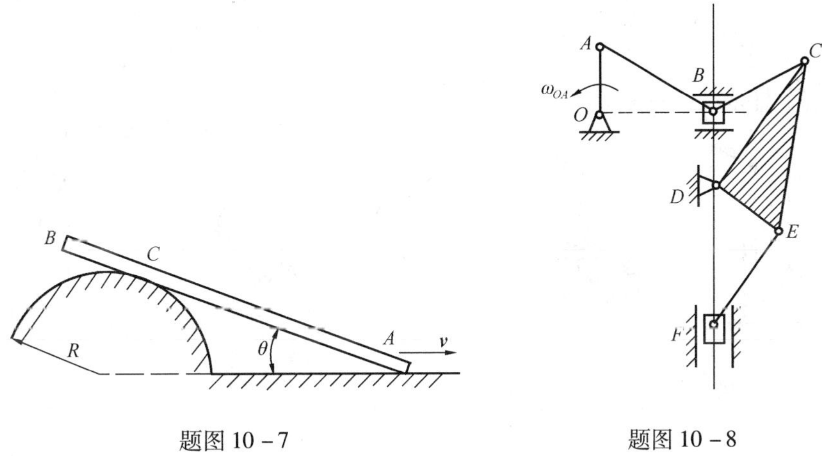

题图 10－7　　题图 10－8

10－9　如题在图 10－9 所示平面机构中，杆以不变的速度 v 沿水平方向运动；套筒 B 与杆 AB 的端点铰接，并套在绕 O 轴转动的杆 OC 上，可沿该杆滑动。已知 AB 和 OE 两平行线间的垂直距离为 b，求在图示位置（$\varphi=60°$，$\beta=30°$，$OD=BD$）时杆 OC 的角速度和角加速度，滑块 E 的速度和加速度。

答案：$\omega_{OC}=\dfrac{3v}{4b}$，$a_{OC}=\dfrac{3\sqrt{3}v^2}{8b^2}$；$v_E=\dfrac{v}{2}$，$a_E=\dfrac{7v^2}{8\sqrt{3}b}$

10－10　如题图 10－10 所示，物块 D 具有向左的速度 16cm/s 和向右的加速度 30cm/s²。试求在此位置物块 A 的速度和加速度。

答案：$v_A=13.71$cm/s，$a_A=20.4$cm/s²

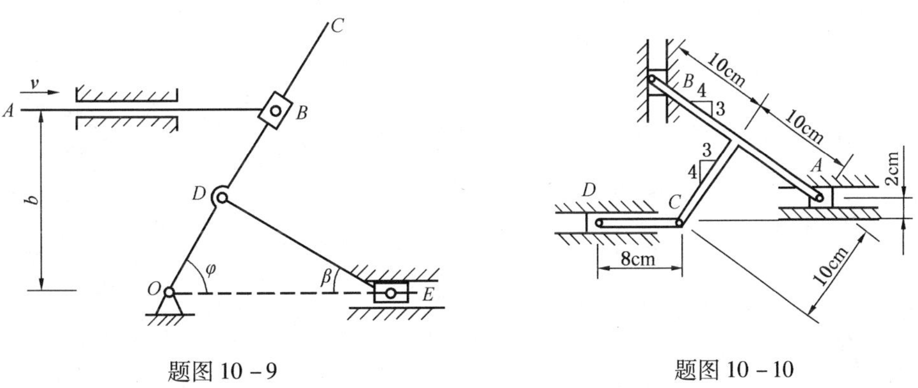

题图 10－9　　题图 10－10

10－11　活塞由具有齿扇的曲柄机构带动，如题图 10－11 所示，已知：曲柄 OA 长 $r=$ 10cm，试求 $\varphi=30°$，$\theta=2\varphi$，$\omega=2$rad/s 时活塞的速度。

答案：$v=34.64$cm/s

10－12　如题图 10－12 所示，在筛动机构中，筛子的摆动是由曲柄连杆机构所带动。已知曲柄 OA 的转速 $n_{OA}=40$r/min，$OA=0.3$m。当筛子 BC 运动到与点 O 在同一水平线上时，$\angle BAO=90°$。求此瞬时筛子 BC 的速度。

答案：$v_{BC}=2.513$m/s

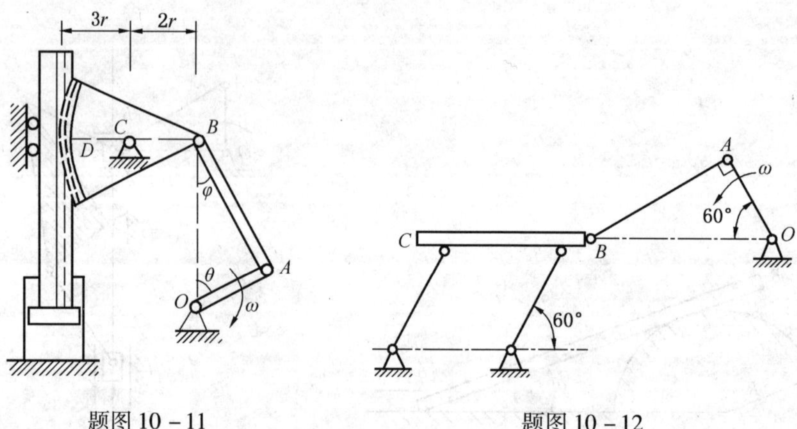

题图 10-11　　题图 10-12

第三篇　动　力　学

1. 动力学历史渊源

动力学是理论力学的一个分支学科，它主要研究作用于物体的力与物体运动之间的关系，动力学的研究对象是运动速度远小于光速的宏观物体。动力学是物理学和天文学的基础，也是许多工程学科的基础，许多数学上的进展也常与解决动力学问题有关，所以数学家对动力学有着浓厚的兴趣。

动力学的研究以牛顿运动定律为基础，牛顿运动定律则是建立在实验、观察和数学分析之上的严密科学。动力学以牛顿第二定律为核心，这个定律指出了力、加速度、质量三者间的关系。在这个定律中，牛顿首先引入了质量的概念，而把它和物体的重力区分开来，说明物体的重力只是地球对物体的引力。17 世纪初期，意大利物理学家和天文学家伽利略通过实验揭示了物质的惯性原理，用物体在光滑斜面上的加速下滑实验，揭示了等加速运动规律，并认识到地面附近的重力加速度值不因物体的质量而异，它近似一个常量，进而研究了抛射运动和质点运动的普遍规律。伽利略的研究开创了为后人所普遍使用的，从实验出发又用实验验证理论结果的研究方法。17 世纪，荷兰科学家惠更斯通过对摆的观察，得到了地球重力加速度，建立了摆的运动方程，惠更斯又在研究锥摆时确立了离心力的概念；此外，他还提出了转动惯量的概念。在此期间，牛顿和德国数学家莱布尼兹建立了的微积分学，使动力学研究进入了一个崭新的时代。牛顿在 1687 年出版的巨著《自然哲学的数学原理》中，明确地提出了惯性定律、质点运动定律、作用和反作用定律、力的独立作用定律。他在寻找落体运动和天体运动的原因时，发现了万有引力定律，并根据它导出了开普勒定律，验证了月球绕地球转动的向心加速度同重力加速度的关系，说明了地球上的潮汐现象，建立了十分严格而完善的力学定律体系。

牛顿定律发表 100 年后，法国数学家拉格朗日建立了能应用于完整系统的拉格朗日方程。这组方程式不同于牛顿第二定律的力和加速度的形式，而是用广义坐标为自变量通过拉格朗日函数来表示的。拉格朗日体系对某些类型问题（例如小振荡理论和刚体动力学）的研究比牛顿定律更为方便。

刚体的概念是由欧拉引入的。18 世纪瑞士学者欧拉把牛顿第二定律推广到刚体，他应用三个欧拉角来表示刚体绕定点的角位移，又定义转动惯量，并得到了刚体定点转动的运动微分方程。这样就完整地建立了描述具有 6 个自由度的刚体普遍运动方程。对于刚体来说，内力所做的功之和为零。因此，刚体动力学就成为研究一般固体运动的近似理论。

《墨经》中关于力的定义是从人的体力概念引伸出来的。墨子指出："力，刑(形)之所以奋也。"也就是说，力是使物体运动的原因，即使物体运动的作用叫做力。对此，他举例予以说明，说好比把重物由下向上举，就是由于有力的作用方能做到。同时，墨子指出物体在受力之时，也产生了反作用力。例如，两质量相当的物体碰撞后，两物体就会朝相反的方向运动。如果两物体的质量相差甚大，碰撞后质量大的物体虽不会动，但反作用力还是存在。在《墨经》中墨子还给出了"动"与"止"的定义。他认为"动"是由于力推送的缘故，"止"则是物体经一定时间后运动状态的结束。墨子虽没有明确指出运动状态的结束是因为存在着阻力的缘故，但他已意识到在外力消失后，物体的运动状态是不可能永远存在下去的。

2. 科学家简述

惠更斯，荷兰物理学家、天文学家、数学家，是与牛顿同一时代的科学家，是历史上最著名的物理学家之一，对力学的发展和光学的研究都有杰出的贡献，在数学和天文学方面也有卓越的成就，是近代自然科学的一位重要开拓者。他建立了向心力定律，提出了动量守恒原理，改进了计时器。

惠更斯1629年4月14日出生于海牙。自幼聪慧，13岁时曾自制一台车床，表现出很强的动手能力。1645～1647年在莱顿大学学习法律与数学，1647～1649年转入布雷达学院深造。在阿基米德及笛卡儿等人的影响下，致力于力学、光学、天文学及数学的研究。他善于把科学实践和理论研究结合起来，透彻地解决问题，因此在摆钟的发明、天文仪器的设计、弹性体碰撞和光的波动理论等方面都有突出成就。惠更斯体弱多病，一心致力于科学事业，终生未婚。1695年7月8日在海牙逝世。

惠更斯在数学上有出众的天才，早在22岁时就发表了关于计算圆周长、椭圆弧及双曲线的著作。他对各种平面曲线，如悬链线、曳物线、对数螺旋线等都进行过研究，还在概率论和微积分方面有所成就，他还研究了浮体和求各种形状物体的重心等问题。对摆的研究是惠更斯所完成的最出色的物理学工作。多少世纪以来，时间测量始终是摆在人类面前的一个难题。当时的计时装置诸如日晷、沙漏等均不能在原理上保持精确。直到伽利略发现了摆的等时性，惠更斯将摆运用于计时器，人类才进入一个新的计时时代。惠更斯在他的一部著作《摆钟论》中给出了他关于所谓的“离心力”的基本命题，他提出：一个作圆周运动的物体具有飞离中心的倾向，它向中心施加的离心力与速度的平方成正比，与运动半径成反比。这也是他对有关的伽利略摆动学说的扩充。

在研制摆钟时，惠更斯还进一步研究了单摆运动，他制作了一个秒摆（周期为2s的单摆），导出了单摆的运动公式。在精确地取摆长为3.0565ft时，他算出了重力加速度为$9.8\mathrm{m/s^2}$。这一数值与现在我们使用的数值是完全一致的。后来，惠更斯和胡克还各自发现了螺旋式弹簧丝的振荡等时性，这为近代游丝怀表和手表的发明创造了条件。

惠更斯在巴黎工作期间曾致力于光学的研究。1678年，他在法国科学院的一次演讲中公开反对了牛顿的光的微粒说，他说如果光是微粒性的，那么光在交叉时就会因发生碰撞而改变方向，可当时人们并没有发现这一现象，而且利用微粒说解释折射现象，将得到与实际相矛盾的结果。因此，惠更斯在1690年出版的《光论》一书中正式提出了光的波动说，建立了著名的惠更斯原理。在此原理基础上，他推导出了光的反射和折射定律，圆满地解释了光速在光密介质中减小的原因，同时还解释了光进入冰洲石所产生的双折射现象，认为这是由于冰洲石分子微粒为椭圆形所致。

惠更斯在天文学方面有着很大的贡献。他把大量的精力放在了研制和改进光学仪器上。当惠更斯还在荷兰的时候，就曾和他的哥哥一起以前所未有的精度成功地设计和磨制出了望远镜的透镜，进而改良了开普勒的望远镜。惠更斯利用自己研制的望远镜进行了大量的天文观测，解开了一个由来已久的天文学之谜。伽利略曾通过望远镜观察过土星，他发现了“土星有耳朵”，后来又发现了土星的“耳朵”消失了。后来惠更斯将自己改良的望远镜对准这颗行星时，发现了在土星的旁边有一个薄而平的圆环，而且它很倾向地球公转的轨道平面。后来惠更斯又发现了土星的卫星——土卫六，并且还观测到了猎户座星云、火星极冠等。

在力学方面的研究，惠更斯是以伽利略所创建的基础为出发点的。在《论摆钟》一书中还论述了关于碰撞的问题。大约在1669年，惠更斯就已经提出并解决了碰撞问题的一个法则——“活力”守恒原理，它成为能量守恒的先驱。惠更斯继承了伽利略的单摆振动理论，并在此基础上进一步研究。他把几何学带进了力学领域，用令人钦佩的方法处理力学问题，得到了人们的充分肯定。

3. 身边的力学小问题

悠悠球(*yo－yo*)是人类最古老的玩具之一。悠悠球旋转起来如此神奇，吸引了众多的、不同年龄的玩者，实际上其构造十分简单，其中的力学原理并不复杂。通过本篇学习，大家就会明白其中的原理。

4. 动力学基本概念

动力学研究物体的机械运动与作用力之间的关系。静力学中我们研究了物体的平衡条件，但没有研究物体的运动。在运动学里则从几何的观点研究了物体的运动，不讨论作用于物体上的力。在动力学中研究物体的运动与作用于物体上的力两者之间的关系，建立物体机械运动的普遍规律。

动力学中物体的抽象模型有质点和质点系。质点是具有一定质量而几何形状和尺寸可以忽略不计的物体。所谓质点系是由若干个或无限个相互联系的质点所组成的系统。刚体是质点系的一种特殊情形，其中任意两个质点间的距离保持不变，也称为不变的质点系。质点系既包括刚体也包括变形的固体和流体，既包括单个物体也包括多个物体的组合。

动力学可分为质点动力学和质点系动力学，前者是后者的基础。先研究一个单独质点的运动规律，然后将所得到的结果加以推演，即可得到质点系的运动规律。因此，质点系动力学是概括了机械运动中最一般的规律。

第十一章　质点运动的微分方程

第一节　动力学的基本定律

动力学的基本定律是牛顿在总结前人特别是伽利略的研究成果的基础上提出来的，称为牛顿三定律。这些定律是动力学的基础。

第一定律(惯性定律)

不受外力作用的质点将保持其原来的静止或匀速直线运动状态。

这个定律首先说明任何质点(或物体)有保持其原来静止的或匀速直线运动的状态的特性，这个特性称为惯性。所以，这一定律又称为惯性定律。其次说明任何质点(或物体)的运动状态，必定是受到物体间的作用后才会改变的，这种物体间的作用就是力。

第二定律(力与加速度之间的关系定律)

质点因受力作用而产生的加速度，其大小与力的大小成正比，与质点的质量成反比，加速度的方向与力的方向相同。

设质点 M 受到力 $\boldsymbol{F}$ 的作用而作曲线运动，其加速度为 $\boldsymbol{a}$，则此定律可表示为

$$\boldsymbol{F} = m\boldsymbol{a} \tag{11-1}$$

式中 m 称为质点的质量。由这个定律知道，在相同的力的作用下，质量愈大的质点加速度愈小。或者说，质点的质量愈大，保持其惯性运动的能力愈强。由此可知，质量是质点惯性的度量。

力与加速度的关系是瞬时关系，即某瞬时(或某段时间)有力作用于质点，则该瞬时(或该段时间)质点必有确定的加速度；没有力作用于质点，质点就没有加速度，这种情况下质点速度的大小和方向保持不变，质点作惯性运动。

地球表面，物体受重力 $\boldsymbol{P}$ 作用而得到的自由降落的加速度 $\boldsymbol{g}$ 称为重力加速度。设物体的质量为 m，则由式(11-1)有

$$\boldsymbol{P} = m\boldsymbol{g} \tag{11-2}$$

物体的质量是不变的，但在地面上各处，重力加速度的值 g 略有不同，即物体的重量在地面上各处稍有差异。但在一般情况下，可以认为 g 是常数，并取 $g = 9.80665$ 米/秒^2，一般取 9.8 米/秒^2。

在国际单位制中，长度、质量和时间的单位是基本单位。长度的单位为米(m)，质量的单位为千克(kg)，时间的单位为秒(s)。力的单位为导出单位，规定能使质量为 1 千克的质点获得 1 米/秒^2 加速度的力作为力的单位，用基本单位表示为千克·米/秒^2(kg·m/s^2)，称为牛顿(N)，即

$$1(\mathrm{N}) = 1(\mathrm{kg}) \times 1(\mathrm{m/s^2})$$

力的单位也常用千牛顿(kN)，$1\mathrm{kN} = 10^3\mathrm{N}$

牛顿第二定律表达了质点所受的力、受力作用产生的加速度与质点质量之间的基本关系。矢量方程(11-1)为质点动力学的基本方程。

第三定律(作用与反作用定律)

两个质点之间相互间的作用力与反作用力，总是大小相等，方向相反，沿同一作用线，且分别作用在两个质点上。

本定律已在静力学中讨论过。作用与反作用定律不仅适用于平衡的物体，而且也适用于任何运动的物体。在动力学问题中，这一定律仍然是分析两物体相互作用关系的依据。

在动力学中，把适用于牛顿定律的参考坐标系称为惯性坐标系。在大部分工程实际问题中，可以近似地选取与地球相固连的坐标系为惯性坐标系。如果考虑到地球自转的影响，可选取地心为原点，而三个轴分别指向三颗恒星的坐标系作为惯性坐标系。近代科学实践已经证明，牛顿定律对于一般工程实际问题是正确的，因此以牛顿定律为基础的所谓古典力学的规律广泛地应用于工程技术中。只有在物体速度接近于光速或研究微观粒子的运动时，古典力学才不适用。

第二节　质点运动的微分方程

牛顿运动定律是研究动力学的基础。在阐述理论和实际应用时，通常将牛顿第二定律写成不同形式的运动的微分方程，常用的有如下三种形式。

1. 质点运动的微分方程的矢量形式

设有一质点 M，质量为 m，沿一空间曲线运动，在合力 $\boldsymbol{R}=\sum\boldsymbol{F}$ 的作用下获得的加速度为 $\boldsymbol{a}$，如图 11－2 所示。根据牛顿第二定律有

$$m\boldsymbol{a} = \sum \boldsymbol{F} \tag{11-3}$$

如以 $\boldsymbol{v}$ 表示质点 M 的速度，以 $\boldsymbol{r}$ 表示该质点对任一固定点 O 的矢径，如图 11－2 所示，由运动学知

$$\boldsymbol{a}=\frac{\mathrm{d}\boldsymbol{v}}{\mathrm{d}t}=\frac{\mathrm{d}^2\boldsymbol{r}}{\mathrm{d}t^2}$$

将 $\boldsymbol{a}$ 代入式(11－3)，则有

$$m\frac{\mathrm{d}^2\boldsymbol{r}}{\mathrm{d}t^2} = \sum \boldsymbol{F} \tag{11-4}$$

这就是以矢量形式表示的质点运动的微分方程。

2. 质点运动微分方程的直角坐标形式

以固定点 O 为原点取直角坐标系 $Oxyz$，将式(11－4)投影到各坐标轴上，如图 11－2 所示，则有：

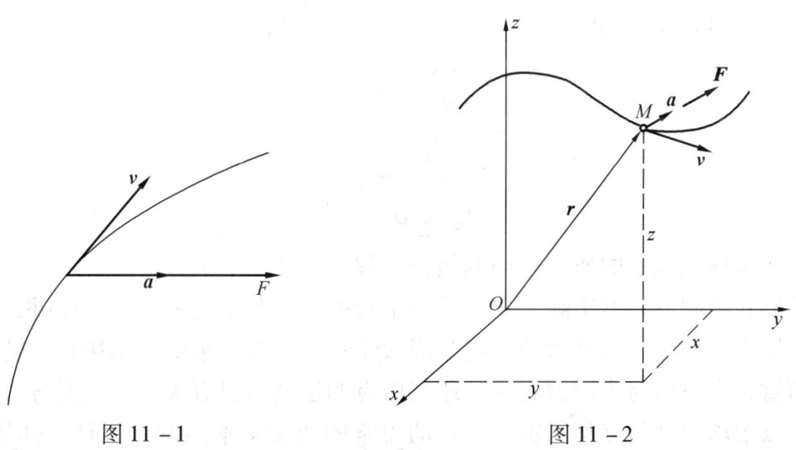

图 11－1　　图 11－2

$$\left.\begin{aligned} m\frac{\mathrm{d}^2x}{\mathrm{d}t^2}&=\Sigma \boldsymbol{F}_x\\ m\frac{\mathrm{d}^2y}{\mathrm{d}t^2}&=\Sigma \boldsymbol{F}_y\\ m\frac{\mathrm{d}^2z}{\mathrm{d}t^2}&=\Sigma \boldsymbol{F}_z \end{aligned}\right\} \tag{11-5}$$

这是以直角坐标形式表示的质点运动的微分方程。其中 x、y、z 为质点 M 的位置坐标，$\sum F_x$、$\sum F_y$、$\sum F_z$ 分别为作用于质点 M 的各力在相应坐标轴上的投影的代数和。

如果质点 M 作平面曲线运动，取质点的运动平面为坐标平面 Oxy，则式(11－5)成为

$$\left.\begin{aligned} m\frac{\mathrm{d}^2x}{\mathrm{d}t^2}&=\sum \boldsymbol{F}_x\\ m\frac{\mathrm{d}^2y}{\mathrm{d}t^2}&=\sum \boldsymbol{F}_y \end{aligned}\right\} \tag{11-6}$$

如果质点 M 作直线运动，取坐标轴 x 沿该质点运动的直线轨迹，则式(11－6)成为

$$m\frac{\mathrm{d}^2x}{\mathrm{d}t^2}=\sum \boldsymbol{F}_x \tag{11-7}$$

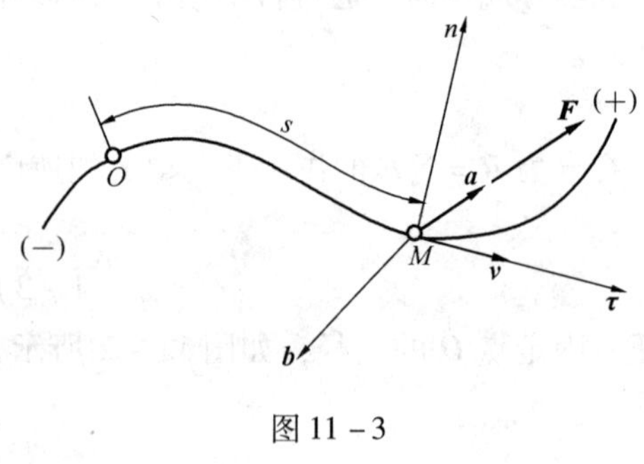

图 11－3

3. 质点运动的微分方程的自然轴形式

若已知质点 M 运动的轨迹曲线，将式(11－3)分别投影到单位矢量 $\boldsymbol{\tau}$、$\boldsymbol{n}$、$\boldsymbol{b}$ 自然轴上，如图 11－3 所示，则有：

$$\left.\begin{aligned} ma_\tau&=\sum \boldsymbol{F}_\tau\\ ma_n&=\sum \boldsymbol{F}_n\\ ma_b&=\sum \boldsymbol{F}_b \end{aligned}\right\} \tag{11-8}$$

式中 a_τ、a_n、a_b 分别为加速度 $\boldsymbol{a}$ 在切线、主法线和副法线上的投影；$\sum \boldsymbol{F}_\tau$、$\sum \boldsymbol{F}_n$、$\sum \boldsymbol{F}_b$分别为作用于质点 M 的各力在切线、主法线和副法线上的投影的代数和。由运动学知：

$$\left.\begin{aligned} a_\tau&=\frac{\mathrm{d}^2s}{\mathrm{d}t^2}\\ a_n&=\frac{v^2}{\rho}\\ a_b&=0 \end{aligned}\right\}$$

将上式代入式(11－8)，得：

$$\left.\begin{aligned} m\frac{\mathrm{d}^2s}{\mathrm{d}t^2}&=\sum \boldsymbol{F}_\tau\\ m\frac{v^2}{\rho}&=\sum \boldsymbol{F}_n\\ 0&=\sum \boldsymbol{F}_b \end{aligned}\right\} \tag{11-9}$$

这是以自然轴形式表示的质点运动的微分方程。

上述各种形式的微分方程中除应包含质点本身的运动和所受的主动力以外，还应包含质点所受的约束反力。至于约束反力的方向与静力学一样，由约束的性质决定。约束反力的大小通常是未知量，它不仅与主动力有关，还与质点的运动情况有关，可由微分方程求得。

可以用质点运动的微分方程，求解质点动力学的两类基本问题：一是已知质点的运动，

求作用在质点上的力；二是已知作用在质点上的力和运动的初始条件，求质点的运动。下面分别研究这两类问题。

第三节　质点动力学的第一类基本问题

第一类基本问题是已知质点的运动，求作用在质点上的力。这类问题简称为已知运动求力。

在这类问题中，如已知质点的运动方程或速度方程，通过微分运算即得加速度，再由式(11－1)或式(11－3)便可求得未知力。现举例说明这类问题的解法。

例1　桥式起重机跑车吊挂一重为 G 的重物，沿水平横梁作匀速运动，速度为 $\boldsymbol{v}_0$，重物中心至悬挂点的距离为 L，如图 11－5 所示。由于突然刹车，重物因惯性绕悬挂点 O 向前摆动，求钢丝绳的最大拉力。

解　(1)选重物为研究对象。

(2)受力分析如图 11－4 所示。

(3)运动分析：沿以 O 为圆心，L 为半径的圆弧摆动。

(4)建立自然坐标系，如图 11－4 所示，则质点的运动微分方程为：

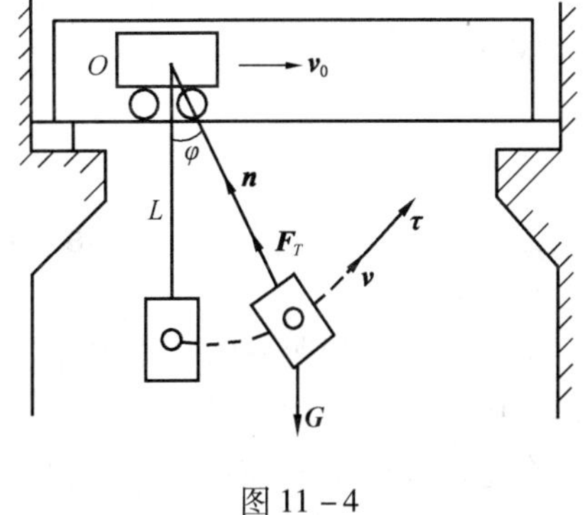

图 11－4

$$ma_\tau = \sum F_\tau,\ \frac{G}{g}\frac{\mathrm{d}v}{\mathrm{d}t} = -G\sin\varphi \qquad (a)$$

$$ma_n = \sum F_n,\ \frac{G}{g}\frac{v^2}{L} = F_T - G\cos\varphi \qquad (b)$$

(5)求解未知量：

由式(b)得

$$F_T = G\left(\cos\varphi + \frac{v^2}{gL}\right)$$

式中 φ，v 为变量。

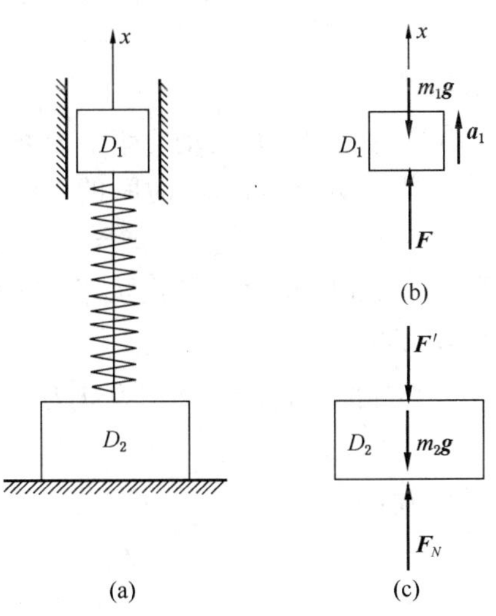

图 11－5

由式(a)知重物作减速运动，因此在初始位置 $\varphi=0$时，$F_T = F_{T\max}$，即

$$F_{T\max} = G\left(1 + \frac{v_0^2}{gL}\right)$$

由本例可看出：

(1) 减小绳子拉力的途径是减小跑车速度，或者增大绳子长度。

(2) 拉力 $F_{T\max}$ 由两部分组成，一部分为物体重量，称为静拉力；另一部分由加速度引起，称为附加动拉力。二者的和为动拉力。

例2　物块 D_1 和 D_2 的质量分别为 m_1 和 m_2，用弹簧连接，如图 11－5(a)所示。已知物块 D_1 沿铅直方向按 $x = A\cos\omega t$ 运动，其中 A 和 ω 均为常数；物块

D_2 静放在水平固定面上。如果不计摩擦和弹簧质量，试求水平支承面对物块 D_2 的动反力。

解 本例是已知运动求力的典型例子。因为物块 D_1 沿铅直方向作平动，可把物块 D_1 看做质点。分别取物块 D_1 和 D_2 为研究对象，其受力分析和运动分析如图 11－5(b)、(c)所示，图中的 $\boldsymbol{F}$ 和 $\boldsymbol{F}'$ 表示弹簧力。$\boldsymbol{F}_N$ 是支承面对 D_2 的动反力。根据质点动力学基本方程(11－3)对 D_1 和 D_2 分别有

$$m_1\boldsymbol{a}_1 = m_1\boldsymbol{g} + \boldsymbol{F} \tag{1}$$

$$0 = m_2\boldsymbol{g} + \boldsymbol{F}' + \boldsymbol{F}_N \tag{2}$$

将以上两式投影到 x 轴，得

$$m_1a_1 = -m_1g + F \tag{3}$$

$$0 = -m_2g - F' + F_N \tag{4}$$

由牛顿第三定律，$F = F'$，且

$$a_1 = \frac{d^2x}{dt^2} = -A\omega^2\cos\omega t \tag{5}$$

式(3)、(4)联立，最后得水平支承面对物块 D_2 的动反力

$$F_N = (m_1 + m_2)g - m_1A\omega^2\cos\omega t$$

第四节 质点动力学的第二类基本问题

第二类基本问题是已知作用在质点上的力及运动的初始条件，求质点的运动。这类问题简称为已知力求运动。

在这类问题中，如把已知力代入式(11－4)或式(11－5)后，就需要对微分方程进行积分，并由运动的初始条件(即初瞬时质点所在的位置和具有的速度)决定积分常数或积分限，从而得出质点的运动。因此在这类问题中，除了知道作用于质点的力以外，还须知道运动的初始条件，才能完全确定质点的运动。

一般来说，这类问题比较复杂，因为作用于质点的力，除常力这一简单情形外，通常是时间、位置和速度的函数，这种微分方程的积分在数学上往往会遇到很大困难，有时甚至无法求解或者只能求出近似解。只有当力仅是时间的函数，或仅是位置的函数，或仅是速度的函数，即力只是某一变量的函数时，问题的求解才比较简单。

由于力的函数的类型不同，微分方程的积分方法也将不同。

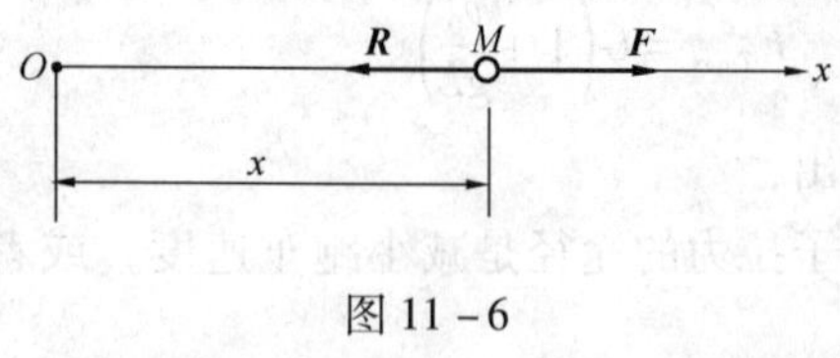

图 11－6

例3 某电车沿直线行驶，在启动时牵引力 $\boldsymbol{F}$ 的大小随时间 t 变化的规律为 $F = 1.2t$(时间的单位为 s，力的单位为 kN)，设电车的质量为 $m = 2000$kg，行车阻力 $R = 2$kN，启动前电车处于静止状态。求启动过程中电车的运动方程。

解 以电车为研究对象，将其视为质点。以初始位置为坐标原点，电车前进方向为 x 轴正向，如图 11－6 所示。

任意位置在 x 方向质点有受到牵引力 $\boldsymbol{F}$ 和行车阻力 $\boldsymbol{R}$ 的作用，由

$$m\frac{d^2x}{dt^2} = F - R$$

对电车的启动过程可分为两个阶段考虑：第一阶段，F：0→2kN，此阶段电车处于平衡

状态。所经历的时间为 $t_1=\dfrac{2}{1.2}=\dfrac{5}{3}$s。第二阶段，$t_1=\dfrac{5}{3}$s 以后，电车开始前进，$F$ 仍然按 $F=1.2t$ 规律继续增大。若以 t 表示第二阶段以后的时间，则 $F=1.2\left(t+\dfrac{5}{3}\right)$kN，所以

$$m\frac{d^2x}{dt^2}=1.2\left(t+\frac{5}{3}\right)\times10^3-2\times10^3$$

即
$$m\frac{dv}{dt}=1200t$$

$$dv=0.6tdt$$

积分得
$$v=0.3t^2+C_1$$

由于 $v=\dfrac{dx}{dt}$，所以

$$dx=(0.3t^2+C_1)dt$$

再积分得
$$x=0.1t^3+C_1t+C_2$$

式中，C_1、C_2 为积分常数，由初始条件确定。

当 $t=0$ 时，$v_0=0$，$x_0=0$ 所以 $C_1=C_2=0$，所以电车在第二阶段的运动方程为

$$x=0.1t^3\text{m}$$

例 4　煤矿用填充机进行填充，为保证填充材料抛到距离为 $s=5$m，$H=1.5$m 的顶板 A 处，如图 11－7 所示，(1)填充材料需有多大的初速度 v_0？(2)初速度 v_0 与水平的夹角 θ_0 是多少？

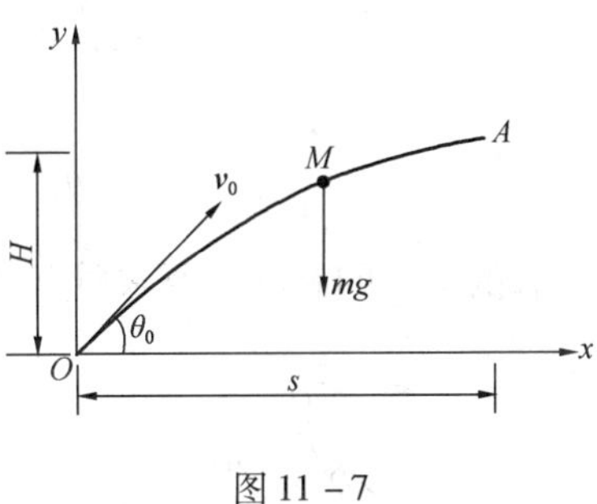

图 11－7

解　本题属于已知力求运动的第二类问题。选择填充材料 M 为研究对象，受力如图11－7所示，M 作斜抛运动，其初始条件为 $t=0$，$x_0=0$，$y_0=0$，$v_{0x}=v_0\cos\theta_0$，$v_{0y}=v_0\sin\theta_0$，其中 v_0，θ_0 为待求量。

t 瞬时，M 运动至 A 点，此时 M 的位置坐标 $x=s$，$y=H$，速度分量为 v_x，v_y。我们可以列出直角坐标形式的质点运动微分方程：

$$\left.\begin{aligned}m\frac{dv_x}{dt}&=0\\ m\frac{dv_y}{dt}&=-mg\end{aligned}\right\}\tag{1}$$

对其积分一次得：

$$\left.\begin{aligned}v_x&=\frac{dx}{dt}=c_1\\ v_y&=\frac{dy}{dt}=-gt+c_2\end{aligned}\right\}\tag{2}$$

再积分一次得：

$$\left.\begin{aligned}x&=C_1t+C_3\\ y&=-\frac{1}{2}gt^2+C_2t+C_4\end{aligned}\right\}\tag{3}$$

代入初始条件得：

$$C_1 = v_0\cos\theta_0,\ C_2 = v_0\sin\theta_0,\ C_3 = C_4 = 0$$

则运动方程为

$$\left.\begin{aligned} x &= v_0 t\cos\theta_0 \\ y &= v_0 t\sin\theta_0 - \frac{1}{2}gt^2 \end{aligned}\right\} \tag{4}$$

将式(4)参数 t 消去可得轨迹方程为

$$y = x\tan\theta_0 - \frac{1}{2}g\frac{x^2}{v_0^2\cos^2\theta_0}$$

由于最高点 A 处 $\frac{dy}{dt}=0$，即：

$$\frac{dy}{dt} = v_0\sin\theta_0 - gt = 0$$

得
$$t = \frac{v_0\sin\theta_0}{g}$$

将到达 A 点的时间 t，$x=s$，$y=H$ 代入式(4)，有

$$v_0\cos\theta_0 = \frac{sg}{\sqrt{2gH}},\ v_0\sin\theta_0 = \sqrt{2gH}$$

可得发射初速度大小 v_0 与初发射角 θ_0 分别为

$$v_0 = \sqrt{(v_0\cos\theta_0)^2 + (v_0\sin\theta_0)^2} = \sqrt{\frac{g^2s^2}{2gH}} = 10.5\text{m/s}$$

$$\theta_0 = \arctan\frac{v_0\sin\theta_0}{v_0\cos\theta_0} = \arctan\frac{2H}{s} = 31°$$

有的工程问题既需要求质点的运动规律，又需要求未知的约束力，是第一类基本问题与第二类基本问题综合问题，称为混合问题。下面举例说明这类问题的求解方法。

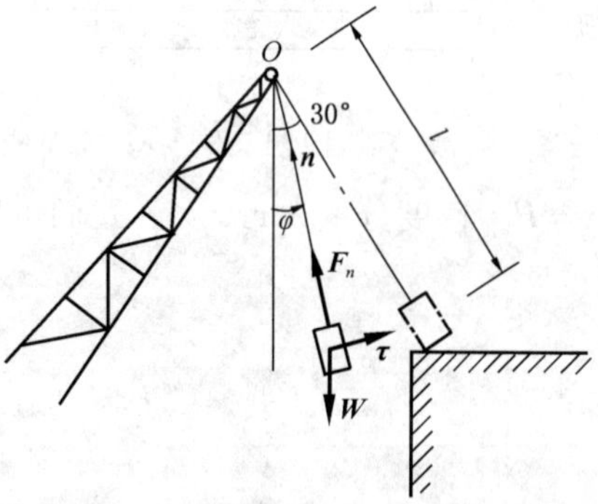

例 5 如图 11－8 所示，起重机起吊重物时，钢丝绳偏离铅垂线30°。起吊后货物沿以 O 为圆心、半径为 l 的圆弧摆动。已知货物重 W，求摆动到任一位置时货物的速度，并求钢丝绳的最大的拉力。

图 11－8

解 本题属于动力学混合问题。以 φ 表示“任意位置”，并选自然坐标系如图 11－8 所示。

$$\frac{W}{g}a_\tau = \frac{W}{g}\cdot\frac{d^2s}{dt^2} = -W\sin\varphi \tag{1}$$

$$\frac{W}{g}a_n = \frac{W}{g}\cdot\frac{v^2}{l} = F_n - W\cos\varphi \tag{2}$$

将式(1)改写为
$$\frac{W}{g}\cdot\frac{dv}{d\varphi}\cdot\frac{d\varphi}{dt} = -W\sin\varphi$$

即
$$\frac{W}{g}\cdot\frac{dv}{d\varphi}\cdot\frac{v}{l} = -W\sin\varphi$$

当 $t=0$ 时，$v_0=0$，$\varphi_0=30°$。故 $\int_0^v \frac{1}{gl}v\,dv = -\int_{30°}^{\varphi}\sin\varphi\,d\varphi$，

积分后得 $v^2 = 2gl\left(\cos\varphi - \frac{\sqrt{3}}{2}\right)$

代入式(2)，得 $F_n = W\cos\varphi + \frac{W}{g}\frac{2gl\left(\cos\varphi - \frac{\sqrt{3}}{2}\right)}{l} = 3W\cos\varphi - \sqrt{3}W$

当 $\varphi = 0$ 时　　$F_n = F_{n\max} = 1.27W$

小　结

1. 动力学基本定律包括牛顿三大定律，阐明了质点受力和运动的最基本规律，它们是动力学也是整个理论力学的理论基础。

2. 动力学基本方程是对质点建立的，只有当所研究物体的尺寸与运动范围比较可以忽略时才将物体视为质点而直接应用动力学基本方程。

3. 将动力学基本方程表示成微分形式，即为质点运动微分方程。

$$m\frac{\mathrm{d}^2\boldsymbol{r}}{\mathrm{d}t^2} = \sum \boldsymbol{F}_i$$

为了应用方便，将其投影到直角坐标轴、自然轴或其他坐标轴上得到相应坐标形式的质点运动微分方程。

4. 质点动力学问题分为两类。

第一类问题：已知运动求力。根据问题的特点选取直角坐标、自然轴等坐标系，一般情况下将问题归结为对坐标形式运动方程的微分，进而求出未知力的投影。

第二类问题：已知作用于质点上的力求运动。这一类问题归结为对运动微分方程的积分，并根据给定的初始状态或其他运动条件确定积分常数。

习　题

11－1　物块 A，B 的质量分别是 $m_A = 20\text{kg}$，$m_B = 40\text{kg}$，两物块用弹簧连接如题图 11－1 所示。已知物块 A 的铅垂运动规律 $y = \sin 8\pi t$，其中 y 以 cm 为单位，t 以 s 为单位。试求 B 对支承面 CD 的压力，并求此力的极大值和极小值。弹簧质量忽略不计。

答案：$F_B = (588 - 126\sin 8\pi t)\text{N}$，$F_{B\max} = 714\text{N}$，$F_{B\min} = 462\text{N}$

11－2　如题图 11－2 所示，一质量为 700kg 的载货小车以 $v = 1.6\text{m/s}$ 的速度沿缆车轨道下降，轨道的倾角 $\varphi = 15°$，运动总阻力系数 $f = 0.015$，求小车匀速下降时缆索的拉力；又设小车的制动时间为 $t = 4\text{s}$，在制动时小车作匀减速运动，求此时缆绳的拉力。

答案：$F_{T1} = 1.68\text{kN}$，$F_{T2} = 1.96\text{kN}$

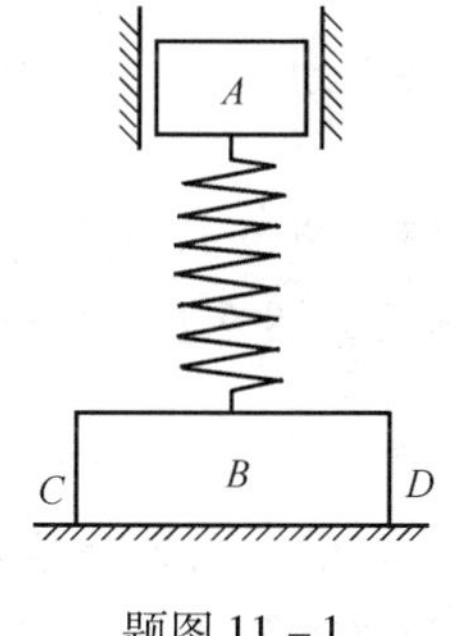

题图 11－1

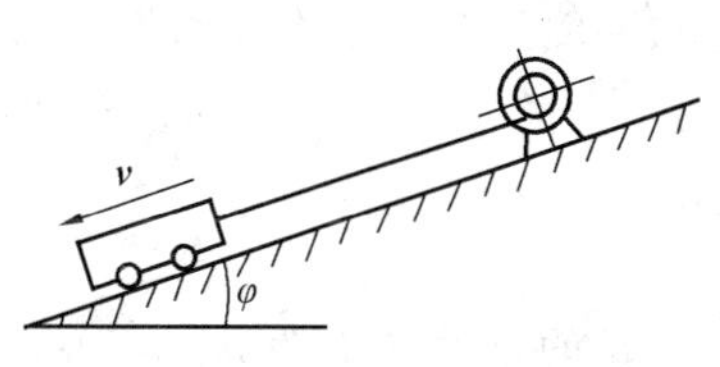

题图 11－2

11－3　重为 G 的球用两根长为 l 的杆支承，如题图 11－3 所示，球和杆一起以匀角速度 ω 绕铅垂轴 AB 转动。$AB=2b$，杆的两端均为铰接，不计杆重。求两杆所受的力。

答案：$F_{AM}=\dfrac{Gl}{2bg}(\omega^2 b+g)$，$F_{BM}=\dfrac{Gl}{2bg}(\omega^2 b-g)$

11－4　汽车重 G，以等速 v 驶过桥，桥面 ACB 为一抛物线，其尺寸如题图 11－4 所示。求汽车过 C 点时对桥的压力。

答案：$F_N=G\left(1-\dfrac{8\delta}{gl^2}v^2\right)$

11－5　小球的重力为 F_G，用两根细绳系于 A、B 两固定点，AC、BC 与铅垂线的夹角为 30°，如题图 11－5 所示，若突然剪断 AC 绳，则小球开始运动。试求剪断 AC 绳的瞬时及小球运动到铅垂位置时 BC 绳的拉力。

答案：$F_{T1}=\dfrac{\sqrt{3}}{2}F_G$，$F_{T2}=(3-\sqrt{3})F_G$

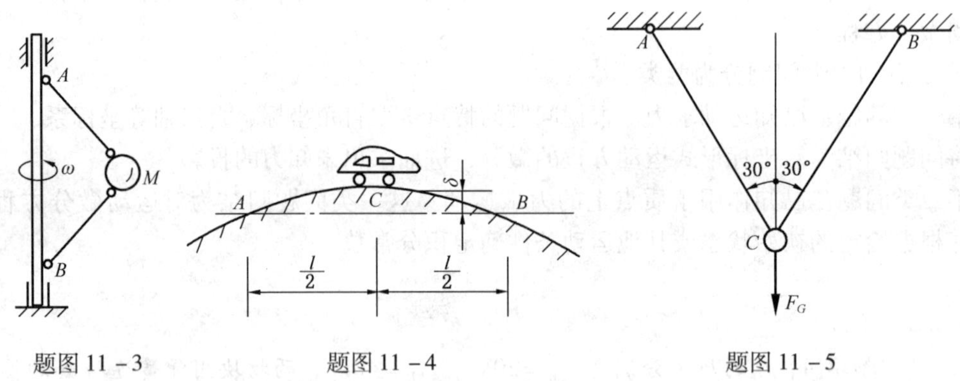

题图 11－3　　题图 11－4　　题图 11－5

11－6　如题图 11－6 所示，质点沿直线运动，受力 $F=8-2t$ 作用，其中 t 以 s 计，F 以 kN 计。若初速度为零，问几秒钟后质点回到原位置。

答案：$t=12\text{s}$

11－7　半径为 r 的圆形管以匀角速度 ω 绕铅垂轴 z 转动，质量为 m 的小球 A 在管内的最高位置($\theta=0°$)处受到微小扰动后，由静止开始沿管运动，如题图 11－7 所示。试求小球在任意位置 θ 时相对管子的速度和对管壁的压力，摩擦不计。

答案：$v_r=\sqrt{2rg(\cos\theta)+(r\omega\sin\theta)^2}$

$F_n=m\,[2r\omega^2\sin^2\theta+g(2-3\cos\theta)]$，沿相对轨迹主法线方向

$F_b=2m\omega v_r\cos\theta$，沿相对轨迹的副法线方向

11－8　如题图 11－8 所示，小车以匀加速度 $\boldsymbol{a}$ 沿倾角为 θ 的斜面向上运动，在小车的平顶上放一重 $\boldsymbol{P}$ 的物块，随车一同运动。问物块与小车的摩擦系数 f 应为多少？

答案：$f\geqslant\dfrac{a\cos\theta}{a\sin\theta+g}$

11－9　重物 A 和 B 的质量分别为 $m_A=20\text{kg}$ 和 $m_B=40\text{kg}$，用弹簧连接，如题图11－9所示。重物 A 按 $y=H\cos\dfrac{2\pi}{T}t$ 的规律作铅垂简谐运动，其中振幅 $H=1\text{cm}$，周期 $T=0.25\text{s}$。求 A

和 B 对于支承面的压力的最大值及最小值。

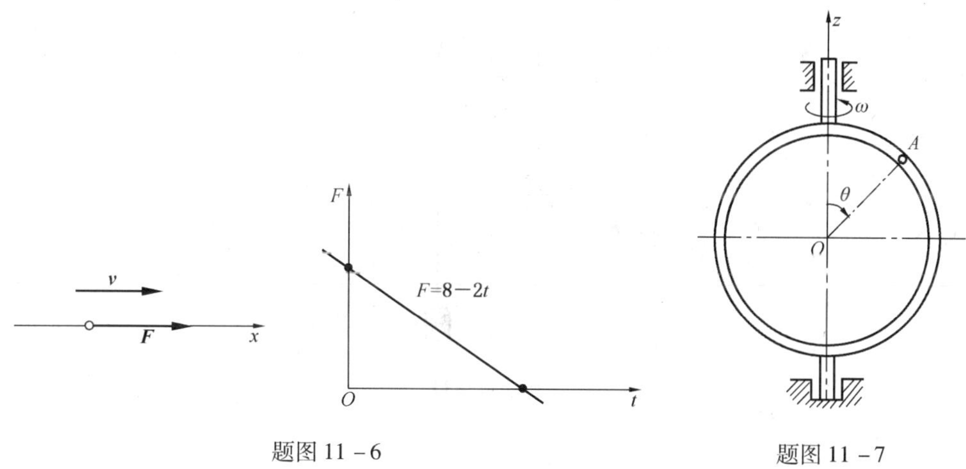

题图 11－6　　题图 11－7

答案：$F_{N_{max}}=714N$，$F_{N_{min}}=462\text{N}$

11－10　球磨机是利用在旋转圆筒内的锰钢球对于矿石或煤块的冲击同时也靠运动的磨剥作用而磨制矿石粉或煤粉的机器。当圆筒匀速转动时，带动钢球一起运动，待转至一定角度 θ 时，钢球即离开圆筒并沿抛物线轨迹下落打击矿石。如题图 11－10 所示。已知当 $\theta=54°40'$ 时钢球脱离圆筒，可得到最大的打击力。设圆筒内径 $D=3.2\text{m}$，求圆筒应有的转速。

答案 $n=18\text{r/min}$

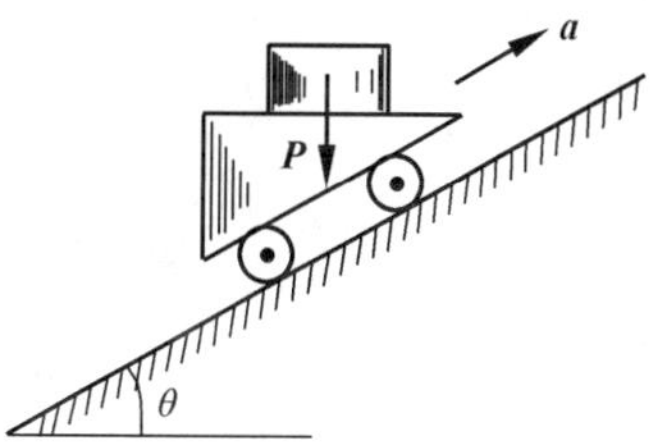

题图 11－8

11－11　如题图 11－11 所示，两物体各重 P_1 和 P_2，用长为 l 的绳连接，此绳跨过一半径为 r 的滑轮，如开始时两物体的高差为 h，且 $P_2>P_1$，不计滑轮与绳的质量；求由静止释放后，两物体达到相同高度时所需的时间。

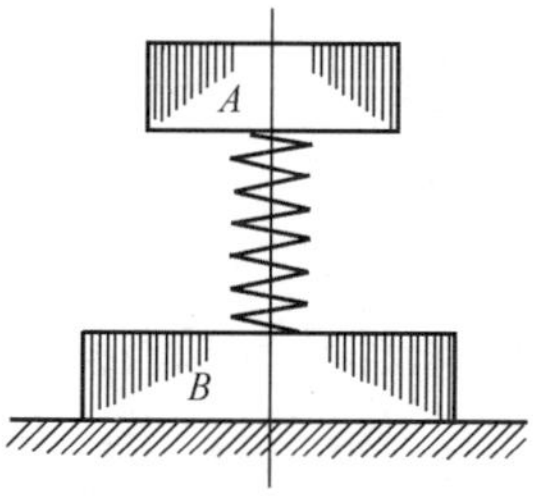

题图 11－9

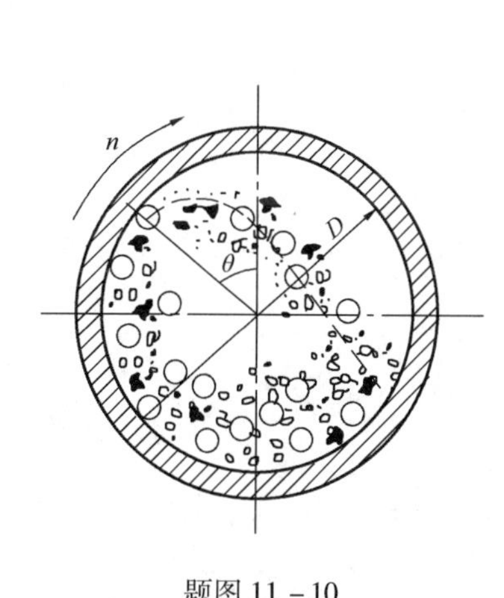

题图 11－10

答案：$t=\sqrt{\frac{h}{g}\frac{P_2+P_1}{P_2-P_1}}$

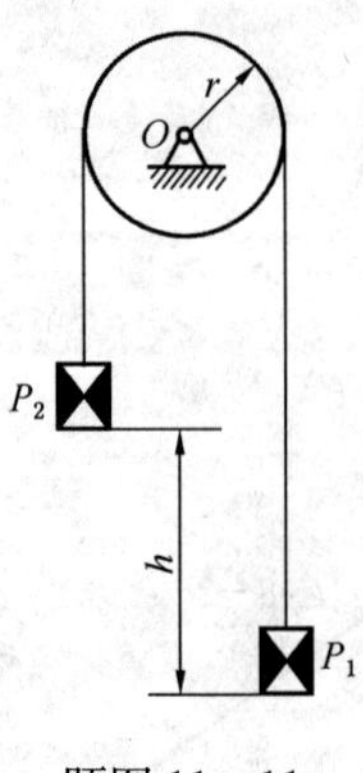

题图 11－11

第十二章　动量定理

为了进一步解决动力学问题，下面研究动力学普遍定理，包括动量定理、动量矩定理和动能定理。

动力学普遍定理建立了质点系运动特征的量(如动量、动量矩、动能等)与机械作用的量(如力系的主矢、主矩、功等)之间的普遍关系，在应用普遍定理解决实际问题时，不但运算方法简便而且还给出了明确的物理概念，便于深入地了解机械运动的性质。

动力学普遍定理虽然从形式上都是牛顿第二定律的推导结果。但是，这些定理各自从不同的方面反映了机械运动的规律，是各自独立地被人们所发现的。其中动量定理的发现，甚至还在牛顿定律之前。能量守恒定律，则超越了力学现象的范围，它阐明了物质运动更为普遍的规律。

第一节　动量和冲量

1. 动量

一颗高速飞行的子弹，虽然质量较小，但是对阻碍它运动的物体会产生很大的冲击力；质量很大的重锤，在打桩时，虽然下落的速度比子弹的速度小得多，但它也能产生很大的打击力。可见，质量很小而速度很大的子弹和质量很大而速度很小的重锤都具有很大的机械运动量，它们能在遇到阻碍时产生很大的力作用于阻碍物体。这表明物体运动的强弱，不仅与它的速度有关，而且与它的质量有关。我们把物体的质量与其速度的乘积称为物体的动量，它是物体机械运动的一种度量。

设质量为 m 的质点，以速度$\boldsymbol{v}$ 运动，质点的动量则为 $m\boldsymbol{v}$ 。由于 m 是标量，$\boldsymbol{v}$ 是矢量，所以动量是矢量，其方向与$\boldsymbol{v}$ 的方向一致，如图 12－1 所示。

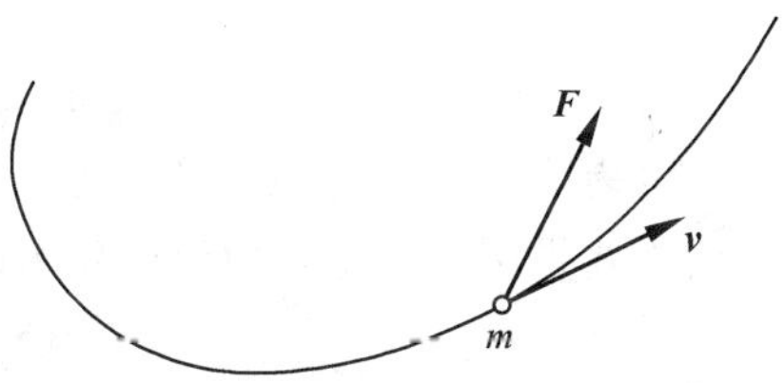

图 12－1

对于由 n 个质点组成的质点系，在一般情况下，质点系中每个质点都在运动，每个质点都具有动量。设质点系中任一质点的质量为 m_i，速度为$\boldsymbol{v}_i$，则动量为 $m_i\boldsymbol{v}_i$，而质点系中所有各质点的动量的矢量和称为质点系的动量的主矢量，简称为质点系的动量，用 $\boldsymbol{K}$ 表示：

$$\boldsymbol{K} = \sum m_i \boldsymbol{v}_i \tag{12-1}$$

在工程单位制中，动量的单位是千克·米/秒(kg·m/s)。

2. 冲量

日常经验告诉我们，物体运动状态的改变，不仅与作用力的大小、方向有关，而且与力对物体作用时间的长短有关。例如，汽车司机刹车欲使行驶中的汽车停下来，若欲使汽车在极短的时间内停下来，则需很大刹车力；若欲使其慢慢停下来，刹车力就可以小一些，但是以上两种情况均使汽车的运动状态发生同样的改变。我们把力与其作用时间的乘积称为力的冲量。冲量表示力在一段时间内对物体机械作用的累积效应，是矢量，用 $\boldsymbol{S}$ 表示。

若作用力 $\boldsymbol{F}$ 是常力，则此力在时间间隔 t 内的冲量为

$$\boldsymbol{S}=\boldsymbol{F}t \tag{12-2}$$

$\boldsymbol{S}$ 的方向与作用力 $\boldsymbol{F}$ 的方向相同。

在工程制单位中，冲量的单位与动量相同，也是千克·米/秒(kg·m/s)。

若作用力 $\boldsymbol{F}$ 是变力，要计算它从瞬时 t_1 到瞬时 t_2 一段时间内的冲量，可以将这一段时间分成无限多个微小间隔，在任意一个微小间隔 dt 中，力 $\boldsymbol{F}$ 可以认为是常力，因而可以按式(12－2)计算力 $\boldsymbol{F}$ 在 dt 中的微小冲量，这个冲量称为力的元冲量，即

$$\mathrm{d}\boldsymbol{S}=\boldsymbol{F}\mathrm{d}t \tag{12-3}$$

力 $\boldsymbol{F}$ 在一段时间内的冲量，应等于在同一时间内无数元冲量的矢量和，即

$$\boldsymbol{S}=\int_{t_1}^{t_2}\boldsymbol{F}\mathrm{d}t \tag{12-4}$$

上式是一个矢量积分式。计算时，常将式(12－4)投影到固定直角坐标系 $Oxyz$ 的各轴上，即：

$$\left.\begin{aligned}S_x&=\int_{t_1}^{t_2}F_x\mathrm{d}t\\S_y&=\int_{t_1}^{t_2}F_y\mathrm{d}t\\S_Z&=\int_{t_1}^{t_2}F_z\mathrm{d}t\end{aligned}\right\} \tag{12-5}$$

式中 S_x、S_y、S_z 和 F_x、F_x、F_z 分别是冲量 $\boldsymbol{S}$ 和力 $\boldsymbol{F}$ 在各坐标轴上的投影。

设有 n 个力 $\boldsymbol{F}_1$、$\boldsymbol{F}_2$、…、$\boldsymbol{F}_n$ 作用于同一质点，它们的合力 $\boldsymbol{F}=\sum\boldsymbol{F}_i$，在时间($t_1\to t_2$)内，合力的冲量为

$$\begin{aligned}\boldsymbol{S}&=\int_{t_1}^{t_2}\boldsymbol{F}\mathrm{d}t=\int_{t_1}^{t_2}(\boldsymbol{F}_1+\boldsymbol{F}_2+\cdots+\boldsymbol{F}_n)\mathrm{d}t\\&=\int_{t_1}^{t_2}\boldsymbol{F}_1\mathrm{d}t+\int_{t_1}^{t_2}\boldsymbol{F}_2\mathrm{d}t+\cdots+\int_{t_1}^{t_2}\boldsymbol{F}_n\mathrm{d}t\\&=\boldsymbol{S}_1+\boldsymbol{S}_2+\cdots+\boldsymbol{S}_n=\sum\boldsymbol{S}_i\end{aligned} \tag{12-6}$$

上式表明，合力的冲量等于各分力冲量的矢量和。

将上式投影到固定直角坐标系 $Oxyz$ 的各轴上，得：

$$\left.\begin{aligned}S_x&=S_{1x}+S_{2x}+\cdots+S_{nx}=\sum S_{ix}\\S_y&=S_{1y}+S_{2y}+\cdots+S_{ny}=\sum S_{iy}\\S_z&=S_{1z}+S_{2z}+\cdots+S_{nz}=\sum S_{iz}\end{aligned}\right\} \tag{12-7}$$

3. 内力和外力

作用在质点系上的力可分为内力和外力。内力是指质点系内各质点间相互作用的力，用 $\boldsymbol{F}^{(i)}$ 表示；外力是指质点系以外的物体或质点作用在该质点系上的力，用 $\boldsymbol{F}^{(e)}$ 表示。应当指出，内力与外力的区分是相对的，这种区分完全取决于质点系的选取，同一个力对某一质点系来说是内力，但对另一质点系来说可能就变成外力了。

内力既然是质点系内各个质点间相互作用的力，根据牛顿第三定律，这些力必定等值，反向，且沿同一作用线，因此，对整个质点系来说，内力具有下列两个性质：

(1) 质点系中所有内力的矢量和(即内力系的主矢)等于零，即

$$\sum\boldsymbol{F}_i^{(i)}=0 \tag{12-8}$$

(2) 质点系内所有内力对任一轴的主矩的代数和等于零，即

$$\sum M_x(F_i^{(i)})=0 \tag{12-9}$$

第二节 动量定理

1. 质点的动量定理

设有一质点 M，质量为 m，速度为 $\boldsymbol{v}$，在力 $\boldsymbol{F}$ 的作用下运动。由牛顿第二定律，有

$$m\boldsymbol{a}=\boldsymbol{F}$$

或

$$m\frac{\mathrm{d}\boldsymbol{v}}{\mathrm{d}t}=\boldsymbol{F}$$

即

$$\frac{\mathrm{d}}{\mathrm{d}t}(m\boldsymbol{v})=\boldsymbol{F} \tag{12-10}$$

这表明，质点的动量对时间的一阶导数，等于作用在该质点上的力。这就是质点的动量定理的微分形式。式(12－10)是牛顿第二运动定律的另一种表达形式。

如果研究的不是某一瞬时的运动状态，而是从瞬时 t_1 到瞬时 t_2 这一有限运动过程的运动变化，则将式(12－10)两边乘数 $\mathrm{d}t$，得

$$\mathrm{d}(m\boldsymbol{v})=\boldsymbol{F}\mathrm{d}t$$

并对它进行积分，积分的上下限是，时间 t 从 t_1 到 t_2，速度 $\boldsymbol{v}$ 从 $\boldsymbol{v}_1$ 到 $\boldsymbol{v}_2$ 得到

$$m\boldsymbol{v}_2-m\boldsymbol{v}_1=\int_{t1}^{t2}\boldsymbol{F}\mathrm{d}t=\boldsymbol{S} \tag{12-11}$$

这表明，在任一时间间隔内，质点动量的改变量，等于作用在该质点上的力在同一时间间隔内的冲量。这就是质点的动量定理的积分形式，又称为质点的冲量定理。

由式(12－11)可知，在任一时间间隔内，力对物体的效应表现为使物体的动量发生改变，所以力的冲量是物体动量改变的原因。式(12－11)还表明，应用冲量定理时，不需考虑质点在运动过程中的动量是怎样变化的，只需要知道该过程始、末两瞬时的动量，这给定理的应用带来很大的方便。

式(12－11)是冲量定理的矢量形式，应用时通常采用投影形式。为此，将式(12－11)向固定直角坐标系 $Oxyz$ 的各个轴投影，得：

$$\left.\begin{aligned} mv_{2x}-mv_{1x}&=\int_{t_1}^{t_2}F_x\mathrm{d}t=S_x\\ mv_{2y}-mv_{1y}&=\int_{t_1}^{t_2}F_y\mathrm{d}t=S_y\\ mv_{2z}-mv_{1z}&=\int_{t_1}^{t_2}F_z\mathrm{d}t=S_z \end{aligned}\right\} \tag{12-12}$$

上式表明，在任一时间间隔内，质点的动量在任一固定轴上的投影的改变量，等于作用在该质点上的力在同一时间间隔内的冲量在同一轴上的投影。

下面讨论质点的动量定理的两种特殊情形：

(1) 若 $\boldsymbol{F}=0$，则由式(12－11)得

$$m\boldsymbol{v}_2=m\boldsymbol{v}_1=\text{常矢量} \tag{12-13}$$

或

$$\boldsymbol{v}_2=\boldsymbol{v}_1$$

说明如果作用于质点上的力始终等于零，则该质点的动量保持为常矢量。此时，质点的速度也保持为一常量，质点作惯性运动，这就是牛顿第一运动定律说明的事实。

(2) 若 $F_x=0$，则由式(12－12)得

$$m v_{2x} = m v_{1x} = \text{常量} \tag{12-14}$$

或

$$v_{2x}=v_{1x}$$

说明如果作用于质点上的力在某一固定轴上的投影始终等于零，则该质点的动量在同一轴上的投影也保持为常量。此时，质点在该轴方向运动的速度保持不变。

上述结论统称为质点的动量守恒定理。

2. 质点系的动量定理

设有 n 个质点组成的质点系，设其中任一质点 M_i 的质量为 m_i，速度为$\boldsymbol{v}_i$，作用在该质点上所有外力的合力为 $\boldsymbol{F}_i^{(e)}$、所有内力的合力为 $\boldsymbol{F}_i^{(i)}$。根据质点动量定理的微分形式，有

$$\frac{\mathrm{d}}{\mathrm{d}t}(m_i \boldsymbol{v}_i) = \boldsymbol{F}_i^{(e)} + \boldsymbol{F}_i^{(i)} \tag{12-15}$$

对质点系中的所有质点都可以写出这样的方程，整个质点系有 n 个这样的方程，将这 n 个方程相加，得

$$\sum\frac{\mathrm{d}}{\mathrm{d}t}(m_i \boldsymbol{v}_i) = \sum\boldsymbol{F}_i^{(e)} + \sum\boldsymbol{F}_i^{(i)} \tag{12-16}$$

式(12－16)也可写成

$$\frac{\mathrm{d}}{\mathrm{d}t}\sum(m_i \boldsymbol{v}_i) = \sum\boldsymbol{F}_i^{(e)} + \sum\boldsymbol{F}_i^{(i)} \tag{12-17}$$

式中$\sum(m_i\boldsymbol{v}_i)=\boldsymbol{K}$是质点系的动量；$\sum\boldsymbol{F}_i^{(e)}$ 是作用在质点系上的所有外力的矢量和，即外力系的主矢；$\sum\boldsymbol{F}_i^{(i)}$ 是作用在质点系上的所有内力的矢量和，$\sum\boldsymbol{F}_i^{(i)}=0$。于是式(12－17)可写成

$$\frac{\mathrm{d}\boldsymbol{K}}{\mathrm{d}t} = \sum\boldsymbol{F}_i^{(e)} \tag{12-18}$$

即质点系的动量对时间的一阶导数，等于作用在质点系上的所有外力的矢量和。式(12－18)为质点系的动量定理的微分形式。

将式(12－18)投影到直角坐标系的各个轴上，并注意到：矢量的导数在某轴上的投影等于该矢量在同一轴上投影的导数，可得：

$$\left.\begin{aligned}\frac{\mathrm{d}K_x}{\mathrm{d}t}&=\sum F_x^{(e)}\\\frac{\mathrm{d}K_y}{\mathrm{d}t}&=\sum F_y^{(e)}\\\frac{\mathrm{d}K_z}{\mathrm{d}t}&=\sum F_z^{(e)}\end{aligned}\right\} \tag{12-19}$$

式中 $K_x=\sum m_i v_{ix}$、$K_y=\sum m_i v_{iy}$、$K_z=\sum m_i v_{iz}$分别为质点系的动量 $\boldsymbol{K}=\sum m_i\boldsymbol{v}_i$在轴 x、y、z 轴上投影的代数和。

式(12－19)表明，质点系的动量在任一固定轴上的投影对时间的一阶导数，等于作用在质点系上的所有外力在同一轴上投影的代数和。

与质点的情形一样，若研究的是从瞬时 t_1 到瞬时 t_2 这一有限运动过程，则可将式

(12－18)改写成

$$\mathrm{d}\boldsymbol{K}=\sum \boldsymbol{F}_i^{(e)}\,\mathrm{d}t \tag{12-20}$$

对上式两边求积分，积分的上下限是：时间 t 从 t_1 到 t_2，动量 $\boldsymbol{K}$ 从 $\boldsymbol{K}_1$ 到 $\boldsymbol{K}_2$，可得

$$\boldsymbol{K}_2-\boldsymbol{K}_1=\sum\int_{t_1}^{t_2}\boldsymbol{F}_i^{(e)}\,\mathrm{d}t=\sum \boldsymbol{S}_i^{(e)} \tag{12-21}$$

式中 $\boldsymbol{S}_i^{(e)}$ 是作用在质点 M_i 上的所有外力在时间(t_2-t_1)内的冲量，$\sum\boldsymbol{S}_i^{(e)}$ 是作用在质点系上的所有外力在时间(t_2-t_1)内的冲量的矢量和，即冲量主矢。

式(12－21)表明，在任一时间间隔内，质点系动量的改变量，等于作用于质点系的所有外力在同一时间间隔内的冲量的矢量和。式(12－21)是质点系的动量定理的积分形式，也称为质点系的冲量定理。

将式(12－21)投影到固定直角坐标系的各个轴上，得：

$$\left.\begin{aligned}K_{2x}-K_{1x}&=\sum\int_{t_1}^{t_2}F_{ix}^{(e)}\,\mathrm{d}t=\sum S_{ix}^{(e)}\\K_{2y}-K_{1y}&=\sum\int_{t_1}^{t_2}F_{iy}^{(e)}\,\mathrm{d}t=\sum S_{iy}^{(e)}\\K_{2z}-K_{1z}&=\sum\int_{t_1}^{t_2}F_{iz}^{(e)}\,\mathrm{d}t=\sum S_{iz}^{(e)}\end{aligned}\right\} \tag{12-22}$$

式(12－22)表明，在任一时间间隔内，质点系的动量在任一固定轴上投影的改变量，等于作用在质点系上的所有外力在同一时间间隔内的冲量在同一轴上投影的代数和。

从质点系的动量定理可知，质点系动量的变化只与外力有关，而与内力无关，就是说，只有外力才能改变整个质点系的动量，内力不能改变整个质点系的动量。例如，旅客在列车车厢内用力推车厢壁，不论力有多大，决不会改变列车的速度，因为对以列车和旅客组成的质点系来说，此力是内力。又如，大力士无论力气多么大，他决不可能把自己举起来，这是人们所熟知的常识。内力一般是未知的，应用动量定理时不需考虑内力，这就使问题的研究变得简单。

从质点系的动量定理可以得出下面两个推论：

(1) 若$\sum\boldsymbol{F}_i^{(e)}=0$，则由式(12－18)有

$$\frac{\mathrm{d}\boldsymbol{K}}{\mathrm{d}t}=0$$

所以，$\boldsymbol{K}=$常矢量，就是说如果作用在质点系上的外力的矢量和(即外力系的主矢)始终等于零，则质点系的动量保持为常矢量。

(2) 若$\sum F_{ix}^{(e)}=0$，则由式(12－22)有

$$\frac{\mathrm{d}K_x}{\mathrm{d}t}=0$$

即

$$K_x=\text{常量}$$

即如果作用在质点系上的外力在某一固定轴上投影的代数和始终等于零，则质点系的动量在该轴上的投影保持为常量。

上述结论都称为质点系的动量守恒定理。

用动量守恒定理可以说明一些力学现象。例如，我们用手水平托住枪打靶，为什么开枪时枪身向后，以致使人的肩部受到压力？这是因为对于枪身与子弹组成的质点系来说，枪身和子弹的重力、手水平托住步枪的支承力都是外力，开枪时火药爆炸的气体压力是内力。由

于作用在质点系上的所有外力在水平方向的投影等于零，所以整个质点系的动量沿水平方向的投影保持为一常量。如果开枪前步枪是静止的，整个质点系的动量为零，那么在开枪时子弹受到火药爆炸的气体压力作用而获得向前的动量的同时，枪身也在气体压力作用下获得一个同样大小的向后的动量，以保持质点系的动量仍然为零。因此开枪时枪身向后运动，使人的肩部受到压力。这种现象称为“反座现象”。

又如，火箭为什么能飞行？这是因为火箭飞行时其内部的燃料在燃烧过程中产生大量高温、高压气体，并从尾部喷出。如果将火箭与喷出的气体看成为一个质点系，则火箭与气体之间相互作用的力是内力，它不能改变质点系的动量。因此，当喷出的气体具有很大的向后的动量的同时，火箭必然获得同样大小的向前的动量。随着气体的不断喷出，火箭的速度越来越大。这种现象称为“反推运动”。正因为火箭依靠自己喷出的气体获得向前的运动，所以最终它可以在空气稀薄的高空甚至宇宙间飞行。

从以上这些例子看到，内力虽然不能改变整个质点系的动量，但可以改变质点内各质点的动量。

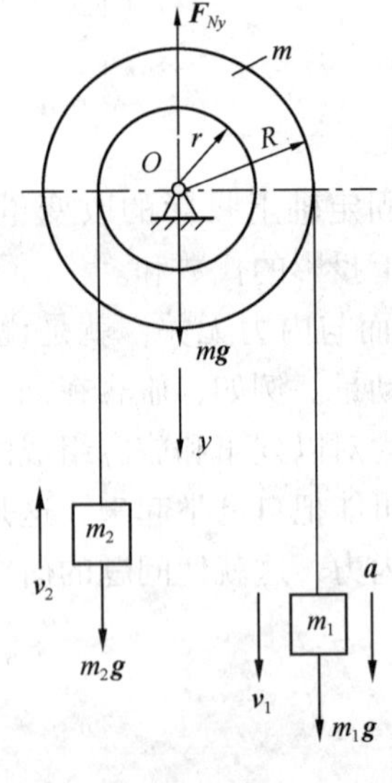

图 12－2

例 1 塔轮绕 O 轴转动，质量为 m，大小半径分别为 R、r，不可伸长的绳索挂着质量为 m_1，m_2 的两物块，如图 12－2 所示。设 m_1 的加速度为 $\boldsymbol{a}$，方向见图，求轴 O 处的约束反力。

解 取系统为研究对象，受力分析如图 12－2 所示。

$$K_y = m_1\boldsymbol{v}_1 - m_2\boldsymbol{v}_2 \quad \text{其中} \boldsymbol{v}_2 = \frac{r}{R}\boldsymbol{v}_1$$

所以 $K_y = m_1\boldsymbol{v}_1 - m_2\dfrac{r}{R}v_1$

根据式(12－19)有

$$\frac{\mathrm{d}Ky}{\mathrm{d}t} = \left(m_1 - m_2\frac{r}{R}\right)\frac{\mathrm{d}\boldsymbol{v}_1}{\mathrm{d}t} = \sum F_y$$

即
$$\left(m_1 - m_2\frac{r}{R}\right)a = -F_{Ny} + m_1g + m_2g + mg$$

得
$$F_{Ny} = (m_1 + m_2 + m)g + \left(m_1 - m_2\frac{r}{R}\right)a$$

例 2 物块 A 可沿光滑水平面自由滑动，其质量为 m_A；小球 B 的质量为 m_B，细杆与物块铰接，如图 12－3 所示。设杆长为 l，质量不计，初始时系统静止，并有初始摆角 φ_0；释放后，细杆近似以 $\varphi = \varphi_0\cos\omega t$ 规律摆动（ω 为已知常数），求物块 A 的最大速度。

解 取物块和小球为研究对象，此系统水平方向不受外力作用，故沿水平方向动量守恒。

细杆角速度为 $\dfrac{\mathrm{d}\varphi}{\mathrm{d}t} = -\omega\varphi_0\sin\omega t$，当 $\sin\omega t = 1$ 时其绝对值最大，此时应有 $\cos\omega t = 0$，即 $\varphi = 0$。由此，当细杆铅垂时小球相对于物块有最大的水平速度，其值为

$$\boldsymbol{v}_r = l\dot{\varphi}_{\max} = l\omega\varphi_0$$

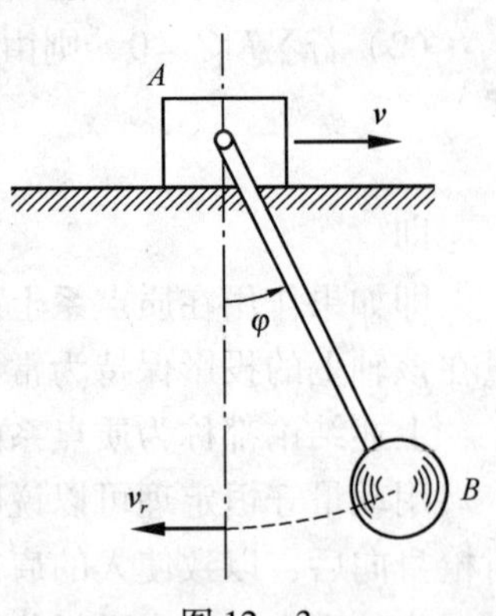

图 12－3

当此速度 $\boldsymbol{v}_r$ 向左时，物块应有向右的绝对速度，设为 v，

而小球向左的绝对速度值为$v_a = v_r - v$。根据动量守恒条件，有

$$m_A v - m_B(v_r - v) = 0$$

解出物块的最大速度为

$$v = \frac{m_B v_r}{m_A + m_B} = \frac{m_B l\omega\varphi_0}{m_A + m_B}$$

当 $\sin\omega t = -1$ 时，也有 $\varphi = 0$。此时物块有向左的最大速度$\frac{m_B l\omega\varphi_0}{m_A + m_B}$。

第三节　质心运动定理

1. 质量中心

我们已经知道，质点系的动量等于质点系中各质点动量的矢量和。除了物体作平动外，一般情况下，要直接应用这一定义计算质点系的动量是十分困难的。为此，引入了质点系的质量中心的概念。

由 n 个质点组成的质点系，如图 12－4 所示，其中任一质点 M_i 的质量为 m_i，它到某一固定点 O 的位置矢径为 $\boldsymbol{r}_i$，则质点系的质心 C 的位置矢径可由下式确定：

$$\boldsymbol{r}_c = \frac{\sum m_i \boldsymbol{r}_i}{\sum m_i} = \frac{\sum m_i \boldsymbol{r}_i}{m} \qquad (12-23)$$

式中 m 是整个质点系的质量。由式(12－23)所确定的 C 点称为质点系的质量中心，简称质心。它是表征质点系的质量分布情况的一个物理量。

过固定点 O 取直角坐标系 $Oxyz$，则质心 C 的位置坐标为

$$\left.\begin{aligned} x_C &= \frac{\sum m_i x_i}{m} \\ y_C &= \frac{\sum m_i y_i}{m} \\ z_C &= \frac{\sum m_i z_i}{m} \end{aligned}\right\} \qquad (12-24)$$

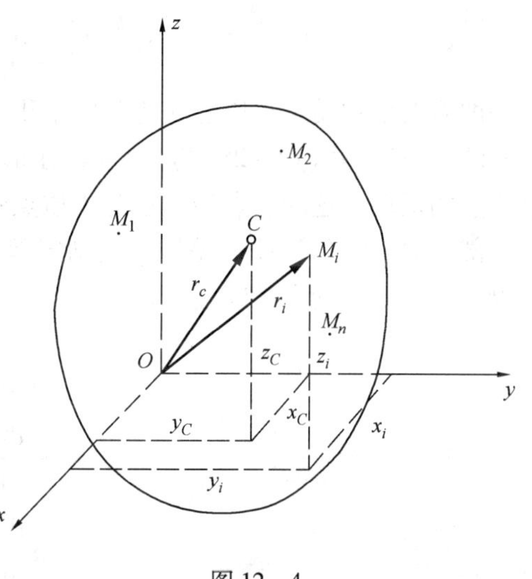

图 12－4

如果质点系处在重力场中，可将式(12－24)右端的分子和分母同乘以重力加速度 g，则得：

$$\left.\begin{aligned} x_C &= \frac{\sum P_i x_i}{P} \\ y_C &= \frac{\sum P_i y_i}{P} \\ z_C &= \frac{\sum P_i z_i}{P} \end{aligned}\right\} \qquad (12-25)$$

式中 P_i 是任一质点 M_i 的重力，P 是整个质点系的重力。由此可知，若质点系位于重力场中，则质心与重心重合。应当注意，质心与重心是两个不同的概念。质心只与质点系中各质点的质量大小以及质量的分布情况有关，所以不论质点系处于空间什么位置，质量中心总

是存在的；而重心只有当质点系处于重力场时才有意义。因此，质心比重心的意义更为广泛。

当质点系运动时，其质心也随之运动。质心的运动速度为

$$\boldsymbol{v}_C=\frac{\mathrm{d}\boldsymbol{r}_C}{\mathrm{d}t}=\frac{\mathrm{d}}{\mathrm{d}t}\left(\frac{\sum m_i\boldsymbol{r}_i}{m}\right)=\sum\frac{\mathrm{d}}{\mathrm{d}t}\left(\frac{m_i\boldsymbol{r}_i}{m}\right)=\frac{\sum m_i\boldsymbol{v}_i}{m}$$

于是得到

$$m\boldsymbol{v}_C=\sum m_i\boldsymbol{v}_i=\boldsymbol{K} \tag{12-26}$$

此式表明，质点系的动量等于质点系的质量与质心速度的乘积。因此，计算质点系的动量并不需要知道质点系中每一个质点的速度，只要知道质心的速度就可以了。

2. 质心运动定理

将式(12－26)代入质点系的动量定理式(12－18)中，得

$$\frac{\mathrm{d}}{\mathrm{d}t}(m\boldsymbol{v}_C)=\sum\boldsymbol{F}_i^{(e)}$$

即

$$m\frac{\mathrm{d}\boldsymbol{v}_C}{\mathrm{d}t}=\sum\boldsymbol{F}_i^{(e)} \tag{12-27}$$

或

$$m\boldsymbol{a}_C=\sum\boldsymbol{F}_i^{(e)} \tag{12-28}$$

即质点系的质量与质心加速度的乘积等于作用在该质点系上的所有外力的矢量和(即外力系的主矢)。式(12－28)与 $m\boldsymbol{a}=\boldsymbol{F}$ 在形式上完全相同。可见，质点系质心的运动如同一个质点的运动，这个质点的质量等于质点系的质量，并且在这个质点上作用着该质点系所受的全部外力。式(12－28)是质心运动定理。从这个定理可以看到，研究质点系质心的运动，可以归结为质点动力学问题。将式(12－28)投影到固定直角坐标系各轴上，可得：

$$\left.\begin{aligned}m\frac{\mathrm{d}^2x_C}{\mathrm{d}t^2}&=\sum F_{ix}^{(e)}\\m\frac{\mathrm{d}^2y_C}{\mathrm{d}t^2}&=\sum F_{iy}^{(e)}\\m\frac{\mathrm{d}^2z_C}{\mathrm{d}t^2}&=\sum F_{iz}^{(e)}\end{aligned}\right\} \tag{12-29}$$

式(12－29)是质心的运动微分方程。

质心运动定理在理论上有着重要的意义。当一个刚体作平动时，知道了刚体的质心运动，也就知道了整个刚体的运动。当一个刚体作非平动的其他复杂运动时，由运动学知道，其运动可以分解为随同基点的平动与相对于基点的转动。一般来说，基点是可以任意选取的。在动力学中，通常以质心为基点。因此，我们只研究刚体运动的平动部分时，就可根据质心运动定理，将刚体抽象为单个质点来研究。刚体能否抽象为单个质点，并不由它的大小而定，而与我们所研究的问题的性质有关。例如，当我们研究地球绕太阳的运动，炮弹的弹道以及火箭的运行轨道等问题时，不论它们的大小如何，如果只研究它们随同质心的平动，便可以把它们看作为质点。由此可见，质心运动定理为质点运动学的实际应用提供了理论依据。

下面讨论两种特殊情形：

(1) 若$\sum \boldsymbol{F}_i^{(e)}=0$，则由式(12-28)有

$$\boldsymbol{a}_C=0$$

即
$$\boldsymbol{v}_C=\text{常矢量}$$

说明，如果作用在质点系上的外力的矢量和始终等于零，则质心的速度保持为常量，即质心作匀速直线运动。如在运动开始时，质心处于静止，即$\boldsymbol{v}_C=0$，则质心将始终保持静止，即

$$\boldsymbol{r}_C=\text{常矢量}$$

(2) 若$\sum F_{ix}^{(e)}=0$，则由式(12-29)有

$$a_{Cx}=0$$

即
$$v_{Cx}=\text{常量}$$

表明，如果作用在质点系上的所有外力在某一固定轴上投影的代数和始终等于零，则质心的速度在该轴上的投影保持为常量，即将质心的运动沿各坐标轴的方向分解后，沿该轴方向的运动是匀速的。如在运动开始时，$v_{Cx}=0$，则质心的位置坐标x_C始终保持不变，即

$$x_C=\text{常量}$$

上述各结论统称为质心运动守恒定理。

由质心运动定理可知，质心的运动只与作用在质点系上的外力有关，与内力无关。也就是说，只有外力才能改变质心的运动，内力不能改变质心的运动。例如，如图12-5所示汽车运动时，发动机汽缸内的气体压力对汽车来说是内力，它不能使汽车运动。汽车所以能行驶，是因为传动机构作用于后轮(主动轮)一个转动力矩，使后轮绕轮轴转动，因而后轮上与地面接触点A有向后滑动的趋势，地面给后轮一个向前的摩擦力$\boldsymbol{F}_A$。而汽车的前轮(从动轮)在车身推动下，轮上与地面接触的点B有向前滑动的趋势，地面给前轮一个向后的摩擦力$\boldsymbol{F}_B$。$\boldsymbol{F}_A$和$\boldsymbol{F}_B$都是外力。如不计空气阻力，汽车是在摩擦力($\boldsymbol{F}_A-\boldsymbol{F}_B$)作用下向前运动的。如果没有摩擦力，或者摩擦力很小，比如在雪地里，汽车的马力再大，也不能使汽车前行。所以，在轮胎上设计花纹，雪天行驶时在后轮上绑上防滑链，都是为了增加摩擦力，使汽车顺利前行。人之所以能够行走，也是因为地面作用在鞋底上的摩擦力使身体向前移动，如果在冰上行走，就十分困难。

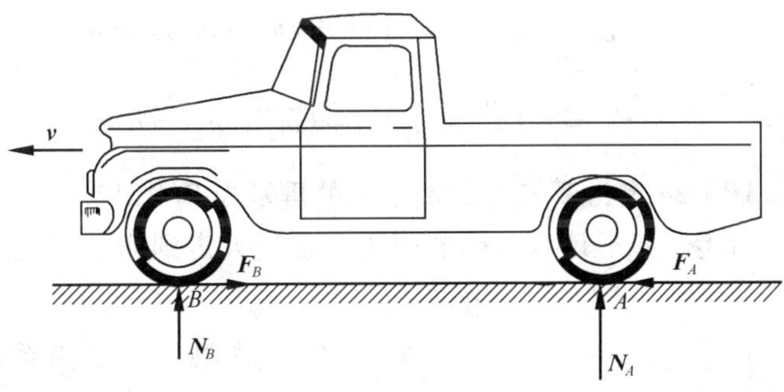

图12-5

又如，人站立在小船上，将人和小船视为质点系，并设人和小船开始时处于静止。如果不计水的阻力，人和船的重力以及水的反力都是外力，作用线都是铅直的，它们在水平方向(设为x轴方向)投影的代数和为零，即$\sum F_{ix}^{(e)}=0$，所以质点系质心的运动在x轴方向守恒。当人在小船上向前走动时，由于人与船之间相互作用的力是内力，不能改变质心的运动，故

船就会往后退，以保持整个质点系的质心在水平方向的位置不变。

例3 如图12-6(a)所示，均质细杆 OA 长 l，质量为 m_1，均质圆盘 A 质量为 m_2，已知图示位置 OA 杆的角速度及角加速度分别为 ω、α，A 轮没有相对于 OA 杆的转动，杆与水平线间的夹角为 θ，试求轴承 O 处的约束力。

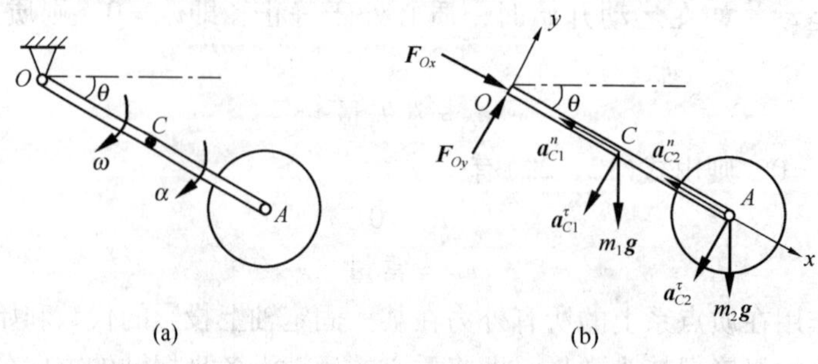

图12-6

解 (1) 研究对象的选取

选 OA 杆和圆盘 A 两个刚体为研究对象。

(2) 运动及受力分析

OA 杆质心 C 的切向加速度和法向加速度分别为 $\boldsymbol{a}_{C1}^{\tau}$、$\boldsymbol{a}_{C1}^{n}$；圆盘 A 质心的切向加速度和法向加速度分别为 $\boldsymbol{a}_{C2}^{\tau}$、$\boldsymbol{a}_{C2}^{n}$，受力如图12-6(b)所示。

(3) 应用质心运动定理确定轴承 O 处的约束力

由于 OA 杆作定轴转动，故

$$a_{C1}^{\tau}=\frac{l}{2}\alpha,\ a_{C1}^{n}=\frac{l}{2}\omega^2,\ a_{C2}^{\tau}=l\alpha,\ a_{C2}^{n}=l\omega^2$$

则由式(12-28)，有

$$-m_1a_{C1}^{n}-m_2a_{C2}^{n}=F_{Ox}+(m_1+m_2)g\sin\theta$$

$$-m_1a_{C1}^{\tau}-m_2a_{C2}^{\tau}=F_{Oy}-(m_1+m_2)g\cos\theta$$

将加速度的值代入上式，得

$$F_{Ox}=-\left(\frac{m_1}{2}+m_2\right)l\omega^2-(m_1+m_2)g\sin\theta$$

$$F_{Oy}=-\left(\frac{m_1}{2}+m_2\right)l\alpha+(m_1+m_2)g\cos\theta$$

例4 今有长为 $AB=2a$ 重为 W 的船，船上人的重量为 P(图12-7)，设人最初在船上 A 处，然后沿甲板向右行走，如不计水对船的阻力，求当人走到船上 B 处时，船向左方移动的距离？

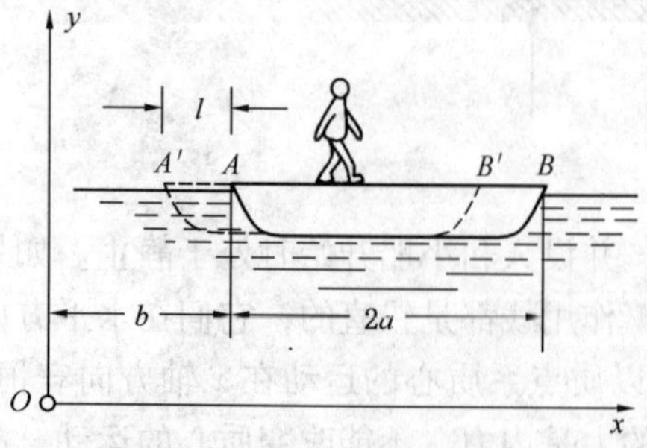

图12-7

解 将人与船视为一质点系。作用于该质点系上的外力有人和船的重力 $\boldsymbol{P}$ 和 $\boldsymbol{W}$ 及水对船的反力 $\boldsymbol{F}_N$，因不计水对船的阻力，显然各力在 x 轴上的投影的代数和等于零。此外人与船最初都是静止的，于是根据质心运动定理可知人和船的质心的横坐标 x_C 保持不变。

当人在 A 处船在 AB 位置时，质心的坐标为

$$x_{C1}=\frac{\frac{P}{g}b+\frac{W}{g}(b+a)}{\frac{P}{g}+\frac{W}{g}}=\frac{Pb+W(b+a)}{P+W}$$

当人走到 B 处时，设船向左移动的距离为 l，这时船在 $A'B'$ 位置，在此情形下人与船的质心的坐标为

$$x_{C2}=\frac{\frac{P}{g}(b+2a-l)+\frac{W}{g}(b+a-l)}{\frac{P}{g}+\frac{W}{g}}$$

$$=\frac{P(b+2a-l)+W(b+a-l)}{P+W}$$

由于 $x_{C1}=x_{C2}=$ 常量，于是得

$$\frac{Pb+W(b+a)}{P+W}=\frac{P(2a+b-l)+W(b+a-l)}{P+W}$$

由此求得船向左移动的距离为

$$l=2a\frac{P}{P+W}$$

由以上结果可以看出：(1)人向前走，船向后退，改变人和船运动的力是人与船间的摩擦力，这是质点系的内力。因此，内力虽然不能直接改变质心的运动，但能改变质点系内各质点的运动。(2)船后退的距离取决于人走的距离 $2a$ 和人与船的重量的比值 $\frac{P}{P+W}$，比值越小则船移动的距离也越小。由此我们就知道，为什么水平活塞式发动机(如蒸汽机、内燃机)和工作机(如气压机)需要固定安装在很大的基础上。对于汽车这种没有很大基础的非固定的发动机情况，当发动机工作时，车厢就会在弹簧上面振动，为了减小这种振动，就要合理安排各汽缸的活塞运动，使其有的朝下运动，有的朝上运动。

小　结

1. 动量等于质点(或质点系)的质量与其速度的乘积，动量是矢量。

质点的动量　　$\boldsymbol{K}=m\boldsymbol{v}$

质点系的动量　　$\boldsymbol{K}=\sum m_i\boldsymbol{v}_i=M\boldsymbol{v}_C$

2. 力的冲量等于力与其作用时间的乘积，力的冲量是矢量。

常力的冲量　　$\boldsymbol{S}=\boldsymbol{F}t$

变力的冲量　　$\boldsymbol{S}=\int_0^t\boldsymbol{F}\mathrm{d}t$

3. 动量定理

(1)微分形式　　$\frac{\mathrm{d}\boldsymbol{K}}{\mathrm{d}t}=\sum\boldsymbol{F}_i^{(e)}$

(2)积分形式　　$\boldsymbol{K}_2-\boldsymbol{K}_1=\sum\boldsymbol{S}_i^{(e)}$

具体计算时，采用其投影形式，式中不包含内力。动量守恒定律是动量定理的特殊情形，即当 $\sum\boldsymbol{F}_i^{(e)}=0$ 时，$\boldsymbol{K}=$ 常矢量；当 $\sum F_x^{(e)}=0$ 时，$K_x=$ 常量。

4. 质心运动定理

$$Ma_C = \sum F_i^{(e)}$$

质心运动定理是动量定理的另一种形式，式中不包含内力。质心运动守恒定律是质心运动的特殊情形，即当$\sum F_i^{(e)}=0$时，v_c = 常矢量；当$\sum F_x^{(e)}=0$时，v_{Cx} = 常量。

5. 解题步骤

(1)选定研究对象：可以选质点，也可以选质点系(包括刚体)。在许多情况下，取整体为研究对象，往往会对解题带来方便，因为系统的内力不必考虑。

(2)对研究对象进行受力分析和运动分析。动量定理建立了动量与冲量的关系，在动量定理中所包含的物理量为质量、速度、力和时间，所以在解决与速度、力和时间有关的问题时，应用动量定理比较方便。

(3)建立方程：在运用定理的微分形式时，必须取运动的一般位置；在运用定理的积分形式或守恒形式时，需要分析和确定所考查过程的始末位置、运动状态及所对应的时间。

(4)从方程中解出未知量。

习　题

12－1　计算如题图12－1所示各系统的动量：(1)质量为M的均质圆盘，绕质心C轴转动。(2)非均质圆盘绕O轴转动，圆盘质量为M，质心为C，$OC=e$，转动角速度为ω。(3)质量为M的均质杆，长度为l，绕其一端转动。(4)均质摆杆O_1A、O_2B质量都为m，长为l，板AB的质量为M，转动速度ω。

答案：$p=0$；$p=Me\omega$；$p=\frac{1}{2}Me\omega$；$p=(m+M)l\omega$

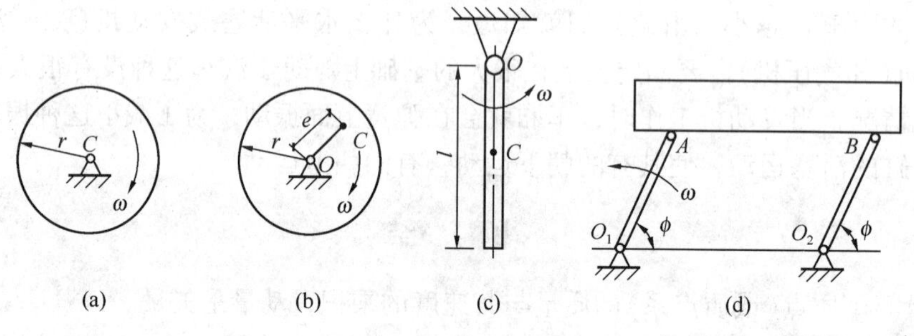

题图12－1

12－2　如题图12－2所示，手锤质量$m=0.5$kg，以初速度$v_0=6$m/s打到钉子上，经历时间$t=0.002$s后，锤速度为$v=1$m/s，方向向下，求钉子反力的冲量和平均反力F_N^*的值。

答案：$S=2.5$kg·m/s，$F_N^*=1250$N

12－3　如题图12－3所示，重为P的电机放在光滑的水平面地基上，长为$2l$；重为G的均值杆的一端与电机轴垂直固结，另一端则焊上一重为W的重物，如电机转动的角速度为ω。求：(1)电机的水平运动方程；(2)如电机外壳用螺栓固定在基础上，则作用于螺栓的最大水平力为多少?

答案：(1)$x=\frac{G+2W}{P+G+W}l\sin\omega t$；(2)$F_{Nx,\max}=\frac{G+2W}{g}l\omega^2$

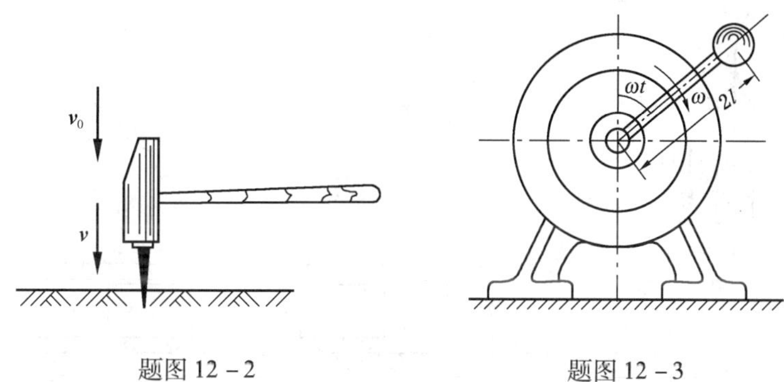

题图 12－2　　题图 12－3

12－4　如题图 12－4 所示匀质杆 OA 重力为 P，长为 $2L$，绕通过 O 点的水平轴在铅垂面内转动。当转动到与水平线 θ 角时，角速度与角加速度分别为 ω 与 α。试求此瞬时支座 O 的约束力。

答案：$F_{OX}=-\dfrac{P}{g}l(\omega^2\cos\theta+\alpha\sin\theta)$，$F_{OY}=P+\dfrac{P}{g}l(\omega^2\sin\theta-\alpha\cos\theta)$

12－5　工地用的运砂传输机如题图 12－5 所示，砂子自漏斗 A 处（横截面为 200cm^2）以速度 0.01m/s 铅垂下落，砂子的重度为 0.265N/cm^3，胶带以 $\boldsymbol{v}=1.5\text{m/s}$ 匀速移动，求胶带对砂子的水平作用力。

答案：$F_x=8.11\text{N}$

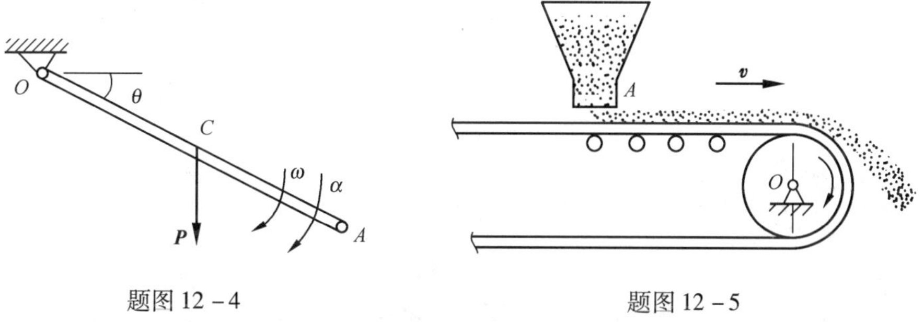

题图 12－4　　题图 12－5

12－6　题图 12－6 所示重物 A，B 的重力分别为 $\boldsymbol{P}_1$、$\boldsymbol{P}_2$。如重物 A 下降的加速度为 $\boldsymbol{a}$。试求支座 O 处的约束力。

答案：$F_{OX}=0$，$F_{OY}=P_1+P_2-\dfrac{2P_1-P_2}{2g}a$

12－7　如题图 12－7 所示，质量分别为 m_1 和 m_2 的 A、B 两车厢沿水平直线轨道滑行，其速度分别为 $\boldsymbol{v}_1$ 和 $\boldsymbol{v}_2$，设 $\boldsymbol{v}_1>\boldsymbol{v}_2$，假定 A 车厢与 B 车厢相碰后结合在一起继续滑行。试求车厢结合后的速度。

答案：$u=\dfrac{m_1\boldsymbol{v}_1+m_2\boldsymbol{v}_2}{m_1+m_2}$

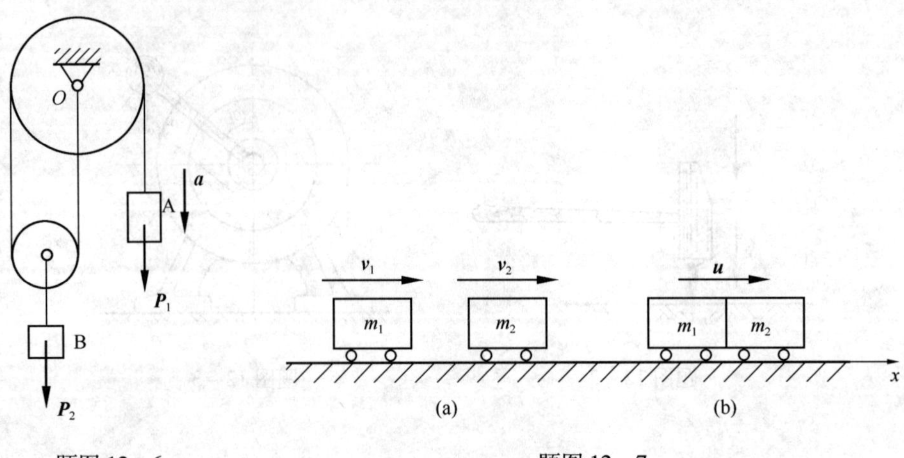

题图 12－6　　题图 12－7

第十三章　动量矩定理

第一节　动　量　矩

动量对轴的矩可以描述质点和质点系绕轴转动的运动情况，是量度机械运动的一种物理量，称之为动量矩。

1. 质点的动量矩

设质点 M 的质量为 m，某一瞬时的速度为$\boldsymbol{v}$，则其动量为 $m\boldsymbol{v}$。质点的动量对于 O 点的矩，定义为质点对于点 O 的动量矩，即

$$\boldsymbol{M}_O(m\boldsymbol{v}) = \boldsymbol{r} \times m\boldsymbol{v} \tag{13-1}$$

质点对于点 O 的动量矩是矢量，如图 13－1 所示。

取直角坐标系 $Oxyz$，如图 13－2 所示，引入一个新的物理量 $m_z(m\boldsymbol{v})$，它表示质点 M 的动量 $m\boldsymbol{v}$ 对固定轴 z 的矩，称为质点对 z 轴的动量矩。其计算方法与力 $\boldsymbol{F}$ 对 z 轴的矩的计算方法完全相同。动量 $m\boldsymbol{v}$ 对 z 轴的矩等于动量 $m\boldsymbol{v}$ 在垂直于 z 轴的平面上的投影 $m\boldsymbol{v}_{xy}$对此平面与 z 轴的交点 O 的矩，即

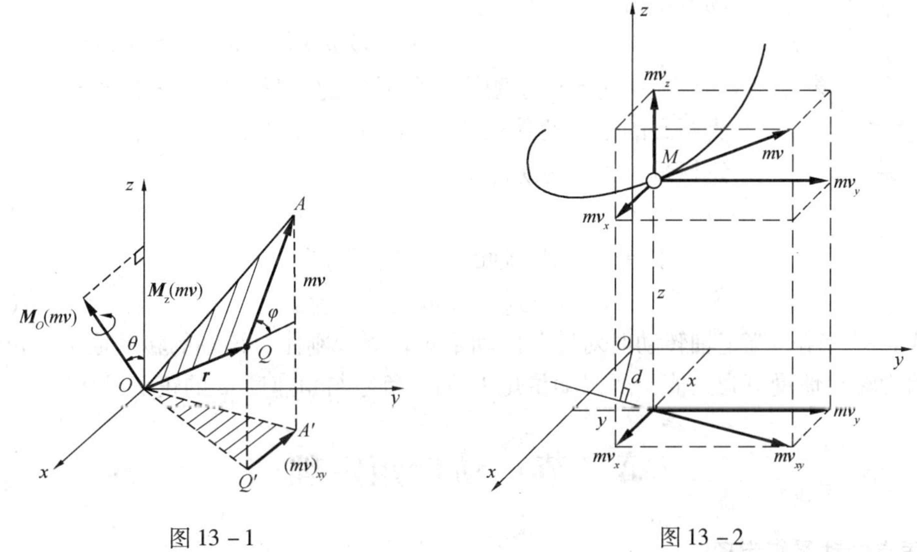

图 13－1　　　　图 13－2

$$L_z = m_z(m\boldsymbol{v}) = m_O(m\boldsymbol{v}_{xy}) = \pm m\boldsymbol{v}_{xy} \cdot d$$

动量对轴的矩是代数量，式中的正负号规定完全与力对轴的矩的正负号规定相同：对着 z 轴的正向观察，逆时针转向为正，顺时针转向为负，即符合右手法则。

与力对点的矩与力对通过该点的轴的矩的关系相类似，质点对点 O 的动量矩矢在 z 轴上的投影，等于对 z 轴的动量矩，即

$$[\boldsymbol{M}_O(m\boldsymbol{v})]_z = M_z(m\boldsymbol{v}) \tag{13-2}$$

动量矩的单位是：千克米^2/秒(kg · m^2/s)。

2. 质点系的动量矩

质点系对某点 O 的动量矩等于各质点对同一点 O 的动量矩的矢量和，即

$$\boldsymbol{L}_O = \sum \boldsymbol{M}_O(m_i \boldsymbol{v}_i) \tag{13-3}$$

质点系中所有各质点的动量对固定轴 z 矩的代数和，称为质点系对 z 轴的动量矩，则有

$$L_z = \sum m_z(m_i \boldsymbol{v}_i) \tag{13-4}$$

式中 m_i 为质点系中任一质点 M_i 的质量，$\boldsymbol{v}_i$为其速度。

同样两者有下面的关系

$$[\boldsymbol{L}_o]_z = L_z$$

即质点系对某点 O 的动量矩矢在通过该点的 z 轴上的投影等于质点系对于该轴的动量矩。

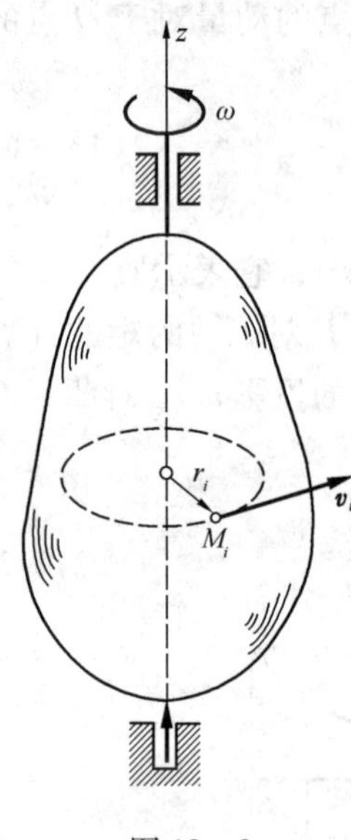

图 13－3

3. 定轴转动刚体的动量矩

一刚体绕固定轴 z 转动，设某瞬时角速度为 ω，如图 13－3 所示，刚体内任一质点 M_i 到 z 轴的垂直距离为 $\boldsymbol{r}_i$，速度为$\boldsymbol{v}_i$，其大小为 $v_i = r_i\omega$，且位于与 z 轴垂直的平面内，指向朝转动前进的一方。若质点 M_i 的质量为 m_i，则动量 $m_i\boldsymbol{v}_i$对转轴 z 之矩为

$$L_{zi} = m_i v_i r_i = m_i(r_i\omega)r_i = m_i r_i^2 \omega$$

将刚体内所有各质点对转轴 z 的动量矩代数相加，并注意到对所有各质点来说，同一瞬时的 ω 都相同，因而整个刚体对转轴 z 的动量矩为

$$L_z = \sum L_{zi} = \sum m_i r_i^2 \omega = \omega \sum m_i r_i^2$$

式中$\sum m_i r_i^2$ 是刚体内各质点的质量与相应各质点到转轴 z 的垂直距离的平方的乘积的总和，称为刚体对 z 轴的转动惯量，是一个正标量，以 J_z 表示，即

$$J_z = \sum m_i r_i^2 \tag{13-5}$$

于是刚体对 z 轴的动量矩可写为

$$L_z = J_z \omega \tag{13-6}$$

此式表明：刚体绕定轴转动时对转轴的动量矩，等于刚体对该轴的转动惯量与角速度的乘积。因为转动惯量恒为正值，所以动量矩 L_z 的正负号与角速度 ω 的正负号相同。

第二节　动量矩定理

1. 质点的动量矩定理

设质点对定点 O 的动量矩为 $\boldsymbol{M}_O(m\boldsymbol{v})$，作用力 $\boldsymbol{F}$ 对同一点的矩为 $\boldsymbol{M}_O(\boldsymbol{F})$，如图 13－4 所示。

将动量矩对时间取一次导数，得

$$\frac{\mathrm{d}}{\mathrm{d}t}\boldsymbol{M}_O(m\boldsymbol{v}) = \frac{\mathrm{d}}{\mathrm{d}t}(\boldsymbol{r}\times m\boldsymbol{v}) = \frac{\mathrm{d}\boldsymbol{r}}{\mathrm{d}t}\times m\boldsymbol{v} + \boldsymbol{r}\times\frac{\mathrm{d}}{\mathrm{d}t}(m\boldsymbol{v})$$

根据质点动量定理$\frac{\mathrm{d}}{\mathrm{d}t}(m\boldsymbol{v}) = \boldsymbol{F}$，且 O 为定点，有$\frac{\mathrm{d}\boldsymbol{r}}{\mathrm{d}t} = \boldsymbol{v}$，则上式可改写为

$$\frac{\mathrm{d}}{\mathrm{d}t}\boldsymbol{M}_O(m\boldsymbol{v}) = \boldsymbol{v} \times m\boldsymbol{v} + \boldsymbol{r} \times \boldsymbol{F}$$

因为$\boldsymbol{v} \times m\boldsymbol{v} = 0$，$\boldsymbol{r} \times \boldsymbol{F} = \boldsymbol{M}_O(\boldsymbol{F})$，于是得

$$\frac{\mathrm{d}}{\mathrm{d}t}\boldsymbol{M}_O(m\boldsymbol{v}) = \boldsymbol{M}_O(\boldsymbol{F}) \qquad (13-7)$$

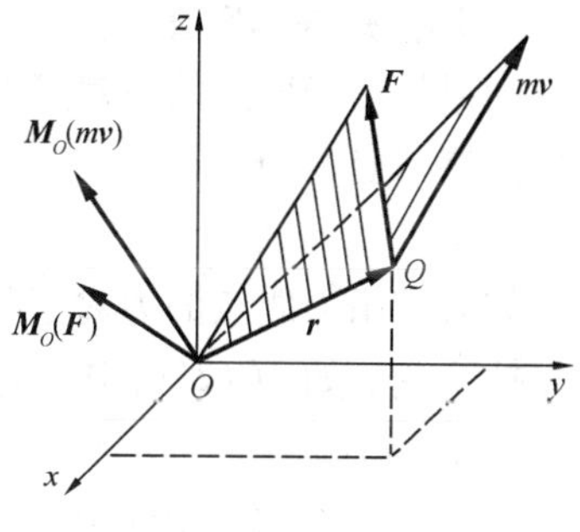

图 13－4

式(13－7)为质点的动量矩定理，即质点对某定点的动量矩对时间的一阶导数，等于作用力对同一点的矩。

式(13－7)在直角坐标轴上的投影式为

$$\frac{\mathrm{d}}{\mathrm{d}t}M_x(m\boldsymbol{v}) = M_x(\boldsymbol{F})$$

$$\frac{\mathrm{d}}{\mathrm{d}t}M_y(m\boldsymbol{v}) = M_y(\boldsymbol{F})$$

$$\frac{\mathrm{d}}{\mathrm{d}t}M_z(m\boldsymbol{v}) = M_z(\boldsymbol{F}) \qquad (13-8)$$

2. 质点系的动量矩定理

设质点系由 n 个质点 M_1、M_2、…、M_n 组成，其质量分别为 m_1、m_2、…、m_n，速度分别为$\boldsymbol{v}_1$、$\boldsymbol{v}_2$、…、$\boldsymbol{v}_n$。将作用于各质点的力分为外力和内力。对于任一质点 M_i，质量为 m_i，速度为$\boldsymbol{v}_i$，作用于其上的外力的合力为 $\boldsymbol{F}_i^{(e)}$，内力的合力为 $\boldsymbol{F}_i^{(i)}$，根据质点的动量矩定理有

$$\frac{\mathrm{d}}{\mathrm{d}t}\boldsymbol{M}_O(m_i\boldsymbol{v}_i) = \boldsymbol{M}_O(\boldsymbol{F}_i^{(i)}) + \boldsymbol{M}_O(\boldsymbol{F}_i^{(e)})$$

这样的方程共有 n 个，相加后得

$$\sum\frac{\mathrm{d}}{\mathrm{d}t}\boldsymbol{M}_O(m_i\boldsymbol{v}_i) = \sum\boldsymbol{M}_O(\boldsymbol{F}_i^{(i)}) + \sum\boldsymbol{M}_O(\boldsymbol{F}_i^{(e)})$$

由于内力总是大小相等、方向相反地成对出现，因此有

$$\sum\boldsymbol{M}_O(\boldsymbol{F}_i^{(i)}) = 0$$

于是得

$$\frac{\mathrm{d}}{\mathrm{d}t}\boldsymbol{L}_O = \sum\boldsymbol{M}_O(\boldsymbol{F}_i^{(e)}) \qquad (13-9)$$

其中 $\boldsymbol{L}_O = \sum\boldsymbol{M}_O(m_i\boldsymbol{v}_i)$

即：质点系对某定点的动量矩对时间的一阶导数，等于作用于质点系的所有外力对该点的矩的矢量和，这就是质点系的动量矩定理。

直角坐标轴上的投影式

$$\frac{\mathrm{d}}{\mathrm{d}t}L_x = \sum M_x(\boldsymbol{F}_i^{(e)})$$

$$\frac{\mathrm{d}}{\mathrm{d}t}L_y = \sum M_y(\boldsymbol{F}_i^{(e)})$$

$$\frac{\mathrm{d}}{\mathrm{d}t}L_z = \sum M_z(\boldsymbol{F}_i^{(e)}) \qquad (13-10)$$

由上述定理可知，内力不能改变质点系的动量矩，只有外力才能改变质点系的动量矩。这一情况也可以由日常生活经验证实。例如人坐在转椅上，如果身子不转，脚不着地，只用手转动转椅，转椅是不可能转动的；这是因为人和转椅是一个质点系，人的手作用在转椅上

的力是内力，它不能改变质点系的动量矩。

应用质点系的动量矩定理时，与质点系的动量一样，不需要考虑内力，这就为问题的求解带来了方便。

3. 动量矩守恒定律

如果作用于质点的力对某定点 O 的矩恒等于零，则由式(13－7)可知，质点对该点的动量矩保持不变，即

$$\boldsymbol{M}_O(m\boldsymbol{v})=\text{恒矢量}$$

如果作用于质点的力对于某定轴的矩恒等于零，则由式(13－8)知，质点对该轴的动量矩保持不变。如 $M_z(\boldsymbol{F})=0$，则

$$M_z(m\boldsymbol{v})=\text{恒量}$$

这就是质点动量矩守恒定律，即当外力对某定点(或某定轴)的主矩等于零时，质点对于该点(或该轴)的动量矩保持不变。

有不少力学现象可以用动量矩守恒定律来解释。例如，芭蕾舞演员和花样滑冰运动员绕过脚尖的铅直轴 z 转动时，由于空气阻力和脚尖处的摩擦力矩都很小，可以忽略。作用于人体的重力和地面的反力就是所有的外力，而这些力都与转轴 z 平行，对 z 轴的矩都等于零，因此，根据动量矩守恒定律，人体对 z 轴的动量矩 $L_z=J_z\omega=$ 常量。当表演者收拢四肢时，人体对 z 轴的转动惯量 J_z 将随之减小，由动量矩守恒，人体转动的角速度 ω 就会相应地增大。相反，当表演者伸展四肢时，人体转动的角速度 ω 就会随之减小。

例 1 如图 13－5 所示的谷物运输装置，每秒从漏斗输出的谷物的质量 $q=100\text{kg/s}$，谷物下落在斜槽 CAB 上的速度 $v_1=6\text{m/s}$，脱离斜槽时的速度 $v_2=4.5\text{m/s}$，$\alpha=10°$。斜槽及谷物的总重量 $W=2\text{kN}$。求固定铰支座 C 与锟轴支座 B 的反力。

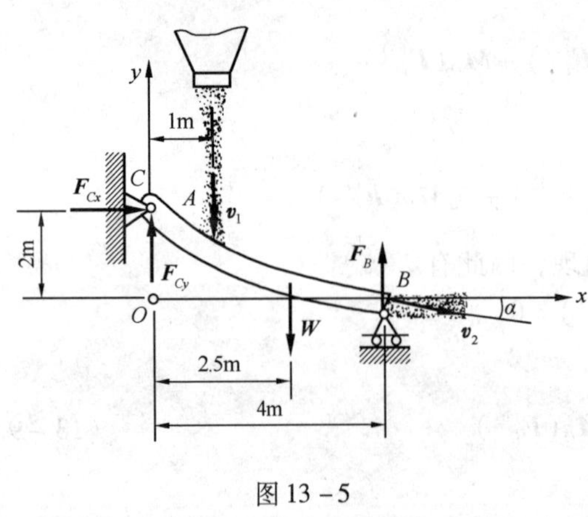

图 13－5

解 取斜槽及其上的谷物为一质点系。斜槽处于静止状态，它的动量恒为零；而谷物沿斜槽的运动与水体的稳定流动是相似的，它的动量与动量矩可依照稳定流的情形计算。现应用动量定理及动量矩定理求解。

作用在质点系的外力有重力 W、支座反力 F_{Cx}，F_{Cy} 与 F_{By}(谷物在 A、B 处对质点系作用的力忽略不计)。由质点系动量矩定理的微分形式，取 C 点为矩心，得

$$\frac{\mathrm{d}L_C}{\mathrm{d}t}=\sum M_{Ci}^e \tag{1}$$

将
$$\mathrm{d}L_C=\mathrm{d}m(2\boldsymbol{v}_2\cos 10°-4\boldsymbol{v}_2\sin 10°)-(-\mathrm{d}mv_1)$$
及
$$\sum M_C(\boldsymbol{F}_i^e)=\boldsymbol{F}_{By}\times 4-W\times 2.5$$
代入式(1)，得
$$\frac{\mathrm{d}m}{\mathrm{d}t}[\boldsymbol{v}_2(2\cos 10°-4\sin 10°)+\boldsymbol{v}_1]=4F_{By}-2.5W \tag{2}$$

将 $\frac{\mathrm{d}m}{\mathrm{d}t}=q$，$\boldsymbol{v}_2$，$\boldsymbol{v}_1$ 及 W 的大小代入式(2)，求得

$$4F_{By}=100[4.5(2\cos 10°-4\sin 10°)+6]+2.5\times 2000$$

$$F_{By}=1.543\text{kN}$$

由质点系动量定理的微分形式

$$\frac{\mathrm{d}K_x}{\mathrm{d}t}=\sum F_{ix}^e,\quad \frac{\mathrm{d}K_y}{\mathrm{d}t}=\sum F_{iy}^e$$

可列出
$$\frac{\mathrm{d}m}{\mathrm{d}t}\boldsymbol{v}_2\cos 10^\circ = F_{Cx} \tag{3}$$

$$\frac{\mathrm{d}m}{\mathrm{d}t}[-\boldsymbol{v}_2\sin 10^\circ-(-\boldsymbol{v}_1)] = F_{Cy}+F_B-W \tag{4}$$

由式(3)得 $F_{Cx}=100\times 4.5\cos 10^\circ=443\text{N}$

由式(4)得 $F_{Cy}=100(-4.5\sin 10^\circ+6)+2000-1543=978.9\text{N}$

例2 如图13－6所示，质量为 m_1 的空心套管绕铅直轴 O_1O_2 转动，管内放一质量为 m_2 的小球，用细绳和转轴连接，绳长为 a，细绳能承受的最大拉力为 F，问套管的角速度为多大恰可使绳拉断？细绳拉断后，小球运动至管端时，套管的角速度为多大？（套管对转轴的转动惯量为 J_0，轴承摩擦不计。）

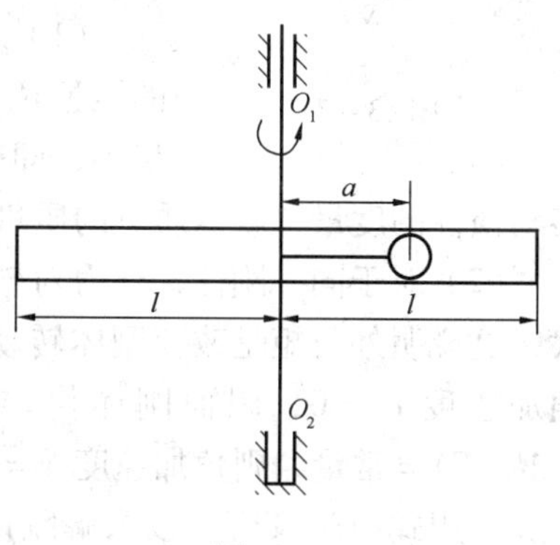

图13－6

解 以系统为研究对象，其受力有小球重力、套管的重力和 O_1 和 O_2 的约束反力。

首先计算绳子拉断时的角速度 ω_1，据 $ma_n=\sum F_n$，由于在绳子拉断前小球做圆周运动，其法向加速度 $a_n=a\omega^2$，所以

$$m_2a\omega_1^2=F$$

$$\omega_1=\sqrt{\frac{F}{m_2a}}$$

拉断后上述的各外力对固定轴 O_1O_2 的力矩等于零，据动量矩守恒定理知，质点对 O_1O_2 轴的动量矩保持不变。系统在绳子刚拉断瞬时的动量矩为：

$$L_{O_1O_2}=J_0\omega_1+m_2(\omega_1a)\cdot a$$

小球至管端时的动量矩为：

$$L_{2O_1O_2}=J_0\omega_2+m_2(\omega_2l)\cdot l$$

所以
$$J_0\omega_1+m_2\omega_1a^2=J_0\omega_2+m_2\omega_2l^2$$

即：
$$\omega_2=\frac{(J_0+m_2a^2)\cdot\omega_1}{J_0+m_2l^2}$$

第三节 刚体绕定轴转动的微分方程

设刚体以角速度 ω 绕固定轴 z 转动，如图13－7所示，作用在刚体上的外力有 $\boldsymbol{F}_1$、$\boldsymbol{F}_2$、…、$\boldsymbol{F}_n$ 以及约束反力 $\boldsymbol{N}_A$、$\boldsymbol{N}_B$，刚体对转轴 z 的转动惯量为 J_z，动量矩为 $J_z\omega$。根据动量矩定理有

$$\frac{\mathrm{d}}{\mathrm{d}t}(J_z\omega)=\sum M_z(\boldsymbol{F}_i)$$

或

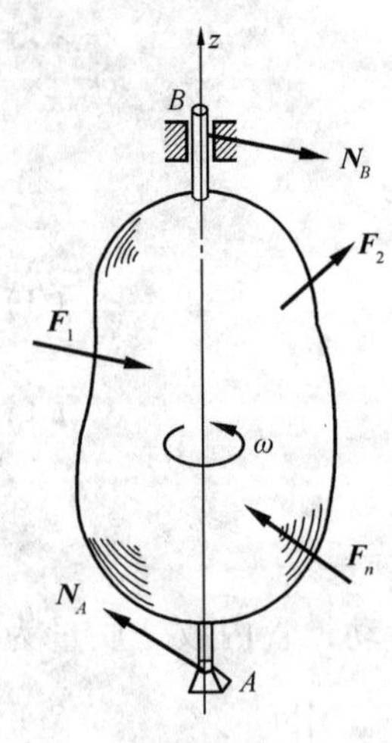

图 13－7

$$J_z \frac{d\omega}{dt} = \sum M_z(\boldsymbol{F}_i)$$

上式也可写成

$$J_z \alpha = \sum M_z(\boldsymbol{F}_i) \tag{13-11}$$

或

$$J_z \frac{d^2\varphi}{dt^2} = \sum M_z(\boldsymbol{F}_i)$$

式(13－11)称为刚体绕定轴转动的微分方程，表明绕定轴转动的刚体受到外力矩作用时，刚体的角加速度与外力对转轴的矩的代数和成正比，与刚体对转轴的转动惯量成反比。

从式(13－11)可以看出：

(1) 对于不同的刚体，假设作用在这些刚体上的外力对转轴 z 的矩 $\sum M_z(\boldsymbol{F})$ 相同，则转动惯量 J_z 越大的刚体，所获得的角加速度越小，即越不容易改变其运动状态。可见，刚体的转动惯量是刚体转动惯性的度量，就像质点的质量是质点的惯性的度量一样。

(2) 对于同一刚体，外力对转轴 z 的矩 $\sum M_z(\boldsymbol{F})$ 越大，刚体所获得的角加速度 α 就越大，这说明外力矩是改变刚体转动状态的外因。在特殊情况下，如外力矩 $\sum M_z(\boldsymbol{F})=0$，则角加速度 $\alpha=0$，因而刚体作匀角速转动或保持静止(即转动状态不变)；如外力矩 $\sum M_z(\boldsymbol{F})=$常量，则角加速度 $\alpha=$常量，因而刚体作匀变速运动。

应用式(13－11)可以求解刚体绕定轴转动的动力学两类问题：(1)已知刚体的转动规律，求作用在刚体上的外力矩；(2)已知作用在刚体上的外力矩，求刚体的转动规律。

例 3 传动轴系如图 13－8 所示。设轴Ⅰ和Ⅱ的转动惯量分别为 J_1 和 J_2，传动比为 i_{12}，轴Ⅰ上作用主动力矩 M_1，轴Ⅱ上有阻力矩 M_2，转向如图 13－8(a)所示。设各处摩擦忽略不计，求轴Ⅰ的角加速度 α_1。

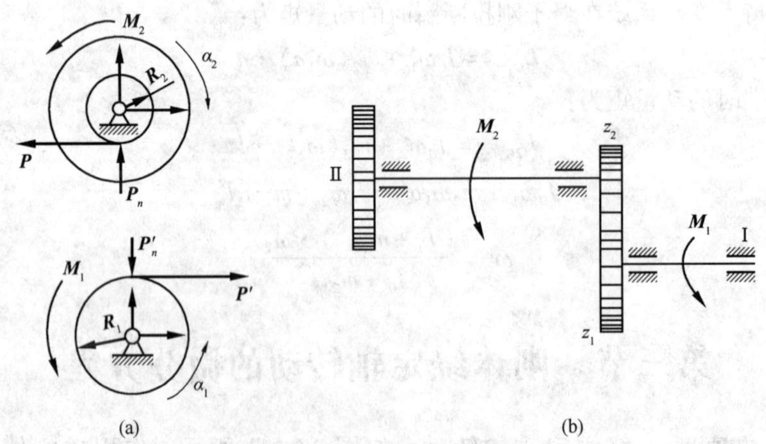

图 13－8

解 分别取轴Ⅰ与轴Ⅱ为研究对象，它们的受力如图 13－8(a)所示。按实际转动情况，设轴Ⅰ和轴Ⅱ的转向分别为逆时针和顺时针转向，并且设 α_1 和 α_2 与各转轴的转向一致。

对两定轴转动刚体，分别列出刚体的定轴转动微分方程

$$J_1\alpha_1 = M_1 - P'R_1 \tag{a}$$

$$J_2\alpha_2 = PR_2 - M_2 \tag{b}$$

其中，$P = P'$，$i_{12} = \frac{R_1}{R_2} = \frac{\alpha_1}{\alpha_2}$与式(a)、式(b)联立求解，得

$$\alpha_1 = \frac{M_1 - \frac{M_2}{i_{12}}}{J_1 + \frac{J_2}{i_{12}^2}}$$

在解此类题时，对两轴也可统一设成按逆时针(或顺时针)转向为正，分别列出定轴转动微分方程，但这时传动比一定按外啮合取负号，即 $i_{12} = -\frac{\alpha_1}{\alpha_2}$。然后进行联立求解，会得到与上面同样的结果。

例 4　如图 13－9 所示，飞轮对 O 轴的转动惯量为 J_0，以初角速度 ω_0 绕水平轴 O 转动，其阻力矩 $M = -\alpha\omega$(α 为常数)。求经过多长时间，角速度降至初速度的一半，这段时间内共转多少转?

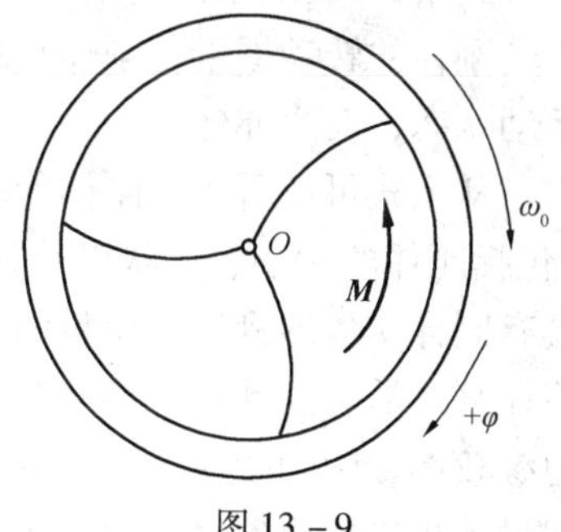

图 13－9

解　以飞轮为研究对象，并取 φ 角的正向与 ω_0 的转向一致，如图 13－9 所示，作用于飞轮上的外力有：重力、轴承反力和阻力矩，据刚体绕定轴转动的微分方程 $J_z \frac{d\omega}{dt} = \sum m_z(\boldsymbol{F}_i)$，又重力、轴承反力对轴 O 之矩为零，故有

$$J_0 \frac{d\omega}{dt} = -\alpha\omega \tag{1}$$

即

$$\frac{J_0}{\alpha}\frac{dw}{w} = -dt$$

将上式求定积分，得

$$\int_{\omega_0}^{\frac{\omega_0}{2}} \frac{J_0}{\alpha}\frac{dw}{w} = -\int_0^t dt$$

$$t = \frac{J_0}{\alpha}\ln\frac{\omega_0}{\omega_0/2} = \frac{J_0}{\alpha}\ln 2$$

下面求在此时间内转过的转数：

将式(1)改写成

$$J_0\frac{d\omega}{dt} = -\alpha\frac{d\varphi}{dt} \quad 或者 \quad J_0 d\omega = -\alpha d\varphi$$

将上式求定积分，得

$$\int_{\omega_0}^{\frac{\omega_0}{2}} J_0 d\omega = -\int_{\varphi_0}^{\varphi} \alpha d\varphi$$

由此可得在 t 内转过的角度

$$\varphi - \varphi_0 = \frac{J_0}{2\alpha}\omega_0$$

因此转过的转数：

$$n = \frac{\varphi - \varphi_0}{2\pi} = \frac{J_0\omega_0}{4\pi\alpha}$$

第四节 刚体的转动惯量

1. 转动惯量的概念

刚体对轴的转动惯量定义为：刚体内各质点的质量与相应各质点到转轴 z 的垂直距离的平方的乘积的总和，即

$$J_z = \sum m_i r_i^2 \tag{13-12}$$

式中 m_i 表示刚体内某一质点的质量，r_i 表示该质点到 z 轴的垂直距离。

刚体的转动惯量是刚体转动时惯性的度量。刚体的转动惯量越大，就越难改变其原有的运动状态，反之亦然。

从上式可以看出，刚体的转动惯量的大小不仅与刚体质量的大小有关，还与质量的分布(包括刚体的大小、形状以及 z 轴的位置)有关，而与刚体的受力情况和运动情况无关。对于具有同样质量的刚体，质量的分布离 z 轴越远，刚体对此轴的转动惯量就越大。例如，为了使往复式活塞发动机、冲床等这类机械的运转稳定，往往在主轴上安装一个飞轮，这种飞轮边缘较厚，中间较薄且挖有空洞，以尽可能地把质量分布在轮缘上，使飞轮具有较大的转动惯量，可以使机器保持稳定运转的状态。相反，对于一些启动和制动频繁的机械，如装卸货物的起重机械，其转动惯量应尽可能小；对于某些仪表中的转动零件，为了保证灵敏度，它们的转动惯量更应该尽可能的小。设计这类机械或零件时，要尽量减小质量(如采用轻金属材料)、体积和半径，使较多的质量靠近转轴。

转动惯量的单位是：千克 · 米^2($\mathrm{kg \cdot m^2}$)

2. 简单形状的均质刚体的转动惯量

如果刚体的质量是连续分布的，式(13-12)中的求和可用积分形式代替，即

$$J_z = \int r^2 \mathrm{d}m \tag{13-13}$$

简单形状的均质刚体的转动惯量可用积分法求得。

3. 回转半径

工程实际中常把转动惯量写成一个统一的形式，即用刚体的总质量 m 与某一长度的平方的乘积来表示该刚体对 z 轴的转动惯量：

$$J_z = m\rho_z^2 \tag{13-14}$$

其中 ρ_z 称为刚体对 z 轴的回转半径或惯性半径，它的单位与长度的单位相同。由式(13-14)得

$$\rho_z = \sqrt{\frac{J_z}{m}} \tag{13-15}$$

如果知道刚体对某轴的回转半径，就可按式(13-14)求得刚体对同一轴的转动惯量。反之，如果知道刚体对某轴的转动惯量，就可按式(13-15)求得刚体对此轴的回转半径。

必须注意，回转半径不是刚体某一部分的具体尺寸，而是这样的一个长度：假如把整个刚体的质量集中在离指定轴某一距离的一个点上，将这个点看作是一个具有整个刚体质量的质点，如果这个质点对指定轴的转动惯量正好等于刚体对此轴的转动惯量，那么这一距离的长度就是刚体对指定轴的回转半径，除此以外没有别的意义。

表 13-1 中列出了几种常见的简单形状的均质刚体的转动惯量的计算公式和对指定轴的

回转半径，也可在有关的工程手册中查到。

表 13-1

物体的形状	简　图	转动惯量	惯性半径	体　积
细直杆		$J_{z_C}=\frac{m}{12}l^2$ $J_z=\frac{m}{3}l^2$	$\rho_{z_C}=\frac{l}{2\sqrt{3}}$ $\rho_z=\frac{l}{\sqrt{3}}$	
薄壁圆筒		$J_z=mR^2$	$\rho_z=R$	$2\pi Rlh$
圆柱		$J_z=\frac{1}{2}mR^2$ $J_x=J_y$ $=\frac{m}{12}(3R^2+l^2)$	$\rho_z=\frac{R}{\sqrt{2}}$ $\rho_x=\rho_y=$ $\sqrt{\frac{1}{12}(3R^2+l^2)}$	$\pi R^2 l$
空心圆柱		$J_z=\frac{m}{2}(R^2+r^2)$	$\rho_z=\sqrt{\frac{1}{2}(R^2+r^2)}$	$\pi l(R^2-r^2)$
薄壁空心球		$J_z=\frac{2}{3}mR^2$	$\rho_z=\sqrt{\frac{2}{3}}R$	$\frac{3}{2}\pi Rh$
实心球		$J_z=\frac{2}{5}mR^2$	$\rho_z=\sqrt{\frac{2}{5}}R$	$\frac{4}{3}\pi R^3$
圆锥体		$J_z=\frac{3}{10}mr^2$ $J_x=J_y$ $=\frac{3}{80}m(4r^2+l^2)$	$\rho_z=\sqrt{\frac{3}{10}}r$ $\rho_x=\rho_y$ $=\sqrt{\frac{3}{80}(4r^2+l^2)}$	$\frac{\pi}{3}r^2 l$

4. 转动惯量的平行轴定理

同一刚体对不同轴的转动惯量一般是不同的。工程手册中给出的转动惯量，一般都是刚体对通过质心的轴的转动惯量。对于其他轴的转动惯量可以通过查表并结合转动惯量的平行轴定理求得。

转动惯量的平行轴定理：刚体对于任一轴 z 的转动惯量，等于刚体对通过质心并与 z 轴平行的 z_C 轴的转动惯量，加上刚体的质量与两轴之间的距离的平方的乘积。表达式为

$$J_z = J_{zC} + md^2 \tag{13-16}$$

式中 J_{zC}为刚体对通过质心 z_C 轴的转动惯量；J_z 为刚体对不通过质心但与 z_C 轴平行的 z 轴的转动惯量；m 为刚体的质量，d 为两轴之间的距离。

由式(13－16)可知，在所有彼此平行的轴上，刚体对通过质心的轴的转动惯量最小。

5. 组合物体的转动惯量

工程实际中常常需要计算由几个简单几何形状的物体组成的组合体的转动惯量。由转动惯量的定义可得出结论：组合物体对某轴的转动惯量，等于各组成物体对该轴的转动惯量的总和。这种求转动惯量的方法称为组合法。

对于形状复杂或非均质的刚体，不便于用积分法和组合法计算转动惯量时，还可用实验方法求得。

例 5 质量为 m，长为 l 的均质细直杆，如图 13－10 所示，求此杆对垂直于杆轴且通过质心 C 的轴 z_C 的转动惯量。

解 由式(13－13)知均质细直杆对于通过杆端点 A 且与杆垂直的 z 轴的转动惯量为

$$J_z = \int_0^l \frac{m}{l}x^2\mathrm{d}x = \frac{1}{3}ml^2$$

应用平行轴定理，对于 z_C 轴的转动惯量为

$$J_{zC} = J_z - m\left(\frac{l}{2}\right)^2 = \frac{1}{12}ml^2$$

例 6 钟摆简化如图 13－11 所示。已知均质细杆和均质圆盘的质量分别为 m_1 和 m_2，杆长为 l，圆盘直径为 d。求摆对通过悬挂点 O 的水平轴的转动惯量。

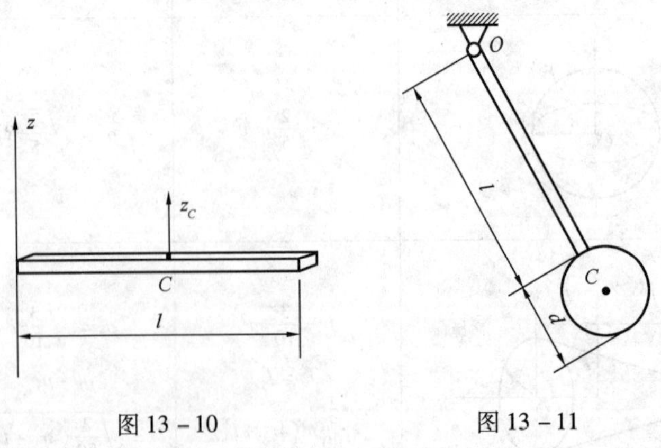

图 13－10　　图 13－11

解 摆对于水平轴 O 的转动惯量

$$J_O = J_{O杆} + J_{O盘}$$

式中

$$J_{O杆}=\frac{1}{3}m_1l^2$$

设 J_C 为圆盘对于中心 C 的转动惯量，则

$$\begin{aligned}J_{O盘}&=J_C+m_2(l+\frac{d}{2})^2\\&=\frac{1}{2}m_2\left(\frac{d}{2}\right)^2+m_2\left(l+\frac{d}{2}\right)^2\\&=m_2\left(\frac{3}{8}d^2+l^2+ld\right)\end{aligned}$$

于是得

$$J_O=\frac{1}{3}m_1l^2+m_2\left(\frac{3}{8}d^2+l^2+ld\right)$$

例 7 试用实验方法确定如图 13－12 所示连杆对于通过点 O 水平轴的转动惯量。

解 具体做法：先设法求出连杆的重量 $\boldsymbol{P}$，重心位置 C；量出重心至轴 O 的距离 l。然后将 O 点用刃口支承起来，并使其绕 O 轴摆动（要尽量减小支承处的摩擦力矩），测定其微幅摆动的周期 T。根据对固定轴的动量矩定理，有

$$J_z\frac{d^2\varphi}{dt^2}=-Pl\sin\varphi$$

其中，J_z 是连杆对于轴 O 的转动惯量，当连杆做微幅摆动时，有 $\sin\varphi\approx\varphi$，则上式可为

$$\frac{d^2\varphi}{dt^2}+\frac{Pl}{J_z}\varphi=0$$

解此微分方程得

$$\varphi=\varphi_0\sin\left(\sqrt{\frac{Pl}{J_z}}t+\theta\right)$$

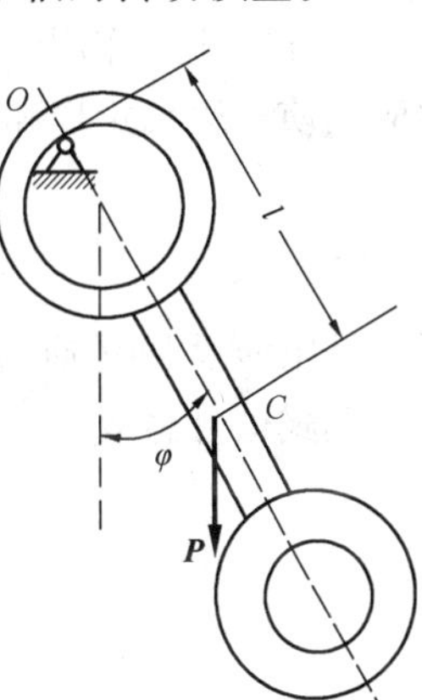

图 13－12

因为 $T\sqrt{\frac{Pl}{J_z}}=2\pi$，于是解得

$$J_z=\frac{T^2Pl}{4\pi^2}$$

第五节 刚体的平面运动微分方程

动量矩定理只适用于惯性参考系中固定点或固定轴，对于一般的动点或动轴，动量矩定理具有较复杂的形式。但是，相对于质点系的质心或通过质心的动轴，动量矩定理仍保持其简单的形式。

这里不加证明地给出质点系对于质心的动量矩定理，即质点系相对于质心的动量矩对时间的一阶导数，等于作用于质点系的所有外力对质心的矩的矢量和。

$$\frac{\mathrm{d}\boldsymbol{L}_C}{\mathrm{d}t}=\sum\boldsymbol{M}_C(\boldsymbol{F}_i^{(e)}) \tag{13-17}$$

该定理在形式上与质点系对固定点的动量矩定理完全一样。

下面将该定理与质心运动定理结合起来研究刚体的平面运动动力学问题。

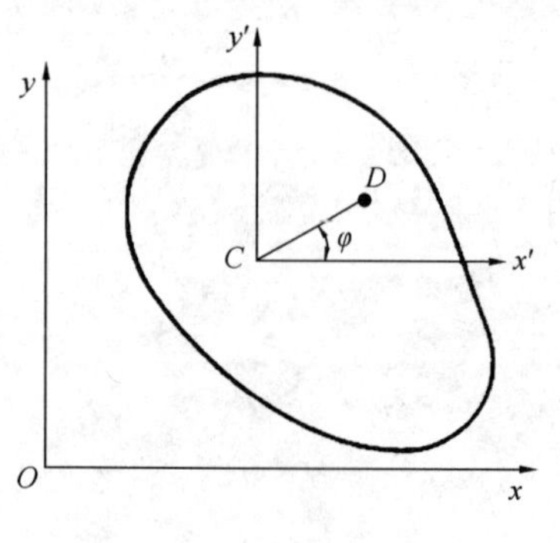

图 13－13

作平面运动的刚体的位置，可由基点的位置与刚体绕基点的转角确定。取质心 C 为基点，如图 13－13 所示，坐标为 x_C、y_C。设 D 点为刚体上的任一点，CD 与 x 轴的夹角为 φ，则刚体的位置可由 x_C，y_C 和 φ 确定。刚体的运动可分解为随质心的平动和绕质心的转动两部分。

图中 $Cx'y'$ 为固连于质心 C 的平动参考系，平面运动刚体相对于此动系的运动就是绕质心 C 的转动，则刚体对质心的动量矩为

$$L_C=J_C\omega \tag{13-18}$$

其中 J_C 为刚体对通过质心 C 且与运动平面垂直的轴的转动惯量，ω 为其角速度。

设在刚体上作用的外力可向质心所在的运动平面简化为一平面力系 $\boldsymbol{F}_1$、$\boldsymbol{F}_2$、…、$\boldsymbol{F}_n$，则应用质心运动定理和相对于质心的动量矩定理，得

$$m\boldsymbol{a}_C=\sum\boldsymbol{F}^{(e)}\,,\ \frac{\mathrm{d}}{\mathrm{d}t}(J_C\omega)=J_C\alpha=\sum M_C(\boldsymbol{F}^{(e)})$$

其中 m 为刚体质量，a_C 为质心加速度，α 为刚体角加速度。

上式也可写成

$$m\frac{\mathrm{d}^2\boldsymbol{r}_C}{\mathrm{d}t^2}=\sum\boldsymbol{F}^{(e)} \tag{13-19}$$

$$J_C\frac{\mathrm{d}^2\varphi}{\mathrm{d}t^2}=\sum M_C(\boldsymbol{F}^{(e)}) \tag{13-20}$$

这两式称为刚体的平面运动微分方程。

前一式为矢量式，应用时取其投影式，后一式为标量式。

1. 式(13－19)在直角坐标轴上的投影

$$\begin{aligned} ma_{Cx}&=\sum F_x^{(e)}\\ ma_{Cy}&=\sum F_y^{(e)}\\ J_C\alpha&=\sum M_C(\boldsymbol{F}^{(e)}) \end{aligned} \tag{13-21}$$

2. 式(13－19)在自然轴上的投影

$$\begin{aligned} ma_C^{\tau}&=\sum F_{\tau}^{(e)}\\ ma_C^{n}&=\sum F_n^{(e)}\\ J_C\alpha&=\sum M_C(\boldsymbol{F}^{(e)}) \end{aligned} \tag{13-22}$$

例 8 如图 13－14 所示，滑块与长为 l 的均质细杆铰接于 A 点，二者质量均为 m，由静止开始无摩擦地下滑，若不计滑块尺寸。求：初瞬时，斜面支承力及杆 AB 的角加速度。

解 以系统为研究对象，其受力如图 13－14(a)所示，建立坐标如图。设系统质心为 C'，则 $AC'=\dfrac{l}{4}$。由质点系相对于质心的动量矩定理

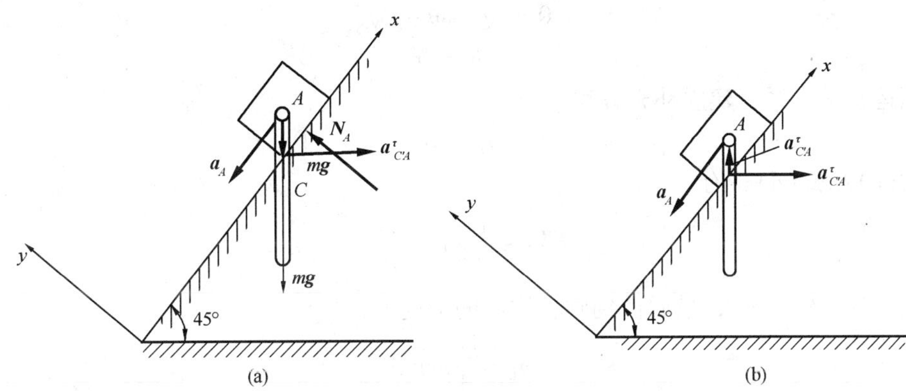

图 13－14

$$\frac{\mathrm{d}\boldsymbol{L}_C}{\mathrm{d}t}=\sum \boldsymbol{M}_C(\boldsymbol{F}_i^{(e)})$$

有
$$J_{C'}\alpha = N_A\cdot\frac{l}{4}\cdot\frac{\sqrt{2}}{2} \tag{1}$$

其中 $J_{C'}=m\left(\frac{l}{4}\right)^2+\frac{1}{12}ml^2+m\left(\frac{l}{4}\right)^2=\frac{5}{24}ml^2$

如图 13－14(b)所示，由运动学关系可建立：

$$\boldsymbol{a}_{C'}=\boldsymbol{a}_A+\boldsymbol{a}^{\tau}_{C'A}+\boldsymbol{a}^{n}_{C'A}$$

由于初瞬时，$a_A=0 \quad \omega=0$

所以 $\boldsymbol{a}_{C'}=\boldsymbol{a}^{\tau}_{C'A}$

由质心运动定理
$$\begin{cases}Ma_{Cx}=\sum F_x^{(e)}\\ Ma_{Cy}=\sum F_y^{(e)}\end{cases}$$

有
$$2ma_{C'y}=\sum F_y^{(e)}$$

$$-2m\cdot\frac{\sqrt{2}}{2}a^{\tau}_{C'A}=N_A-2mg\cdot\frac{\sqrt{2}}{2} \tag{2}$$

又
$$a^{\tau}_{C'A}=\frac{l}{4}\alpha \tag{3}$$

由式(1)(2)(3)，得：

$$\alpha=\frac{12g}{13l}$$

$$N_A=\frac{10\sqrt{2}}{13}mg$$

例 9 如图 13－15 所示，半径为 r 的均质圆盘从静止开始，沿倾角为 θ 的斜面无滑动的滚下。试求：(1)圆轮滚至任意位置时的质心加速度 $\boldsymbol{a}_C$；(2)圆轮在斜面上不打滑的最小静摩擦因数。

解 圆轮受力如图 13－15 所示。

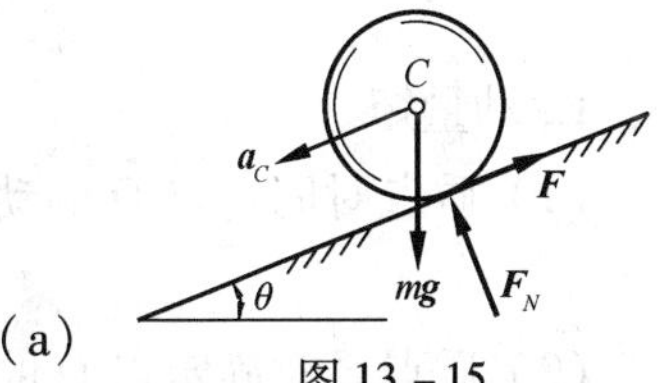

图 13－15

(1) 确定圆轮质心的加速度

圆轮作平面运动，根据刚体平面运动微分方程，有

$$ma_C=mg\sin\theta-F \tag{a}$$

$$0 = mg\cos\theta - F_N \tag{b}$$

$$J_C\alpha = Fr \tag{c}$$

根据运动学关系，建立补充方程

$$a_C = r\alpha \tag{d}$$

由式(c)和式(d)，有

$$F = J_C \cdot \frac{\alpha}{r} = \frac{1}{2}mr^2 \cdot \frac{a_C}{r^2} = \frac{1}{2}ma_C \tag{e}$$

将式(e)代入式(a)，最后得到圆轮质心的加速度：

$$a_C = \frac{2}{3}g\sin\theta \tag{f}$$

(2) 圆轮在斜面上不滑动的最小静摩擦因数

将式(f)代入式(e)，有

$$F = \frac{1}{3}g\sin\theta \leqslant F_N f_s \tag{g}$$

将式(b)代入式(g)，得到圆轮不滑动所需要的最小摩擦因数：

$$f_{\min} = \frac{1}{3}\tan\theta$$

例 10 半径为 r、质量为 m 的均质车轮沿水平直线滚动，如图 13－16 所示。设车轮的惯性半径为 ρ_C，作用于车轮的驱动力偶矩为 M。求轮心的加速度。如果车轮对地面的静滑动摩擦因素为 f_S，问驱动力偶矩 M 必须满足什么条件方不致使车轮滑动？

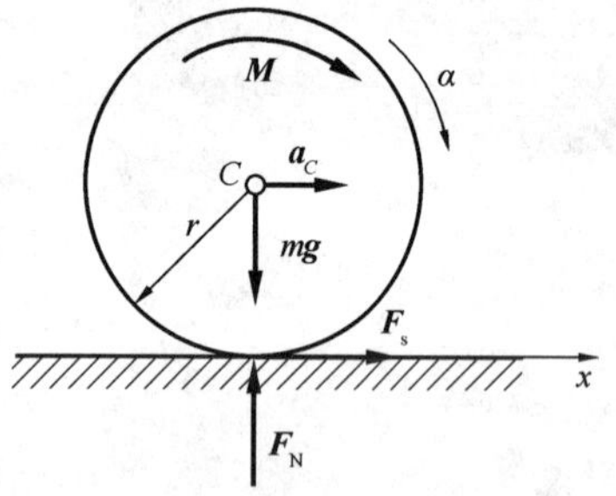

图 13－16

解 取车轮为研究对象，受力与运动分析如图 13－16 所示，由刚体平面运动微分方程，有

$$ma_{Cx} = F_s$$

$$ma_{Cy} = F_N - mg$$

$$m\rho_C^2\alpha = M - F_s r$$

式中 M 和 α 均以顺时针转向为正。因 $a_{Cy}=0$，故 $a_{Cx}=a_C$。根据圆轮滚而不滑的条件，有 $a_C = r\alpha$。以此式与上列三方程联立求解，得：

$$F_s = ma_C,\ F_N = mg,\ M = \frac{F_s(r^2+\rho_C^2)}{r},\ a_C = \frac{Mr}{m(r^2+\rho_C^2)}$$

欲使车轮只滚不滑必须有 $F_s \leqslant f_S F_N$，或 $F_s \leqslant f_S mg$。于是得车轮只滚不滑的条件为

$$M \leqslant mgf_S\frac{r^2+\rho_C^2}{r}$$

小 结

1. 动量矩

(1) 质点对固定点 O 的动量矩是矢量。

$$\boldsymbol{M}_o(m\boldsymbol{v}) = \boldsymbol{r} \times m\boldsymbol{v}$$

(2) 质点系对固定点 O 的动量矩也是矢量。

$$\boldsymbol{L}_o = \sum_{i=1}^{n} \boldsymbol{M}_O(m_i \boldsymbol{v}_i) = \sum_{i=1}^{n} \boldsymbol{r}_i \times m_i \boldsymbol{v}_i$$

（3）定轴转动刚体对转轴 z 的动量矩是代数量。

$$L_z = J_z\omega$$

（4）相对质心 C 的动量矩：以质点系质心 C 为坐标原点的平动坐标系为动系，则各质点质量与相对速度之乘积对质心 C 之矩的矢量和称为相对于质心 C 的动量矩。即

$$\boldsymbol{L}_C = \sum_{i=1}^{n} \boldsymbol{M}_C(m_i \boldsymbol{v}_{ir}) = \sum_{i=1}^{n} \boldsymbol{r}_{ir} \times m_i \boldsymbol{v}_{ir}$$

其中 $\boldsymbol{r}_{ir}$是质点相对于质心 C 的矢径，$\boldsymbol{v}_{ir}$是质点相对于固连于质心的平动坐标系的相对速度。

（5）平面运动刚体（具有质量对称面）对质心 C 的动量矩也是代数量。

$$L_C = J_C\omega$$

2. 转动惯量

（1）刚体对转轴 z 的转动惯量

$$J_z = \sum m_i r_i^2$$

（2）平行轴定理

$$J_z = J_{zc} + md^2$$

3. 动量矩定理

（1）对于定点 O 的动量矩定理

$$\frac{\mathrm{d}\boldsymbol{L}_O}{\mathrm{d}t} = \sum \boldsymbol{M}_O(\boldsymbol{F}^{(e)})$$

（2）对于定轴 z 的动量矩定理

$$\frac{\mathrm{d}L_z}{\mathrm{d}t} = \sum M_z(\boldsymbol{F}^{(e)})$$

式中不包含内力，通常用来研究在有心力作用下的质点及具有一个固定转轴的质点系的动力学问题。

（3）相对于质心 C 的动量矩定理

$$\frac{\mathrm{d}\boldsymbol{L}_C}{\mathrm{d}t} = \sum \boldsymbol{M}_C(\boldsymbol{F}^{(e)})$$

4. 动量矩守恒定律

如果$\sum \boldsymbol{M}_O(\boldsymbol{F}^{(e)}) = 0$，则 $\boldsymbol{L}_O$ = 常矢量。

如果$\sum M_z(\boldsymbol{F}^{(e)}) = 0$，则 L_z = 常量。

如果$\sum \boldsymbol{M}_C(\boldsymbol{F}^{(e)}) = 0$，则 $\boldsymbol{L}_C$ = 常矢量。

5. 刚体定轴转动微分方程

$$J_z \frac{\mathrm{d}^2\varphi}{\mathrm{d}t^2} = J_z\alpha = \sum M_z(\boldsymbol{F}^{(e)})$$

应用这个方程可解决转动刚体动力学的两类问题。

6. 刚体的平面运动微分方程

$$m\boldsymbol{a}_c = \sum \boldsymbol{F}^{(e)}, \qquad J_z\alpha = \sum M_z(\boldsymbol{F}^{(e)})$$

习　题

13－1　如题图 13－1 所示，计算下列情况下物体对转轴 O 的动量矩：(1)均质圆盘半径为 r，重为 G，以角速度 ω 转动[见图(a)]；(2)均质杆长为 l，重为 G，以角速度 ω 转动[见图(b)]；(3)均质偏心圆盘半径为 r，偏心距为 e，重为 G，以角速度 ω 转动[见图(c)]。

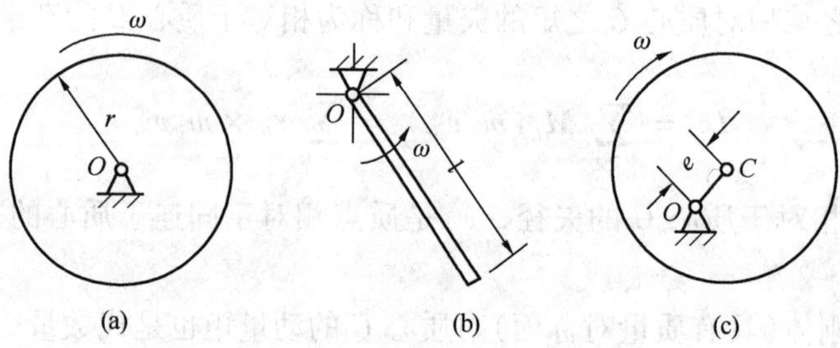

题图 13－1

13－2　已知均质圆盘质量为 m，半径为 R，当它作题图 13－2 所示四种运动时，对固定点 O_1 动量矩分别为多大？图中 $O_1C=L$。

答案：(a)$L_{O_1}=ml^2\omega$，(b)$L_{O_1}=\dfrac{1}{2}mR^2\omega$，

(c)$L_{O_1}=\left[\dfrac{1}{2}mR^2+ml^2\right]\omega$，(d)$L_{O_1}=\left(\dfrac{1}{2}mR^2+mRl\right)\omega$

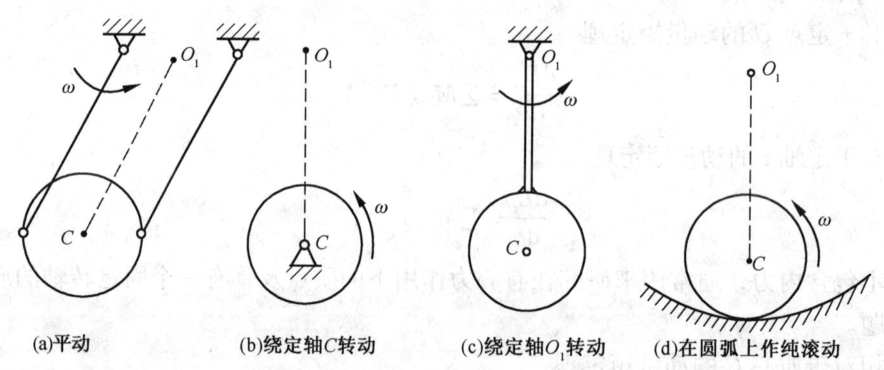

题图 13－2

13－3　重为 G 的小球系于细绳的一端，绳的另一端穿过光滑水平面上的小孔 O，令小球在此水平面上沿半径为 r 的圆周作匀速运动，其速度为 v_0，如题图 13－3 所示，如将绳下拉，使圆周的半径减小为$\dfrac{r}{2}$。问此时小球的速度 v_1 和绳的拉力各为多少？

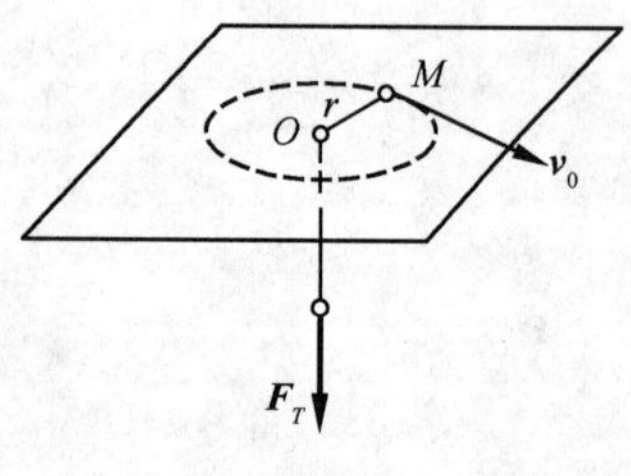

题图 13－3

答案：$v_1=2v_0$，$F_T=8\dfrac{Gv_0^2}{gr}$

13－4　如题图 13－4 所示，两个滑轮固连在一起，总质量 $m=10\text{kg}$，对转轴的回转半径 $\rho=300\text{mm}$，两滑轮半径各为 $r_1=400\text{mm}$，$r_2=200\text{mm}$，两绳下悬挂质量各为 $m_1=9\text{kg}$ 与 $m_2=12\text{kg}$ 的物块 A 与 B。假设系统从静止开始运动，求滑轮转过一整圈时的角加速度与角速度。

答案：$\alpha = 4.17\ \mathrm{rad/s^2}$，$\omega = 7.24\mathrm{rad/s}$

13－5　如题图 13－5 所示，有一轮子，轴的直径为 5cm，无初速度地沿倾角 $\theta = 20°$ 的轨道滚下，设只滚不滑，5s 内滚过的距离为 $s = 3\mathrm{m}$。试求轮子对轮心的回转半径 ρ。

答案：$\rho = 9\mathrm{cm}$

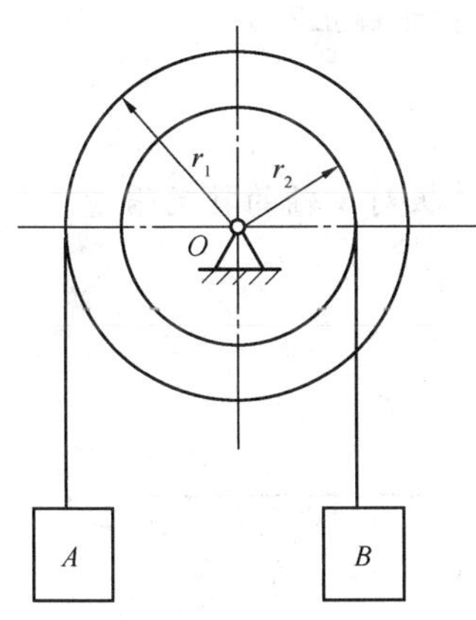

题图 13－4

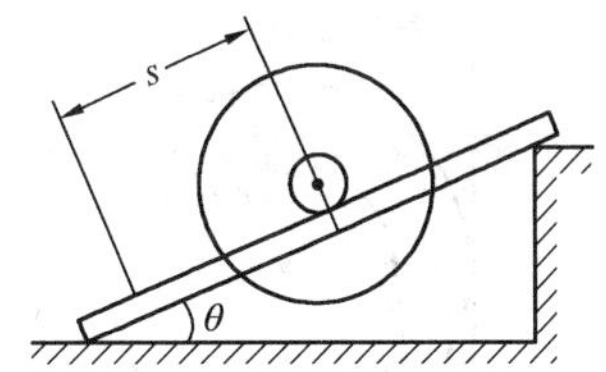

题图 13－5

13－6　如题图 13－6 所示滑轮重 W、半径为 R，对转轴 O 的回转半径为 ρ；一绳绕在滑轮上，另端系一重为 P 的物体 A；滑轮上作用一不变转矩 M，忽略绳的质量，求重物 A 上升的加速度和绳的拉力。

答案：$a = \dfrac{M - PR}{PR^2 + W\rho^2}Rg$，$F = P\dfrac{MR + W\rho^2}{PR^2 + W\rho^2}$

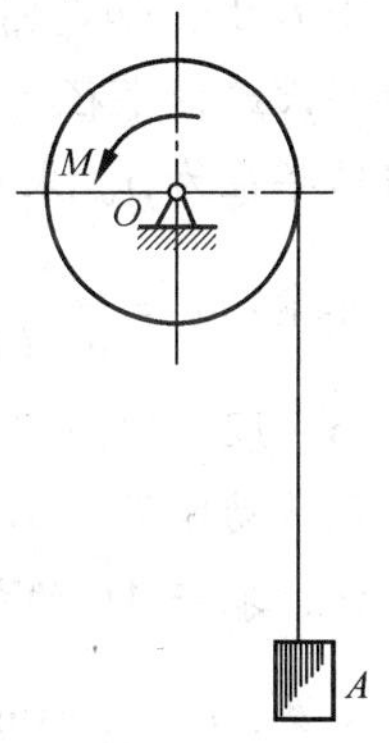

题图 13－6

13－7　如题图 13－7 所示，两带轮的半径各为 R_1 和 R_2，重量各为 P_1 和 P_2，如在轮 O_1 上作用一转矩 M，在轮 O_2 上作用一阻力矩 M'；带轮视为均质圆盘，胶带的质量和轴承摩擦略去不计，求轮 O_1 的角加速度。

答案：$\alpha_1 = \dfrac{2g(MR_2 - M'R_1)}{(P_1 + P_2)R_1^2R_2}$

13－8　如题图 13－8 所示，圆轮 A 重 P_1、半径为 r_1，可绕 OA 杆的 A 端转动；圆轮 B 重 P_2、半径为 r_2，可绕其转轴转动。现将轮 A 放置在轮 B 上，两轮开始接触时，轮 A 的角速度为 ω_1，轮 B 处于静止。放置后，轮 A 的重量由轮 B 支持。略去轴承的摩擦和杆 OA 的重量，两轮可视为均质圆盘，并设两轮间的动摩擦因数为 f，问自轮 A 放在轮 B 上起到两轮间没有滑动时止，经过多少时间？

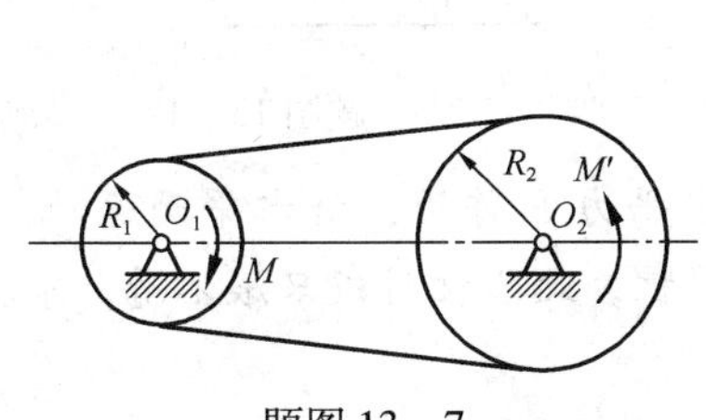

题图 13－7

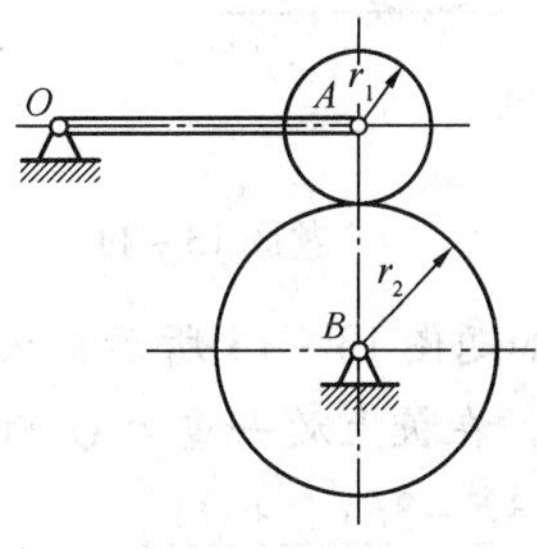

题图 13－8

答案：$t=\dfrac{r_1\omega_1}{2fg\left(1+\dfrac{P_1}{P_2}\right)}$

13－9　如题图13－9所示，均质圆柱重P、半径为r，放置如图并给以初角速度ω_0。设在A和B处的摩擦因数皆为f，问经过多少时间圆柱才静止？

答案：$t=\dfrac{1+f^2}{f(1+f)}\dfrac{r\omega_0}{2g}$

13－10　试计算如题图13－10所示均质半圆薄板对x轴的转动惯量。

答案：$J_x=\left(\dfrac{5}{4}-\dfrac{8}{3\pi}\right)mr^2$

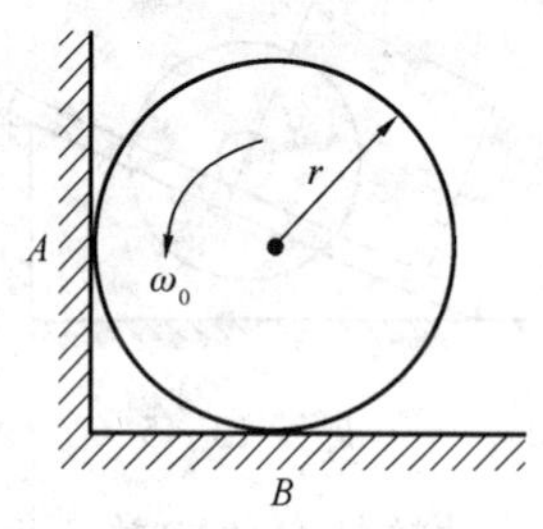

题图13－9

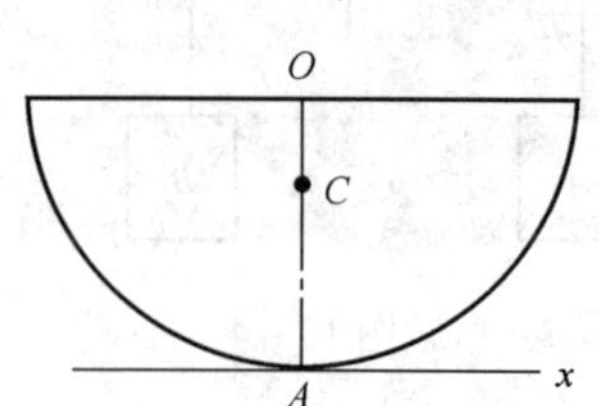

题图13－10

13－11　重物A的质量为m_1，系在绳子上，绳子跨过一不计质量的固定滑轮D，并绕在鼓轮B上，如题图13－11所示。由于重物下降，带动了轮C，使它沿水平轨道滚动而不滑动。设鼓轮半径为r，轮C的半径为R，两者固连在一起，总质量为m_2，对于其水平轴O的回转半径为ρ。求重物A的加速度。

答案：$a_A=\dfrac{m_1g\ (r+R)^2}{m_1\ (R+r)^2+m_2(\rho^2+R^2)}$

13－12　均质实心圆柱体A和薄铁环B的质量均为m，半径都等于r，两者用杆AB铰接，无滑动地沿斜面滚下，斜面与水平面的夹角为θ，如题图13－12所示。若杆的质量忽略不计，求杆AB的加速度和杆的内力。

答案：$a=\dfrac{4}{7}g\sin\theta$；$F=-\dfrac{1}{7}mg\sin\theta$

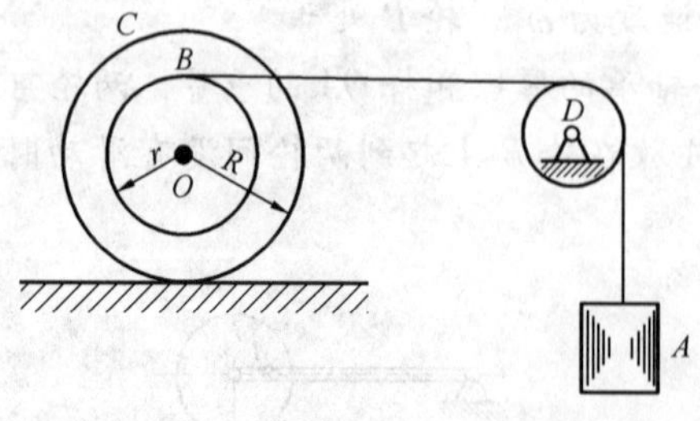

题图13－11

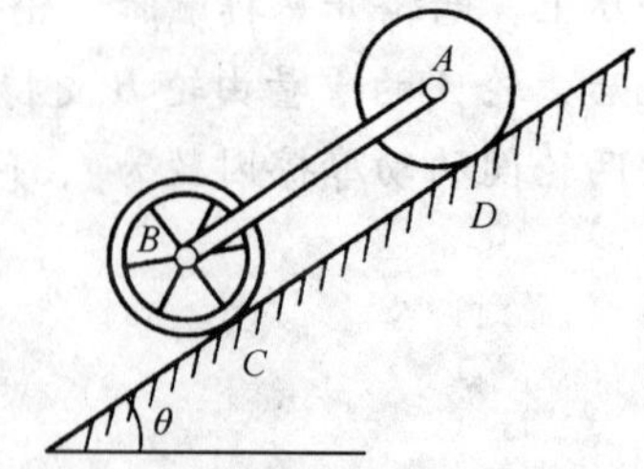

题图13－12

13－13　如题图13－13所示，板重P，受水平力F作用，沿水平面运动，板与平面间摩擦系数为f'。在板上放一重为Q的均质实心圆柱，此圆柱对板只滚不滑。求板的加速度。

答案：$a=\dfrac{3F-3f'(P+Q)}{3P+Q}g$

13－14　如题图 13－14 所示，均质圆轮重 W，半径为 r，对转轴的回转半径为 ρ，以角速度 ω_0 绕水平轴 O 转动。今用闸杆制动，要求在 t 秒钟内停止，问需加多大的铅垂力 $\boldsymbol{F}$？设摩擦因数 μ 是常数，轴承摩擦略去不计。

答案：$\boldsymbol{F}=\dfrac{W\rho^2 b\omega_0}{g\mu rlt}$

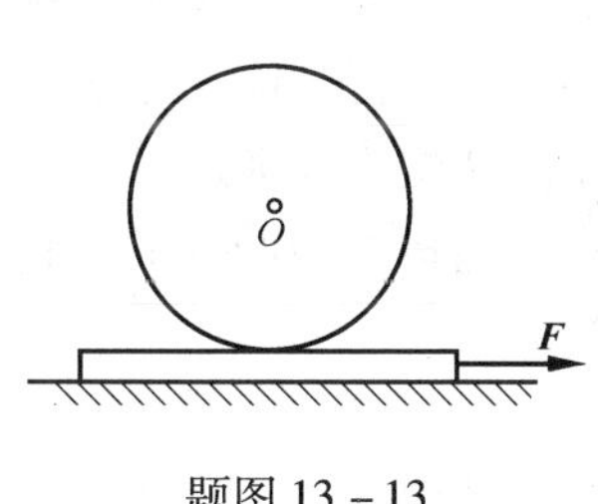

题图 13－13

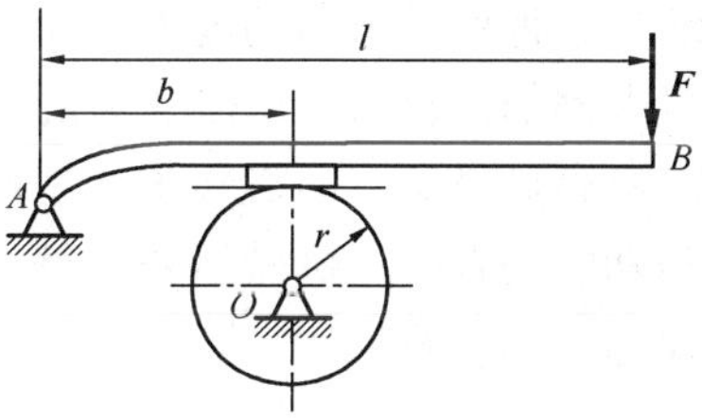

题图 13－14

第十四章　动 能 定 理

能量是自然界各种形式运动的度量，而功是能量从一种形式转化为另一种形式的过程中所表现出来的量。例如，自由落体时重力的功表现为势能转化为动能，摩擦力的功表现为动能转化为热能，电磁场对于电动机转子的功表现为电磁能转化为动能，等等。因此，动能定理是通过动能与功的关系表达机械运动与其他运动形式的能量之间的传递和转化的规律，它是能量守恒定律的一个重要特例。

第一节　力　的　功

1. 常力沿直线路程的功

设一质点 M 在大小、方向都不变的力 $\boldsymbol{F}$ 的作用下沿直线运动，如图 14－1 所示，力 $\boldsymbol{F}$ 与质点位移的夹角为 α，当质点位移 $\boldsymbol{S}$ 时，力 $\boldsymbol{F}$ 在质点位移方向上的投影 $F\cos\alpha$ 与位移的大小 S 的乘积，就称为力 $\boldsymbol{F}$ 在位移 $\boldsymbol{S}$ 中所作的功。用 W 表示，则有

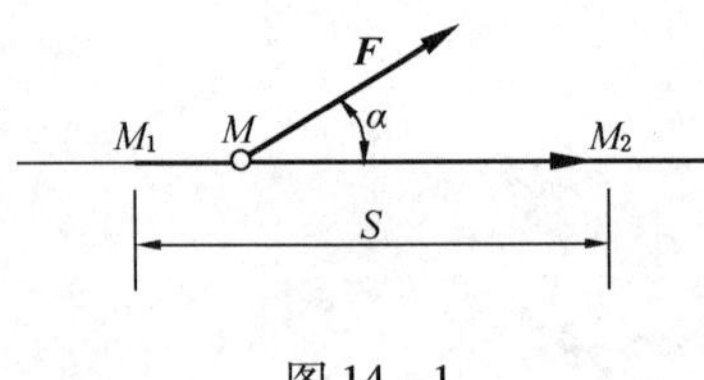

图 14－1

$$W = FS\cos\alpha \tag{14-1}$$

或

$$W = \boldsymbol{F} \cdot \boldsymbol{S} \tag{14-2}$$

即，作用在质点上常力沿直线路程所作的功等于该力与质点（力的作用点）位移的数量积。

由上式可以看出，力的功不是矢量而是代数量，功可以是正值或负值或零。

功的单位是：牛・米（N・m），也称为焦耳，简称焦（J），即

$$1\text{N} \cdot \text{m} = 1\text{J}$$

2. 变力的功

设质点 M 在变力 $\boldsymbol{F}$ 的作用下沿任意曲线运动，如图 14－2 所示。现在来计算质点沿曲线从位置 M_1 运动到位置 M_2 的路程中，力 $\boldsymbol{F}$ 所作的功。

由于力 $\boldsymbol{F}$ 的大小、方向是变化的，不能直接应用式（14－2）。因而将曲线分割成无限多个微小弧段 $\mathrm{d}s$，$\mathrm{d}s$ 可以看作是沿曲线的切线 $\boldsymbol{\tau}$ 方向的直线段，而在此微小弧段上的力 $\boldsymbol{F}$ 的大小和方向也可以看作是不变的。这就可以应用式（14－2）求出力 $\boldsymbol{F}$ 在微小路程 $\mathrm{d}s$ 上的功。我们把力 $\boldsymbol{F}$ 在微小路程 $\mathrm{d}s$ 上的功，称为力 $\boldsymbol{F}$ 的元功，并用 δW 表示，即

$$\delta W = F\mathrm{d}s\cos\alpha \tag{14-3}$$

因此，力 $\boldsymbol{F}$ 在整个曲线路程 M_1M_2 中所作的功，等于力 $\boldsymbol{F}$ 在这段路程中所有的元功之和：

$$W = \int_{s_1}^{s_2} F\mathrm{d}s\cos\alpha \tag{14-4}$$

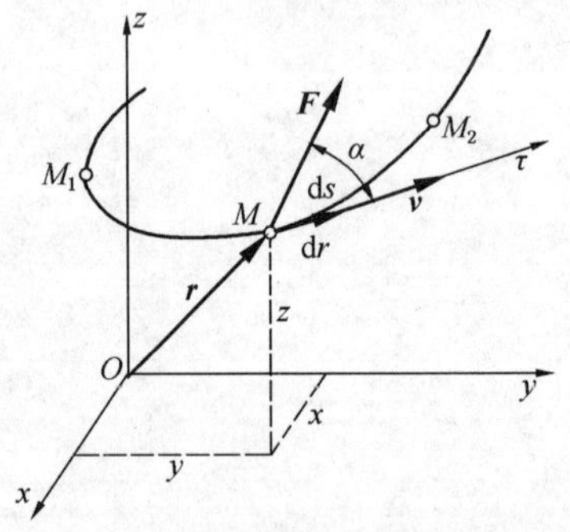

图 14－2

式中 S_1 和 S_2 分别表示质点在位置 M_1 和 M_2 处的弧

坐标。

力 $\boldsymbol{F}$ 在整个路程 M_1M_2 中所作的功，还可以写成另外的形式。若以 $\boldsymbol{r}$ 表示质点 M 的矢径，则与微小弧段 ds 对应的质点 M 的位移为 d$\boldsymbol{r}$，显然 $|\mathrm{d}\boldsymbol{r}| = \mathrm{d}s$，而且 d$\boldsymbol{r}$ 沿曲线 M_1M_2 在 M 处的切线方向。根据式(14-2)，力 $\boldsymbol{F}$ 的元功可以表示为

$$\delta W = \boldsymbol{F} \cdot \mathrm{d}\boldsymbol{r} \tag{14-5}$$

因而力 $\boldsymbol{F}$ 在整个曲线路程中所作的功为

$$W = \int_{M_1}^{M_2} \boldsymbol{F} \cdot \mathrm{d}\boldsymbol{r} \tag{14-6}$$

力 $\boldsymbol{F}$ 的功还可以写成解析式。取直角坐标系 $Oxyz$，如图 14-2 所示，力 $\boldsymbol{F}$ 和位移 d$\boldsymbol{r}$ 沿坐标轴的分解式分别为：

$$\boldsymbol{F} = F_x\boldsymbol{i} + F_y\boldsymbol{j} + F_z\boldsymbol{k} \tag{14-7}$$

$$\mathrm{d}\boldsymbol{r} = \mathrm{d}x\boldsymbol{i} + \mathrm{d}y\boldsymbol{j} + \mathrm{d}z\boldsymbol{k} \tag{14-8}$$

将它们代入式(14-5)，则可得到元功的解析式

$$\delta W = \boldsymbol{F} \cdot \mathrm{d}\boldsymbol{r} = (F_x\boldsymbol{i} + F_y\boldsymbol{j} + F_z\boldsymbol{k}) \cdot (\mathrm{d}x\boldsymbol{i} + \mathrm{d}y\boldsymbol{j} + \mathrm{d}z\boldsymbol{k}) = F_x\mathrm{d}x + F_y\mathrm{d}y + F_z\mathrm{d}z \tag{14-9}$$

力 $\boldsymbol{F}$ 在整个曲线路程中所作的功可用解析式表示为

$$W = \int_{M_1}^{M_2} \delta W = \int_{M_1}^{M_2} (F_x\mathrm{d}x + F_y\mathrm{d}y + F_z\mathrm{d}z) \tag{14-10}$$

3. 合力的功

设质点 M 同时受 n 个力 $\boldsymbol{F}_1$、$\boldsymbol{F}_2$、…、$\boldsymbol{F}_n$ 的作用，它们的合力为 $\boldsymbol{R}$。合力 $\boldsymbol{R}$ 在曲线路程 M_1M_2 上所作的功

$$\begin{aligned} W &= \int_{M_1}^{M_2} \boldsymbol{R} \cdot \mathrm{d}\boldsymbol{r} = \int_{M_1}^{M_2} (\boldsymbol{F}_1 + \boldsymbol{F}_2 + \cdots + \boldsymbol{F}_n) \cdot \mathrm{d}\boldsymbol{r} \\ &= \int_{M_1}^{M_2} \boldsymbol{F}_1 \cdot \mathrm{d}\boldsymbol{r} + \int_{M_1}^{M_2} \boldsymbol{F}_2 \cdot \mathrm{d}\boldsymbol{r} + \cdots + \int_{M_1}^{M_2} \boldsymbol{F}_n \cdot \mathrm{d}\boldsymbol{r} \\ &= W_1 + W_2 + \cdots + W_n \end{aligned} \tag{14-11}$$

它表明，合力在任一段路程中所作的功，等于各分力在同段路程中所作的功的代数和。由于标量加法比矢量加法简便，因此可不先求合力而直接计算分力的功后求和。

4. 几种常见力的功

以上讨论的是计算力的功的最一般的公式，下面说明工程实际中几种常见力的功的计算。

(1) 重力的功

设重力 $\boldsymbol{P}$ 的质点 M 在地面附近运动，质点所受重力可以看成是不变的，重力的大小就等于质点的重量 $\boldsymbol{P}$，方向朝下。现计算如图 14-3 所示质点 M 沿任意曲线由位置 M_1 运动到位置 M_2 的路程中重力 $\boldsymbol{P}$ 所作的功。

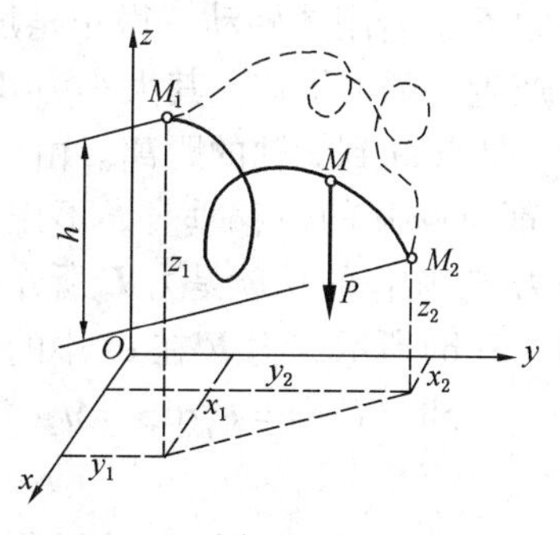

图 14-3

取直角坐标系 $Oxyz$，其中 z 轴沿直线向上，则重力 $\boldsymbol{P}$ 在各坐标轴上的投影分别为：

$$F_x = 0,\ F_y = 0,\ F_z = -P$$

代入式(14-10)，得重力 $\boldsymbol{P}$ 在曲线路程 M_1M_2 中所作

的功为

$$W = \int_{z_1}^{z_2} - P\mathrm{d}z = P(z_1 - z_2) \tag{14-12}$$

可见，重力的功等于重力的大小与重力的作用点的起始位置和终了位置的高度差的乘积。若质点 M(即重力的作用点)由高处运动到低处时，则重力作正功；反之，若质点 M 由低处运动到高处时，重力作负功。

显然，重力的功只与重力的大小以及重力的作用点的起始位置和终了位置有关，而与质点 M(即重力的作用点)运动的路径无关。如图 14-3 所示，只要质点 M(即重力作用点)起始位置和终了位置不变，无论质点 M 沿哪一条路径(如图中虚线所示路径)运动，重力的功都是相同的。

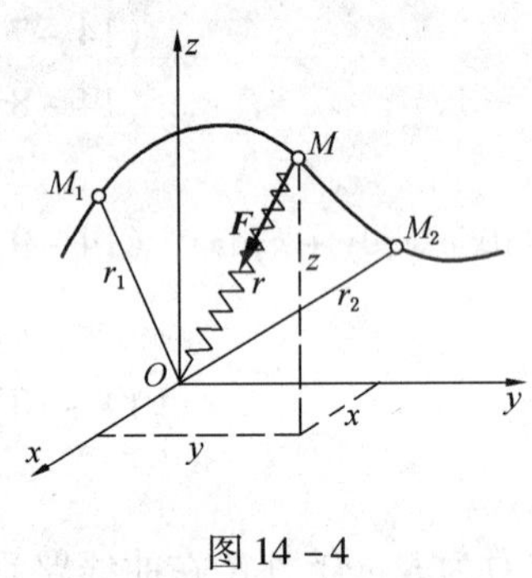

图 14-4

(2) 弹性力的功

设弹簧一端固定于点 O，另一端与质点 M 相连，如图 14-4所示。质点 M 运动时弹簧将发生变形(即伸长或缩短)，因而它对质点 M 作用一力 F，称为弹性力。在弹性极限内，弹性力的大小可由虎克定律来确定，即

$$F = k\lambda$$

式中 k 称为弹簧系数或刚度系数，就是使弹簧伸长或缩短单位长度所需要的力，常用单位是 N/m。因此当质点 M 由弹簧变形为 λ_1 处沿直线运动至变形为 λ_2 处时，弹性力的功

$$W = \int_{\lambda_1}^{\lambda_2} - F\mathrm{d}\lambda = \int_{\lambda_1}^{\lambda_2} - k\lambda\mathrm{d}\lambda = \frac{k}{2}(\lambda_1^2 - \lambda_2^2) \tag{14-13}$$

式中 λ_1 表示质点在初始位置时弹簧的变形，称为初变形；λ_2 表示质点在终了位置时弹簧的变形，称为末变形。可以证明，当质点运动的轨迹不是直线时，弹性力的功的表达式(14-13)仍然是正确的。这表明，弹性力的功等于弹簧系数与弹簧的初变形和末变形的平方差的乘积的一半。弹性力的功也只与质点(即它的作用点)的起始位置和终了位置有关，而与质点运动的路径无关。

(3) 作用于转动刚体上的力的功和力偶的功

在绕 z 轴转动的刚体的点 M 上作用一力 $\boldsymbol{F}$，如图 14-5(a)所示，现计算刚体转动时力 $\boldsymbol{F}$ 所作的功。为此，将力 $\boldsymbol{F}$ 分解成三个分力：平行于 z 轴的轴向力 $\boldsymbol{F}_z$，沿点 M 运动路径(圆周)的切向力 $\boldsymbol{F}_\tau$ 和沿圆周半径的径向力 $\boldsymbol{F}_r$。若刚体转动一微小角度 $\mathrm{d}\varphi$，则点 M 产生一微小位移，其大小为 $\mathrm{d}s = r\mathrm{d}\varphi$，其中 r 是点 M 到 z 轴的距离。由于分力 $\boldsymbol{F}_z$ 和 $\boldsymbol{F}_r$ 都与点 M 的位移垂直，不作功，因而切向力 $\boldsymbol{F}_\tau$ 所作的功就是力 $\boldsymbol{F}$ 所作的功，如图 14-5(b)所示，力 $\boldsymbol{F}$ 在 $\mathrm{d}s$ 中的元功为

$$\delta W = F_\tau \mathrm{d}s = F_\tau r\mathrm{d}\varphi = M_z(\boldsymbol{F})\mathrm{d}\varphi \tag{14-14}$$

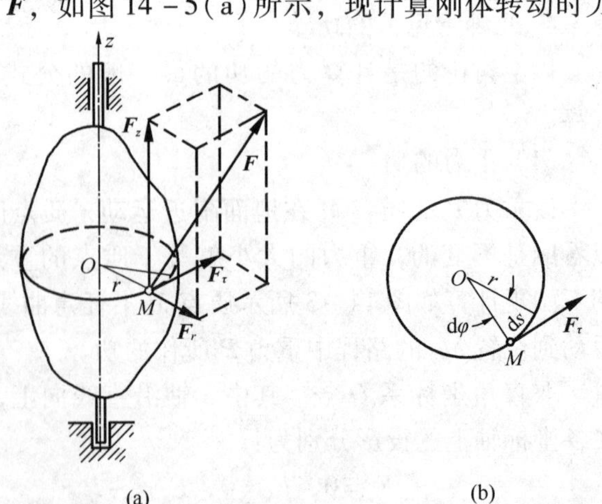

图 14-5

从 $\varphi = \varphi_1$ 到 $\varphi = \varphi_2$ 进行积分，就可以

得到刚体从位置角 φ_1 转动到位置角 φ_2 的过程中力 $\boldsymbol{F}$ 所作的功

$$W = \int_{\varphi_1}^{\varphi_2} M_z(\boldsymbol{F})\mathrm{d}\varphi \tag{14-15}$$

当力矩 $M_z(\boldsymbol{F})$ 是常量时，则

$$W = M_z(\boldsymbol{F})(\varphi_2 - \varphi_1) \tag{14-16}$$

如果作用在转动刚体上的是力偶，而力偶的作用面与转轴 z 垂直时，力偶的功仍然用式(14－15)和式(14－16)来计算，这时式中的 $M_z(\boldsymbol{F})$ 代表力偶的力偶矩 $\boldsymbol{M}$。

(4) 摩擦力的功

当质点受到摩擦力作用时，因为动摩擦力 $\boldsymbol{F}_k$ 的方向恒与质点运动方向相反，根据动摩擦定律

$$F_k = f_k N$$

则摩擦力的功

$$W = \int_{M_1}^{M_2} \boldsymbol{F}_k \cdot \mathrm{d}s = -\int_{M_1}^{M_2} f_k N \mathrm{d}s \tag{14-17}$$

可见，动摩擦力的功恒为负值，不仅取决于质点的起止位置，且与质点的运动路径有关。

第二节　动　　能

物体的动能是由于物体运动而具有的能量，它是机械运动的强弱的又一种度量。

1. 质点的动能

设一质量为 m 的质点，在某一瞬时的速度为$\boldsymbol{v}$，则质点的质量与质点速度平方的乘积的一半，称为质点在该瞬时的动能，以 T 表示，即

$$T = \frac{1}{2}mv^2 \tag{14-18}$$

由此可知，动能恒为正值，是一个与速度方向无关的标量。动能的单位：焦耳(J)。

2. 质点系的动能

质点系内各质点的动能的总和，就是质点系的动能。如果以 m_i 和 v_i 分别表示质点系中任一质点 M_i 的质量和速度，则质点系的动能为

$$T = \sum \frac{1}{2}m_i v_i^2 \tag{14-19}$$

刚体是不变质点系，它的动能也由上式进行计算。由于刚体在不同的运动情况中，体内各点速度的分布是不同的，因而下面针对刚体不同的运动情况下说明刚体动能的计算。

(1) 刚体作平动时的动能

刚体作平动时，如图 14－6，在每一瞬时，刚体内所有各质点的速度相同，可以用刚体质心 C 的速度 v_c 代表各质点的速度，于是刚体的动能为

$$T = \sum \frac{1}{2}m_i v_i^2 = \frac{1}{2}\sum m_i v_c^2 = \frac{1}{2}v_c^2 \sum m_i = \frac{1}{2}mv_c^2 \tag{14-20}$$

式中，$m = \sum m_i$是整个刚体的质量。因此，刚体作平动时的动能等于刚体质量与其质心速度平方乘积的一半。

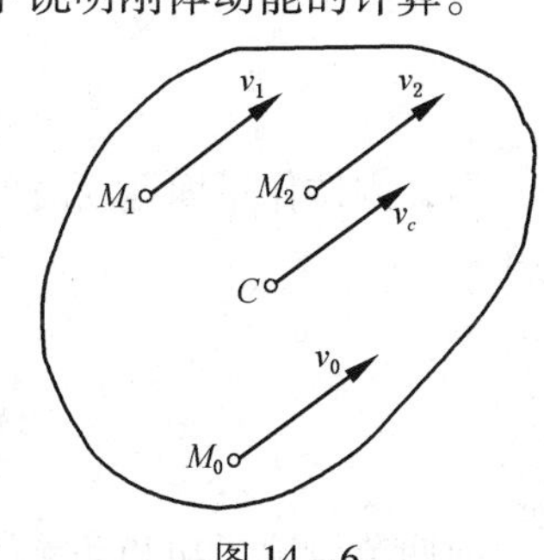

图 14－6

（2）刚体绕定轴转动时的动能

设刚体绕固定轴 z 转动，如图 14－7 所示，在某瞬时的角速度为 ω，则与转轴 z 相距为 r_i 的任一质点 M_i 的速度 $v_i = r_i\omega$，若以 m_i 表示质点 M_i 质量，则刚体的动能为

$$T = \sum \frac{1}{2}m_i v_i^2 = \sum \frac{1}{2}m_i r_i^2 \omega^2 = \frac{1}{2}(\sum m_i r_i^2)\omega^2 = \frac{1}{2}J_z\omega^2 \quad (14-21)$$

其中，$J_z = \sum m_i r_i^2$ 称为刚体对转轴的转动惯量。因此，刚体绕定轴转动时的动能，等于刚体对转轴的转动惯量与角速度平方乘积的一半。

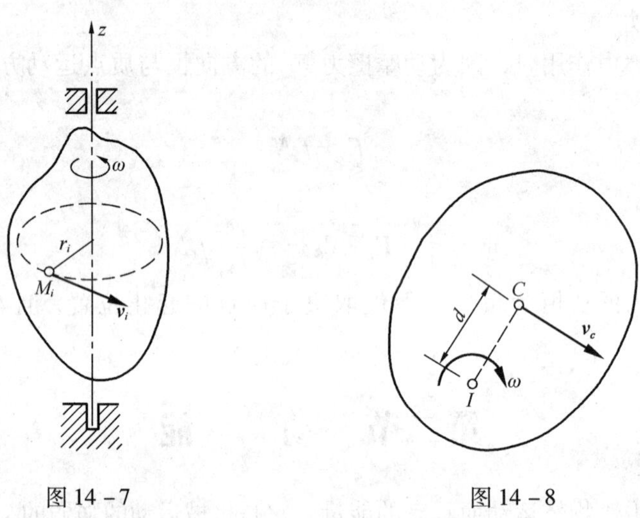

图 14－7　　图 14－8

（3）刚体作平面运动时的动能

设作平面运动的刚体的质量为 m，质心为 C，在某瞬时的瞬心为 I，角速度为 ω，如图 14－8 所示。因为刚体的平面运动可以看作是绕通过瞬心 I 并垂直于运动平面的轴的转动，所以刚体作平面运动时的动能为

$$T = \sum \frac{1}{2}J_I\omega^2 \quad (14-22)$$

其中 J_I 是刚体对通过瞬心 I 并垂直于运动平面的轴的转动惯量，设刚体对于通过质心 C 并垂直于运动平面的轴的转动惯量为 J_C，且 $CI = d$，则根据转动惯量的平行移轴定理有

$$J_I = J_c + md^2 \quad (14-23)$$

于是

$$T = \frac{1}{2}J_I\omega^2 = \frac{1}{2}(J_c + md^2)\omega^2 = \frac{1}{2}J_c\omega^2 + \frac{1}{2}md^2\omega^2 \quad (14-24)$$

由运动学知道 $d \cdot \omega = v_c$，代入上式可得

$$T = \frac{1}{2}mv_c^2 + \frac{1}{2}J_c\omega^2 \quad (14-25)$$

即，刚体作平面运动时的动能，等于刚体随质心平动的动能与刚体绕质心转动的动能之和。

第三节　动　能　定　理

前两节讨论了功和动能的概念和计算，现在来研究功和动能两者之间的关系。

1. 质点的动能定理

我们先研究质点的动能在一段路程中的变化与作用在质点上的力的功之间的关系。设质量为 m 的质点 M 在力作用下沿空间某一曲线运动，所有各力的合力为 $\boldsymbol{F}_\tau$。这个质点以自然轴形式表示的运动的微分方程为

$$m\frac{\mathrm{d}v}{\mathrm{d}t}=\boldsymbol{F}_\tau$$

在此式两边同乘以微小路程 ds，得

$$m\frac{\mathrm{d}\boldsymbol{v}}{\mathrm{d}t}\mathrm{d}s=\boldsymbol{F}_\tau\mathrm{d}s$$

即

$$m\boldsymbol{v}\,\mathrm{d}\boldsymbol{v}=\boldsymbol{F}_\tau\mathrm{d}s$$

由于

$$m\boldsymbol{v}\,\mathrm{d}\boldsymbol{v}=\mathrm{d}\left(\frac{1}{2}m\boldsymbol{v}^2\right)=\mathrm{d}T$$

$$\boldsymbol{F}_\tau\mathrm{d}s=\delta W$$

故得

$$\mathrm{d}\left(\frac{1}{2}mv^2\right)=\mathrm{d}T=\delta W \tag{14-26}$$

此式表明：质点动能的微分等于作用在质点上的力的元功，也就是说，质点的动能在微小路程上的微小变化，等于作用在质点上的力在微小路程上所作的功。这就是质点动能定理的微分形式。

当质点从位置 M_1 运动到 M_2 时，它的速度由 v_1 变为 v_2。设 M_1 和 M_2 的弧坐标分别为 s_1 和 s_2。将式(14－26)两边作相应的积分，得

$$\frac{1}{2}mv_2^2-\frac{1}{2}mv_1^2=W \tag{14-27}$$

此式表明：在任一段路程中，质点动能的改变等于作用在质点上的力在这一段路程中所作的功。这就是质点动能定理的积分形式。

动能定理使我们更清楚地了解到功的涵义：功表示力在一段路程中对物体的累积效应，其结果是使物体的动能发生改变，动能的改变量就是用功来量度。作用在物体上的力作的功大，物体动能的改变就大；反之，动能改变就小。力作正功时，动能由小变大，力作负功时，动能由大变小。

动能定理是通过功和动能来建立力、位移与速度三者之间的关系的。力、位移和速度三者都是矢量，但功和动能都是标量，因此动能定理表示为一个标量方程，动能只与质点的速度大小有关，而与速度的方向无关。

必须指出，动能与功虽然单位相同，但两者是不同的两个物理量。动能是机械运动的度量，是对某个瞬时状态来定义的；功则是力的作用的度量，只能对一段过程来计算。

动能定理的表达式中，只包含质点的质量 m、速度$\boldsymbol{v}$ 、力 $\boldsymbol{F}$ 和质点运动的路程 s，因此，当力是常量或力是位置的函数时，应用质点动能定理求解质点动力学问题比较方便。常用此定理求解与质点的速度、路程相关的问题；有时也可以用来求解加速度的问题。

2. 质点系动能定理

现在研究质点系的动能在某一段运动过程中的变化与作用在质点系上的力的功之间的

关系。

设由 n 个质点组成的质点系，其中任一质点 M_i 的质量为 m_i，速度为 $\boldsymbol{v}_i$，质点 M_i 所受的外力的合力为 $\boldsymbol{F}_i^{(e)}$，内力的合力为 $\boldsymbol{F}_i^{(i)}$，当质点有微小位移 $\mathrm{d}\boldsymbol{r}_i$ 时，根据质点的动能定理有

$$\mathrm{d}\left(\frac{1}{2}m_i v_i^2\right) = \boldsymbol{F}_i^{(e)} \cdot \mathrm{d}\boldsymbol{r}_i + \boldsymbol{F}_i^{(i)} \cdot \mathrm{d}\boldsymbol{r}_i = \delta W_i^{(e)} + \delta W_i^{(i)} \tag{14-28}$$

质点系中每个质点都可以写出一个这样的方程，因而整个质点系就有 n 个这样的方程，n 个方程相加，得

$$\mathrm{d}\sum\frac{1}{2}m_i \boldsymbol{v}_i^2 = \sum\delta W_i^{(e)} + \sum\delta W_i^{(i)} \tag{14-29}$$

也可写为

$$\mathrm{d}T = \sum\delta W_i^{(e)} + \sum\delta W_i^{(i)} \tag{14-30}$$

它表明：质点系动能的微分等于作用在质点系上的全部外力和内力的元功的总和。这就是质点系动能定理的微分形式。

为了解找出质点系上某一运动过程中动能的变化与作用在质点系上的力的功之间的关系，需要将式(14－30)两边进行积分，积分的上限对应于运动过程的终了位置，积分的下限对应于运动的初始位置，积分后得到

$$T_2 - T_1 = \sum W_i^{(e)} + \sum W_i^{(i)} \tag{14-31}$$

式中 T_1 是质点系在运动过程的初始位置时的动能，T_2 是质点系在运动过程的终了位置时动能；$T_2 - T_1$ 是运动过程中质点系动能的改变；$\sum W_i^{(e)}$ 是运动过程中作用在质点系上的全部外力作的功的总和；$\sum W_i^{(i)}$ 是全部内力的功的总和。所以上式表明：在某一运动过程中质点系动能的改变，等于作用在质点系上的全部外力和内力在此过程中所作的功的总和。这就是质点系动能定理的积分形式。

必须着重指出：质点系的内力是成对出现的，但在一般情况下，内力的功的总和 $\sum W_i^{(i)}$ 不等于零。如内燃机汽缸中汽体膨胀的压力，对内燃机来说是内力，它推动活塞而作功，使机器运转。再如自行车刹车时闸块与钢圈之间的摩擦力，对自行车来说是内力，由于这一对内力都作负功，使自行车减慢乃至停止运动，这些质点系内力的功之和不为零，都是质点系内质点间的距离发生改变的结果。

然而在特殊情况下，即质点系内任意两质点间的距离始终是保持不变的情况下，内力的功之和等于零。所以刚体的内力的功之和恒等于零。与此类似的质点系，例如被看作不可伸长的柔索的链条等，它们的内力的功之和也等于零。这样，对于刚体系统或其他内力的功之和等于零的质点系，应用动能定理比较方便，它不要考虑内力，只需计算外力的功，因而式(14－31)可以写成

$$T_2 - T_1 = \sum W_i^{(e)} \tag{14-32}$$

如果将作用在质点系上的力分为主动力和约束反力，根据同样的道理，质点系动能定理可以写成。

$$T_2 - T_1 = \sum W_i^{(A)} + \sum W_i^{(N)} \tag{14-33}$$

式中 $\sum W_i^{(A)}$ 是作用在质点系上的全部主动力在给定的运动过程中所作的功之和。$\sum W_i^{(N)}$ 是作用在质点系上的全部约束反力在同一过程中所作的功之和。所以上式表明：在某一运动过程中，质点系功能的改变，等于作用在质点系上的全部主动力和全部约束反力在同一过程

中所作的功之和。

但是，在许多情况下，约束反力的功之和是等于零。例如，光滑接触、光滑圆柱铰链、固定铰支座、不可伸长的柔索等约束，它们的约束反力的功之和都分别等于零，这种约束称为理想约束。对于所受约束都是理想约束的质点系应用动能定理时，只需计算主动力的功。于是，式(14－33)可以写成

$$T_2 - T_1 = \sum W_i^{(A)} \tag{14-34}$$

此式表明：当质点系的约束都是理想约束时，质点系在某一运动过程中动能的改变，等于作用在质点系上的全部主动力在同一过程中所作的功之和。这种形式的动能定理的优点是：方程中不包括未知的约束反力，而直接建立主动力与速度的关系；应用它来求解已知主动力求运动的问题，是很方便的。

与质点动能定理相似，质点系动能定理建立了力、位移与速度三者之间的关系，应用这个定理求解与上述三者相关的质点系动力学问题是很方便的。

例1　自动卸料车连同料重为 G，无初速地沿倾角 $\theta=30°$ 的斜面下滑如图 14－9 所示。料车滑至底端时与一弹簧相撞，通过控制机构使料车在弹簧压缩至最大时就自动卸料，然后依靠被压缩弹簧的弹性力作用又沿斜面回到原来的位置。设空车重为 G_0，摩擦阻力为车重的 0.2 倍，求 G 和 G_0 的比值至少应多大？

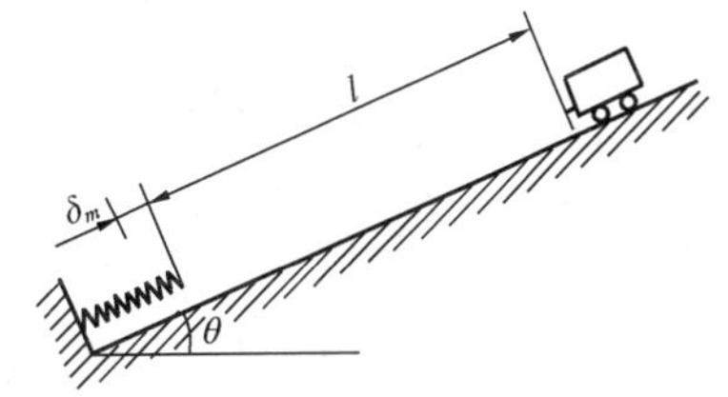

图 14－9

解　设坡长为 l，弹簧最大变形为 δ_m。在料车由下滑到弹簧压缩至最大时这一路程中，作用于料车的重力、斜坡法向反力，摩擦阻力和弹性力所作的功之和为

$$W = G(l+\delta_m)\sin\theta - 0.2G(l+\delta_m) - \frac{k}{2}\delta_m^2$$

而料车在此两位置的速度均为零，由动能定理得

$$0-0 = G(l+\delta_m)(\sin\theta - 0.2) - \frac{k}{2}\delta_m^2$$

在料车卸料后又弹回至原来位置的过程中，应用动能定理，可得

$$0-0 = -G_0(l+\delta_m)\sin\theta - 0.2G_0(l+\delta_m) + \frac{k}{2}\delta_m^2$$

由以上两式解得

$$\frac{G}{G_0} = \frac{\sin\theta + 0.2}{\sin\theta - 0.2} = \frac{7}{3}$$

例2　如图 14－10 所示，均质平衡杠 OA 重 $W=10\text{kN}$，弹簧的弹性系数 $k=8\text{kN/m}$，杆在水平位置时，弹簧无变形。若杆无初速地从水平位置释放，试求当杆摆至铅垂位置时 A 点的速度。

解　由动能定理

$$\frac{1}{2}J_0\omega^2 - 0 = 10\times 0.4 - \frac{1}{2}k\delta_2^2 \tag{1}$$

将 $\delta_1=0$，$\delta_2=0.2m$，代入式(1)后，则

$$\frac{1}{2}\times\frac{1}{3}\left(\frac{W}{g}\right)L^2\omega^2 = 10\times 0.4 - \frac{1}{2}\times 8\times 0.2^2$$

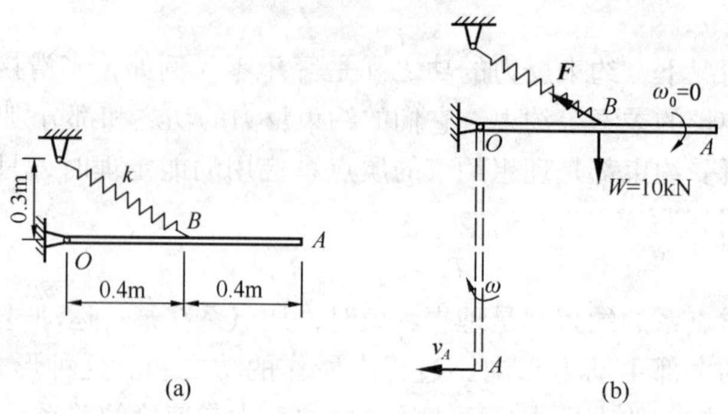

图 14－10

解得 $\omega=5.94\text{rad/s}$，$v_A=0.8\omega=4.75\text{m/s}$

例 3 如图 14－11 所示，滑块 A 质量为 $m_1=40\text{kg}$，可沿倾角为 $\theta=30°$的斜面滑动。滑块连接在不可伸长的绳上。绳绕过质量为 $m_2=4\text{kg}$ 的定滑轮 B 缠绕在均质圆柱上。圆柱的质量 $m_3=80\text{kg}$，可沿水平面只滚不滑。在圆柱中心 O 连接一刚性系数 $k=100\text{N/m}$ 的弹簧。忽略绳的质量、滚动摩擦及滑轮轴上的摩擦，滑块与斜面间的动滑动摩擦系数 $f'=0.15$。求当滑块沿斜面下滑 $s=1\text{m}$ 时的速度和加速度。初瞬时系统处于静止，弹簧未变形，滑轮的质量沿边缘均匀分布。

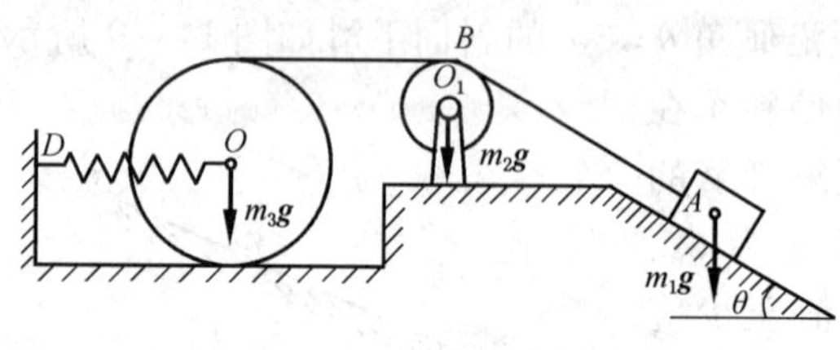

图 14－11

解 研究整个系统。设滑块 A 沿斜面下滑一段距离 s 时，速度为 v_A，则系统的动能为

$$
\begin{aligned}
T_2 &= \frac{1}{2}m_1v_A^2 + \frac{1}{2}J_{O_1}\omega_B^2 + \frac{1}{2}m_3v_o^2 + \frac{1}{2}J_0\omega_0^2 \\
&= \frac{1}{2}m_1v_A^2 + \frac{1}{2}m_2v_A^2 + \frac{1}{2}m_3\left(\frac{v_A}{2}\right)^2 + \frac{1}{4}m_3\left(\frac{v_A}{2}\right)^2 \\
&= 37v_A^2
\end{aligned}
$$

系统的初动能 $T_1=0$。

在计算功时，要计算摩擦力的功。作功的力还有滑块的重力和弹簧力。因此

$$
\begin{aligned}
\sum W_F &= m_1gs\sin\theta - f'm_1gs\cos\theta + \frac{k}{2}(0-\delta_2^2) \\
&= (m_1g\sin\theta - f'm_1g\cos\theta)s - \frac{k}{8}s^2 \\
&= 145.1s - 12.5s^2
\end{aligned}
$$

把这些结果代入质点系动能定理中，得出

$$v_A^2=3.92s-0.34s^2 \tag{a}$$

当滑块沿斜面下滑 $s=1\text{m}$ 时，速度为

$$v_A=1.89\text{m/s}$$

把式(a)两边对时间求导数，消去等式两边的 v_A，得出

$$a_A=1.96-0.34s \tag{b}$$

当 $s=1\text{m}$ 时

$$a_A = 1.62\text{m/s}^2$$

通过以上例题，可将应用动能定理解题的步骤和应注意的问题归纳如下：

（1）确定研究对象，分析它所受的力，并画出受力图。

（2）根据题意，判断是否可用动能定理求解。如果问题的已知量和未知量中，包括力或力矩（它们一般应是常量或是位置的函数）、路程、运动过程的初始位置和终了位置时的速度或角速度等因素，一般都可应用动能定理求解。

（3）确定研究哪一段运动过程，弄清楚所研究的质点系在这过程的初始位置和终了位置时的情况，如质点系在这两个位置时各部分的速度或角速度，在这两个位置时质心的高度差或弹簧的变形等等。

（4）计算质点系上的全部的力在所研究的运动过程中所作的功之和。当约束可视为理想时，只需计算主动力的功。计算功时应注意：第一，要仔细分析各力作用点的位移的情况；如果力的作用点的位移既不为零也不与力垂直，这个力的功就不可能为零，它的功必须计算，切不可漏掉；第二，有时各力的功之和必须表示为某一个位移的函数，这就必须应用运动学的知识，找出各力作用点的位移之间的关系，然后代入功的表达式使它成为某一位移的函数。

（5）计算质点系在初始位置和终了位置时的动能。至于在运动过程中间的动能是怎样的，则不需过问；这正是动能定理的优点之一，使问题的研究可以简便。在应用动能定理的微分形式时，只需计算质点系在任意位置时（不能是特定位置）的动能。在计算动能时要注意：第一，凡是具有质量又有运动的物体都必须计算动能，切不可漏掉；第二，要分析每个物体作什么运动（平动、转动或平面运动），然后选用相应的公式来计算动能；第三，在动能定理的表达式中，往往只允许包含某一个速度（或角速度）之间的关系，然后将动能表示为某个速度（或角速度）的函数；第四，由于动能定理是相对于惯性参考系推导出来的，因而计算动能必须用相对于惯性参考系的速度（或角速度），计算功时必须用相对于惯性参考系的位移。

（6）将动能和功代入动能定理表达式，建立方程。当质点或质点系所受的都是理想约束时，动能定理通常采用式（14-34）。应用动能定理只可能有一个代数方程，只能求解一个未知量。

（7）解方程求解未知量。如果是求加速度，要注意速度对时间求导数的运算。

第四节 功 率

在工程实际中不仅要计算功，而且还要知道作功的快慢，因而需要引入功率的概念。力在单位时间内所作的功，称为功率，以 N 表示。对于机器来说，功率是表明机器工作能力的一个重要指标。

设力在 Δt 时间内作的功为 ΔW，则在这段时间内的平均功率为

$$N^* = \frac{\Delta W}{\Delta t} \tag{14-35}$$

令 Δt 趋近于零，则 N^* 趋近某一极限值，这极限值就是瞬时功率，通常简称为功率。于是

$$N = \lim_{\Delta t \to 0}\frac{\Delta W}{\Delta t} = \frac{\delta W}{\mathrm{d}t} \tag{14-36}$$

其中 δW 是力的元功，它等于 $\boldsymbol{F}\cdot \mathrm{d}\boldsymbol{r}$，所以

$$N=\frac{\delta W}{\mathrm{d}t}=\frac{\boldsymbol{F}\cdot \mathrm{d}\boldsymbol{r}}{\mathrm{d}t}=\boldsymbol{F}\cdot\frac{\mathrm{d}\boldsymbol{r}}{\mathrm{d}t}=\boldsymbol{F}\cdot\boldsymbol{v}=F_{\tau}v \tag{14-37}$$

可见，功率等于力与速度的数量积，也就是等于力在速度方向上的投影与速度的乘积。当功率一定时，F_{τ} 越大，则 v 越小；反之，F_{τ} 越小，则 v 越大。例如，汽车上坡时，需要较大的牵引力，驾驶员就使用低速档，使汽车的速度减小，以便在功率一定的情况下产生较大的牵引力。

作用在转动刚体上的转矩 M_z 的功率为

$$N=\frac{\delta W}{\mathrm{d}t}=\frac{M_z\mathrm{d}\varphi}{\mathrm{d}t}=M_z\frac{\mathrm{d}\varphi}{\mathrm{d}t}=M_z\omega \tag{14-38}$$

即，作用在转动刚体上的转矩的功率等于转矩与刚体角速度的乘积。

功率单位是：焦/秒(J/s)，称为瓦特，简称瓦(W)。

任何机械工作时必须输入一定的功，用 $W_{输入}$ 表示，机器作用有用的功，用 $W_{有用}$ 表示，同时还要克服机械传动过程中由于摩擦等而消耗的功即无用的功，用 $W_{无用}$ 表示，而机器运转的动能用 T 表示，根据动能定理得

$$\mathrm{d}T=\delta W_{输入}-\delta W_{有用}-\delta W_{无用} \tag{14-39}$$

将上式除以 $\mathrm{d}t$ 则得

$$\frac{\mathrm{d}T}{\mathrm{d}t}=N_{输入}-N_{有用}-N_{无用} \tag{14-40}$$

称为机械的功率方程。它表示任一机械的输入、输出功率与机械运动间的关系。

机械在稳定运转时的有用输出功率与输入功率之比称为机械效率，用 η 表示，即

$$\eta=\frac{N_{有用}}{N_{输入}}\times 100\% \tag{14-41}$$

机械效率说明机械对于输入能量的有效利用的程度，是评价机械质量的指标之一。

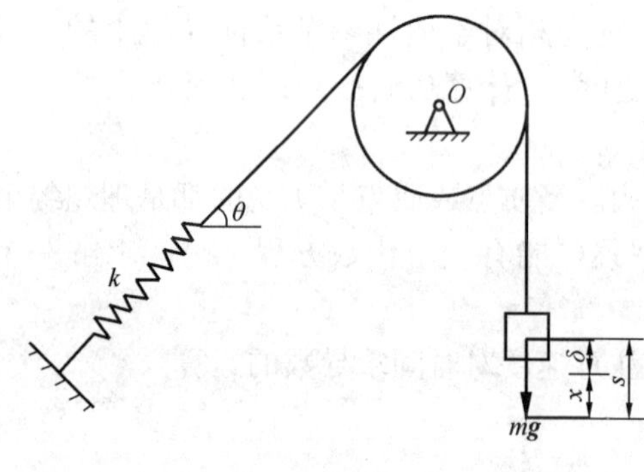

图 14-12

例 4 如图 14-12 所示，物块质量为 m，用不计质量的细绳跨过滑轮与弹簧相连，弹簧原长为 l，刚度系数为 k，其质量不计。滑轮半径为 R，转动惯量为 J。若不计轴承摩擦，试建立此系统的运动微分方程。

解 设弹簧从自然位置拉长任一长度 s，滑轮转过 φ，则物块下降 s，显然有 $s=\varphi R$，此时整个系统的动能为

$$T=\frac{1}{2}m\left(\frac{\mathrm{d}s}{\mathrm{d}t}\right)^2+\frac{1}{2}J\left(\frac{\mathrm{d}\varphi}{\mathrm{d}t}\right)^2=\frac{1}{2}\left(m+\frac{J}{R^2}\right)\cdot\left(\frac{\mathrm{d}s}{\mathrm{d}t}\right)^2$$

系统在运动过程中，重物下降速度为 $v=\frac{\mathrm{d}s}{\mathrm{d}t}$，弹性力大小为 ks，重力和弹性力的功率分别为 $mg\frac{\mathrm{d}s}{\mathrm{d}t}$及 $-ks\frac{\mathrm{d}s}{\mathrm{d}t}$。代入功率方程，得：

$$\frac{\mathrm{d}T}{\mathrm{d}t}=\left(m+\frac{J}{R^2}\right)\frac{\mathrm{d}s}{\mathrm{d}t}\cdot\frac{\mathrm{d}^2s}{\mathrm{d}t^2}=mg\frac{\mathrm{d}s}{\mathrm{d}t}-ks\frac{\mathrm{d}s}{\mathrm{d}t}$$

因此有
$$\left(m+\frac{J}{R^2}\right)\frac{\mathrm{d}^2 s}{\mathrm{d}t^2}=mg-ks$$

若此系统静止时弹簧拉长量为 δ_0，而 $mg=k\delta_0$，以平衡位置为参考点，若物体下降 x 时，则弹簧拉长量为 $s=\delta_0+x$，代入上式，则有：

$$\left(m+\frac{J}{R^2}\right)\frac{\mathrm{d}^2 x}{\mathrm{d}t^2}=mg-k\delta_0-kx=-kx$$

整理得
$$\left(m+\frac{J}{R^2}\right)\frac{\mathrm{d}^2 x}{\mathrm{d}t^2}+kx=0$$

上式是系统自由振动微分方程的标准形式，由此可见，弹簧倾斜角度 θ 与系统运动微分方程无关。

第五节　势力场的概念·机械能守恒定理

在前面中已经知道重力、弹性力的功都与路径无关。本节将初步讨论作功与路径无关的这类力的特性，以及与这类力有关的一些概念。

1. 势力场的概念

如果质点在某一空间的任何位置，都受到一个力的作用，而这个力的大小和方向完全决定于质点的位置，这部分空间就称为力场。例如，在地面附近，质点受到重力的作用，地面附近的空间称为重力场。当质点离开地面的距离较远时，质点受到地球作用地心力服从牛顿万有引力定律，离地面较远的空间称为引力场。系在弹簧上的质点受到弹性力的作用，在弹性极限内弹簧所能达到的空间称为弹性力场。

当质点在某力场中运动时，如果作用于质点的力所作的功只与质点的初始位置和终了位置有关，而与质点运动的路径无关，这样的力场称为势力场。质点在势力场中所受的力称为有势力。作用在质点上的重力、弹性力的功都与质点运动的路径无关，所以重力、弹性力都是有势力，与它们对应的力场都是势力场。

2. 势能

与有势力的功紧密联系的是势能。

在势力场中任意选定某一位置 M_0 为基准位置，此位置称为零位置。当质点或质点系从势力场中任一给定位置 M 运动到零位置 M_0 时，有势力所作的功，称为质点或质点系在给定位置的势能，用 V 表示，即

$$V=\int_{M}^{M_0}\boldsymbol{F}\cdot\mathrm{d}\boldsymbol{r} \tag{14-42}$$

位置 M_0 的势能等于零，称它为零势能点。由于零位置可以任意选取，所以，即使是在确定位置的同一个质点或质点系，对于不同的零位置，它的势能一般是不相同的。所以势能是相对的，在讲质点或质点系的势能时，必须指明零位置才有意义。

从上述定义可知，质点或质点系在某一位置所具有的势能就是质点或质点系在该位置时相对于零位置所具有的作功的能力。而这种能力就用质点或质点系从该位置运动到零位置时，有势力所作的功来量度。例如，质点或质点系(以重力的作用点——质心代表它的位置)从距离地面高 h 处落到地面时，重力就会作功，它所作的功的大小，就等于质点或质点系在距地面 h 处时对于地面(即以地面为零位置)的势能的大小。h 愈大，它们对地面的势能

就愈大。因而在打铁或打桩时，要将铁锤或桩锤提高到相当高度才让它落下，为的是增加铁锤或桩锤的势能以提高打铁或打桩的能力。

还要说明的是，势能虽说是质点或质点系在势力场中某一位置相对于零位置所具有的作功的能力，但是只有当受有势力作用的质点或质点系发生运动时，这种作功的能力方能表现出来。例如，打铁时如果把铁锤高高举起，而不让它落下来，是不会作功的；筑坝后水位被抬高了的水库里的水，如果不打开闸门让它流下来，也是不会作功的。所以说势能是能量的储存形态，是作功的潜在能力。势能只有转化为动能后，才有可能转化为其他形式的能量。

下面计算质点或质点系在重力场和弹性力场中的势能。

(1) 重力场的势能　任取一点 O 为原点，建立直角坐标系 $Oxyz$，z 轴铅直向上。设质点在任一位置时的坐标为 z，选取的零位置的坐标为 z_0，质点在任一位置的势能

$$V = P(z - z_0) = \pm Ph \tag{14-43}$$

式中 $h = |z - z_0|$ 是给定位置与零位置的高度差。当给定位置在零位置的上方时，势能取正号；给定位置在零位置的下方时，势能取负号。

重力场中质点系的势能仍用式(14－43)计算，此时式中的 z 和 z_0 分别是质点系的质心在给定位置和零位置的坐标。

(2) 弹性力场的势能　以弹簧自然长度(即原长 l)的末端为零位置，弹簧变形后的长度为 r，质点在任一位置时弹簧的变形为 $(r - l) = \lambda$，质点在弹性力场中任一位置时的势能

$$V = \frac{k}{2}\lambda^2 \tag{14-44}$$

3. 机械能守恒定理

下面讨论质点或质点系在势力场中运动时，势能与动能的关系。

设质点在势力场中运动，只受到有势力的作用，或者还受到不作功的非有势力的作用。当质点从位置 M_1 运动到位置 M_2 时，根据动能定理应有

$$T_2 - T_1 = W_{1\to 2} \tag{14-45}$$

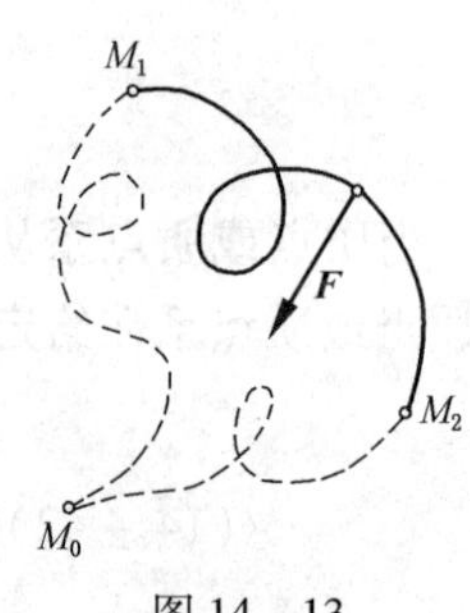

图 14－13

$W_{1\to 2}$ 是质点从 M_1 运动到 M_2 时有势力所作的功。如果任选一点 M_0 为零位置，如图14－13所示，则质点从 M_1 运动到 M_0 时有势力所作的功 $W_{1\to 0}$，等于质点从 M_1 运动到 M_2 时有势力所作的功 $W_{1\to 2}$ 与质点从 M_2 运动到 M_0 时有势力所作的功 $W_{2\to 0}$ 之和。

即

$$W_{1\to 0} = W_{1\to 2} + W_{2\to 0}$$

移项得

$$W_{1\to 2} = W_{1\to 0} - W_{2\to 0}$$

由势能定义可知，$W_{1\to 0}$ 是质点在位置 M_1 的势能 V_1，$W_{2\to 0}$ 是质点在位置 M_2 的势能 V_2，所以

$$W_{1\to 2} = V_1 - V_2$$

代入上面的动能定理表达式，得到

$$T_2 - T_1 = V_1 - V_2$$

即

$$T_1 + V_1 = T_2 + V_2$$

表明：质点或质点系在势力场中运动时，其动能与势能之和保持不变。动能和势能都是机械能，故此结论称为机械能守恒定理。

这定理表明，质点或质点系在势力场中运动时，机械能恒为常量，也就是不会发生机械能与其他形式的能量之间的转化，因此势力场又称为保守力场。有势力又称为保守力。但是动能与势能可以相互转化。动能增大，势能就会减小；反之也是一样；而且增大的量与减小的量相等。例如，在重力场中的单摆(不计空气阻力)，由高处摆向低处时，势能减少，动能就增加，由低处摆向高处时，动能减少，势能就增加；无论在什么位置它的动能与势能之和都保持不变。

只有当质点或质点系在保守力场中运动，只受保守力的作用(或者同时受到作功为零的非保守力作用)的条件下，机械能守恒定理才能成立。仅在保守力作用下的质点系称为保守系统，如果质点或质点系在非保守力场中运动，例如在有阻力的力场中运动，它们的机械能就不会守恒。这时，由于阻力的功是负的，因此机械能有所损失，所损失的机械能与其他形式的能量发生转化，但是总的能量(也就是机械能与其他形式的能量之和)仍然是守恒的。这就是说能量不能消灭，也不能创造，它只能从一种形式转换为另一种形式，这就是普遍的能量守恒定律。机械能守恒定理只是能量守恒定律的一种特殊情况。

例5　质量为 $m_1=10\text{kg}$ 的均质圆盘用铰链与质量 $m_2=5\text{kg}$ 的均质杆 AB 相连，如果安装成如图 14－14 所示位置即 $\theta=60°$时，系统处于静止状态。求杆 AB 落到 $\theta=0°$位置时的角速度。假定圆盘是无滑动地滚动，略去导轨与滑块间的摩擦和圆盘的尺寸。

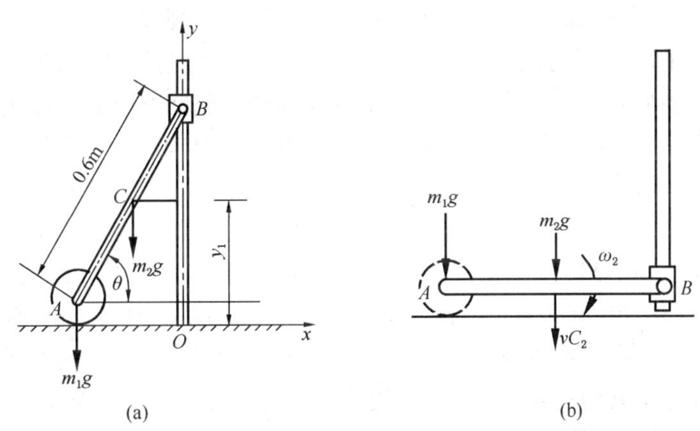

图 14－14

解　杆 AB 做平面运动，圆盘和杆 AB 处于初位置时，如图 14－14(a)所示。处于末位置时，如图 14－14(b)所示。建立平面坐标系 Oxy，当处于初位置时，系统处于静止，这时动能 $T_1=0$。若选过 A 点的水平面为零势面，则势能 $V_1=m_2gy_1$；当系统达到末位置即 $\theta=0°$时，杆 AB 具有角速度 ω_2，这时动能 $T_2=\frac{1}{2}m_2v_{C_2}^2+\frac{1}{2}J_C\omega_2^2$，而势能 $V_2=0$。按机械能守恒定律得

$$T_1+V_1=T_2+V_2$$

即

$$0+m_2gy_1=\frac{1}{2}m_2v_{C_2}^2+\frac{1}{2}J_C\omega_2^2+0 \tag{a}$$

或

$$m_2g(0.3\sin60°)=\frac{1}{2}(5v_{C_2}^2)+\frac{1}{2}\times\frac{1}{12}\times5\,(0.6\omega_2)^2 \tag{b}$$

由于 A 点为瞬时速度中心，则有质心 C 的速度

$$v_{C_2}=0.3\omega_2 \tag{c}$$

将(c)式代入(b)式可得

$$\omega_2=6.5\text{rad/s}$$

第六节　动力学普遍定理综合应用

上面几章讨论的动力学普遍定理中所包含的物理量，主要是量度物体机械运动的量和量度机械作用(力)的量。量度机械运动的量有两种：动量和动能(动量矩是由动量引伸出来的，它与动量是同一范畴)。量度机械作用的量相应地也有两种：冲量和功。冲量是力在一段时间内对物体的累积效应的度量；功是力在一段路程上对物体的累积效应的度量。因而动力学普遍定理可以分成两类：动量定理(它的另一种形式为质心运动定理)和动量矩定理是一类，动能定理是另一类。

动量定理、动量矩定理与动能定理之间的共同点是：它们都可以从牛顿第二定律推导出来。它们都表示质点或质点系运动的变化和作用在其上的力之间的关系；但不是像牛顿第二定律那样一般地表示这种关系，而是通过揭示各种量度物体机械运动的量与量度机械作用的量之间的关系，从不同的侧面更深入地阐明物体机械运动的规律。

动量定理、动量矩定理与动能定理之间的区别是：(1)这两类定理性质不同。动量定理、动量矩定理只能局限于研究机械运动范围内运动的变化问题，而动能定理除了能够研究机械运动范围内运动的变化问题外，还反映了机械运动与其他形式的运动之间的转化。(2)这两类定理的内容不同。除了它们反映的是不同的物理量之间的关系外，动量定理、动量矩定理的表达式中，对于质点系而言，都不包含内力，也就是说内力不能改变质点系的动量和动量矩；而动能则不然，由于内力的功之和一般不为零，内力可以改变质点系的动能。只有在不变质点系(例如刚体或刚体系统)的情况下内力的功之和才等于零。因此在动能定理中通常把力分为主动力和约束反力。在很多情况下，约束可以近似地看成是理想约束，做功为零因而只需计算主动力的功。(3)这两类定理的形式不同。动量定理、动量矩定理的表达式中除了含速度(或角速度)、力(或力矩)之外，还含时间而不含路程；动能定理的表达式中除了含速度(或角速度)、力(力矩)之外，还含路程而不含时间。动量定理、动量矩定理描述的是机械运动范围内运动的变化和传递，由于机械运动是有方向性的，因而动量定理、动量矩定理的表达式是矢量形式，它们一般都各有三个投影式。而动能定理考虑到机械运动与其他运动形式之间的转化，而其他形式的运动有些是没有方向性的，动能和功也没有方向性，这就能够使机械运动与其他形式的运动在量的方面进行比较。因而动能定理的表达式是标量形式，它只有一个方程，不存在投影式。

在机械运动范围内，一般说来，动量定理主要阐明物体作平动或平动部分的运动规律；动量矩定理主要阐明物体作转动或转动部分的运动规律；由于能量的概念更为广泛，所以动能定理能阐明平动、转动、平面运动等运动规律。

对于任何相对于惯性坐标系运动的质点或质点系，动力学普遍定理都是成立的，它提供了求解质点和质点系动力学问题的一般方法。但是，由于每个定理都只是从某一个方面来表

示运动变化与力的关系，因而在应用上，每个定理都有一定的适用范围，不可能解决所有的动力学问题。有的问题只可以用某一个定理来求解，有的问题既可以用这一定理求解，也可以用另一定理求解，有的问题则需要同时应用几个定理来求解。那么，什么问题宜于用什么定理来求解呢？这就必须根据上面分析的每个定理特点和问题的具体情况进行具体分析。

例 6　重 $F_{W1}=150\text{N}$ 的均质轮与重 $F_{W2}=60\text{N}$、长 $l=24\text{cm}$ 的均质杆 AB 在 B 处铰接。由图 14－15(a)所示位置($\varphi=30°$)无初速释放，试求系统通过最低位置时 B' 点的速度及在初瞬时支座 A 的反力。

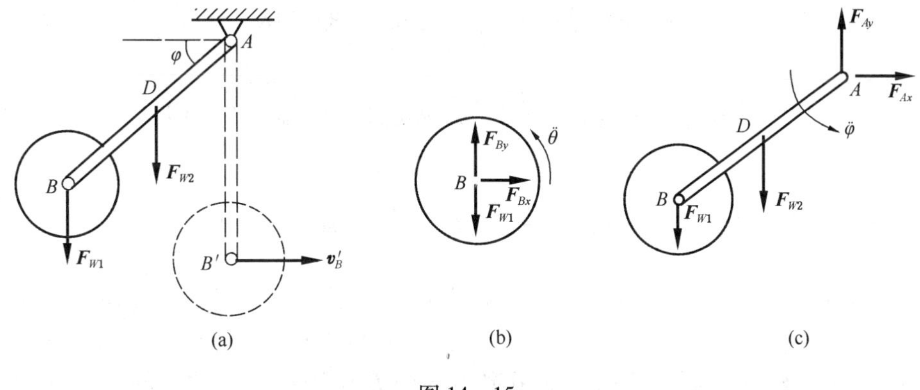

图 14－15

解　杆 AB 作定轴转动，选 φ 为转动坐标，并设均质轮相对 B 点的转动坐标为 θ。本题单用动能定理无法求解，还须有其他定理补充。

先取 B 轮研究［图 14－15(b)］，由对其质心 B 的动量矩定理得 $J_B\ddot{\theta}=0$，即 $\ddot{\theta}=0$，$\dot{\theta}=\text{const}$。又由题给初始条件，$\theta=0$，得 $\dot{\theta}=0$，即 $\theta=\text{const}$，故 B 轮作平动。由此，对系统运用动能定理 $T_2-T_1=\sum W_i$

$$\frac{1}{2}J_A\dot{\varphi}^2+\frac{1}{2}\times\frac{F_{W1}}{g}v_B'^2-0=F_{W2}\frac{l}{2}(1-\sin\varphi_0)+F_{W1}l(1-\sin\varphi_0)$$

其中，$J_A=\dfrac{1}{3}\times\dfrac{F_{W2}}{g}l^2$，$\dot{\varphi}=\dfrac{v_B'}{l}$，整理后得

$$v_B'=\sqrt{\frac{3(F_{W2}+2F_{W1})l(1-\sin\varphi_0)}{F_{W2}+3F_{W1}}g}=1.578\text{m/s}$$

要求初瞬时支座 A 处的反力，首先须求出该瞬时的加速度量。因 B 轮作平动，系统对 A 点运用动量矩定理

$$\frac{\mathrm{d}L_A}{\mathrm{d}t}=\sum M_A(F_i^e)$$

$$\frac{\mathrm{d}}{\mathrm{d}t}\left[J_A\dot{\varphi}+\frac{F_{W1}}{g}v'_Bl\right]=F_{W2}\frac{l}{2}\cos\varphi_0+F_{W1}l\cos\varphi_0$$

其中，$v_B'=\dot{\varphi}l$，代入后得　$\ddot{\varphi}=\dfrac{3(F_{W2}+2F_{W1})}{2(F_{W1}+3F_{W1})}\dfrac{g}{l}\cos\varphi_0=37.443\text{rad/s}^2$

求支座 A 处的反力，对系统运用质心运动定理 $\sum M_i \boldsymbol{a}_{Ci} = \boldsymbol{F}_R$

有 $$\frac{F_{W2}}{g}\boldsymbol{a}_D + \frac{F_{W1}}{g}\boldsymbol{a}_B = F_{Ax}\boldsymbol{i} + (F_{Ay} - F_{W1} - F_{W2})\boldsymbol{j}$$

分别向 x，y 轴投影：

$$\frac{F_{W2}}{g}\cdot\frac{l}{2}\ddot{\varphi}\sin\varphi_0 + \frac{F_{W1}}{g}l\ddot{\varphi}\sin\varphi_0 = F_{Ax}$$

得 $$F_{Ax} = \left(\frac{F_{W2}}{2} + F_{W1}\right)\frac{l\ddot{\varphi}}{g}\sin\varphi_0 = 82.83\text{N}$$

$$-\left(\frac{F_{W2}}{g}\cdot\frac{l}{2}\ddot{\varphi}\cos\varphi_0 + \frac{F_{W1}}{g}l\ddot{\varphi}\cos\varphi_0\right) = -F_{W2} - F_{W1} + F_{Ay}$$

得 $$F_{Ay} = F_{W2} + F_{W1} - \left(\frac{F_{W2}}{2} + F_{W1}\right)\frac{l\ddot{\varphi}}{g}\cos\varphi_0 = 67.05\text{N}$$

例 7 图 14－16(a)所示质量为 m_1、半径为 r 的均质圆轮 A 在斜面上作纯滚动；定滑轮 C 质量为 m_2、半径为 r；重物 B 质量为 m_3。已知斜面倾角 θ，绳 AF 段与斜面平行，滑轮 C 处摩擦不计。求圆轮沿斜面下滚时，地板突出部分 E 作用在不计质量的三角块 D 处的水平力。

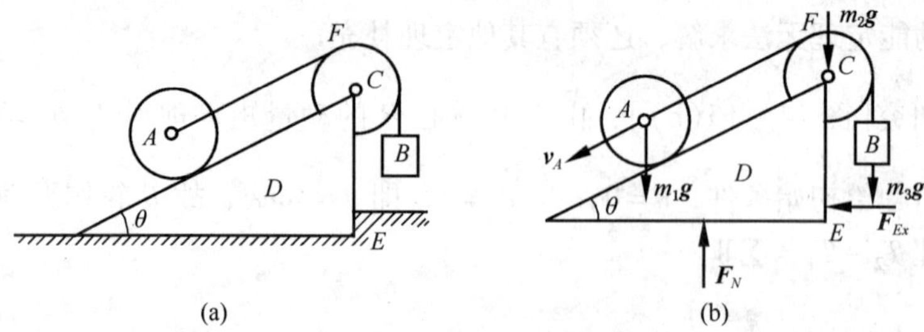

图 14－16

解 取系统整体为研究对象，应用动能定理，求 A 点的加速度。

设系统初动能为 T_1，当轮心 A 沿斜面下滚距离 s 时，其速度为$\boldsymbol{v}_A$，由动能定理，有

$$T_2 = \frac{1}{2}m_1 v_A^2 + \frac{1}{2}J_A\omega_A^2 + \frac{1}{2}J_C\omega_C^2 + \frac{1}{2}m_3 v_B^2 \tag{1}$$

式中

$$\omega_A = \frac{v_A}{r} \quad \omega_C = \frac{v_A}{r} \quad v_B = v_A \quad J_A = \frac{1}{2}m_1 r^2 \quad J_C = \frac{1}{2}m_2 r^2$$

代入式(1)，有

$$T_2 = \frac{1}{2}m_1 v_A^2 + \frac{1}{2}\frac{1}{2}m_1 r^2\left(\frac{v_A}{r}\right)^2 + \frac{1}{2}\frac{1}{2}m_2 r^2\left(\frac{v_A}{r}\right)^2 + \frac{1}{2}m_3 v_A^2 = \frac{1}{2}m v_A^2 \tag{2}$$

其中

$$m = \frac{3}{2}m_1 + \frac{1}{2}m_2 + m_3$$

力的功为

$$W_{12}=(m_1g\sin\theta-m_3g)s \tag{3}$$

将式(2)、式(3)代入动能定理，有

$$\frac{1}{2}mv_A^2=m_1gs\sin\theta-m_3gs \tag{4}$$

将式(4)对时间求导，有

$$mv_Aa_A=(m_1g\sin\theta-m_3g)\dot{s} \tag{5}$$

式中 $\dot{s}=v_B=v_A$，代入式(5)，得

$$a_A=\frac{(m_1\sin\theta-m_3)g}{m}=\frac{2(m_1\sin\theta-m_3)g}{3m_1+m_2+2m_3} \tag{6}$$

系统的受力图如图 14－16(b)所示，由质心运动定理的水平方向投影式，有

$$m_1a_A\cos\theta=F_{Ex} \tag{7}$$

将式(6)代入式(7)，得

$$F_{Ex}=\frac{2(m_1\sin\theta-m_3)m_1g}{3m_1+m_2+2m_3}\cos\theta$$

小　　结

1. 动能是物体机械运动的一种度量，动能是标量。

质点的动能 $T=\frac{1}{2}mv^2$

质点系的动能 $T=\sum\frac{1}{2}m_iv_i^2$

刚体平动动能 $T=\frac{1}{2}mv_c^2$

刚体定轴转动动能 $T=\frac{1}{2}J_z\omega^2$

刚体平面运动动能 $T=\frac{1}{2}mv_c^2+\frac{1}{2}J_c\omega^2$

2. 力的功是力在一段路程上对物体作用的积累效应的度量。

$$W=\int_s F\cos\theta\cdot ds$$

$$W=\int_{M_1}^{M_2}(F_xdx+F_ydy+F_zdz)$$

重力的功　$W_{12}=mg(z_1-z_2)$

弹性力的功　$W_{12}=\frac{k}{2}(\delta_1^2-\delta_2^2)$

定轴转动刚体上力的功　$W_{12}=\int_{\varphi_1}^{\varphi_2}M_zd\varphi$

力偶的功　$W_{12}=\int_{\varphi_1}^{\varphi_2}Md\varphi$

重力的功、弹性力的功与质点或质点系运动路径无关，只与起始和末了的位置有关。

3. 动能定理

微分形式　$dT=\sum\delta W$

积分形式 $T_2 - T_1 = \sum W_{12}$

理想约束的约束力不作功，质点系的内力作功之和并不一定等于零，对刚体而言，内力作功之和等于零。

4. 功率是力在单位时间内所作的功

力的功率 $N = F_\tau v$

力矩的功率 $N = M_z \omega$

5. 功率方程 $\dfrac{dT}{dt} = N$

6. 机械能守恒定律：在势力场中，当只有有势力作功时，质点或质点系的动能与势能之和(总称机械能)保持不变，即 $T + V =$ 常量。

习 题

14-1 如题图 14-1 所示，均质轮 O 和 A，质量和半径相同，分别为 m 和 R，轮 O 以角速度 ω 做定轴转动，并通过绕在两轮上的无重细绳带动轮 A 在与直绳部分平行的平面上做纯滚动。试求系统所具有的动能。

答案：$T = \dfrac{7}{16} mR^2\omega^2$

14-2 如题图 14-2 所示，一弹簧振子沿倾角为 θ 的斜面滑动，已知物体质量为 m，弹簧刚性系数为 k，动摩擦因数为 f；求从弹簧原长压缩 s_1 的路程中力的全功及压缩 s_1 再回弹 s_2 的过程中力的全功。

答案：$W_1 = mgs_1(\sin\theta - f\cos\theta) - \dfrac{k}{2}s_1^2$；

$$W_2 = -mgs_2(\sin\theta + f\cos\theta) + \frac{k}{2}(2s_2s_1 - s_2^2)$$

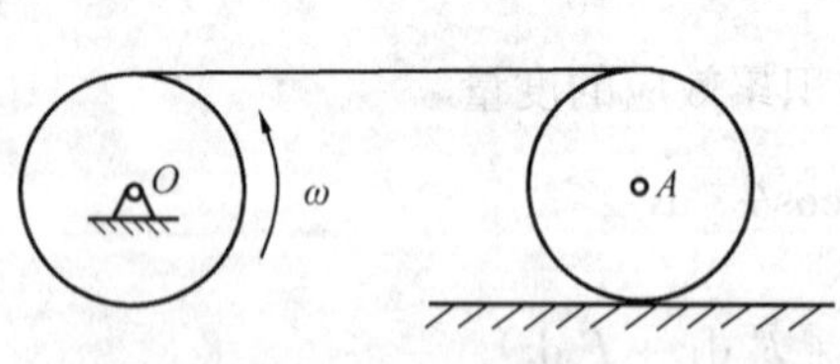

题图 14-1

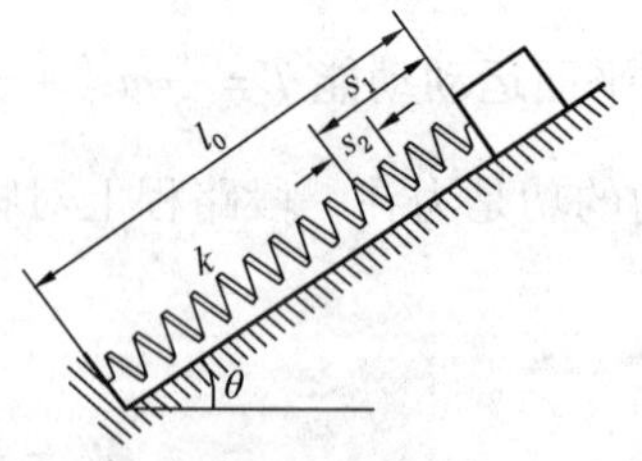

题图 14-2

14-3 如题图 14-3 所示，质量 5kg 的滑块可沿铅垂导杆滑动，同时系在绕过滑轮的绳的一端。绳的另一端施力 $F = 300$N，使滑块由图示位置自静止开始运动。不计滑轮尺寸，求下列两种情况下滑块到 B 点时的速度：(1)不计导杆摩擦；(2)滑块与导杆间的动摩擦因数 $f = 0.10$。

答案：$v_1 = 4.02$m/s；$v_2 = 3.49$m/s

14-4 如题图 14-4 所示，滑轮重 G、半径为 R，对转轴 O 的回转半径为 ρ，一绳绕在滑轮上，绳的另一端系一重为 P 的物体 A，滑轮上作用一不变转矩 M，使系统由静止而运动；不计绳的质量，求重物上升距离为 s 时的速度及加速度。

答案：$v=\sqrt{2gs\dfrac{M/R-P}{P+\dfrac{G\rho^2}{R^2}g}}$，$a=\dfrac{M/R-P}{P+\dfrac{G\rho^2}{R^2}}g$

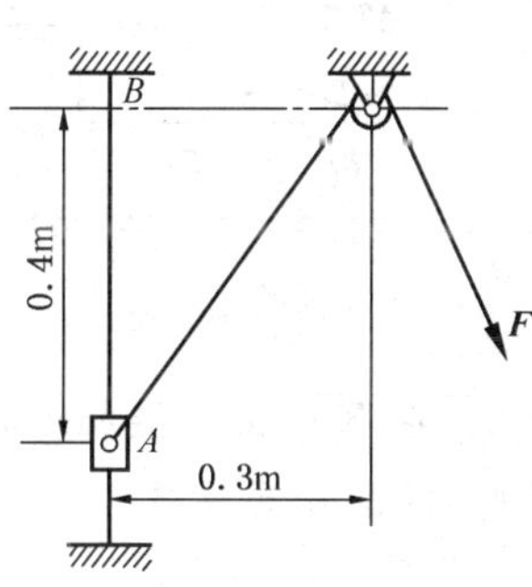

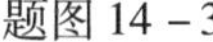
题图 14－3

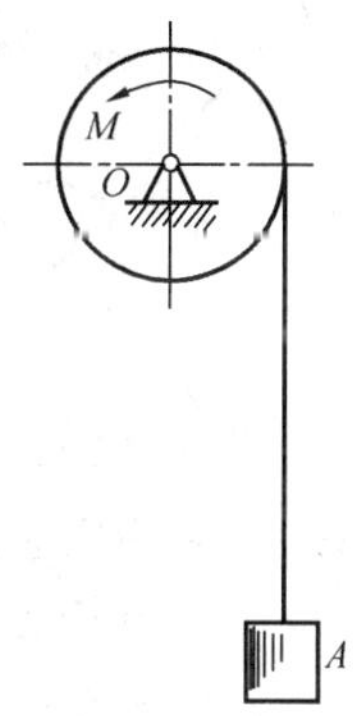

题图 14－4

14－5　如题图 14－5 所示运输机，物体 A 重为 P、带轮 B 和 C 各重 W，半径均为 R，可视为均质圆柱。今在轮 B 上作用一不变转矩 M，使系统由静止而运动。若不计传送带和支承托辊的质量，求重物 A 移动距离 s 时的速度及加速度。

答案：$v=\sqrt{2gs\dfrac{M/R-P\sin\theta}{P+W}}$，$a=\dfrac{M/R-P\sin\theta}{P+W}g$

14－6　如题图 14－6 所示曲柄连杆机构位于水平面内，曲柄重 P、长为 r，连杆重 W、长为 l，滑块重 G，曲柄及连杆可视为均质细长杆。今在曲柄上作用一不变转矩 M，当 $\angle BOA=90^\circ$ 时 A 点的速度为 u，求当曲柄转至水平位置时 A 点的速度。

答案：$v_A=\sqrt{\dfrac{3Mg\pi+(P+3W+3G)u^2}{P+W}}$

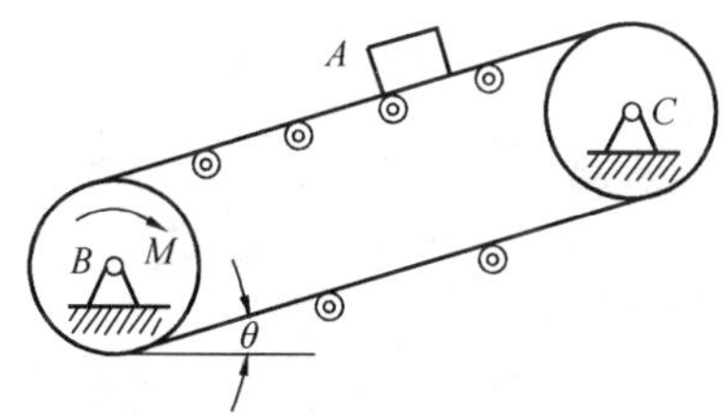

题图 14－5

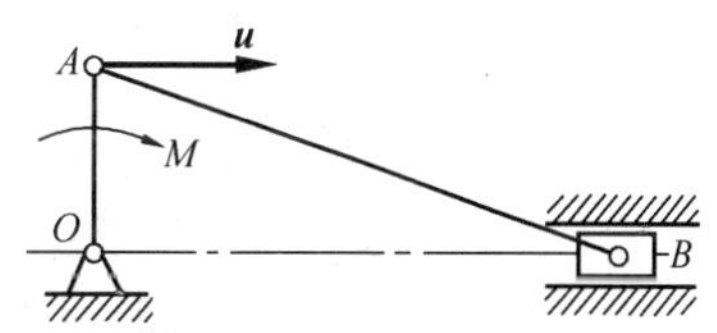

题图 14－6

14－7　均质杆 OA 可绕水平轴 O 转动，另一端铰接一均质圆盘，圆盘可绕铰 A 在铅直面内自由转动，如图 14－7 所示，已知 OA 杆长 l，质量为 m_1；圆盘半径为 R，质量为 m_2。摩擦不计，初始时杆 OA 水平，杆和圆盘静止。求杆与水平线成 θ 角的瞬时，杆的角速度和角加速度。

答案：$\omega=\sqrt{\dfrac{3m_1+6m_2}{m_1+3m_2}\dfrac{g}{l}\sin\theta}$；$\alpha=\dfrac{3m_1+6m_2}{m_1+3m_2}\dfrac{g}{2l}\cos\theta$

14－8　翻斗车车箱装有 5m^3 的砂石，砂石的密度为 2347kg/m^3，车箱装砂石后重心 B 与翻转轴 A 之水平距离为 1m，如题图 14－8 所示。如欲使车厢绕 A 轴翻转之角速度为 0.05rad/s。问所需最大功率是多少？

答案：5.75kW

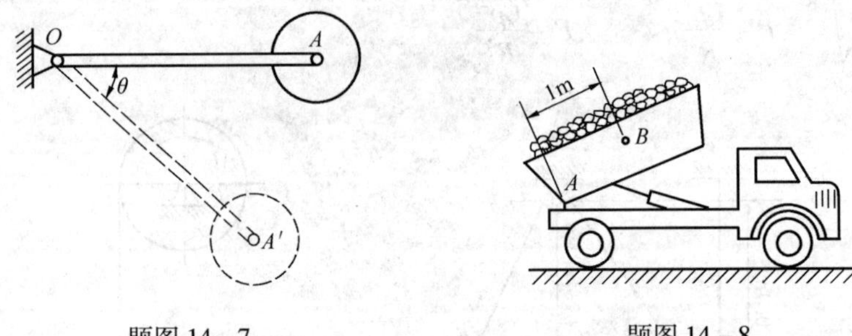

题图 14－7　　　　题图 14－8

14－9　两均质杆 AC 和 BC 各重 P，长均为 L，在点 C 由铰链相连接，放在光滑的水平面上，如题 14－9 图所示。由于 A 和 B 端的滑动，杆系在其铅直面内落下，求铰链 C 与地面相碰时的速度 v 的大小。点 C 的初始高度为 h，开始时杆静止。

答案：$v=\sqrt{3gh}$

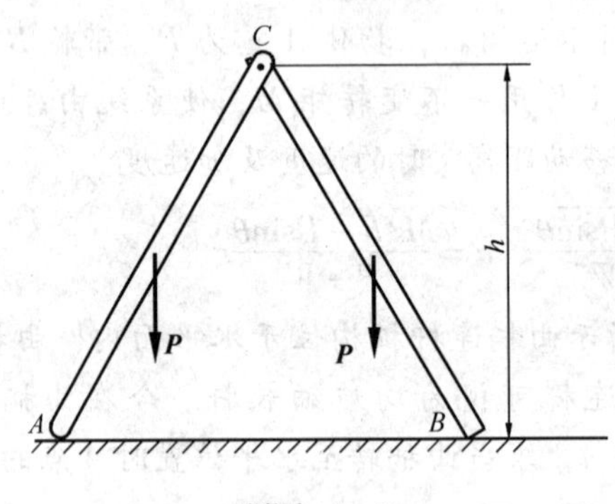

题图 14－9

第十五章　达朗贝尔原理

第一节　惯　性　力

1. 惯性力的概念

如有一人用手推动质量为 m 的小车沿水平直线轨道运动，使小车获得加速度 $\boldsymbol{a}$，如图15－1(a)所示，不计轨道对小车的阻力，根据牛顿第二定律，人手加于小车上的力 $\boldsymbol{F}=m\boldsymbol{a}$。又根据牛顿第三定律(作用与反作用定律)，小车必同时给人手一反作用力 $\boldsymbol{F}_I$，此力与力 $\boldsymbol{F}$ 的大小相等，方向相反，即 $\boldsymbol{F}_I=-\boldsymbol{F}$，或者

$$\boldsymbol{F}_I=-m\boldsymbol{a} \tag{15－1}$$

力 $\boldsymbol{F}_I$ 是由于小车因惯性而加于人手上的反作用力，称为小车的惯性力。由式(15－1)可知，小车的质量愈大，惯性力愈大；小车的加速度愈大，惯性力也愈大，必须注意，小车的惯性力并不作用在小车上，而是作用在使小车产生加速度的其他物体(本例中是人手)上，如图15－1(b)所示。

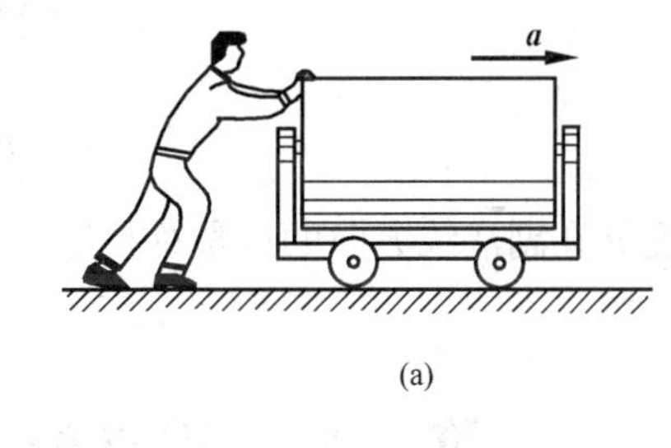

(a)

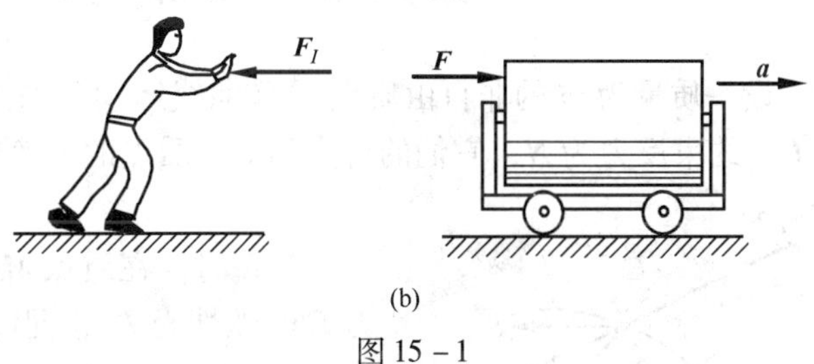

(b)

图15－1

另一个例子是用绳子系住一个小球，使小球在水平面内作匀速圆周运动，如图15－2(a)所示，设小球的质量为 m，速度为 $\boldsymbol{v}$，绳长(即圆半径)为 l，小球受绳子的拉力 $\boldsymbol{F}$ 的作用(重力与水平面垂直，图中未画出)，这个力称为向心力，它使小球产生向心加速度 $\boldsymbol{a}_n$，其大小为 $a_n=\dfrac{v^2}{l}$。因小球作匀速圆周运动，切向加速度等于零，所以小球的向心加速度 $\boldsymbol{a}_n$ 就是全加速度 $\boldsymbol{a}$，根据牛顿第二定律，$\boldsymbol{F}=m\boldsymbol{a}_n$，又根据作用与反作用定律，小球对绳子的反作用力为 $\boldsymbol{F}_I=-\boldsymbol{F}=-m\boldsymbol{a}_n$，这个力也是由于小球的惯性而产生的对绳子的反力，是小球的惯性力，与上例一样，小球的惯性力也不作用在小球上，而是作用在绳子上，如图15－2(b)所示。

由上面两个实例可以得到质点在一般情况下的惯性力的定义，当质量为 m 的质点作任意曲线运动时，若某瞬时质点的加速度为 $\boldsymbol{a}$，则在该瞬时质点的惯性力 $\boldsymbol{F}_I$ 的大小等于质点的质量与加速度的乘积，方向与加速度的方向相反，即 $\boldsymbol{F}_I=-m\boldsymbol{a}$。惯性力是质点作用在使其产生加速度的其他物体上的力。

2. 惯性力的解析表达式

在直角坐标系中，惯性力在 x、y、z 轴上的投影为：

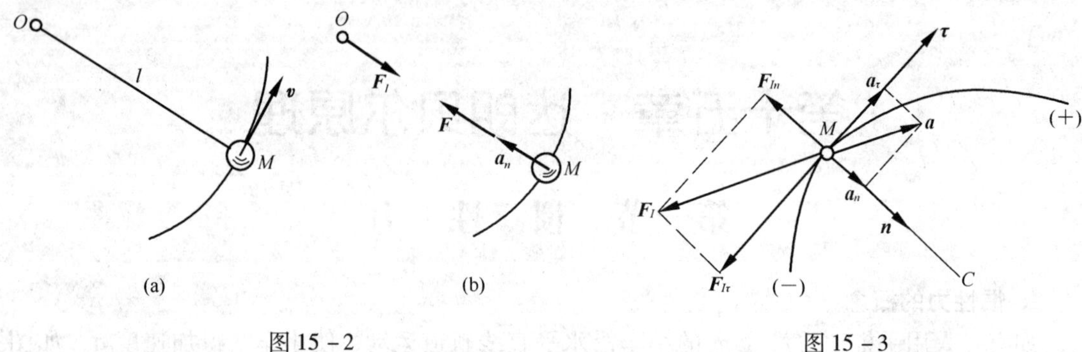

图 15-2 图 15-3

$$\left.\begin{aligned} F_{Ix} &= -ma_x = -m\frac{\mathrm{d}^2x}{\mathrm{d}t^2} \\ F_{Iy} &= -ma_y = -m\frac{\mathrm{d}^2y}{\mathrm{d}t^2} \\ F_{Iz} &= -ma_z = -m\frac{\mathrm{d}^2z}{\mathrm{d}t^2} \end{aligned}\right\} \tag{15-2}$$

在自然轴系中，如图 15-3 所示，惯性力在切线、主法线方向的投影为：

$$\left.\begin{aligned} F_{I\tau} &= -m\frac{\mathrm{d}^2s}{\mathrm{d}t^2} \\ F_{In} &= -m\frac{v^2}{\rho} \end{aligned}\right\} \tag{15-3}$$

由于加速度 $\boldsymbol{a}$ 在副法线方向的投影总是等于零，所以，惯性力在副法线方向的投影也总是等于零。

第二节 质点的达朗贝尔原理

设一质量为 m 的非自由质点 M 作曲线运动，如图 15-4 所示，作用于质点上的主动力为 $\boldsymbol{F}$，约束反力为 $\boldsymbol{N}$，它们的合力为 $\boldsymbol{R}$，质点的加速度为 $\boldsymbol{a}$，根据牛顿第二定律得

$$\boldsymbol{R} = m\boldsymbol{a}$$

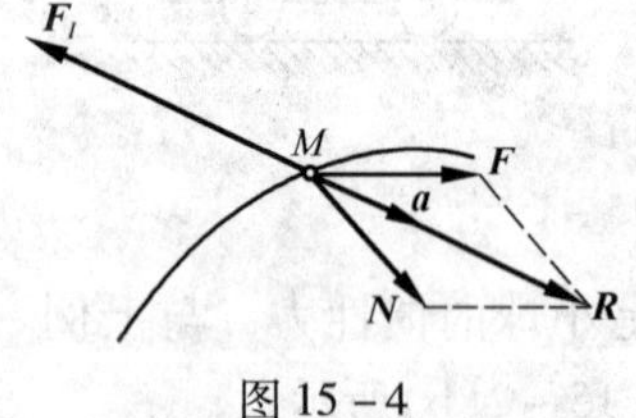

图 15-4

某瞬时，在质点 M 上假想地加上惯性力 $\boldsymbol{F}_I = -m\boldsymbol{a}$，则合力 $\boldsymbol{R}$ 与惯性力 $\boldsymbol{F}_I$ 满足二力平衡条件，即

$$\boldsymbol{R} + \boldsymbol{F}_I = 0$$

代入主动力 $\boldsymbol{F}$ 和约束反力 $\boldsymbol{N}$，得

$$\boldsymbol{F} + \boldsymbol{N} + \boldsymbol{F}_I = 0 \tag{15-4}$$

上式表明，如果在运动的非自由质点上假想地加上惯性力，则作用于质点上的主动力、约束反力和惯性力在形式上构成一平衡力系，这就是质点的达朗贝尔原理。

必须强调指出，惯性力并不作用在讨论其运动的质点上，质点也不处于平衡状态，这样做的目的是将动力学问题在形式上转化为静力学问题，即用静力学的方法来求解动力学问题，因此称为动静法。动静法中的“平衡”并没有改变问题的动力学性质，这种“平衡”没有实际的物理意义。对质点系动力学问题，动静法具有很多优越性，在工程中应用比较广泛。

第三节　质点系的达朗贝尔原理

设有由 n 个质点 M_1、M_2、…、M_n 组成的非自由质点系，任取一质点 M_i，它的质量为 m_i；所受的主动力的合力为 $\boldsymbol{F}_i$，约束反力的合力为 $\boldsymbol{N}_i$；如果加速度为 $\boldsymbol{a}_i$，根据质点的达朗贝尔原理，在质点 M_i 上假想地加上惯性力 $\boldsymbol{F}_{Ii}$，则 $\boldsymbol{F}_i$、$\boldsymbol{N}_i$ 和 $\boldsymbol{F}_{Ii}$在形式上构成一平衡力系，于是

$$\boldsymbol{F}_i+\boldsymbol{N}_i+\boldsymbol{F}_{Ii}=0 \tag{15-5}$$

如果对每一个质点都假想地加上相应的惯性力，则每个质点的主动力、约束反力和惯性力都在形式上构成平衡力系。将所有作用于各质点的主动力、约束反力和假想地加上的惯性力一起考虑，这些力也必然在形式上构成一平衡力系。于是可知，在运动的非自由质点系中的每一质点上都假想地加上相应的惯性力，则作用于质点系的所有主动力、约束反力和所有质点的惯性力在形式上构成一平衡力系，这就是质点系的达朗贝尔原理。

根据质点系的动静法，可把质点系的动力学问题转化为静力学平衡问题。应用动静法，质点系所受的力与其运动的关系可由平衡条件建立。而由静力学知，力系的平衡条件是力系向任一点简化的主矢和主矩都等于零。即：

$$\left.\begin{aligned}&\sum \boldsymbol{F}_i+\sum \boldsymbol{N}_i+\sum \boldsymbol{F}_{Ii}=0\\&\sum M_o(\boldsymbol{F}_i)+\sum M_o(\boldsymbol{N}_i)+\sum M_o(\boldsymbol{F}_{Ii})=0\end{aligned}\right\} \tag{15-6}$$

将上式向直角坐标轴投影，在一般情况下可得空间力系的六个平衡方程。若质点系所受的力在同一平面内，则可得到平面力系的三个平衡方程。

由于质点系的内力是成对出现的，所以作用于质点系的主动力和约束反力中不考虑内力。

最后必须要强调指出，惯性力并不作用在所研究的质点上，因而质点系事实上也并不平衡；但是，动静法所提供的质点系的形式上的平衡，却使质点系动力学问题求解大为简化，特别是对于已知质点系的运动求约束反力的情况。

例1　一均质圆环放置在以匀角速 ω 旋转的圆平台中央，如图 15-5(a)所示。已知圆环平均半径为 r，单位体积的质量为 ρ，圆环的径向截面积为 A。试求圆环由于转动引起的内力。

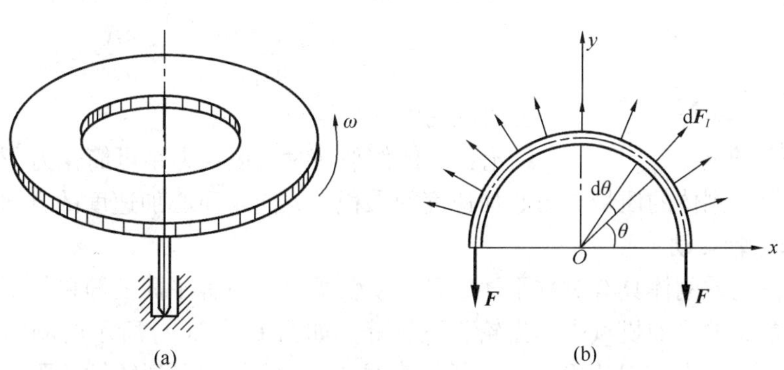

图 15-5

解 根据圆环的对称性，内力在各径向截面均相等，故截取半个圆环为研究体。在半圆环的两个截面上，其内力用 F 表示；半圆环的惯性力系分布如图 15－5(b)所示，对应于微小单元质量 dm 的惯性力可表示为

$$\mathrm{d}F_I = r\omega^2 \mathrm{d}m = r\omega^2(\rho r\mathrm{d}\theta \cdot A)$$

应用质点系的动静法，这半圆环的拉力 F 和惯性力系组成一平衡力系。因此，选取图示的投影轴 Oxy 后，由平衡方程：

$$\sum F_y = 0, \quad \sum \mathrm{d}F_{Iy} - 2F = 0$$

式中，$\mathrm{d}F_{Iy}$表示微元的惯性力 $\mathrm{d}F_I$ 在 y 轴上的投影，代入 $\mathrm{d}F_I$ 的表达式后得

$$\int_0^{\pi} \rho A r^2 \omega^2 \sin\theta \mathrm{d}\theta - 2F = 0$$

$$F = \frac{1}{2}\rho A r^2 \omega^2 \int_0^{\pi} \sin\theta \mathrm{d}\theta = \rho A r^2 \omega^2$$

第四节 刚体惯性力系的简化

从上一节例题的求解过程可以看出，应用动静法求解质点系的动力学问题时，需要计算各质点的惯性力及其合力，当质点系中包含的质点很多时，计算工作将十分麻烦，有时甚至是不可能的。但是，对刚体来说，由于其内各质点的惯性力是分布在刚体体积上的分布力，我们可以应用力系简化的理论，将分布在刚体上的惯性力加以简化，这样在应用动静法研究刚体的动力学问题时，就可以直接利用简化的结果，而不必分别考虑各单个质点的惯性力。下面仅分别就刚体平动、定轴转动和平面运动三种情况讨论惯性力简化的结果。

1. 刚体作平动

刚体作平动时，在任一瞬时，体内各质点的加速度都相等，以 $\boldsymbol{a}_i$ 表示各点的加速度，$\boldsymbol{a}_C$ 表示质心 C 的加速度，则 $\boldsymbol{a}_i = \boldsymbol{a}_C$。取体内任一质点 M_i，其质量为 m_i，惯性力为 $\boldsymbol{F}_{Ii} = -m_i\boldsymbol{a}_i$。显然，体内各质点的惯性力构成一同向平行力系，可进一步合成为一个合力：

$$\boldsymbol{F}_I = \sum(-m_i\boldsymbol{a}_i) = -(\sum m_i)\boldsymbol{a}_C = -m\boldsymbol{a}_C \qquad (15-7)$$

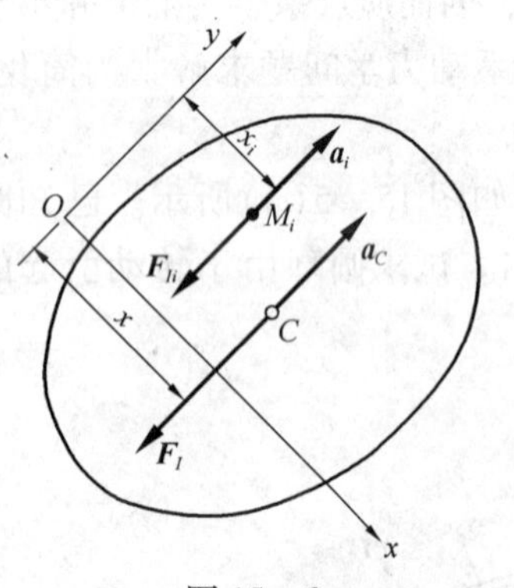

图 15－6

取直角坐标系 Oxy，使 Oy 轴平行于平动刚体的加速度，如图 15－6 所示。设合力作用点的坐标为 x，对点 O 应用合力矩定理，有

$$F_I x = \sum F_{Ii} x_i$$

但又知 $F_I = ma_C$，$F_{Ii} = m_i a_C$，代入上式得

$$x = \frac{(\sum m_i x_i)a_C}{ma_C} = \frac{\sum m_i x_i}{m} = x_C \qquad (15-8)$$

上式说明 $\boldsymbol{F}_I$ 通过质心。

结论：刚体作平动时，惯性力系可简化为一个通过质心的合力，其大小等于刚体的质量与质心加速度的乘积，方向与质心加速度的方向相反。

2. 刚体作定轴转动

这里只讨论均质刚体具有对称平面、且转动轴垂直于对称平面的简单情形，在工程实际中这种情形是常见的，如机械中的齿轮、飞轮等。如图 15－7(a)所示的刚体，由于转动轴与对称面垂直，所以在与对称面垂直的任一直线 AB 上的各质点到转轴的距离都相等，因而

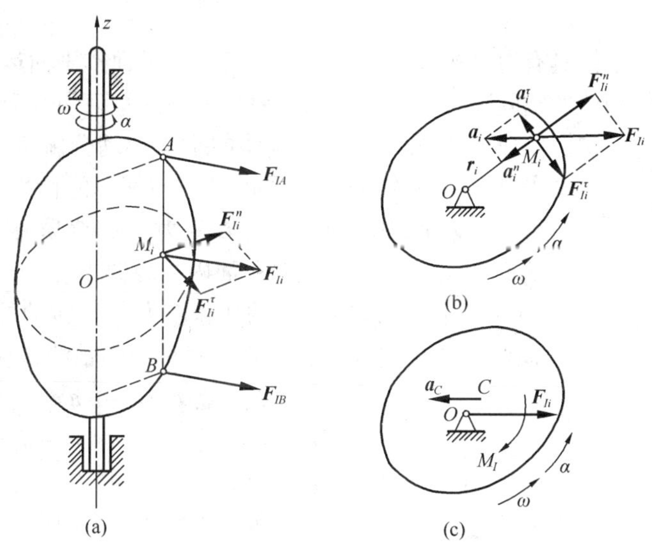

图 15－7

加速度都相等，惯性力也相等，显然，直线 AB 上各质点惯性力的合力 $\boldsymbol{F}_{Ii}$必在对称面内，且通过该直线与对称面的交点 $\boldsymbol{M}_i$。将惯性力 $\boldsymbol{F}_{Ii}$分解为切向惯性力 $\boldsymbol{F}_{Ii}^\tau$和法向惯性力 $\boldsymbol{F}_{Ii}^n$。这样就将原来由刚体内各质点的惯性力组成的空间力系，首先简化成在对称面内的平面力系，再将这些平面力系简化，就可得到一个力 $\boldsymbol{F}_I$ 和一个力偶矩为 $\boldsymbol{M}_I$ 的力偶。

设图 15－7(a)所示的中面图形就是刚体与其对称面相交所截出的平面图形，该图形上任一质点的质量就是刚体上过此点且与对称面垂直的直线上所有各质点的质量之和。图形上的点 O 就是转轴 z 与对称面的交点，是一固定点，设刚体的角速度为 ω，角加速度为 α；任取一点 M_i，其质量为 m_i，到点 O 的距离为 r_i，切向加速度和法向加速度的大小分别为 $a_i^\tau = r_i\alpha$ 和 $a_i^n = r_i\omega^2$，则切向惯性力和法向惯性力的大小分别为 $F_{Ii}^\tau = m_i r_i\alpha$ 和 $F_{Ii}^n = m_i r_i\omega^2$，方向分别与切向加速度 $\boldsymbol{a}_i^\tau$ 和法向加速度 $\boldsymbol{a}_i^n$ 的方向相反，如图 15－7(b)所示，质点 M_i 的惯性力表示为：

$$\boldsymbol{F}_{Ii} = \boldsymbol{F}_{Ii}^\tau + \boldsymbol{F}_{Ii}^n = -m_i(\boldsymbol{a}_i^\tau + \boldsymbol{a}_i^n) = -m_i\boldsymbol{a}_i \tag{15-9}$$

式中 $\boldsymbol{a}_i$ 为质点 M_i 的加速度，将图形内所有各质点的惯性力(即刚体内所有各质点的惯性力)向固定点 O 简化，得

$$\boldsymbol{F}_I = \sum \boldsymbol{F}_{Ii} = -\sum m_i\boldsymbol{a}_i = -m\boldsymbol{a}_C \tag{15-10}$$

式中 $m = \sum m_i$ 为刚体的质量，$\boldsymbol{a}_C$ 为刚体质心 C 的加速度。

同时得

$$\begin{aligned} M_I = M_o &= \sum M_o(\boldsymbol{F}_{Ii}) = \sum M_o(\boldsymbol{F}_{Ii}^\tau) = \sum -m_i r_i\alpha r_i \\ &= -(\sum m_i r_i^2)\alpha = -J_z\alpha \end{aligned} \tag{15-11}$$

式中 J_z 为刚体对转轴的转动惯量。

式(15－10)和式(15－11)表明：具有垂直于转轴的对称面的均质刚体作转动时，惯性力系向转轴与对称面的交点 O 简化的结果是一个力和一个力偶，这个力的大小等于刚体的质量与质心加速度的乘积，方向与质心加速度的方向相反，作用在对称面内，并通过点 O；这个力偶的力偶矩的大小等于刚体对转轴的转动惯量与角加速度的乘积，转向与角加速度的转向相反，作用在对称面内。

3. 刚体作平面运动

这里只讨论均质刚体具有对称平面，而且刚体平行于此平面作平面运动的情形，对于这种情形，也是首先将刚体的空间惯性力系简化为在对称面内的平面惯性力系，然后再进一步简化。根据运动学的知识，以质心 C 为基点，将刚体的平面运动分解为随质心 C 的平动和绕质心 C 的转动。随质心 C 平动部分的惯性力系可以简化为一个在对称面内且通过质心 C 的力 $\boldsymbol{F}_I$，绕质心 C 转动部分的惯性力系可简化为一个在对称面内的力偶矩为 M_I 的惯性力偶。如图 15－8 所示，设质心 C 的加速度为 $\boldsymbol{a}_C$，转动的角加速度为 α，刚体对于通过质心 C 且垂直于对称面的轴的转动惯量为 J_C，则有：

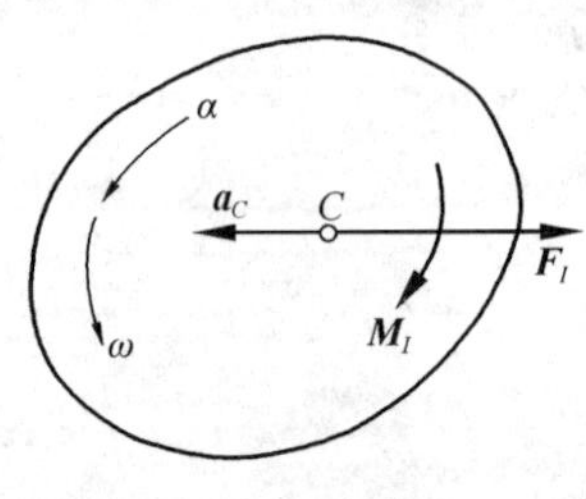

图 15－8

$$\boldsymbol{F}_I = \sum \boldsymbol{F}_{Ii} = -m\boldsymbol{a}_C$$

$$M_I = M_C = \sum M_C(\boldsymbol{F}_{Ii}) = -J_C\alpha$$

由此可得结论：具有对称平面的均质刚体平行于此平面作平面运动时，惯性力系向质心简化的结果是一个力和一个力偶；力的大小等于刚体的质量与质心加速度的乘积，方向与质心加速度的方向相反，作用在对称面内，且通过质心；力偶的力偶矩的大小等于刚体对于通过质心且垂直于对称面的轴的转动惯量与刚体的角加速度的乘积，转向与角加速度的转向相反，也作用在对称面内。

由以上的讨论可以看出，由于刚体运动的形式不同，惯性力系简化的结果也不相同。在应用动静法求解刚体动力学问题时，必须根据刚体运动的不同形式，正确地应用惯性力系的简化结果，在刚体上假想地加上简化后的惯性力系，然后建立主动力系，约束反力系和惯性力系的平衡方程。

例 2 如图 15－9 所示，均质定滑轮铰接在铅直无重的悬臂梁上，用绳与滑块相接。已知轮半径为 1m、重力大小为 20kN，滑块重力的大小为 10kN，梁长为 2m，斜面倾角 $\tan\theta = \frac{3}{4}$，动摩擦系数为 0.1。若在轮 O 上作用一常力偶矩 $M = 10\text{kN}\cdot\text{m}$。试求：(1)滑块 B 上升的加速度；(2)A 处的约束力。

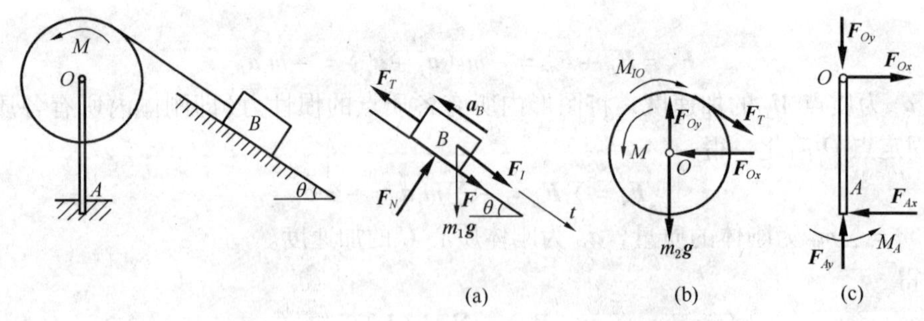

图 15－9

解 (1) 取滑块 B 为研究对象，设其质量为 m_1，加速度为 $\boldsymbol{a}_B$，则其惯性力为：$F_I = m_1 a_B$，受力如图 15－9(a)所示。

$$\sum F_\tau = 0,\ F_I + F - F_T + m_1 g\sin\theta = 0$$

$$F = fF_N = 0.1 m_1 g\cos\theta = 0.8\text{kN}$$

$$F_T = 6 + 0.8 + m_1 a_B = 6.8 + m_1 a_B$$

取定滑轮 O 为研究对象，设其质量为 m_2，半径为 r，则其惯性力矩为：

$M_{IO}=\dfrac{1}{2}m_2r^2\dfrac{a_B}{r}$，受力如图 15－9(b)所示。

$$\sum M_O(\boldsymbol{F})=0,\ M-M_{IO}-F_Tr=0,$$

即：$10-\dfrac{10}{g}a_B-6.8-\dfrac{10}{g}a_B=0\quad a_B=1.57\text{m/s}^2$

$$F_T=6.8+m_1a_B=6.8+1.6=8.4\text{kN}$$

$$\sum F_x=0,\ F_T\cos\theta-F_{Ox}=0;\ F_{Ox}=8.4\times0.8=6.72\text{kN}$$

$$\sum F_y=0,\ F_{Oy}-F_T\sin\theta-m_2g=0;\ F_{Oy}=8.4\times0.6+20=25.04\text{kN}$$

(2) 取梁 AO 为研究对象，设梁长为 l，受力如图 15－9(c)所示

$$\sum M_A(\boldsymbol{F})=0,\ M_A-F_{Ox}l=0;\ M_A=6.72\times2=13.44\text{kN}\cdot\text{m}$$

$$\sum F_x=0,\ F_{Ox}-F_{Ax}=0;\ F_{Ax}=6.72\text{kN}$$

$$\sum F_y=0,\ F_{Ay}-F_{Oy}=0;\ F_{Ay}=25.04\text{kN}$$

通过上面各节中例题的分析和求解，可以将应用动静法解题的步骤归纳为：

(1) 根据待求量确定研究对象(即取分离体)；

(2) 分析研究对象的受力情况，画出其受力图；

(3) 分析研究对象的运动情况，根据其运动形式确定惯性力，并画在受力图上；

(4) 选取适当的投影轴和矩心，建立静力学平衡方程，求解未知量。

小　结

1. 惯性力

设质点的质量为 m，加速度为 $\boldsymbol{a}$，则质点的惯性力 $\boldsymbol{F}_I$ 定义为

$$\boldsymbol{F}_I=-m\boldsymbol{a}$$

2. 质点的达朗贝尔原理

质点上除了作用有主动力 $\boldsymbol{F}$ 和约束力 $\boldsymbol{F}_N$ 外，如果还假想地作用有该质点的惯性力 $\boldsymbol{F}_I$，则这些力在形式上形成一个平衡力系，即

$$\boldsymbol{F}+\boldsymbol{F}_N+\boldsymbol{F}_I=0$$

3. 质点系的达朗贝尔原理

在质点系中每个质点上都假想地加上各自的惯性力 $\boldsymbol{F}_{Ii}$，则质点系的所有外力 $\boldsymbol{F}_i^{(e)}$ 和惯性力 $\boldsymbol{F}_{Ii}$，在形式上形成一个平衡力系，可表示为

$$\sum\boldsymbol{F}_i^{(e)}+\sum\boldsymbol{F}_{Ii}=0$$

$$\sum M_O(\boldsymbol{F}_i^{(e)})+\sum M_O(\boldsymbol{F}_{Ii})=0$$

4. 刚体惯性力系的简化

(1) 刚体作平移：惯性力系简化为通过质心的一个合力，即

$$\boldsymbol{F}_I=-M\boldsymbol{a}_C$$

(2) 刚体绕定轴转动：如果刚体有质量对称平面，且此平面与转轴 z 垂直，则惯性力系向此质量对称平面与转轴 z 的交点 O 简化，主矢与主矩为

$$\boldsymbol{F}_I=-M\boldsymbol{a}_C,\ M_{IO}=-J_z\alpha$$

（3）刚体作平面运动：当刚体具有与平面图形平行的质量对称平面，惯性力系向质心简化得主矢和主矩分别为

$$\boldsymbol{F}_I = -M\boldsymbol{a}_C,\ M_{IC} = -J_C\alpha$$

习　题

15－1　一等截面均质杆 OA 长为 l、重力 P，在水平面内以匀角速度 ω 绕铅直轴 O 转动，题图 15－1 所示。试求在距转动轴 h 处断面上的轴向力，并分析在哪个截面上的轴向力最大？

答案：$F_N = \dfrac{l^2 - h^2}{2l}\dfrac{P}{g}\omega^2$

15－2　题图 15－2 所示，轮轴 O 的大小半径为 R 和 r，对轴 O 的转动惯量为 J。在轮轴上拉有两个物体，各重 P 和 W。若此轴依顺时针转向转动，试求转轴的角加速度 α。

答案：$\alpha = \dfrac{Wr - PR}{Jg + PR^2 + Wr^2}g$

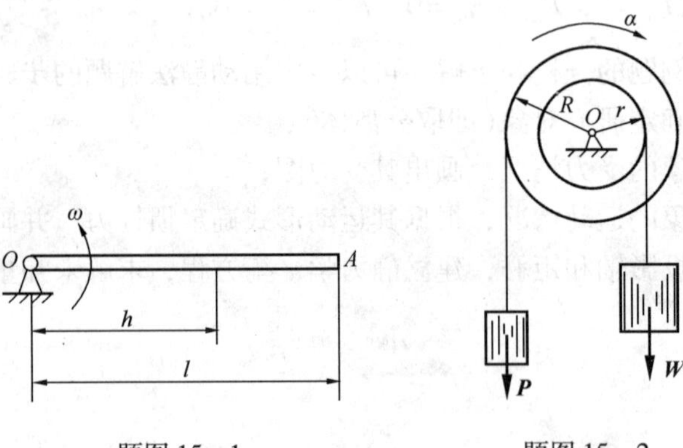

题图 15－1　　题图 15－2

15－3　题图 15－3 所示曲柄 OA 重为 P，长为 r，以等角速度 ω 绕水平的 O 轴逆时针方向转动。由曲柄的 A 端推动水平板 B，使重力为 W 的滑杆 BC 沿铅垂方向运动，忽略摩擦。求当曲柄与水平方向的夹角为 30°时力矩 M 和轴承 O 的反力。

答案：$M = \dfrac{\sqrt{3}}{4}(P+2W)r - \dfrac{\sqrt{3}}{4}\dfrac{W}{g}r^2\omega^2$；$F_{Ox} = -\dfrac{\sqrt{3}}{4}\dfrac{P}{g}r\omega^2$；$F_{Oy} = P + W - \dfrac{2W+P}{4g}r\omega^2$

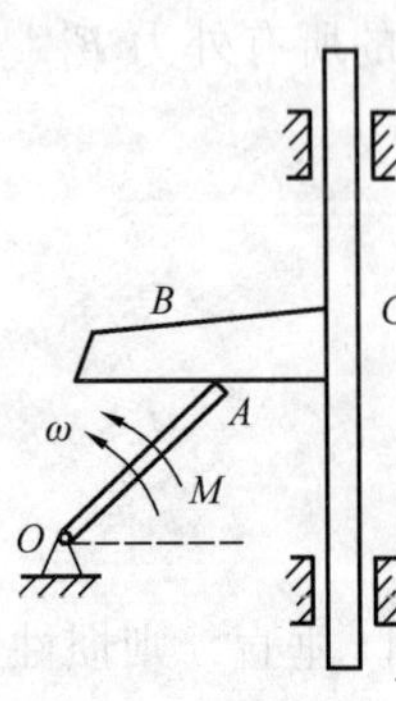

题图 15－3

15－4　题图 15－4 所示均质板质量为 m，放在两个圆柱滚子上，滚上质量皆为 $\dfrac{m}{2}$，其半径均为 r。如在板上作用一水平力 F，并设滚子无滑动，求板的加速度。

答案：$a = \dfrac{8}{11}\dfrac{F}{m}$

15－5　正方形均质板重 40N，在铅直平面内以三根软绳拉住，板的边长 $b = 10\text{cm}$，如题图 15－5 所示。

求：（1）当软绳 FG 剪断后，木板开始运动的加速度以及 AD 和 BE 两绳的张力；

（2）当 AD 和 BE 两绳位于铅直位置时，木板中心 C 的加速度

和两绳的张力。

答案：(1) $a=a_\tau=\frac{1}{2}g=4.9\text{m/s}^2$，$F_A=7.32\text{N}$，$F_B=27.32\text{N}$；

(2) $a=a_n=2-\sqrt{3}g=2.63\text{m/s}^2$，$F_A=F_B=25.36\text{N}$

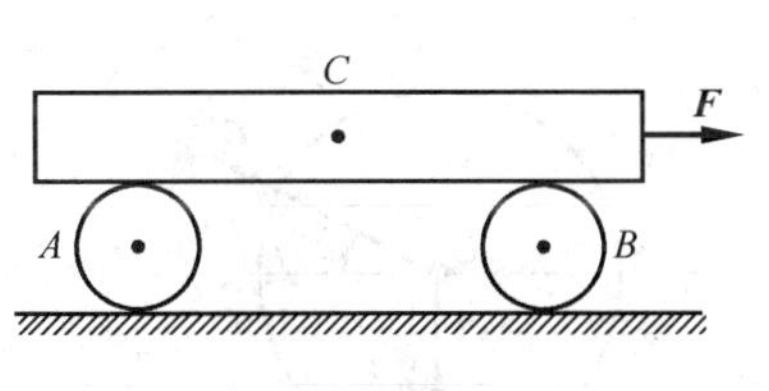

题图 15－4

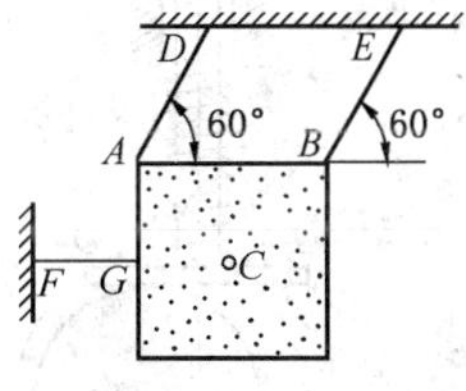

题图 15－5

15－6　均质杆长 l，重 W，被铰链 A 和绳子支持，如题图 15－6 所示。若连接 B 点的绳子突然断掉，试求：(1)铰链支座 A 的约束力；(2)B 点的加速度。

答案：(1)$F_{Ay}=\frac{W}{4}(\uparrow)$；(2)$a=\frac{3g}{2l}$

15－7　如题图 15－7 所示，提升矿石用的传送带与水平成倾角 θ。设传送带以匀加速度 a 运动，为保持矿石不在带上滑动，求所需的摩擦因数。

答案：$f\geqslant\frac{a}{g\cos\theta}+\tan\theta$

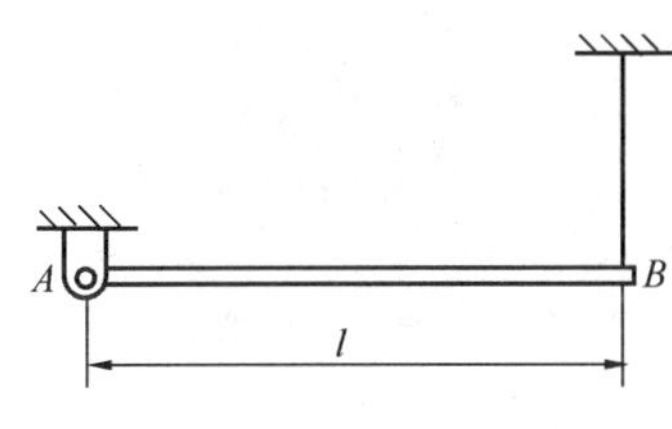

题图 15－6

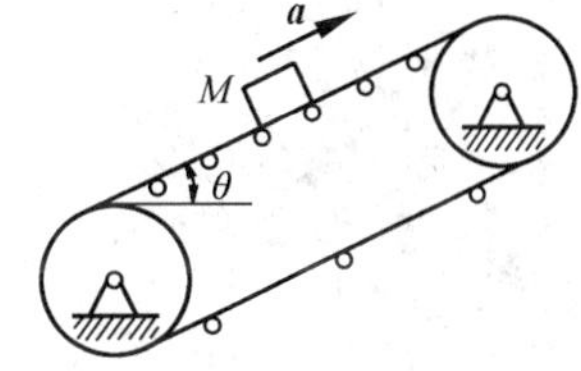

题图 15－7

15－8　矿车重 P 以速度 v 沿倾角为 θ 的斜坡匀速下降，运动总阻力因数为 f，尺寸如题图 15－8 所示；不计轮的转动惯量，求钢丝绳的拉力。当制动时，矿车作匀减速运动，制动时间为 t，求此时钢丝绳的拉力和轨道法向约束力。

答案：(1)$F=P(\sin\theta-f\cos\theta)$；

$$(2)F=P\left(\sin\theta-f\cos\theta+\frac{v}{gt}\right),\ F_{NA}=P\cos\theta-F_{NB}$$

$$F_{NB}=\frac{P}{b}\left[(h-d)\left(\sin\theta+\frac{v}{gt}\right)+\left(\frac{b}{2}+fd\right)\cos\theta\right]$$

15－9　如题图 15－9 所示凸轮导板机构，偏心轮绕 O 轴以匀角速度 ω 转动，偏心距 $OA=e$，当导板 CD 在最低位置时，弹簧的压缩为 b，导板重为 P。为使导板在运动过程中始终不离开偏心轮，则弹簧的刚性系数 k 应为多少？

答案：$k\geqslant P\frac{e\omega^2/g-1}{b+2e}$

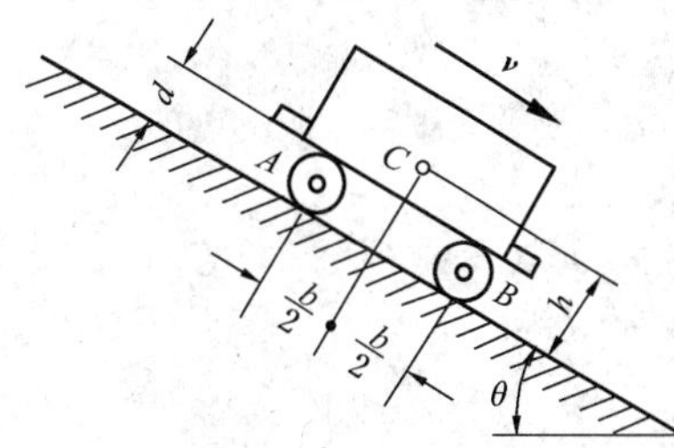

题图 15－8

15－10　如题图 15－10 所示均质圆柱重 P、半径为 R，在常力 F_T 作用下沿水平面纯滚动；求轮心的加速度及地面的约束力。

答案：$a_0 = \frac{2F_T\cos\theta}{3P}g$，$F_N = P - F_T\sin\theta$，$F = \frac{F_T}{3}\cos\theta$

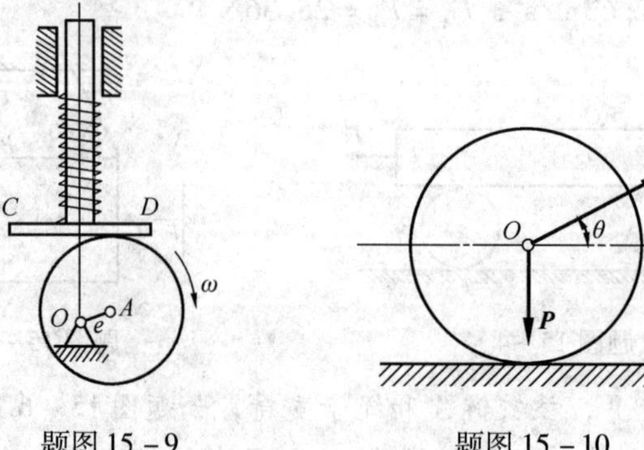

题图 15－9　　题图 15－10

第十六章　虚位移原理

第一节　约束和约束方程

虚位移原理的建立，涉及约束和虚位移等概念，本节先讨论约束的性质。

工程实际中的平衡问题，大都是非自由质点系的平衡问题。约束一方面对非自由质点系作用以相应的约束反力，另一方面当质点系运动时，限制其位置或速度等。从运动学方面来看，加于质点系中各质点的位置或速度的限制条件称为约束，表示这种限制条件的数学方程为约束方程。根据约束的形式和性质，约束可分为如下几类。

1. 几何约束和运动约束

只限制质点或质点系在空间的几何位置的约束称为几何约束。例如以无重刚杆为摆杆的单摆，如图 16 - 1 所示，由于刚杆 OM 的限制，摆锤 M 只能在坐标平面 Oxy 内作以固定点 O 为圆心、摆杆长 l 为半径的圆周运动，其位置坐标必须满足下面的圆方程：

$$x^2 + y^2 = l^2 \tag{16-1}$$

上式就是摆杆的约束方程，它表示了摆杆对摆锤的限制条件。

几何约束的约束方程中只包含质点系中各质点的位置坐标，不仅能限制质点或质点系的位置，而且能限制质点或质点系的速度的约束，称为运动约束。如图 16 - 2 所示，半径为 r 的圆轮在水平面上沿直线轨道滚动而不滑动，由于约束的限制，轮上与轨道接触的点 I 的速度为零。设轮心 C 的速度为 $\dot{x}_C$，圆轮的角速度为 $\dot{\varphi}$，则这一约束条件可用方程表示为

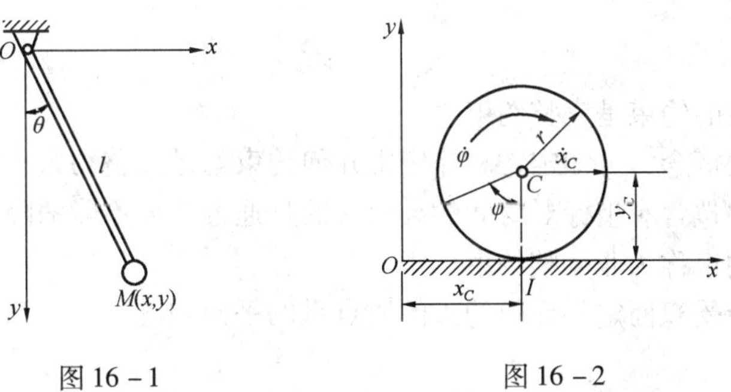

图 16 - 1　　　图 16 - 2

$$\dot{x}_C - r\dot{\varphi} = 0 \tag{16-2}$$

上式建立了轮心速度与圆轮角速度之间的关系，它所表示的是一种运动约束的关系。

运动约束方程中既包含约束质点系中各质点的位置坐标，又包含各质点的速度在坐标轴上的投影。

2. 定常约束和非定常约束

不随时间而变，即约束方程中不显含时间 t 的约束，称为定常约束，或称稳定约束。如前述单摆所受约束的约束方程中不显含时间 t，属于定常约束。

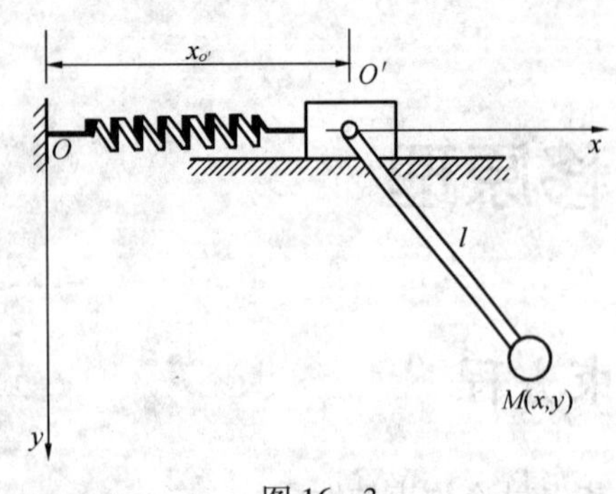

图 16－3

随时间而变化，因而约束方程中显含时间 t 的约束，称为非定常约束，或称不稳定约束。例如，一与弹簧相连的滑块 O' 可沿光滑水平面往复滑动，如图 16－3 所示，其运动规律为 $x_{O'}=a\sin\omega t$；又在滑块上连接一单摆，摆杆长为 l，则摆锤 M 所受约束的约束方程为

$$(x-a\sin\omega t)^2+y^2=l^2 \tag{16-3}$$

上式中显含时间 t，所以是非定常约定。

非定常约束中有非定常几何约束，也有非定常运动约束。

3. 双面约束和单面约束

如果约束在任何瞬时都不允许质点从任何方向脱离，这种约束称为双面约束，或称固执约束。如图 16－1 所示的摆锤 M 所受到的摆杆的约束就是双面约束，其约束方程是一等式。如果约束允许质点从某一方向脱离，则这种约束称为单面约束，或称非固执约束。如图 16－2所示的圆轮，由于约束的限制，轮心 C 作水平直线运动，其纵坐标 y_C 应保持为常数，且此常数等于 r；若圆轮脱离水平面，则纵坐标 y_C 不再等于 r，但不能小于 r，所以水平面对圆轮的约束是单面约束，其约束条件可表示为

$$y_C \geqslant r \tag{16-4}$$

这是一个几何约束方程。可见，单面约束的约束方程是不等式。如果圆轮运动时，在任何瞬时都不脱离水平面，则作为单面约束的水平面仍可视为双面约束，其约束方程可表示为等式。

4. 完整约束和非完整约束

如果约束方程中不包含坐标对时间的导数，或者能通过积分消除约束方程中的坐标对时间的导数，得到几何约束的约束方程，则这种约束称为完整约束。例如式(16－2)可以积分成为

$$x_c=r\varphi+C \tag{16-5}$$

所以圆轮所受到的约束是完整约束。

根据完整约束的概念，可知定常和非定常几何约束都是完整约束。

如果约束方程中包含有坐标对时间的导数，而且通过积分不能消除约束方程中坐标对时间的导数，则这种约束称为非完整约束。

本章仅限于讨论受双面定常几何约束的质点系的平衡问题。

第二节　虚　位　移

由于约束的限制，非自由质点系中各质点的运动就不再是完全自由的，它们只可能发生为约束所允许的某些位移，而不可能发生其他的位移。质点系在约束所允许的条件下发生的任何微小位移，称为此质点系的虚位移。

如图 16－4 所示，杆 OA 在图示位置的虚位移是绕点 O 按顺时针转向转动一微小转角 $\delta\theta$ 后，由位置 OA 到位置 OA'；而杆上点 A 的虚位移 δr_A 则是以点 O 为圆心，杆长 l 为半径的圆上与 $\delta\theta$ 相对应的一段微小的弧，因 $\delta\theta$ 是微小的，故可认为 δr_A 垂直于杆 OA，大小为

$$\delta r_A = l\delta\theta$$

杆 OA 按逆时针转向转动一微小转角 $\delta\theta$ 也是约束所允许的，这时点 A 的虚位移 δr_A 也沿着相反的方向。

虚位移必须是约束所允许的位移，而破坏约束所发生的位移则不是虚位移。虚位移还必须是无限小位移，任何有限位移都不是虚位移。如图 16－4 上点 A 的虚位移 $\delta \boldsymbol{r}_A$ 是无限小位移时，忽略高阶微量，则可认为 δr_A 与杆 OA 垂直。又如图 16－5 的虚位移 $\overline{MM_1}$、$\overline{MM_2}$、… 是无限小位移时，忽略高阶微量，便可认为它们都在曲面 S 上点 M 处的切平面 T 内，即虚位移 δr 与曲面 S 在点 M 处的法线 n 垂直。

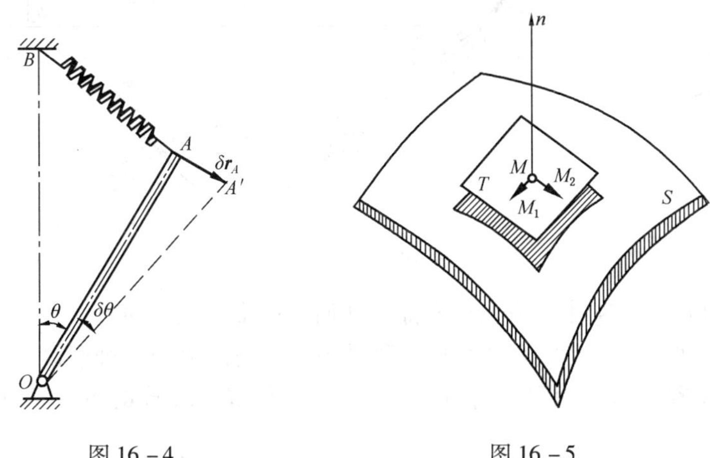

图 16－4　　图 16－5

必须注意，虚位移与实位移是两个不同的概念，虚位移不是质点系真正运动时所发生的实位移。实位移是在一定的力的作用下和给定的运动的初始条件下，在一定的时间内实际发生的位移，具有确定的方向，可能是微小值，也可能是有限值。而虚位移则是在约束允许的条件下可能发生的位移，是一个纯几何的概念，既不表明实际运动，也与力的作用、时间过程和运动的初始条件无关，一定是微小值，在约束许可的情况下，可能有几种不同的方向。为了区别虚位移与实位移，虚位移用变分符号 δr、δx、δy、δz、δs、$\delta\theta$ 等表示，实位移用微分符号 $\mathrm{d}r$、$\mathrm{d}x$、$\mathrm{d}y$、$\mathrm{d}z$、$\mathrm{d}s$、$\mathrm{d}\theta$ 等表示。

对于受定常约束的质点系，由于约束条件不随时间而改变，微小的实位移必定是可能有的几个虚位移中的一个。如图 16－5 所示，当质点在曲面 S 上运动时，其微小实位移必定在过点 M 处的切平面 T 内，是虚位移的一个。

第三节　理 想 约 束

如果约束反力在质点系的任何虚位移中所作的元功之和等于零，则这种约束称为理想约束。如作用于质点系任一质点 M_i 上的约束反力为 $\boldsymbol{N}_i$，此质点的虚位移为 $\delta \boldsymbol{r}_i$，则质点系的理想约束的条件可表示为

$$\sum \boldsymbol{N}_i \cdot \delta \boldsymbol{r}_i = 0$$

一般情况下，凡是不计摩擦的约束都属于理想约束。常见的理想约束有如下几种：

(1) 光滑支承面

约束反力总是沿着支承面的法线方向，而虚位移总是在支承面的切平面内，所以，约束

反力总是与虚位移垂直，在质点系的任何虚位移中的元功都等于零。

（2）固定端的约束

因为约束反力的作用点固定不动，不会有虚位移，所以在刚体的任何虚位移中，约束反力的元功等于零。

（3）连接两刚体的光滑铰链，如图 16－6 所示。

（4）连接两质点的无重刚杆，如图 16－7 所示。

（5）连接两质点的不可伸长的绳索，如图 16－8 所示。

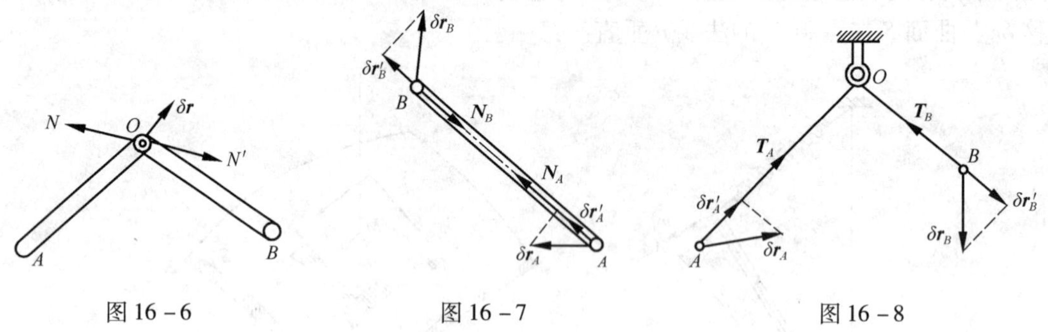

图 16－6　　图 16－7　　图 16－8

一般来说，凡属绝对刚体的或没有摩擦的几何约束都是理想约束。显然，这样的约束实际上是不存在的。理想约束是实际约束的一种抽象，是对约束的一种假设。理想约束对于下面即将讨论的虚位移原理，以及应用虚位移原理来解非自由质点系的平衡问题都将十分简便。

第四节　虚位移原理

虚位移原理可叙述如下：

具有定常理想约束的质点系，在给定位置处于静止平衡的必要和充分条件是：作用于质点系的所有主动力在此位置的任何虚位移中所作的元功之和等于零。

在质点系中任取一质点 M_i，作用在此质点上的主动力的合力为 $\boldsymbol{F}_i$，虚位移为 $\delta\boldsymbol{r}_i$，则上述虚位移原理的矢量表示式为：

$$\sum \boldsymbol{F}_i \cdot \delta\boldsymbol{r}_i = 0$$

解析表达式为

$$\sum (F_{ix}\delta x_i + F_{iy}\delta y_i + F_{iz}\delta z_i) = 0$$

虚位移原理是静力平衡的普遍原理，对于任何质点系都适用。虚位移原理的应用主要有如下几个方面：

（1）质点系平衡，求各主动力之间的关系；

（2）在已知的主动力作用下，求质点系的平衡位置；

（3）求解受非理想约束作用（如有摩擦或弹簧存在）的质点系的平衡问题。求解时只需将非理想约束的约束反力（如摩擦力或弹性力）当作主动力，并计算其在虚位移中的元功；

（4）求解未知的约束反力和桁架杆件的内力。求解时只需将相应的约束解除，代入所需求的约束反力，并将这个约束反力当作主动力就可将其求出；

（5）与动静法相结合，写出动力学普遍方程，求解动力学的两类问题。

例 1　图 16－9 所示椭圆规机构中，连杆 AB 长为 l，滑块 A、B 与杆重均不计，忽略各处摩擦，机构在图示位置平衡。求主动力 F_A 与 F_B 之间的关系。

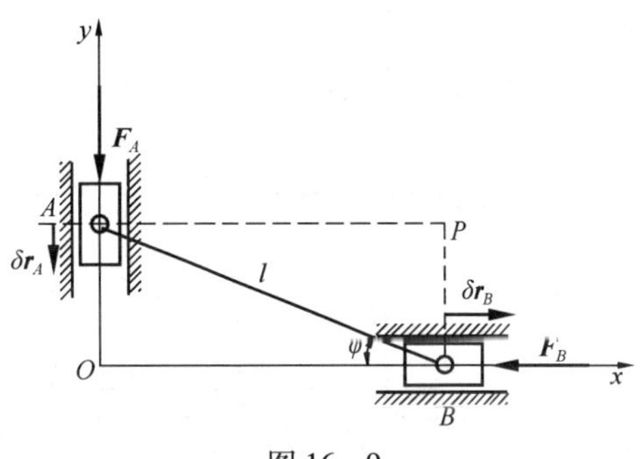

图 16－9

解　研究整个机构，系统的约束为理想约束。对此题，可用下述几种方法求解。

（1）用几何法。设给滑块 A 一图示的虚位移 $\delta \boldsymbol{r}_A$，在约束允许的条件下，滑块 B 的虚位移 $\delta \boldsymbol{r}_B$ 如图所示，由虚位移原理

$$\sum \boldsymbol{F}_i \cdot \delta \boldsymbol{r}_i = 0$$

有

$$F_A \cdot \delta r_A - F_B \cdot \delta r_B = 0 \tag{a}$$

为求得 F_A 与 F_B 的关系，应找出虚位移 δr_A 与 δr_B 的关系。由于 AB 杆为刚性杆，A、B 两点的虚位移在 AB 连线上的投影应该相等，由图有 $\delta r_B \cos\varphi = \delta r_A \sin\varphi$，

即

$$\delta r_A = \delta r_B \cot\varphi \tag{b}$$

将式(b)代入式(a)，得

$$\delta r_B (F_A \cot\varphi - F_B) = 0$$

因 δr_B 是任意的，解得

$$F_A = F_B \tan\varphi$$

（2）用解析法。建立图示坐标系，由

$$\sum (F_{xi}\delta x_i + F_{yi}\delta y_i + F_{zi}\delta z_i) = 0$$

有

$$-F_B \delta x_B - F_A \delta y_A = 0 \tag{c}$$

写出 A、B 点的坐标，为

$$x_B = l\cos\varphi \qquad y_A = l\sin\varphi$$

实施变分运算(类似微分运算)，有

$$\delta x_B = -l\sin\varphi\delta\varphi \qquad \delta y_A = l\cos\varphi\delta\varphi$$

将 δx_B 与 δy_A 代入式(c)，解得

$$F_A = F_B \tan\varphi$$

（3）用虚速度法。假想虚位移 δr_A、δr_B 是在极短的时间 dt 内发生的，这时对应点 A 和点 B 的速度 $v_A = \dfrac{\delta r_A}{\mathrm{d}t}$ 和 $v_B = \dfrac{\delta r_B}{\mathrm{d}t}$ 称为虚速度。代入式(a)得

$$F_B v_B - F_A v_A = 0 \tag{d}$$

由速度投影定理

$$v_B \cos\varphi = v_A \sin\varphi$$

得

$$v_B = v_A \tan\varphi \tag{e}$$

把式(e)代入式(d)得

$$F_A = F_B \tan\varphi$$

例 2　在图 16－10 所示多跨静定梁中，已知 $F = 50$kN，$q = 2.5$kN/m，$M = 5$kN·m，$l = 3$m。试求支座 A、B 与 E 处的约束力。

解　(1) 解除 A 处约束，系统的虚位移如图 16－10(a)，应用虚位移原理：

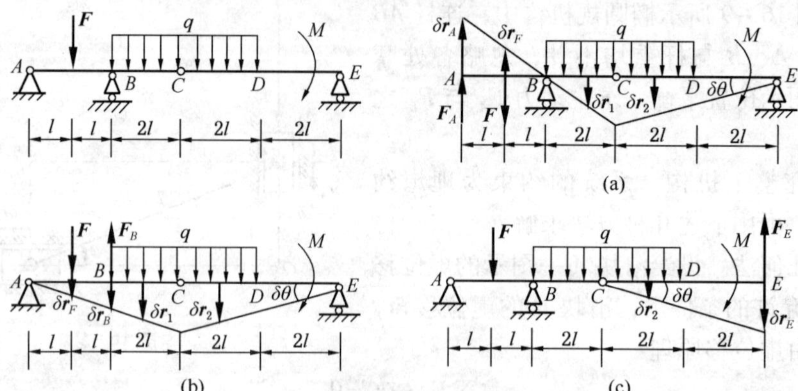

图 16-10

$$F_A\delta r_A - F\delta r_F + 2ql(\delta r_1 + \delta r_2) - M\delta\theta = 0 \tag{a}$$

其中，$\delta r_F = \delta r_1 = \dfrac{\delta r_A}{2}$，$\delta r_2 = \dfrac{3\delta r_A}{4}$，$\delta\theta = \dfrac{\delta r_A}{4l}$。代入式(a)得

$$\left(F_A - \frac{F}{2} + 2ql\,\frac{5}{4} - M\,\frac{1}{4l}\right)\delta r_A = 0$$

求得　$F_A = 6.667\text{kN}$

(2) 解除 B 处约束，系统的虚位移如图 16-10(b)。

$$F\delta r_F - F_B\delta r_B + 2ql(\delta r_1 + \delta r_2) - M\delta\theta = 0 \tag{b}$$

其中，$\delta r_F = \dfrac{\delta r_B}{2}$，$\delta r_1 = \delta r_2 = \dfrac{3\delta r_B}{2}$，$\delta\theta = \dfrac{\delta r_B}{2l}$。代入式(b)得

$$\left(\frac{F}{2} - F_B + 6ql - M\,\frac{1}{2l}\right)\delta r_B = 0$$

求得　$F_B = 69.167\text{kN}$

(3) 解除 E 处约束，系统的虚位移如图 16-10(c)。

$$2ql\delta r_2 - F_E\delta r_E + M\delta\theta = 0 \tag{c}$$

将 $\delta r_2 = l\delta\theta$，$\delta r_E = 4l\delta\theta$ 代入(c)式得

$$(2ql^2 - 4lF_E + M)\delta\theta = 0$$

求得　$F_E = 4.167\text{kN}$

现将应用虚位移原理求解质点系平衡问题的步骤和应注意的问题归纳如下：

(1) 确定研究的质点系。

(2) 分析作用于质点系的主动力，并明确其作用点。

分析约束是不是理想约束，如果是非理想约束，应将不满足理想约束条件的约束反力当作主动力。

如果需求约束反力，可将各约束逐个地解除，即一次解除一个约束，代以相应的约束反力，并将此约束反力当作主动力。

(3) 根据约束条件，给系统以虚位移，求出各主动力作用点的虚位移的方向和它们之间的关系。

(4) 应用虚位移原理表达式求解需求的未知量，式中主动力在虚位移中的元功的正负号的确定与动能定理中功的正负号的确定方法相同。

小　结

1. 虚位移、虚功、理想约束

在某瞬时，质点系在约束允许的条件下任何无限小的位移称为虚位移。虚位移可以是线位移，也可以是角位移。

力在虚位移中所作的功称为虚功。

在质点系的任何虚位移中，所有约束力所作虚功的和等于零，这种约束称为理想约束。

2. 虚位移原理

对于具有理想约束的质点系，其平衡条件是作用于质点系上的所有主动力在任何虚位移上所作虚功的和等于零。即

$$\sum \delta W_F = 0$$

正确地建立各虚位移之间的关系是用虚位移原理解题的关键。常用以下方法建立各虚位移之间的关系。

（1）几何法：设机构某处产生虚位移，作图给出机构各处的虚位移，直接按几何关系，确定各有关虚位移之间的关系。

（2）解析法：建立坐标系，选定一合适的自变量，写出各有关点的坐标，对各坐标进行变分运算，确定各虚位移之间的关系。

（3）虚速度法：各点虚位移之间的关系与各点速度之间的关系相同，可以利用运动学中分析速度的方法求各虚位移之间的关系。

虚位移原理是不同于列平衡方程求解静力学平衡问题的一种方法。虚位移原理可以用于具有理想约束的系统，也可以用于具有非理想约束的系统。虚位移原理可以求主动力之间的关系，也可以求约束力。

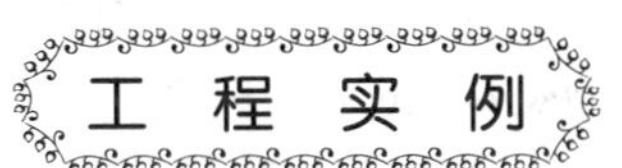

1. 悠悠球

悠悠球（*yo*－*yo*）是人类最古老的玩具之一。悠悠球的构造十分简单（如图 16－11）。木制或塑料制的两个厚圆盘中间以短轴相连，缠绕在短轴上的绳索一端与轴固定，另一端绕在手指上。

首先，假定悠悠球为均质圆盘，$J_C = \frac{1}{2}mr^2$，r 为悠悠球半径，若不考虑空气阻力及绳子的摩擦力，无初速度松开悠悠球。设手的位置为 O，则由动量矩定理可求出悠悠球下降时质心的速度 v_C（如图 16－12 所示）：

$$L_O = -mv_C r - J_C \frac{v_C}{r} = -\frac{3}{2}mv_C r$$

$$\frac{dL_O}{dt} = -mgr$$

$$-\frac{3}{2}mra_C = -mgr$$

$$a_C = \frac{2}{3}g$$

图 16－11

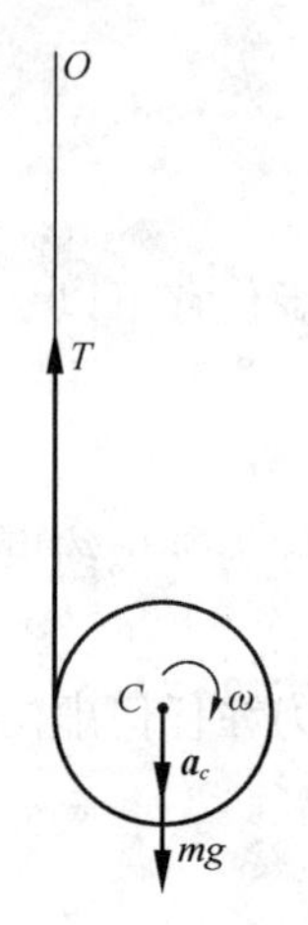

图 16－12

则悠悠球下降时做匀加速运动。

$$2a_C h = v_C^2$$

$$v_C = \frac{2}{3}\sqrt{3gh}$$

若悠悠球下降高度为 h 时，重力做功为 mgh，作正功，绳子不作功。

悠悠球的动能为：$T = \frac{1}{2}mv_C^2 + \frac{1}{2}J_C\omega^2$

其中悠悠球与绳子无相对滑动，则：

$$T = \frac{1}{2}mv_C^2 + \frac{1}{2}\cdot\frac{1}{2}mr^2\left(\frac{v_C}{r}\right)^2 = mgh$$

说明悠悠球在下降时符合机械能守恒。

其次，悠悠球降到最低点，由于惯性作用，圆盘在另一侧沿绳子向上滚动。ω 不变，$v_C = \omega r$，方向向上。

根据能量守恒
$$\frac{1}{2}mv_C^2 + \frac{1}{2}J_C\omega^2 = mgh$$

悠悠球在往复运动过程中，重力对圆盘交替作正功或负功，势能与动能相互转换，机械能守恒(图 16－13)。但事实上，由于空气阻力和绳子摩擦力作负功，导致机械能不守恒，若由初始位置静止松手，悠悠球上升高度越来越低。故将操纵悠悠球的手上下微动，不断给悠悠球补充耗散能量，可使悠悠球连续不断地上下运动。

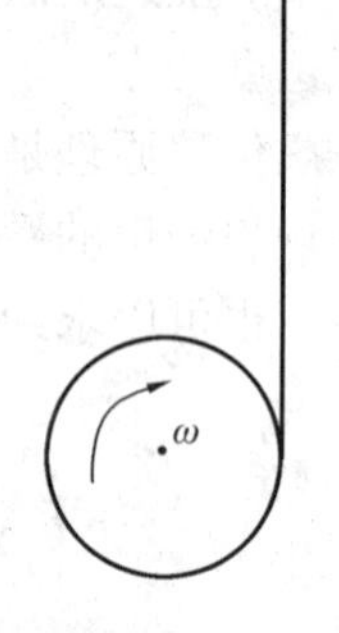

图 16－13

小小的悠悠球曾于 1985 年 4 月 12 日登上了发现号航天飞机，宇航员在舱内观察微重力条件对悠悠球运动的影响。1992 年 7 月 31 日悠悠球再次登上阿特兰蒂斯航天飞机。不过悠悠球与太空的联系不仅限于此。一种称为“悠悠消旋”(*yo－yo despin*)技术的出现使卫星成为太空中的大号悠悠球。在卫星发射过程中，当卫星与运载火箭分离后，必须采取措施使卫星停止旋转，才能控制卫星维持相对地球的正确姿态。利用喷射技术可以做到消旋，但要消耗宝贵的资源。所谓悠悠消旋技术，是在卫星的 A、B 处(图 16－14)对称固定两根细索，端部系质量块，令其与旋转方向相反地缠绕在圆柱形星体上。质量块起先锁定在星体 C、D 处，星箭分离后打开锁定装置，质量块在离心力作用下向外运动，绕在星体上的细索逐渐释放，卫星的转动惯量随之增大，转速也随之减小。这种消旋方案不消耗能源，是航天技术中普遍采用的可行方案。

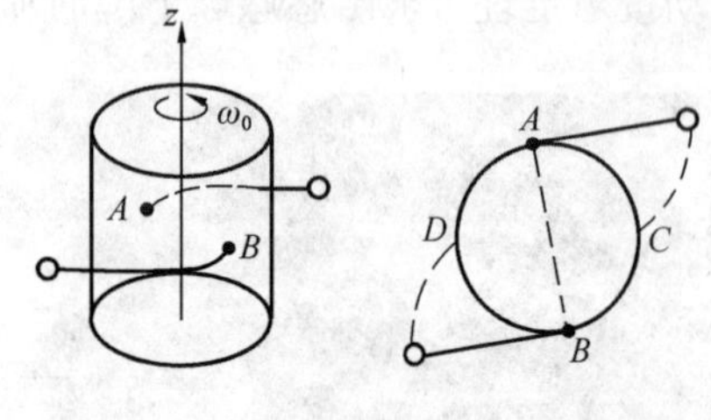

图 16－14

卫星作为一个大悠悠球，在消旋过程中的表现却与玩具悠悠球不同。悠悠球的绳索自由段愈长转速愈大，而悠悠消旋的绳索自由段愈长却转速愈小。原因在于影响这两种悠悠球转速变化的力学原理完全不同。玩具悠悠球的转速变化是由于势能与动能之间的能量转换。太空中的卫星如不计微弱的重力梯度力矩，其势能保持常值，不存在能量的转换。玩具悠悠球在重力矩作用下动量矩不断改变，而无力矩状态下的卫星动量矩守恒，消旋过程是由于绳索自由段长度增加使转动惯量不断变大的结果。

近年来出现了对开采近地小行星矿产资源可能性的探索。为保证小行星面朝太阳以持续获得太阳能，消旋成为待解决的关键问题之一。能不能将人造卫星的悠悠球技术用于太阳系中小行星的消旋？美国一位查普曼博士(P. Chapman)作了估算：一个100m直径、质量160万吨的小行星每个地球日自旋4周，如果将两根6km长的绳索锚固在小行星上，沿自旋反方向绕小行星缠20圈，则质量20t的质量块足以完成小行星的消旋，仅为小行星质量的8万分之一。这个宏伟的宇宙开发计划如能实现，太空中将会出现一个蔚为壮观的特大号超级悠悠球了。

注释：悠悠消旋的理论计算

设卫星为半径R的圆柱形刚体，绕旋转轴z的转动惯量为J，质量块的质量为m，绳索的长度为l。在绳索释放瞬时刚体的角速度为ω_0，质量块的速度为$R\omega_0$。释放结束时刚体角速度被消除为零，设此时质量块的速度为v。利用动量矩守恒定律列出

$$2mlv = J\omega + 2mR^2\omega$$

根据机械能守恒定律，列出

$$\left(\frac{1}{2}mv^2\right)\times 2 = \frac{1}{2}J\omega_0^2 + \left(\frac{1}{2}mR^2\omega_0^2\right)\times 2$$

从以上二式中消去v，解出为保证完全消旋所需要的绳索长度l为

$$l = \sqrt{R^2 + \frac{J}{2m}}$$

2. 飞轮的妙用—— 一个力学“小魔术”

一根重为P的均质杆简支于A，B支座上，支座的反力分别为$P/2$。如果突然将支座B撤去(如图16－15所示)，显然，在重力矩作用下AB杆将绕A点顺时针转动而掉下。现在，允许在AB杆上采取一些措施，但不能对系统施加绕A点的外力矩，使得在支座B撤去后，AB杆仍能维持水平而不掉下。你能做到么？

为解决这一问题，先在AB杆的中点处通过电机C安装一飞轮D(图16－16)，电机与飞轮的重量为W。给电机通电，使飞轮有顺时针转向的角加速度α，用动静法求支座B的反力。根据达朗贝尔原理，在飞轮D上加逆时针转向的惯性力偶，力偶矩为$J_D\alpha$；则系统的受力如图16－16所示。由对A点的力矩平衡方程得

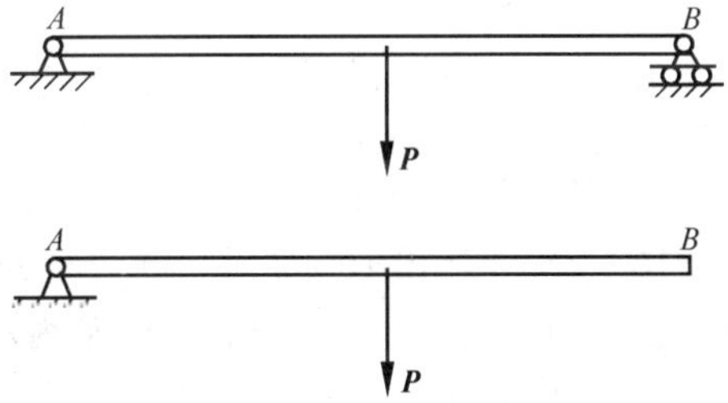

$$F_B = \frac{1}{2}(P + W) - \frac{1}{l}J_D\alpha$$

图16－15

当飞轮的角加速度足够大时，可使支座B的反力为零，即

$$\alpha = \frac{l}{2}\frac{P + W}{J_D} \qquad F_B = 0$$

这时，即使撤去支座B，AB杆仍能维持水平。如果用一个不透明的罩子将轮子与电机罩住，则系统能在一定的时间内维持在图16－15所示状态。不仅如此，如果加大电流使飞轮加速，AB杆还能绕A点逆时针转动翘起！真可以算是力学“小魔术”了。

为什么AB杆能维持水平而不掉下？从上面的推导可知，是飞轮的惯性力矩$J_D\alpha$抵消了

重力矩$(P+W)l/2$。然而，众所周知，惯性力是在将动力学问题转化为静力学问题时虚拟的，对实际的动力学问题而言惯性力并不存在，那么如何解释这种现象呢？实际上，AB 杆一定要绕 A 点转动而倒下的概念是从刚体绕定轴转动的日常现象得来的。而现在，如果考虑整体，则应注意到我们已将图 16－17 所示的刚体变为一个系统；对系统而言，我们只能应用动量矩定理

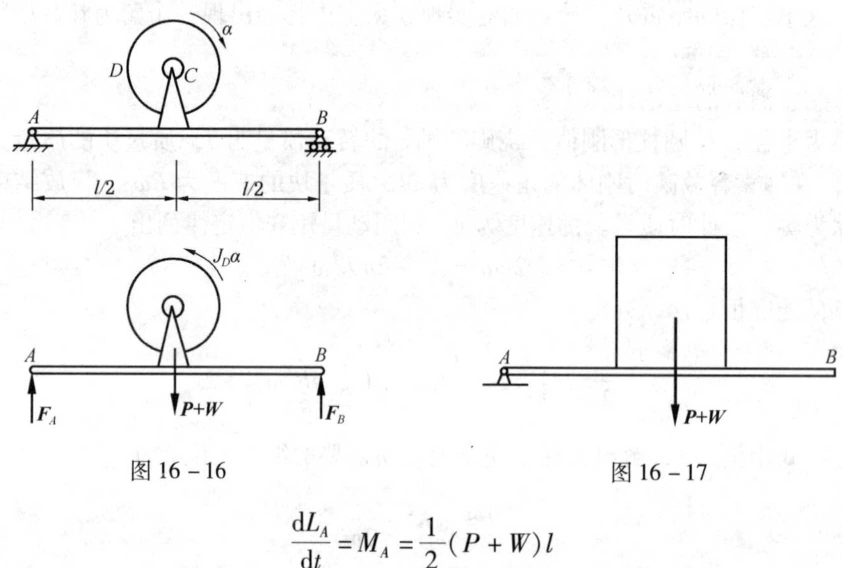

图 16－16　　　　图 16－17

$$\frac{\mathrm{d}L_A}{\mathrm{d}t}=M_A=\frac{1}{2}(P+W)l$$

它与刚体定轴转动微分方程式不同，由上式得不到任何关于 AB 杆运动的信息，只能得到系统对 A 点动量矩不断增加的结论，而它的表现正是飞轮顺时针向的加速转动。

习　题

16－1　在曲柄式压榨机的中间铰链 B 上作用水平力 F_1，如 $AB=BC$，$\angle ABC=2\theta$；求在题图 16－1 示平衡位置时，压榨机对于物体的压力。

答案：$F_2=F_1\dfrac{\tan\theta}{2}$

16－2　如题图 16－2 所示连杆机构中，当曲柄 OC 绕 O 轴摆动时，滑块 A 沿曲柄自由滑动，从而带动 AB 杆在铅垂导槽 K 内移动。已知 $OC=a$，$OK=l$，在 C 点垂直于曲柄作用一力 F_2，而在 B 点沿 BA 作用一力 F_1。求机构平衡时力 F_1 与 F_2 的关系。

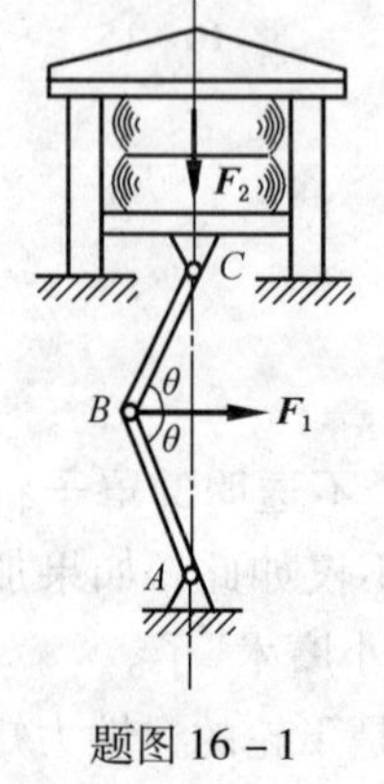

题图 16－1

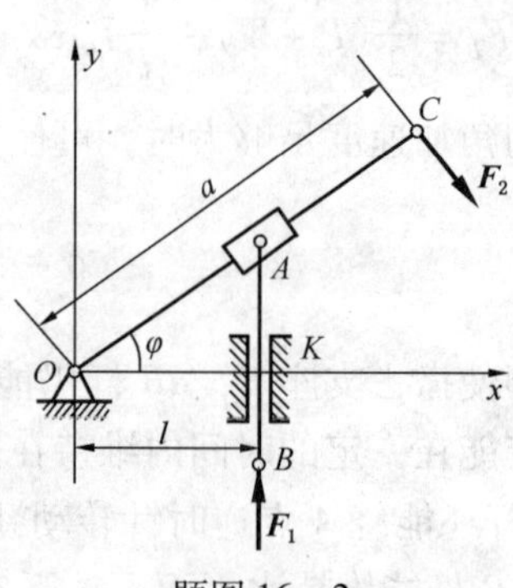

题图 16－2

答案：$F_2 = \dfrac{F_1 l}{a\cos^2\varphi}$

16－3　机构如题图 16－3 所示，曲柄 OA 上作用一矩为 M 的力偶，在滑块 D 上作用水平力 F。求当机构平衡时，力 F 与力偶矩 M 的关系。

答案：$F = \dfrac{M}{a}\cot 2\theta$

16－4　机构如题图 16－4 所示，$AB = BC = l$，$BD = BE = b$；弹簧的刚性系数为 k，当 $AC = a$ 时，弹簧内拉力为零。设在 C 处作用一水平力 F，机构处于平衡，求 A、C 间的距离 x。

答案：$x = a + \dfrac{F}{k}\left(\dfrac{l}{b}\right)^2$

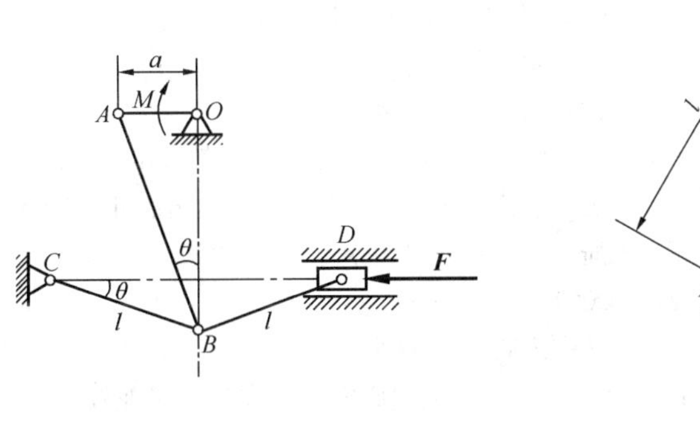

题图 16－3

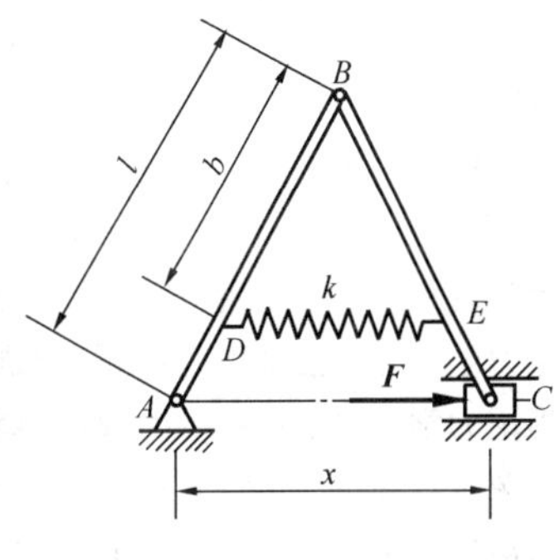

题图 16－4

16－5　一组合梁如题图 16－5 所示，梁上作用三个铅垂力，分别为 30kN、60kN 和 20kN；求支座 A、B、D 三处的约束力。

答案：$F_A = -5\text{kN}$，$F_B = 105\text{kN}$，$F_D = 10\text{kN}$

16－6　如题图 16－6 所示平面机构。A、D 为固定铰支座，各杆长均为 l，力 F_P 垂直于 BC，力 F_Q 垂直于 CD。求机构平衡时 F_P 和 F_Q 之间的关系。

答案：$F_Q = F_P\cos\alpha$

16－7　在压缩机的手轮上作用一力偶，其矩为 M。手轮轴的两端各有螺距同为 h，但方向相反的螺纹。螺纹上各套有一个螺母 A 和 B，这两个螺母分别与长为 a 的人字杆相铰接，四杆形成菱形框，如题图 16－7 所示。此菱形框的点 D 固定不动，而点 C 连接在压缩机的水平压板上。求当菱形框的顶角等于 2θ 时，压缩机对被压物体的压力。

答案：$F_N = \pi\dfrac{M}{h}\cot\theta$

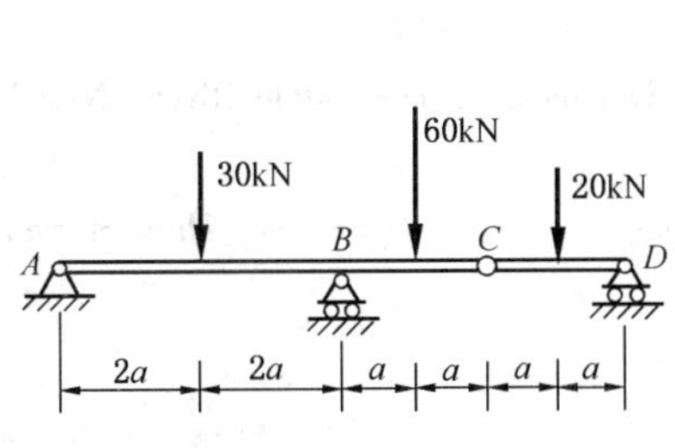

题图 16－5

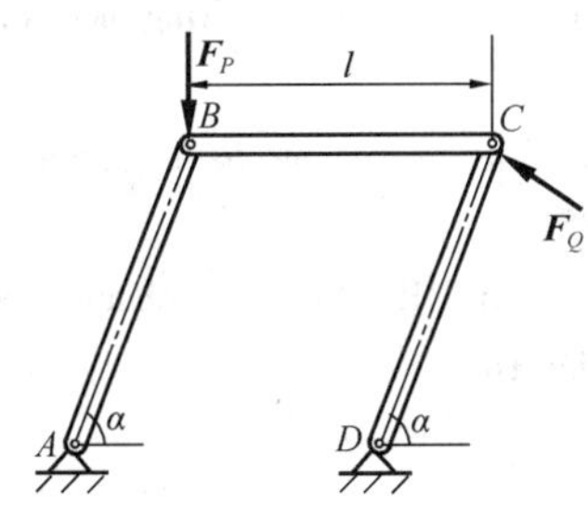

题图 16－6

参 考 文 献

1 朱加贵，刘启华，孙其珩．力学发展的回顾与前瞻．南京工业大学学报(社会科学版)，2004(1)：73－78

2 李林，石文星．拔河史话与力学分析．力学与实践，2000，22(5)

3 苗英恺，陈佳．自行车急刹车时的力学分析．力学与实践，2008，30(1)

4 穆能伶，陈栩．新编力学教程．北京：机械工业出版社，2007

5 刘延柱．趣味刚体动力学．北京：高等教育出版社，2008

6 贾书惠．理论力学教程．北京：清华大学出版社，2004

7 武汉水利电力学院编．工程力学．北京：高等教育出版社，1985

8 北京科技大学，东北大学编．工程力学．北京：高等教育出版社，1997

9 郝桐生．理论力学．北京：高等教育出版社，1982

10 单辉祖，谢传锋．工程力学．北京：高等教育出版社，2004

11 哈尔滨工业大学理论力学教研室．理论力学(Ⅰ)，第六版．北京：高等教育出版社，2002

12 西北工业大学理论力学教研室，和兴锁主编．理论力学(Ⅰ)．北京：科学出版社，2005

13 韦林．理论力学学习方法及解题指导，上册．上海：同济大学出版社，2002

14 王永岩．理论力学．北京：科学出版社，2007

15 胡运康，景荣春．理论力学．北京：高等教育出版社，2006

16 陶柱香，衣淑娟，宋广贤．点的合成运动在轴流装置机理研究中的应用．黑龙江八一农垦大学学报，2008，20(5)

17 王志伟，马明江．理论力学．北京：机械工业出版社，2006

18 周纪卿，韩省亮，何望云．理论力学重点难点及典型题精解．西安：西安交通大学出版社，2001

19 范钦珊，刘燕，王琪．理论力学．北京：清华大学出版社，2004

20 韦林．理论力学习题精选精解．上海：同济大学出版社，2003

21 王铎主编．理论力学解题指导及习题集．北京：高等教育出版社，1984

22 李俊峰．理论力学．北京：清华大学出版社，2001

23 同济大学理论力学教研室．理论力学．上海：同济大学出版社，1990

24 浙江大学理论力学教研室．理论力学．北京：高等教育出版社，2002

25 贾书惠，李万琼．理论力学．北京：高等教育出版社，2002

26 清华大学理论力学教研组编，罗远祥，官飞，李苹修订．理论力学：上册、中册、下册．第4版．北京：高等教育出版社，1991

27 刘延柱，杨海兴，朱本华．理论力学．第2版．北京：高等教育出版社，2001

28 朱照宣，周起剑，殷金生编．理论力学：上册、下册．北京：北京大学出版社，1982

29 Meriam J L，Kraige L G. Engineering mechanics：vol 1：Statics，vol 2：Dynamics. New York：John Willy & Sons Inc，1992

30 Hibbeler R C. Engineering mechanics：Statics and dynamics. Upper Saddle River，New Jersey：Prentice-Hall Inc，1998

31 Beer F P，Johnston E R. Vector mechanics for engineers：Statics，Dynamics. Third SI metric edition，New Jersey：Prentice-Hall Inc，1998